中国科学院大学本科生教材系列

力学讲义

Lectures on Mechanics

赵亚溥　著

ZHAO Ya-Pu

科学出版社

北　京

内 容 简 介

本书是著者为中国科学院大学（国科大）一年级本科生讲授“普通物理·力学”A 班课程三年后，进一步沉淀和凝练而成的教材．针对国科大特别是 A 班的教学特点，著者在借鉴和吸收朗道、栗弗席兹理论物理教程第一卷《力学》突出优点的基础上，结合近年来相关的重大科学进展，适当地增加了一些新的内容，并给出了丰富的例题和思考题．

本书的主体内容包括：牛顿力学、拉格朗日力学、哈密顿力学、连续介质和非线性力学初步、生命力学初步、相对论和量子力学初步等内容．著者将启人心智的“思想实验”和“类比”、发人深省的科学典故以及鲜活生动的学科前沿巧妙、生动地结合在一起，在教学改革方面做了深入探索．

本书可供力学、物理学、工程科学及相关专业的本科生、研究生、教师和科研人员使用，亦可作为力学爱好者的参考读物．

图书在版编目（C I P）数据

力学讲义／赵亚溥著．—北京：科学出版社，2018.5

ISBN 978-7-03-057180-9

Ⅰ.①力…　Ⅱ.①赵…　Ⅲ.①力学　Ⅳ.①O3

中国版本图书馆 CIP 数据核字（2018）第 076132 号

责任编辑：刘信力／责任校对：邹慧卿

责任印制：霍　兵／封面设计：陈　敬

科学出版社出版

北京东黄城根北街 16 号

邮政编码：100717

http://www.sciencep.com

天津市新科印刷有限公司印刷

科学出版社发行　　各地新华书店经销

*

2018 年 5 月第　一　版　　开本：850×1168　1/16

2024 年 3 月第九次印刷　　印张：24　3/4

字数：600 000

定价：98.00 元

（如有印装质量问题，我社负责调换）

前　　言

创建于 1687 年的经典力学不但为所有科学提供了范式, 而且还对 100 年后美国宪法的制定产生了重要影响, 美国开国元勋托马斯 · 杰斐逊 (Thomas Jefferson, 1743~1826) 曾说: 美国宪法, 是臣服于牛顿力学规律的. 经典力学这门课之所以难教, 其根本原因就在于对这种历史文化传承性的体会和把握.

从 2015 年开始, 受中国科学院大学 (国科大) 物理学院的邀请, 我为国科大一年级第一学期的本科生讲授 "普通物理 · 力学" 快班 (后来称为 A 班) 的课程. 经常遇到的疑问之一是, 作为专职的中国科学院各研究所的科研人员, 为什么要到大学讲课? 这个问题事实上费曼 (Richard Feynman, 1918~1988, 1965 年诺贝尔物理学奖获得者) 很早就精辟地回答过:

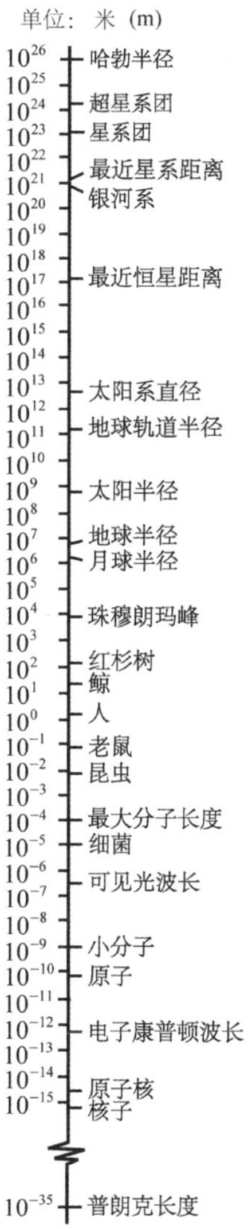

物质世界的空间尺度

"我不相信, 如果不教书我还能过得下去. 原因是, 这样就算我一点东西都想不出来时, 我还能跟自己说: '至少我还活着, 至少我还在做一些事情, 有些贡献.' 这是一种心理作用.

二十世纪四十年代, 我待在普林斯顿的期间, 亲眼看到高等研究院内那些卓越心灵的下场. 他们都具备了聪明绝顶的头脑, 因此特别被选中, 来到坐落在森林旁边的漂亮房子里, 整天悠哉游哉地闲坐 —— 不用教书, 没有任何约束或负担. 这些可怜又可恨的家伙们跟人没有交流, 只能自己闭门造车, 对吧? 但等过了一段日子, 他们想不出什么新东西来, 每个人心里一定开始感到内疚或沮丧, 更加担心提不出新想法. 可是一切还是如旧, 仍然没有灵感.

会发生这种情况, 完全是因为那里缺乏真正的活动和挑战: 他们没有跟做实验的学者接触, 也不必思索如何回答学生提出的问题, 什么都没有!

在任何思考过程中, 当一切进行顺利、灵感源源不绝时, 教书确实是一种妨碍, 十分讨厌. 但更多的时候是脑袋空空的, 如果既想不出什么、又没做什么, 那真会令人疯狂! 你甚至不能说: '我在教书呀!'

而且, 在课堂上时, 你可以思考一些已经很清楚的基本东西. 这些知识是很有趣、令人愉快的, 重温一遍又何妨? 另一方面, 有没有更好的介绍方式? 有什么相关的新问题? 你能不能赋予这些旧知识新生命? 基本的东西思考起来并不难; 而如果你没想出什么新东西来, 没关系, 以前想过的已足以应付讲课之用了. 但如果你真的有什么新想法, 能从新角度看事物, 你会觉得很愉快.

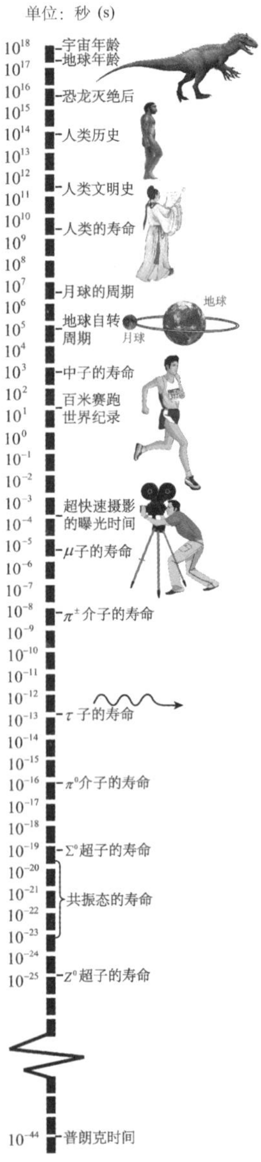

物质世界的时间尺度

学生问的问题, 有时也能提供新的研究方向. 他们经常提出一些我曾经思考过、但暂时放弃、却都是些意义很深远的问题, 重新想想这些问题, 看看能否有所突破, 也很有意思. 学生未必理解我想回答的方向, 或者是我想思考的层次; 但他们问我这个问题, 却往往提醒了我相关的问题. 单单靠自己, 是不容易获得这种启示的.

因此对我来说, 教书以及学生, 使我的生命继续发光发亮, 我也永远不会接受任何人替我安排一切 —— 快快乐乐的不必教书. 永远不会!"

虽然费曼的上述精辟的论述给予我心理的慰藉, 但我想费曼的这段话只表述了我一半的心声, 另一半的心声就是《管子 · 修权》中的名言 —— "一年之计, 莫如树谷; 十年之计, 莫如树木; 终身之计, 莫如树人."

经常所遇到的疑问之二是, 用何体系或何教材来讲授? 我的主要思路是:

(1) 一年级第一学期的本科生需要从高中的做题模式中尽快走出, 要注重培养他们的质疑和批判性思维 (critical thinking). 国科大针对本科生十分注重 "情怀与品质、能力与思维、知识与兴趣" 的培养, 这无疑与《礼记 · 学记》中的精辟论述 "君子之教, 喻也. 道而弗牵, 强而弗抑, 开而弗达" 不谋而合. 古代先贤用短短十几个字就将教学中教师的主导性、学生的主体性展现得淋漓尽致. 也就是说, 高明的教学不是直接灌输知识, 而是情境的创设: 要引人入胜, 而不是牵着学生的鼻子; 教师在本领域有强的学术地位, 但不压制学生的见解; 要在问题源头上启发和提高学生的悟性, 而不是直接给出答案.

(2) 建立物理图像是本课程的首要任务, 因而注重以 "思想实验 (thought experiment)" 为主线进行讲授是著者最为深刻的体会. 事实上, 爱因斯坦坚持物理最基础的部分必须要通过 "要有思想实验般的思考, 同时要有哲学的思想, 还有数学的思维" 这个过程. 1895 年, 爱因斯坦 16 岁时的追光思想实验为其十年后建立狭义相对论孕育了思想上的萌芽. 因此, 想象力比知识和感官更重要.

重要的是, 在教学中要让同学们深切感受到, 当代科学的迅猛发展, 在科研方法上已经从传统的方法发展到全新的科研方法. 这里所说的传统的科研方法正是我们作为教师的一代人在接受本科教育时, 所接受的包括如下两个方面的主要内容: (i) 实验 (实证) 研究方法; (ii) 理性研究方法. 这种传统的科研模式可能是温文尔雅的、按部就班的、四平八稳的, 但已经确实不再适应周期越来越短、知识大爆炸、特别是大数据时代的形势.

而所谓 "全新的科研方法" 是指: 从现有科学理论系统出发, 进行思想实验, 预测某个待发现的科学理论, 再研究由实验来证实这个思想实验. 和传统的科研模式相比, 这种全新的以思想实验为基本特征的新的科研方法可以是摧枯拉朽的、生命力极其旺盛的, 其中的杰出代表便是 1953 年 DNA 双螺旋的发现.

在科研一线拼搏了近三十年后再来兼职本科生的教学工作, 促使我们这些授课人进行深入反思的是, 对于二十世纪科学理论的重大进展, 一般是先有“思想实验”或“思想发现”, 再实现“实验验证”的特征的确十分明显! 一个典型的例子就是杨振宁、李政道有关弱相互作用中宇称不守恒的思想和理论在前、吴健雄的实验在后的案例. 这的确不同于传统的先有实验发现, 再有理论建立的特点.

(3) 从美学的角度出发介绍经典力学是著者这三年授课的成功体会之一.

(4) 普通物理力学 (简称普物力学) 虽然是一门已臻成熟的学科, 但仍然和一些前沿学科的发展十分紧密, 结合课堂上所讲授的内容, 适时地将有关科学研究的最新突破和进展报告给同学们, 使他们对科学前沿感兴趣, 开阔他们的视野, 从而进一步使他们坚定打好基础的决心, 为培养未来的杰出人才奠定坚实的基础.

三位获得奥斯特奖的物理学大师

费曼

拉比

惠勒

基于在美国加州理工学院对本科生的授课, 费曼和助教撰写了《费曼物理学讲义》, 至今仍是以新奇并简单的形式思考我们的宇宙的最重要的指南之一, 费曼也因此于 1972 年获得了美国物理教师协会 (the American Association of Physics Teachers) 的最高奖“奥斯特奖 (Oersted Medal)”. 值得特别指出的是, 费曼的博士导师、“黑洞”一词的命名者惠勒 (John Wheeler, 1911~2008) 也于 1983 年获得了奥斯特奖.

1981 年, 美国物理教师协会将奥斯特奖授予了 83 岁的物理学大师拉比 (Isidor Isaac Rabi, 1898~1988, 1944 年诺贝尔物理学奖获得者). 通过上述典型案例, 人们自然会问: 什么是好的教学和好的教师? 这个问题没有也不应该有一个简单的答案, 其原因是好教师在风格、品味和教学方法上千差万别. 但是可以有一个长期有效的对好教师的判断标准, 那就是看他的学生毕业后十年的发展状况. 伟大的教师会对学生们有着深远的影响, 这种影响会成为学生工作的终身焦点. 拉比培养出了多位诺贝尔奖学生. 从上述意义上来讲, 拉比是一位伟大的教师. 拉比认为, 科学课程应该有相当部分的人物传记, 这样将有一个历史的背景、哲学背景、社会和技术影响等方面的内容, 同时也包含了时空观. 这样做的好处是, 课程不但讲授了框架, 使课程有了骨骼, 也将使课程有血有肉, 容易引起学生们的兴趣, 教师讲授和同学们接受的效果更佳. 事实上, 我在这门课的讲授中也遵循了这一原则.

我还十分赞赏这样的观点, 那就是普通物理学和经典力学一样, 都是一种文化历史的传承. 当教师把其当作一堆现成结论时, 教出的学生只能是运用这些结论的人, 而不是学科的创造者. 正视经典力学的历史文化的传承性, 有助于我们的教育水平跃上一个新的高度. 事实也一再证明, 当学生被置于科学史长河之中的时候,

温伯格将牛顿力学评价为“科学革命的巅峰”和“一次巨范式转移”(见本书第 60 页)

哈密顿将拉格朗日力学评价为“科学的诗篇”(见本书第 128 页)

薛定谔将哈密顿力学评价为“现代物理学的基石”(见本书第 180 页)

他们所焕发出来的创造力往往超出我们作为教师的想象, 可能是惊人的!

我为国科大一年级本科生上课之前, 曾专门征求过于渌院士的意见, 他强烈地推荐了朗道和栗弗席兹理论物理教程十卷中的第一卷《力学》, 该书已经培养了数代物理学家. 读费曼的物理学讲义和朗道的力学, 会非常强烈地感受到: 虽然他们教育方式不同, 但这两部教材又有极大的共同点 —— 它们都是极为成功的! 我在国科大的授课中选择朗道力学的基本体系是因其起点高、内容精炼、在很小的篇幅中浓缩了力学的基本原理和许多具体应用, 更适合国科大的特点. 但朗道教程毕竟成书于二十世纪的四十年代, 虽经再版, 但适当地增加些新的内容也是时代发展的要求. 本书的撰写初衷也就在于此.

本教材于 2018 年出版, 恰逢朗道诞辰 110 周年、费曼诞辰 100 周年, 著者深受这两位物理学大师、教育家的影响, 特别是, 著者曾在中国科学院力学研究所为博士生教授了十余年的朗道和栗弗席兹理论物理教程第七卷《弹性理论》, 所教过的学生大多已经成才. 此时, 著者感慨万千的心情是不难理解的!

可能一些读者不能完全理解书中的许多公式, 但著者相信, 您一定会被书中的某一段经过深入挖掘的科学典故或历史照片深深打动, 甚至心灵有震颤之感. 其实, 本书的撰写过程, 也是著者的再学习过程, 心灵得到进一步净化、升华和抚慰的过程.

本书得到中国科学院大学教材出版中心资助. 感谢中国科学院战略性先导科技专项 (B 类, XDB22040401) 和中国科学院前沿科学重点研究计划 (QYZDJ-SSW-JSC019) 的支持.

最后, 我用 2004 年诺贝尔物理学奖得主韦尔切克 (Frank Wilczek, 1951～) 在 2016 年发表的题为“未来 100 年的物理学 (Physics in 100 years)”文中一段富有启迪性的话来结束本前言:

“自然哲学经常讨论上帝视角和蚂蚁视角的竞争. 上帝视角是指从整体来理解现实; 蚂蚁视角是指人在感知身边事件随时间流动时获得的观念. 从牛顿开始, 蚂蚁视角就主宰了基础物理. 我们把对世界的描述分割为两部分: 动力学方程和它们的初始条件. 动力学方程不能决定哪个初始条件描述现实. 这种分割在实际应用中非常有用和极其成功, 但是这个方法远远不能给我们一个对世界的完整科学描述.

对我来说, 未来一百年基础物理面临的最深刻挑战是, 将对现实的描述从蚂蚁视角上升到上帝视角.”

赵亚溥

2018 年 1 月于北京中关村

目　录

第一篇　经典力学概览

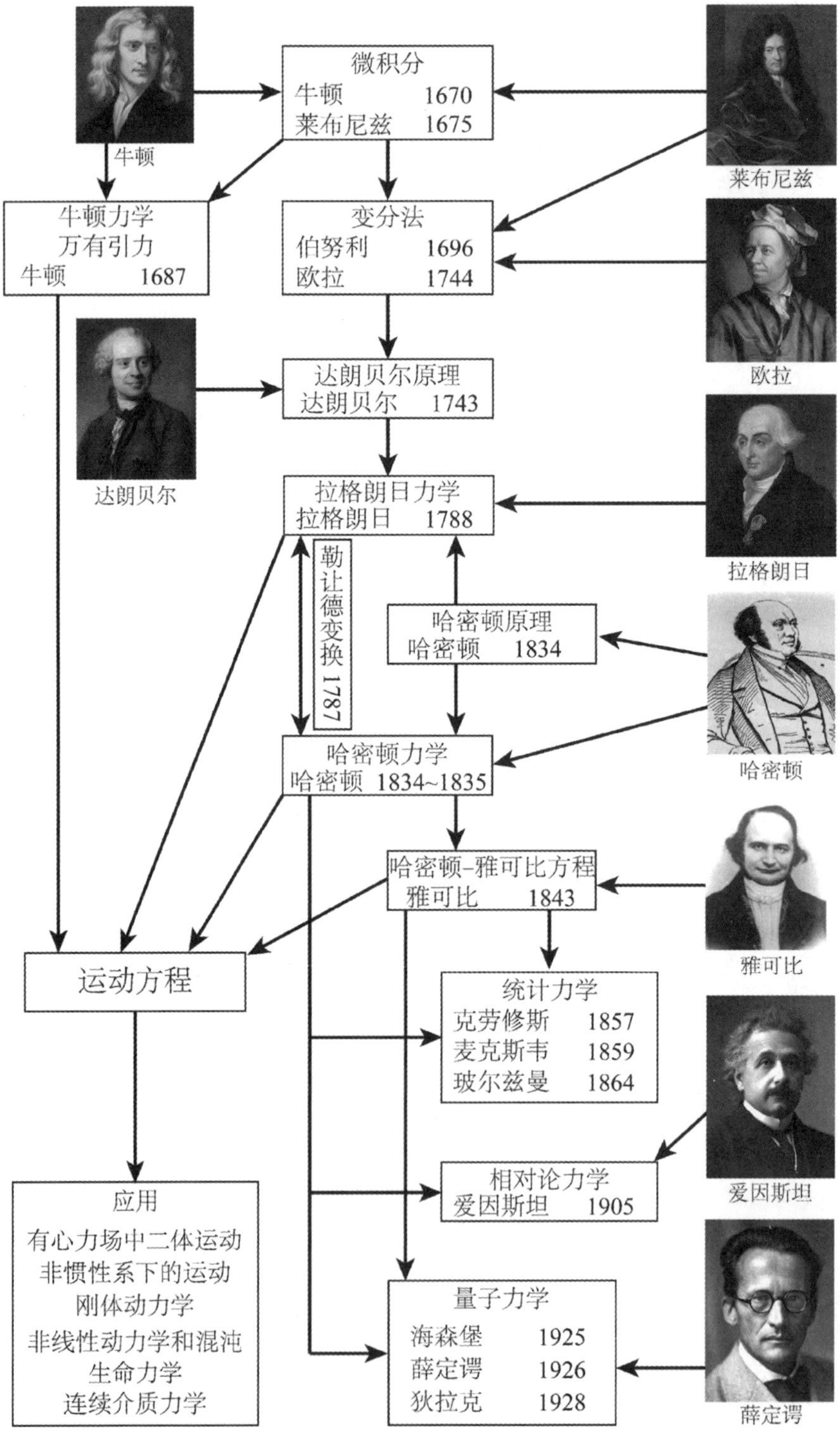

图 1 经典力学发展路线图

§1. 何谓经典力学?

力学可大致划分为: 经典力学、近代力学和现代力学.

经典力学又常常被称为古典力学, 英文均为: classical mechanics. 狭义地讲, 所谓经典力学是指创立于 1687 年的牛顿力学 (Newtonian mechanics)[1.1]、创立于 1788 年的拉格朗日力学 (Lagrangian mechanics)[1.2] 和创立于 1834 年和 1835 年的哈密顿力学 (Hamiltonian mechanics)[1.3~1.5]. 其中, 牛顿力学着重分析位移、速度、加速度、力等线量矢量, 以及角位移、角速度、角加速度和矩等角量矢量间的关系, 故又称为矢量力学 (vector mechanics); 拉格朗日力学和哈密顿力学统称为 "分析力学 (analytical mechanics)". 和矢量力学形成鲜明对比的是, 长达 500 多页的拉格朗日的《分析力学》[1.2] 中则没有一幅图, 自始至终采用的都是解析的方法.

一般地, 拉格朗日力学和哈密顿力学还经常地被称为 "拉格朗日形式 (Lagrangian formalism)" 和 "哈密顿形式 (Hamiltonian formalism)". 这里的 "形式 (formalism)" 或称 "形式化" 所强调的是其数学理论框架.

重大的科学发现既需要难得的历史机遇同时也需要深邃的眼光. 1687 年, 牛顿 (Isaac Newton, 1642~1727) 在其《自然哲学的数学原理》(*Principia*)[1.1] 第三卷的前言中豪迈地指出: "现在我要演示世界体系的框架". 拉格朗日 (Joseph-Louis Lagrange, 1736~1813) 曾对牛顿评价道: "牛顿是最杰出的天才同时也是最幸运的, 因为我们不可能再找到另外一次机遇去建立世界的体系 (Newton was the greatest genius who ever lived, and the most fortunate; for we cannot find more than once a system of the world to establish)."

爱因斯坦 (Albert Einstein, 1879~1955, 1921 年诺贝尔物理学奖获得者) 在给牛顿的巨著《光学》1950 年的重印本所撰写的序言中指出: "幸运的牛顿, 幸福的科学童年! …… 他融实验者、理论家、机械师为一体, 同时又是阐释的艺术家. 他以坚强、自信和孤独的姿态屹立在我们面前 (Fortunate Newton, happy childhood of science! ··· In one person he combined the experimenter, the theorist, one mechanic and, not least, the artist in exposition. He stands before us strong, certain, and alone)." 英国诗人、画家威廉 · 布莱克 (William Blake, 1757~1827) 于 1795 年的牛顿画像如图 1.1 所示.

拉格朗日和爱因斯坦对牛顿的上述评价均表明, 作为科学家生活在一个有重大问题需要解决的时代是幸运的, 但洞察力和解决问题的能力同样不可或缺.

十九世纪, 力学各主要分支学科 (如连续介质力学、固体力学、流体力学等) 得

图 1.1　英国诗人、画家威廉 · 布莱克于 1795 年的牛顿画像

以建立并有不同程度的发展.

二十世纪上半叶, 物理学发生了巨大变化. 狭义相对论、广义相对论以及量子力学的相继建立, 冲击了经典物理学. 前两个世纪中以力学模型来解释一切物理现象的观点, 也就是唯力学论, 不得不退出历史舞台. 经典力学的适用范围被明确为宏观物体的远低于光速的机械运动, 力学进一步从物理学分离出来成为独立的学科.

图 1.2 给出了经典力学六位代表性大科学家的生活年代, 值得注意的是, 伽利略去世和牛顿诞生于同一年 —— 1642 年 (即: 伽利略死、牛顿生); 麦克斯韦去世和爱因斯坦诞生于同一年 —— 1879 年 (即: 麦克斯韦死、爱因斯坦生).

伽利略 (1564~1642)

将在伽利略变换下所有的不变性质, 称为经典力学. 有关伽利略变换和不变性的内容, 见本书 §13 和 §29.

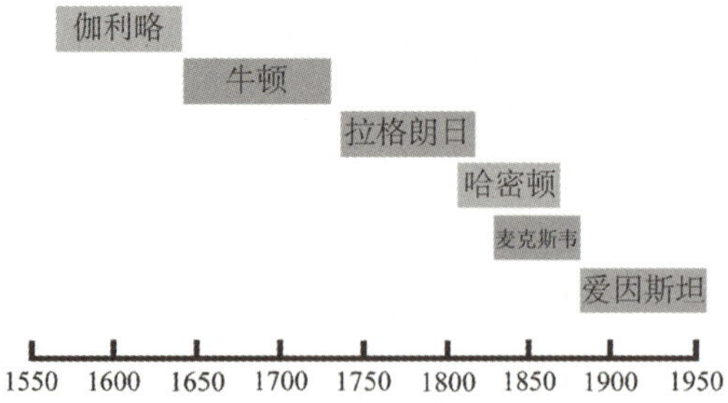

图 1.2　经典力学六位代表性科学家的生活年代

伽利略 (1564~1642); 牛顿 (1642~1727); 拉格朗日 (1736~1813); 哈密顿 (1805~1865); 麦克斯韦 (1831~1879); 爱因斯坦 (1879~1955)

一个经常提到的科学历史典故是, 牛顿于 1676 年 2 月 5 日给胡克的回信中的

名言: “If I have seen further it is by standing on the shoulders of giants (如果我看的更远的话, 那是因为我站在巨人的肩膀上).” 我们在这里已经没有必要再纠缠牛顿是否用此来挖苦他的学术竞争对手胡克的身高或者驼背等细节, 如图 1.3(a) 所示, 牛顿确实站在了笛卡儿、亚里士多德和胡克三位科学的巨人的肩膀上!

那爱因斯坦又站在谁的肩膀上? 这自然是一个十分有趣的话题. 二十世纪二十年代的一天, 剑桥大学某位物理学家作为接待者, 恭维来访的爱因斯坦说: “你站在了牛顿的肩膀上 (You stand on Newton’s shoulders)”, 爱因斯坦却回答说: “不, 我是站在麦克斯韦的肩膀上 (No, I stand on Maxwell’s shoulders)!” 如图 1.3(b) 所示. 爱因斯坦的回答十分中肯, 也确切地表达了他的物理思路和兴趣所在都是追随麦克斯韦的足迹. 爱因斯坦的主要成就: 两个相对论中, 狭义相对论显然是为了解决麦克斯韦电磁理论与经典力学的矛盾才得以建立的, 而广义相对论则是前面思想之延续. 从爱因斯坦在 1905 年发表的另一篇关于布朗运动的文章, 可以看出他也热衷于麦克斯韦曾经致力研究过的分子运动理论. 在 §39 中, 还将提到, 爱因斯坦在 16 岁时的追光的思想实验就和麦克斯韦方程组密切相关.

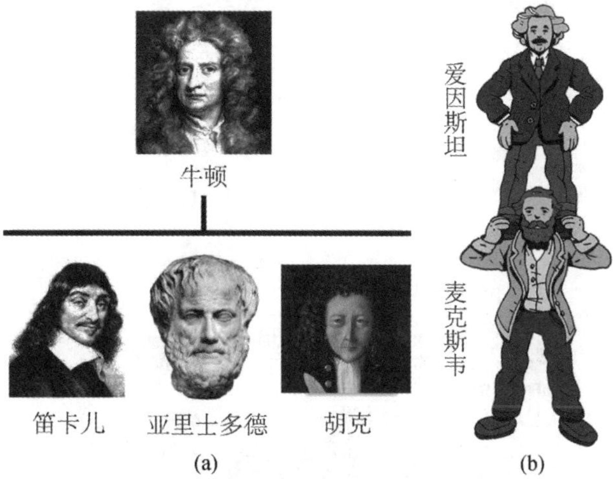

图 1.3 (a) 牛顿站在三位巨人的肩膀上; (b) 爱因斯坦站在麦克斯韦的肩膀上

钱学森认为, 近代力学是指从 1910 年到 1960 年所发展起来的应用力学, 它和工程技术特别是航空、航天技术密切联系并得到了广泛的应用.

钱学森认为, 现代力学主要是指 1960 年后, 随着计算机的快速发展, 力学同计算技术和自然科学其他学科广泛地结合乃至融合, 宏观和微观进一步结合.

当然, 各个时期的分界年代并不是绝对的. 当代一些主流的经典力学教材已将相对论和混沌等内容纳入其中.

朗道、栗弗席兹

物理学家朗道 (Lev Davidovich Landau, 1908~1968, 1962 年诺贝尔物理学奖得主) 和他的学生栗弗席兹 (Evgeny Mikhailovich Lifshitz, 1915~1985) 合著的理论物理学教程十卷中的第一卷《力学》[1.6] 只讲授分析力学的内容; 数学家阿诺尔德 (Vladimir Igorevich Arnold, 1937~2010) 著的《经典力学的数学方法》[1.7] 中, 牛顿力学只占少部分内容, 其余大部分内容为分析力学. 另外, 该书在辛流形 (symplectic manifold) 上建立了哈密顿力学, 使哈密顿力学现代化.

在本节的最后需要着重指出的是, 牛顿力学曾对政治产生过极其重要的影响. 牛顿力学创建的 40 年后, 牛顿的实验助手约翰 · 西奥菲勒斯 · 德萨吉利埃 (John Theophilus Desaguliers, 1683~1744) 于 1728 年出版了《世界的牛顿体系, 政府的最佳模型 —— 一首寓言诗》[1.8] 的专著, 提出了 "牛顿政府 (Newtonian government)" 的理想概念, 这是第一次将牛顿三定律的思想纳入到政府和社会管理中. 后来, "社会力学 (social mechanics)" 又称 "社会物理学 (social physics)" "政治力学 (political mechanics)" 以及 "牛顿社会学 (Newtonian sociology)" 等交叉学科相继而生.

美国独立宣言的签署人之一、普林斯顿大学的第六任校长约翰 · 威瑟斯彭 (John Witherspoon, 1723~1794) 基于牛顿力学三大定律的思想构建了三权分立及各政府机构间相互制约和平衡 (checks and balances) 的模型, 1769 年, 当时在普林斯顿大学就读的学生詹姆斯 · 麦迪逊 (James Madison, 1751~1836) 接受了该思想, 后来成为美国的 "宪法之父 (Father of the Constitution)" 和第四任总统, 他在美国

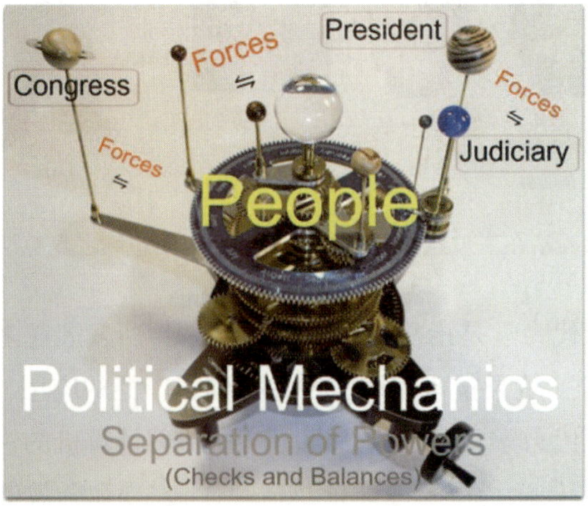

图 1.4　美国宪法中的政治力学 —— 基于牛顿力学的分立和相互制衡

宪法的起草过程中广泛地接受了上述思想. 图 1.4 给出的是基于太阳系牛顿力学平衡体系的美国宪法的三权分立和相互制衡的 “太阳系仪 (orrery)”.

§2. 经典力学的三个组成部分以及所联系的空间

为使听课同学和读者对经典力学有一个整体的印象, 下面分别针对牛顿力学和分析力学做出概括性的阐述, 不期望学生们在初次阅读本节时就能很好地理解一切, 具体的概念在以后的相关章节中将逐一讲解并重温.

经典力学的三个重要组成部分各自的特点总结于表 2.1 中. 牛顿力学研究质点组在**三维欧氏空间** (three-dimensional Euclidean space) 中的运动. 在此空间中, 有六维的空间运动群作用. 一个有势的 (保守的, conservative) 牛顿力学系统可用质点的质量和该力学系统的势能表述. 牛顿力学的公理包括: (1) 存在一个绝对的空间, 在其中牛顿定律成立, 相对于绝对空间作匀速直线运动的参照系是惯性系, 这一点被称为伽利略不变性 (Galilean invariance); (2) 所有的惯性系共有一个普适的时间. 显然, 牛顿运动定律在做伽利略变换 (Galilean transformation) 后其形式保持不变. 在牛顿力学中, 惯性系之间的变换群是具有 10 个生成元的伽利略群 (Galilean group), 这 10 个生成元 (ten-generator) 分别是[1.7]: 3 个旋转分量, 包括时间轴的 4 个平移分量, 3 个匀速运动的分量. 详见 §13 和 §29 中的相关讨论.

表 2.1 经典力学特点一览表

经典力学类型	创立时间	类型	对应的空间	相应的几何	方程类型
牛顿力学	1687 年	矢量力学	欧氏空间	欧氏几何	二阶微分方程
拉格朗日力学	1788 年	分析力学	位形空间	黎曼几何	s 个二阶微分方程组
哈密顿力学	1834~1835 年	分析力学	相空间	辛几何	$2s$ 个一阶微分方程组

注: s 为自由度个数.

拉格朗日引入了广义坐标 (generalized coordinates) 的概念, 运用达朗贝尔原理, 得到和牛顿第二定律等价的拉格朗日方程. 但拉格朗日方程具有更普遍的意义, 适用范围更广泛. 并且, 选取恰当的广义坐标, 可以使拉格朗日方程的求解大大简化. 拉格朗日力学用**位形空间** (构形空间, configuration space) 来描述力学系统的运动. 事实上, 位形空间也就是广义坐标空间. 力学系统的位形空间具有微分流形构造, 而微分同胚群作用于其上. 牛顿有势力学系统是拉格朗日力学系统的特例, 此时的位形空间就是欧氏空间, 而拉格朗日量 (Lagrangian) L 即为动能 T 和势能 V

之差:

$$L = T - V \tag{2-1}$$

被称为经典力学中最漂亮的定理之一的诺特定理 (Noether's theorem)[1.9] 表明, 对称性对应于相应的守恒律.

哈密顿力学是继拉格朗日力学后经典力学的又一次质的飞跃. 哈密顿力学就是**相空间** (phase space) 的几何学. 相空间就是由广义动量和广义坐标所构成的空间, 它拥有一个辛流形构造, 辛微分同胚群作用在相空间上. 拉格朗日力学包含在哈密顿力学中且为其特例, 此时的相空间即位形空间的余切丛 (cotangent bundle), 而哈密顿量 (Hamiltonian) H 则为拉格朗日量 L 的勒让德变换 (Legendre transformation)

$$H(q_k, p_k, t) = \sum_k p_k \dot{q}_k - L(q_k, \dot{q}_k, t) \tag{2-2}$$

式中, q_k、$\dot{q}_k$ 和 p_k 分别为广义坐标、广义速度和广义动量. 当不显含时间时, 式中的哈密顿量可表示为动能和势能之和:

$$H = T + V \tag{2-3}$$

拉格朗日力学和哈密顿力学是完全等价的, 但读者自然会提出下列问题: 这两种力学谁更基本? 答案是: (1) 在某种意义上, 拉格朗日力学更为基本, 原因是它基于变分原理 (variational principle), 并且它可以最直接地推广到广义相对论的框架; (2) 在另一种意义上, 哈密顿力学则更为基本, 原因是它直接基于能量的概念, 并且它与量子力学联系的更为紧密.

§3. 经典力学和几何光学之间的类比性, 最小作用量原理

打开朗道教程的《力学》《场论》和《费曼物理学讲义》, 不难发现下列事实: 这些经典著作均以最小作用量原理作为主线. 充分体现出他们的眼光和高度.

经典力学有两种主要的描述方式. 第一种方式就是牛顿的三定律所描述的, 通过受力分析和牛顿第二定律列出微分方程, 然后分析求解, 这也是普通物理学力学所教授的内容. 这种模式有其突出的优点, 也有其相当严重的弊端: 一是力的矢量性, 使得复杂度增加; 二是存在约束时, 受力分析就会变得相当复杂. 我相信不少读者都可以推导出单摆的运动方程, 但是如果由一根不可忽略质量的绳子构成的摆

(实际上相当于无限的复摆), 受力分析估计也就失效了. 可是, 对于经典力学的第二种方式来说, 这两种情况并无太大区别.

经典力学的第二种方式就是通过 “最小作用量原理” 来描述物理定律. 这是由欧拉、拉格朗日、雅可比等发展出来的方法, 基本的数学工具是变分. 对于初学者来说, 采用这种方式可能会感到很困难, 里面涉及的数学计算很繁. 但是, 这正好是目前理解经典力学最简单的方式. 最小作用量原理是基于能量泛函的变分, 能量是标量, 具有简单的可加性, 列出一个系统能量的表达式总比对一个系统进行受力分析简单. 至于数学上的复杂, 其实也就是重复一些比较繁琐的计算而已, 要注意, 是繁琐而不是困难.

费曼从小就有自觉超前学习的习惯, 并抱怨中学课程没有让他学到感兴趣的内容. 在小学毕业后的假期里, 他就开始初等微积分的学习. 他中学时就自学了狭义相对论.

费曼就读于 Far Rockaway 高中. 该中学诺贝尔奖得主还有 Burton Richter (1931~2018, 1976 年获诺贝尔物理学奖) 和 Baruch Samuel Blumberg (1925~2011, 1976 年获得诺贝尔生理学或医学奖). 师从名家拉比 (Isidor Isaac Rabi, 1898~1988, 1944 年独享诺贝尔物理学奖) 的青年物理博士巴德 (Abram Bader, 1908~1989) 因经济不济, 被迫来到费曼所在的中学教书. 巴德发现费曼因自学过初等微积分而沾沾自喜, 而且上课时话太多, 就给他一本麻省理工学院 (MIT) 的 Frederick S. Woods (1864~1950) 教授为大学二三年级学生写的《高等微积分》(*Advanced Calculus*) 看. 让费曼在完全吃透该书前, 不要在课堂上影响其他同学. 当时的费曼花了不少心思研读这本书, 从中掌握了傅里叶级数、贝塞尔函数和椭圆函数等知识. 巴德经常在课后与费曼讨论科学, 是费曼的还原论思想的启蒙者.

费曼于 1965 年获得诺贝尔奖后, 于 1966 年回到高中看望巴德老师 (左)

巴德博士向费曼介绍了引人入胜的 “最小作用量原理”, 说它没有办法得到解释或证明, 却在物理学中无处不在. 巴德只与费曼讨论过一次最小作用量这个话题, 却深深地印在了费曼的脑海中. 费曼说: “他只是解说, 他并没有证明任何东西. 没有任何复杂的事情, 他只是说明有这样一个原理存在. 我随即为之倾倒, 能以这样不寻常的方式来表达一个法则, 简直是个不可思议的奇迹.” 除最小作用量外, 还有一个事实也令费曼感到非常好奇, 即各种电路公式中为什么经常会出现圆周率 π, 需要注意的是, 一般电路的形状并非圆形.

费曼对最小作用量原理倾倒到何种程度呢? 可以毫不夸张地说, 费曼的一生几乎都在发展最小作用量原理, 他那著名的 “量子力学的路径积分形式”, 就是最小作用量原理的推广. 而该路径积分的思想很清楚地抓住了量子力学的精髓.

如图 3.1 所示的费曼获得 1965 年度的诺贝尔物理学奖后，于 1965 年的 11 月 29 日在写给他高中老师巴德的信中谈到："亲爱的巴德先生：您当然知道如何最大限度地将一个年轻男孩的智力伸展到成就的顶点 …… 而且您还懂得如何掌控(请原谅我的不礼貌) 一名超常的学生 (Dear Mr. Bader. You certainly knew how to stretch a young boy's mind to the atmost of achievement... and knew how to handle (excuse my immodesty) an exceptional student)."

图 3.1　黑板的力量 —— 费曼在给加州理工学院上课的精彩情景

费曼在加州理工学院的 35 年共讲过 34 门课

经典力学和几何光学之间的类比性在文献中也被广泛地称为"哈密顿光学–力学类比 (Hamilton's optico–mechanical analogy)". 下面简要地给出该类比 (相似性) 的几个划时代的贡献.

希罗 (Hero of Alexandria, 全名：亚历山大里亚的希罗，又称亚历山大港的希罗，公元 10 年~70 年) 是一位古希腊数学家和工程师. 希罗根据古希腊人的大自然法则：大自然总是遵循最简单和最经济的准则在运行，光是大自然产物，因此光所走的路程应该最短. 因而，在其专著《反射光学》(*Catoptrica*) 中，他提出了光线的最短路径原理，在文献中被正式称为"希罗的最短路径原理 (Hero's Principle of Least Distance, PLD)". 由 PLD 可得出几何光学中的反射原理，亦即：入射角与反射角相等.

对于自然界的经济本性，英国哲学家奥卡姆 (William of Ockham, 1287~1347) 则进一步指出："如无必要，勿增实体 (Entities should not be multiplied unnecessarily)"，这句话被称为"奥卡姆剃刀 (Occam's razor 或 Ockham's razor)" 准则. 该准则在科学哲学中意义重大.

1657 年, 被誉为 “业余数学家王子” (the prince of amateurs) 的法国律师、数学家费马 (Pierre de Fermat, 1601～1665) 在希罗的 PLD 的基础上, 进一步提出了最短时间原理, 在文献中被正式称为 “费马最短时间原理 (Fermat's principle of least time, PLT)” 并简称 “费马原理”. 费马的 PLT 等价于几何光学的折射定律. PLT 所揭示出的朴素道理是, 光有反射及折射特性, 且都是因为光在寻找最短时间的前进路径.

费马 (1601～1665)

到了十八世纪中叶, 法国数学家莫培督 (Pierre Louis Moreau de Maupertuis, 1698～1759) 又重新研究了相关问题, 他的鲜明思想是, 这个 “最小量 (least quantity)” 既不完全是希罗 PLD 中的运动物体的路径, 又不完全是费马 PLT 中所消耗的时间; 既应满足光学中的费马原理, 又应满足牛顿力学.

莫培督 (1698～1759)

1744 年 4 月 15 日, 在莫培督提交法兰西科学院题为 “论各种似乎不协调自然定律间的一致性”[1.10] 的论文中, 他明确指出: “自然在产生其效果时, 总是选择最简单的手段 …… 它所选取的途径是作用量的值最小的那个 (Nature, in the production of its effects, does so always by the simplest means ··· the path it takes is the one by which the quantity of action is the least).” 1746 年, 莫培督在题为《从形而上学原理推导运动和静止定律》的一文中进一步指出[1.11]: “这就是最小作用量原理, 上帝的一个如此明智且有价值的原则, 是所有自然现象所固有的 …… 当自然界的一个变化发生时, 这个变化所需要的作用量的值是所有的可能中最小的那个. 作用量的值是物体质量、速度和移动距离的乘积 (This is the principle of least action, a principle so wise and so worthy of the supreme Being, and intrinsic to all natural phenomena ··· When a change occurs in Nature, the quantity of action necessary for change is the smallest possible. The quantity of action is the product of the mass of the body times its velocity and the distance it moves).” 在文献中该原理被正式称为 “莫培督最小作用量原理 (Maupertuis' principle of least action, PLA)” 并简称 “莫培督原理”. 莫培督将作用量 (action) 定义为

$$S=\int \boldsymbol{p}\cdot \mathrm{d}\boldsymbol{q} \tag{3-1}$$

式中, $\boldsymbol{p}$ 和 $\boldsymbol{q}$ 分别为广义动量和广义坐标矢量. 如在表 3.1 中, 作为标量的质点动量为 $p=\sqrt{2m(E-U)}$.

哈密顿将作用量定义为

$$S=\int_{t_1}^{t_2} L\mathrm{d}t \tag{3-2}$$

式中, L 便是由式 (2-1) 所定义的拉格朗日量. 一个粒子的拉格朗日量等于它的动能减去势能, 这听起来似乎又有些奇怪: 为什么偏偏是动能减势能? 其真正的含义是什么? 在作用量的表达式 (3-2) 中, 被积函数是拉格朗日量 L, 故作用量 S 是拉格朗日量 L 对时间的累积效应.

最小作用量原理可用变分表示为

$$\delta S=\delta\int_{t_1}^{t_2}L\mathrm{d}t=0 \tag{3-3}$$

由于变分的实质是极值问题, 极值的角色是由作用量 S 来扮演的. 也许可以将拉格朗日量解释为某种 "消耗率". 大自然是个经济学家, 它设计的自然规律是要使总消耗最小, 也就是拉格朗日量 L 对时间的累积效应最小. 落实到单粒子牛顿力学的情况, 这种 "消耗率" 表现在动能和势能之差. 看起来, 大自然也是个懒骨头, 不喜欢在动能和势能之间转换来转换去, 它的法则是使得粒子的动能和势能差别之时间累积为最小.

为了使光学成为具有像拉格朗日所赋予力学那样的 "审美性、权威性与和谐性" 的一门正规科学, 并通过寻求同时支配光的传播和粒子运动的一种单一的自然规律来达到该点, 哈密顿 (William Rowan Hamilton, 1805~1865) 曾于 1833 年阐述了几何光学与经典力学的相似性, 称为 "哈密顿的光学 – 力学类比 (Hamilton's optico-mechanical analogy)", 见表 3.1 中的详细对比.

表 3.1　哈密顿的光学 – 力学类比

光学	力学
特征函数为光的传播时间 T: $T=\int\frac{n}{c}\mathrm{d}s$ n 和 c 分别为折射系数和光速 $\mathrm{d}s$ 为路径线元	特征函数为作用量: $S=\int\sqrt{2m(E-U)}\mathrm{d}s$ m 为质量, $E-U$ 为动能 (总能 – 势能)
被积函数为相速度 (phase velocity) 的倒数: $\frac{1}{u}=\frac{n}{c}$	被积函数为质点的动量: $p=\sqrt{2m(E-U)}$
费马原理 $\delta T=0$	莫培督原理 $\delta S=0$
光线始终与等时曲面 (波前) 正交	质点的轨迹始终与等作用量的曲面正交

更为详细的类比关系见思考题 4.24.

上述光学 – 力学类比是哈密顿在研究经典力学时给出的理论, 该类比表明: 在经典力学里粒子的运动轨道, 就如同在几何光学里光线的传播路径; 垂直于这轨道的等作用量曲面, 就如同垂直于路径的等传播时间曲面; 描述粒子运动的最小作用量原理, 就如同描述光线传播的费马原理. 哈密顿还发现, 使用哈密顿–雅可比方程 (见 §45), 可以推导出最小作用量原理与费马原理; 这就是为什么光的惠更斯 “波动说” 和牛顿 “微粒说” 都能说明光的反射和折射现象, 因为两者的几何光学理论在形式上完全一致. 换言之, 不论光是由遵守费马原理的光线组成, 还是由遵守最小作用量原理的粒子组成, 均可以描述光的物理行为.

德布罗意 (Louis de Broglie, 1892~1987) 在提出物质波的过程中, 运用了几何光学中费马原理与经典力学中莫培督变分原理的类比, 并受到爱因斯坦关于光的波粒二象性的启示. 40 年后, 德布罗意在追忆波粒二象性思想是如何产生时说: “突然间, 我萌发了把光的二象性推广到物质粒子, 尤其是电子的想法. 我不能给出确切的日子, 但一定是在 1923 年夏天. 我认识到, 一方面, 哈密顿在某种程度上指出了这点, 因为它能适用于粒子, 同时又表示一种几何光学; 另一方面, 在量子现象中

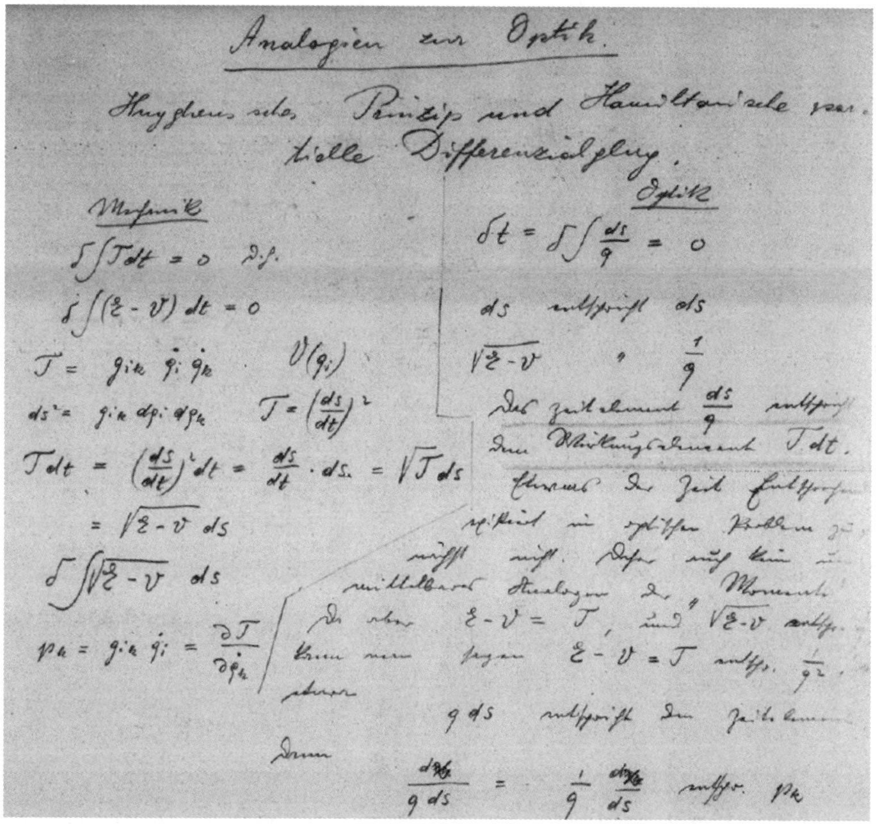

图 3.2　薛定谔在笔记本中有关哈密顿光学–力学类比的讨论

得到的量子数很少在力学中被找到, 但却常常出现在波动现象以及与波动运动有关的所有问题中. 于是, 我自信有一种与量子现象相联系的波."

薛定谔 (Erwin Schrödinger, 1887~1961) 进一步发展了哈密顿的几何光学与经典力学的类比, 提出了微观力学过程是波动过程的论断, 形成了波动力学的概念. 他从波动光学与波动力学的物理相似性出发, 实现了由波动光学向波动力学的过渡. 图 3.2 给出的是薛定谔笔记本中有关哈密顿的光学 – 力学类比的讨论手迹.

作为本节的内容的总结, 可借用爱因斯坦的名言: "我想知道上帝是如何创造这个世界的. 对这个或那个现象、这个或那个元素的谱我不感兴趣. 我想知道的是他的思想, 其他的都只是细节问题 (I want to know how God created this world. I am not interested in this or that phenomenon, in the spectrum of this or that element. I want to know His thoughts; the rest are details)" 来诠释, 最小作用量原理很可能就是上帝创造这个世界所遵循的原则.

§4. 物理规律的微分和积分表示

对应于物理规律的局部表述和整体表述, 便也有了微分的和积分的数学模型之分. 牛顿第二定律的微分方程是从局部的观点来描述自然规律, 最小作用量原理和路径积分则是用积分的方式来表达. 可举牛顿力学的例子来简单地说明两种方式之区别: 炮弹 (从 A 点) 被发射到空中, 画出一条曲线后击中目标 B. 炮弹为什么走这条路而不是另一条路? 有两种方法来理解. 局部地解释是, 在运动的每个瞬间, 炮弹因为受到了所在位置的重力及阻力的作用而遵循牛顿运动的微分方程. 此时此刻的位置、速度、加速度和力, 决定了下一个相邻时刻 $\mathrm{d}t$ 的位置 $\mathrm{d}x$. 无限小间隔 $\mathrm{d}t$ 和 $\mathrm{d}x$ 之间的关系由联系力和加速度的微分方程决定. 整体的观点怎么说呢? 炮弹从出发点 A 到目标 B, 之所以走了这条曲线而不是另一条曲线或别的任何路径, 是因为沿着这条曲线, 最小作用量取极值.

微分方程是局域的、立足于力的概念, 积分的方法是整体的、基于能量或作用量. 这是看问题的两个不同角度, 从力的角度看, 能量为次级属性. 如果从能量或作用量的角度看, 力就是一个次级属性.

牛顿之后的物理学中, 逐渐形成了一种观点, 或一种标准的方法, 即认为微分过程总是简单些的, 完美些的, 积分过程则是复杂的, 缺乏对称的. 因而, 对任何问题我们总是从小尺度的现象开始, 把大尺度留在后头. 这便是韦尔切克所说的 "蚂蚁视角 (ant's eye-view)".

物理规律大都用微分方程来表达. 给人的错觉是, 似乎大尺度总比小尺度现象复杂.

大的体系并不总是比小的体系复杂. 例如: 牛顿力学本身并不能从车行马走这些小尺度现象总结出来, 相反, 它是依据行星和月球的运动这种大尺度现象建立的. 原因在于, 从力学的角度来看, 后者要比前者简单得多, 和谐得多.

§5. 经典力学中的第一性原理

在经典力学体系中, 运动可用多种方法来描述. 用牛顿运动定律描述, 常常要解算大量的微分方程组, 对约束体系更增强了问题的复杂性. 1788 年拉格朗日用 s 个广义坐标来描述力学体系的运动, 导出了用广义坐标表出的拉格朗日方程, 其好处是只要知道体系的动能和所受的广义力, 就可写出体系的动力学方程. 1834 年以后哈密顿提出用 s 个广义坐标和 s 个广义动量（称为正则共轭坐标）描述体系的运动, 导出了三种不同形式的方程: 哈密顿正则方程、哈密顿原理和哈密顿–雅可比方程, 称为经典力学的哈密顿形式. 哈密顿形式和拉格朗日形式、牛顿力学是完全等价的. 哈密顿形式的优点在于便于将力学推广到物理学其他领域.

由哈密顿原理 (Hamilton's principle, HP) 可以导出拉格朗日方程、正则方程以及各种动力学方程, 因此, 哈密顿原理是力学的第一性原理或最高原理. 在力学中凡能起 "几何公理" 作用, 可由它导出全部力学定律的原理或假说, 称为力学第一性原理或最高原理, 如牛顿运动定律、虚功原理、达朗贝尔原理、约尔旦原理、高斯最小约束量原理等都是力学第一性原理, 所以力学第一性原理的表述形式是多种多样的, 各有优缺点, 但都是等价的.

费曼的一句名言甚至已经成为投资者们应当遵循的费曼法则 (the Feynman principle that investors should follow), 这句名言就是: "第一原理是不要欺骗自己, 你自己正是最容易被欺骗的人 (The first principle is that you must not fool yourself – and you are the easiest person to fool.)"

§6. 力学中一定得有力吗? 何物理量比力更基本?

2004 年诺贝尔物理学奖得主弗朗克 · 韦尔切克在题为《公式 $F = ma$ 中的力从哪里来?》这一由三部分组成的文章[1.12~1.14] 从科学史等几个角度出发, 论证了力的概念并非必需, 但非常遗憾的是, 韦尔切克在其上述文章中没有提到如图 6.1

图 6.1　赫兹的《力学原理》

所示的赫兹 (Heinrich Hertz, 1857~1894) 的《力学原理》[1.15].

纵观物理学家赫兹短暂一生 (终年 36 岁) 的伟大科学历程, 像他的老师亥姆霍兹 (Hermann von Helmholtz, 1821~1894) 一样, 他是严格地坚持将力学作为物理科学的共同基础, 他在一篇文章中说: “所有物理学家都同意这样的观点, 即物理学的任务在于把自然现象归结为简单的力学定律.” 但与牛顿的经典力学不同, 赫兹是被称为 “无力力学” 运动学流派的拥护者, 该流派认为, 一切物理现象都是运动着的重物在接触时的相互作用, 而不是用力的概念作为解释的依据. 赫兹对力学的研究成果, 主要体现在他的《无力的力学》(*Forceless Mechanics*) 及 1894 年出版的《力学原理》等书中. 赫兹最早将力学定律看作是发展着和变化着的事物, 从而为突破近代力学的思想束缚作出了思想上的准备.

在赫兹生命的最后几年, 由于疾病的原因使他无法再继续他一生所热爱的电磁学实验研究, 只能转而做理论上的工作, 最后他完成了《力学原理》一书. 当他将这本书寄给他的老师亥姆霍兹的时候, 亥姆霍兹给予了这本书很高的评价: “无论从哪一方面来说, 它是一本极具有创造性并以完善数学形式描述的力学体系的书, 对每一个能鉴赏这本书的读者有着极大的价值, 将来会证明这本书具有很大的启发价值, 它将是发现各种自然力的新的和普遍特性的指南.”

应该说, 能量和动量是比力更基本的物理量: 一方面, 力为能量的空间导数, 另一方面, 力为动量的时间导数; 而作用量和能量、动量相比似乎更为基本, 由作用量的定义可知, 能量是作用量的时间导数, 而动量则是作用量的空间导数.

§7. 普通物理 · 力学和理论力学有何不同?

除了分析力学部分外,《普通物理 · 力学》和理论力学二者在理论体系和基本原理上没有差异, 所不同的只是讨论问题的风格和理论探讨的深度不同, 所用的数学深度不同.

《普通物理 · 力学》和其他普通物理课程一样, 着眼于从物理现象出发, 采用分析归纳的方法 (a *posteriori* point of view), 导出物质运动的经验规律. 重在培养学生的从感性到理性的认识过程. 因此, 基础力学的教学风格强调物理图像的建立, 强调对物理过程和物理本质的探讨和分析, 强调学生对基本的物理概念的理解和讨论.

理论力学则不同, 它侧重于从已知的经验规律出发, 采用逻辑演绎的方法 (a *priori* point of view), 推理出力学世界应有的各种性质, 重在培养学生的理性逻辑思维能力. 从认识论和方法论的角度, 原来将同一研究对象区分为《普通物理 · 力学》和理论力学是有一定道理的.

但上述划分也不是绝对的, 特别是, 中国科学院大学除物理学院、工程学院外, 其他大多数学院的本科生基本上不会再选修理论力学课程, 分析力学作为 “力学中的力学” 将为很多后续课程提供重要的理论基础. 因此, 适当地将普物力学和理论力学进行融合不但必要而且对于像国科大这样起点高的同学们完全是行得通的. 本课程则努力践行了这种尝试.

§8. 物理学的统一

为什么经典力学成了物理学的起点? 经典力学在整个物理学中占据何位置? 爱因斯坦说过: “在牛顿之前, 还没有什么实际的结果来支持那种认为物理因果关系有完整链条的信念.” 也就是说, 物理学依赖于一种基本的信念: 物理世界存在着完整的因果链条, 即自然界是统一的, 牛顿力学则是体现这种信念的第一个成功的范例.

如图 8.1 所示, 1687 年所创立的牛顿力学[1.1] 和万有引力定律, 是物理学上第一次大的统一. 从而打破了亚里士多德的 “天界 (celestial, 神界, 月上)” 和 “人间 (terrestrial, 世俗, 月下)” 的界限, “万有” 就是强调这种统一. 如图 8.2.

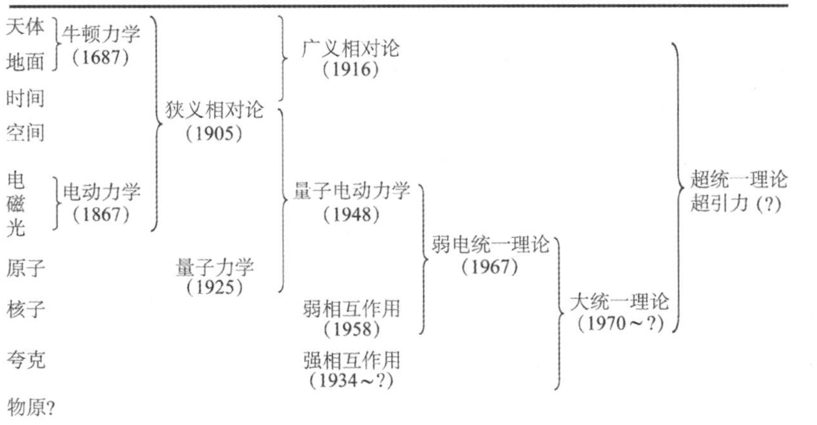

图 8.1　物理学发展中的统一历程

1865 年, 麦克斯韦建立了电磁理论[1.16], 也就是麦克斯韦方程组, 使电、磁、光得到统一, 电动力学 (electrodynamics) 得以创立. 费曼在其物理学讲义中, 对麦克斯韦是这样评论的: “从人类历史的长久观点来看 —— 例如从自今以后一万年的观点来看, 几乎无疑的是, 麦克斯韦发现电动力学定律将被判定为十九世纪中最重

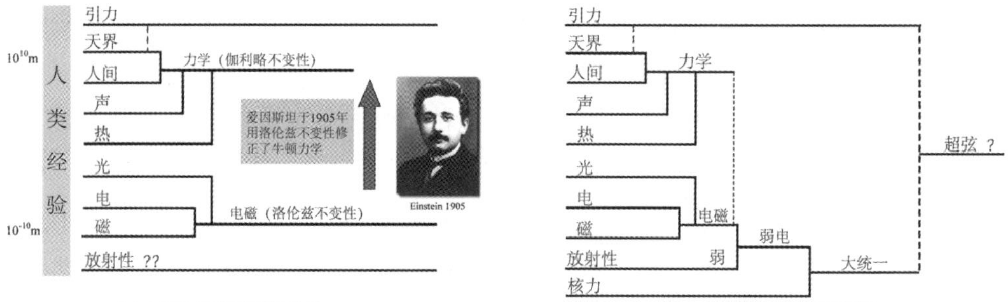

(a) 1900 年代的物理学　　(b) 二十世纪晚期的物理学

图 8.2　物理学统一历程的不同阶段

要的事件. 与这一重要科学事件相比, 发生于同一个十年中的美国内战将褪色而成为只有地区性意义的了.” (“From a long view of the history of mankind — seen from, say, ten thousand years from now — there can be little doubt that the most significant event of the 19th century will be judged as Maxwell’s discovery of the laws of electrodynamics. The American Civil War will pale into provincial insignificance in comparison with this important scientific event of the same decade.”) 文中, 费曼所指的美国内战是指发生于 1861~1865 年的南北战争.

1905 年, 爱因斯坦抛弃了绝对空间的概念, 创立了狭义相对论[1.17], 统一了时间和空间, 从而使得电磁学、力学在新的时空观的基础上达到了协调和统一.

1916 年, 爱因斯坦所创立的广义相对论[1.18] 是能与电磁理论相协调的引力理论, 进一步统一了时空和引力, 我们感受到的引力其实不过是时空的弯曲所致.

在 1920 年代所创立的量子力学统一了微观世界的粒子性和波动性, 它们只需要用一个波函数和一个薛定谔方程 (Schrödinger equation)[1.19] 就可以描述.

1947~1948 年创立起来的重正化方法 (renormalization)[1.20] 使量子力学和电磁理论得到统一, 量子电动力学 (quantum electrodynamics, QED) 得以创立.

四种基本相互作用: 强相互作用、电磁相互作用、弱相互作用、引力, 仍然不够统一.

弱电统一是理论物理的巨大胜利. 如图 8.3 所示, 格拉肖 (Sheldon Glashow, 1932~)、萨拉姆 (Abdus Salam, 1926~1996) 和温伯格 (Steven Weinberg, 1933~2021)

完成了弱电统一的理论架构, 分享了 1979 年度的诺贝尔物理学奖.

图 8.3　黑板的力量 —— 格拉肖、萨拉姆、温伯格

如图 8.4 所示, 弗朗瓦索 · 恩格勒 (François Englert, 1932～　) 和彼得 · 希格斯 (Peter Higgs, 1929～　) 描述了质量相关对称破缺机制, 他们分享了 2013 年度诺贝尔物理学奖.

图 8.4　黑板的力量 —— 恩格勒、希格斯

大统一理论 (grand unification theory, GUT): 电磁 – 弱相互作用 – 强相互作用之间的统一.

超统一 (super unification) 理论: 将引力和其它作用统一起来. 如何进一步统一引力论和量子论, 从而实现超统一? 物理学家已经花了很多年的时间, 还都摸不着头脑. 诸如超弦 (superstring) 理论、超对称理论等所谓 “超级” 理论也在不断努力, 尝试寻找突破口.

上述四种基本相互作用也被简称为四种基本力. 这四种基本力的作用距离、强度、传播子 (carriers) 和对距离的标度关系在表 8.1 中详细给出. 近年来, 学术界针对第五种基本力的探索也引起了广泛的关注, 请见思考题 1.6 和 1.7.

表 8.1　四种基本力之间的比较

基本力的类型	作用距离	力的强度 (以强力为 1)	传递子	对距离 r 的标度关系
引力	长程 ($\sim10^{26}$ m)	10^{-39}	引力子 (?) 尚未观察到	$1/r^2$
弱力	约小于 10^{-19} m	10^{-6}	中间玻色子 W^+、W^- 和 Z^0 1983 年观察到	$1/r^{5\sim7}$
电磁力	长程	1/137	光子 1923 年观察到	$1/r^2$
强力	约小于 10^{-15} m	1	胶子1978 年间接观测到	$1/r^7$

牛顿在 *Principia* 中发现的万有引力, 开创了人类科学启蒙的起点. 但它至今依然是深藏不测的大谜, 引力本质的认识, 也许是万物理论 (theory of everything, TOE) 的终点. 我们可以将基础科学的三大发现, 万有引力、相对论与量子力学用三个宇宙基本常数 (fundamental constants of nature) 来描写, 分别就是: 牛顿万有引力常数 G; 量子力学的约化普朗克常数 $\hbar$; 爱因斯坦相对论提出永恒不变的光速 c. 它们分别出现在: (1) 牛顿万有引力定律: $\boldsymbol{F}=-G\dfrac{m_1m_2}{r^2}\hat{\boldsymbol{r}}$; (2) 粒子能量与波动频率的普朗克公式: $E=\hbar\omega$; (3) 爱因斯坦质–能公式: $E=mc^2$.

把上述三个基本常数 $(G,\hbar,c)$ 定为三个坐标轴, 可得到一个如图 8.5 所示的神秘魔方. 其中, 坐标原点是用经典力学描写的原子微观世界. 在原子的尺度, 引力不重要, 可设 $G=0$. 电子的速度远小于光速, 可设 $c=0$. 经典力学没有量子效应可设 $\hbar=0$.

从图 8.5 中的坐标原点出发沿 G 轴前进, 我们来到的是牛顿万有引力的宏观

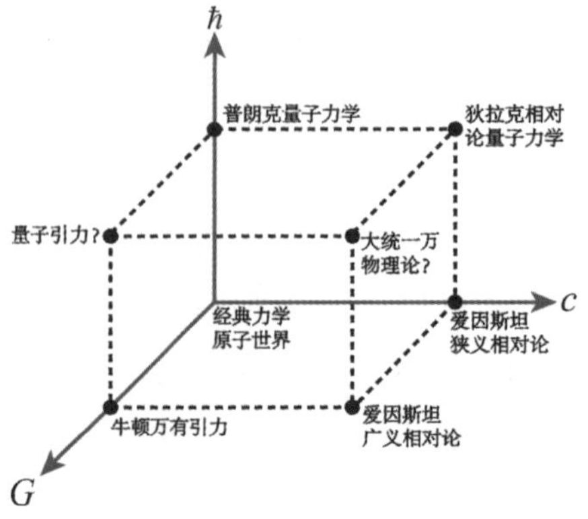

图 8.5　用三个基本常数表示的魔方

世界. 沿 $\hbar$ 轴往上, 我们步入的是量子物理描写的微观世界. 沿 c 轴追近光速, 我们便进入了爱因斯坦相对论的时空.

在这三个伟大发现之后, 人类求知的焦点, 就是把宏观宇宙、微观世界与光速时空三者统一起来. 爱因斯坦统一了万有引力与狭义相对论 (G,c), 发现了广义相对论并预言了引力波. 狄拉克统一了狭义相对论与量子力学 $(\hbar,c)$, 并预言了反粒子.

由于 $2^3=8$, 张首晟 (1963~2018) 指出, 可以把阴阳对应于无有, 把三爻对应于 $(G,\hbar,c)$, 三爻阴阳交叉便得八卦, 正好相对于神秘魔方的八个顶角. 魔方原点对应于 (无 G, 无 $\hbar$, 无 c) 的坤象, 狭义相对论对应于 (无 G, 无 $\hbar$, 有 c) 的震象, 等. 这样大统一万物理论就对应于 (有 G, 有 $\hbar$, 有 c) 的乾象, 包容了乾坤万物.

§9. 物理学中的架构和美

当广义相论论最后成功解释天体现象的时候, 有人问爱因斯坦, 假如你观测到的现象和你的理论有不同的时候, 你会怎么想? 爱因斯坦说, “我会替造物者惋惜, 居然不懂得用到这样漂亮的理论.” 为什么漂亮呢? 因为用了等效原理, 同时能够解释天体的问题. 爱因斯坦后来多次讲到, 数学的美是很重要的, 甚至比实践还要重要. 爱因斯坦讲授相对论的经典情景如图 9.1 左图所示.

图 9.1　黑板的力量 —— 爱因斯坦、狄拉克

1963 年, 狄拉克 (Paul Adrien Maurice Dirac, 1902~1984, 1933 年诺贝尔物理学奖得主, 如图 9.1 右图所示)[1.21] 曾超凡脱俗地指出: “这个结果太美了以至于不可能是假的. 使一个方程具有美感比使它去符合实验更重要 (This result is too beautiful to be false; it is more important to have beauty in one's equations than to have them fit experiment).” 由此看来, 在美和与实验相符合二者间, 狄拉克首选的是美! 简单性原则 (principle of simplicity) 和数学美原则 (principle of mathematical beauty) 都是科学要遵循的基本原则, 但当两者发生冲突时, 哪个原则更高? 1936

年 2 月 6 日, 37 岁的狄拉克在他的题为“数学和物理学之间的关系” (The relation between mathematics and physics) 的斯科特奖 (James Scott prize) 的演讲中谈到, 研究工作者在他致力于用数学形式表示自然界时, 应该主要追求数学美. 他还应该把简单性附属于美而加以考虑. 通常的情况是, 简单性的要求和美的要求是相同的, 但在它们发生冲突的地方, 数学美比简单美更为重要. 狄拉克甚至用了“伟大的数学美 (great mathematical beauty)”之称谓. 狄拉克的科学美学观包含一般性 (generality)、普适性 (universality)、完备性 (completeness). 从牛顿力学到相对论, 变换群需要从伽利略群到洛伦兹群. 狄拉克认为, 洛伦兹群要比伽利略群美得多 (much more beautiful), 因为洛伦兹群更具有一般性, 而伽利略群只不过是洛伦兹群的一个特例.

图 9.2 希尔伯特、外尔师生在一起 (1925)

如图 9.2 所示, 被公认为二十世纪最伟大的数学家希尔伯特 (David Hilbert, 1862~1943) 的接班人的赫尔曼 · 外尔 (Hermann Weyl, 1885~1955) 曾对弗里曼 · 戴森 (Freeman Dyson, 1923~2020) 半开玩笑地说[1.22]: “我的工作总是努力将真与美统一起来; 但是, 如果只能选择其中之一, 那么我选择美 (My work has always tried to unite the true with the beautiful and when I had to choose one or the other, I usually chose the beautiful).” 戴森指出[1.21], 这段话是对他个性的完美概括, 表明他对自然终极和谐的深刻信念, 自然的规律必将以数学美的形式呈现出来.

徐一鸿 (Anthony Zee) 也指出: “让我们先来关心美吧, 而真用不着我们操心! (Let us worry about beauty first, and truth will take care of itself!)” 在很多数学家和物理学家眼里, 美先于真 (beauty before truth).

图 9.3 黑板的力量 —— 费曼、杨振宁

杨振宁等许多著名物理学家[1.23,1.24] 也都讨论过物理学之美. 关于图 9.3, 杨振宁于 2017 年 7 月 26 日, 针对该照片给本书作者回复: That photo was taken at the Rochester Conference in the summer of 1957. I was the chairman of that session, and Feynman was the speaker. —— CNY.

玻尔兹曼 (Ludwig Boltzmann, 1844~1905) 在阅读了麦克斯韦的文章后将其和音乐做出了如下著名的类比: “正像音乐家在听到几个音节后, 即能辨认出莫扎特 (Mozart)、贝多芬 (Beethoven) 或舒伯特 (Schubert) 的音乐一样, 一位数学家也能在读了数页文字后辨认出柯西 (Cauchy)、高斯 (Gauss)、雅可比 (Jacobi)、亥姆霍兹 (Helmholtz) 或基尔霍夫 (Kirchhoff) 的工作. 法国作者极为注意形式上的优美, 而英国人, 尤其是麦克斯韦则表现出具有戏剧感. 例如, 谁不熟悉麦克斯韦有关空气动力学理论的研究报告? 先是庄严地展开速度的变化, 接着从一个方面引入状态方程, 从另一个方面引入中心场的运动方程. 公式的变化令人眼花缭乱. 突然, 我们好像听到了四次定音鼓的冲打声, 不吉利的精灵 ‘取 n=5’ 消失了: 就像迄今在乐曲中的低音部里占主导地位的形象突然沉默了一样 …… 麦克斯韦写的并不是附有说明注解的标题音乐 …… 一个结果迅速地接着另一个结果, 直到最后, 作为一个意外的高潮, 我们得到了热平衡条件和输运系数的表达式. 帷幕降下来了.” 上述评价的英文原文见思考题 1.8.

杨振宁指出: 物理学的原理有它的结构. 这个结构有它的美和妙的地方. 而各个物理学工作者, 对于这个结构的不同的美和妙的地方, 有不同的感受. 因为大家有不同的感受, 所以每位工作者就会发展他自己独特的研究方向和研究方法. 也就是说他会形成他自己的风格.

为了解释物理学不同的内涵特点, 请看图 9.4 所表示的物理学的三个领域和其中的关系: 唯象理论 (phenomenological theory) (2) 是介乎实验 (1) 和理论架构 (3) 之间的研究. (1) 和 (2) 合起来是实验物理, (2) 和 (3) 合起来是理论物理, 而理论物理的语言是数学.

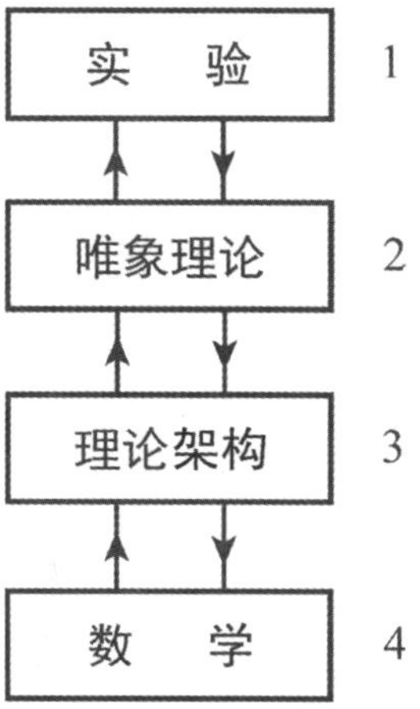

图 9.4　物理学中的三个领域[1.23]

物理学的发展通常自实验 (1) 开始, 即自研究现象开始. 关于这一发展过程, 我们可以举很多大大小小的例子. 先举牛顿力学的历史为例. 第谷 · 布拉赫 (Tycho Brahe, 1546~1601) 是实验天文物理学家, 活动领域是 (1). 他做了关于行星轨道的精密观测. 后来开普勒 (Johannes Kepler, 1571~1630) 仔细分析布拉赫的数据, 发现了开普勒三大定律. 这是唯象理论 (2). 最后牛顿创建了牛顿力学与万有引力理论, 其基础就是开普勒的三大定律. 这是理论架构 (3).

再举一个例子: 通过十八世纪末、十九世纪初的许多电学和磁学的实验 (1), 安培 (André-Marie Ampère, 1775~1836) 和法拉第 (Michael Faraday, 1791~1867) 等发展出了一些唯象理论 (2). 最后由麦克斯韦归纳为麦克斯韦方程, 才步入理论架构 (3) 的范畴.

另一个例子: 十九世纪后半叶许多实验工作 (1) 引导出普朗克 (Max Planck, 1858~1947, 1918 年诺贝尔物理学奖得主, 如图 9.5 右所示) 1900 年的唯象理论 (2). 然后经过爱因斯坦的文章和上面提到过的玻尔的工作等, 又有一些重要发展, 但这些都还是唯象理论 (2). 最后通过量子力学之产生, 才步入理论架构 (3) 的范畴.

图 9.5　黑板的力量——玻尔、普朗克在写有麦克斯韦方程组的黑板前交谈

图 9.6 标明玻尔 (Niels Bohr, 1885~1962, 1922 年诺贝尔物理学奖得主, 如图 9.5 左所示)、海森堡 (Werner Heisenberg, 1901~1976, 1932 年诺贝尔物理学奖得主, 如图 9.7 左图所示)、薛定谔 (Erwin Schrödinger, 1887~1961, 1933 年诺贝尔物理学奖得主, 如图 9.7 右图所示) 和爱因斯坦的研究领域. 爱因斯坦兴趣广泛, 在许多领域中, 自 (2)~(3)~(4), 都曾做出划时代的贡献.

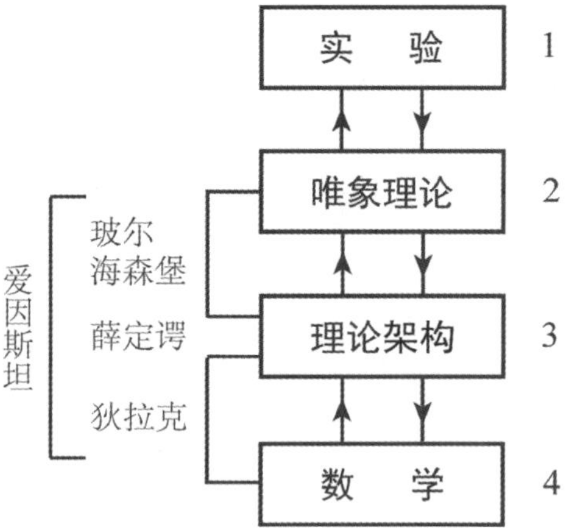

图 9.6　几位大物理学家的研究领域[1.23]

事实上, 海森堡也曾为 “美” 下过著名的定义: “美是各部分之间以及各部分与整体之间固有的和谐 (beauty is the proper conformity of the parts to one another and to the whole).”

图 9.7　黑板的力量 —— 海森堡、薛定谔

物理学自 (1)~(2)~(3) 是自表面向深层的发展. 表面有表面的结构, 有表面的美. 譬如虹 (rainbow) 和霓 (secondary rainbow) 是极美的表面现象, 人人都可以看到. 如图 9.8, 实验测量发现虹是 42° 的弧, 红在外, 紫在内; 霓是 52° 的弧, 红在内, 紫在外. 这种准确规律增加了人们对自然现象的美的认识. 这是第一步 (1). 进一步的唯象理论研究 (2) 使物理学家了解到这 42° 与 52° 可以从阳光在水珠中的折射与反射推算出来, 此种了解显示出了深一层的美. 再进一步的研究更深入了解折射与反射现象本身可从一个包容万象的麦克斯韦方程推算出来, 这就显示出了极深层的理论架构 (3) 的美.

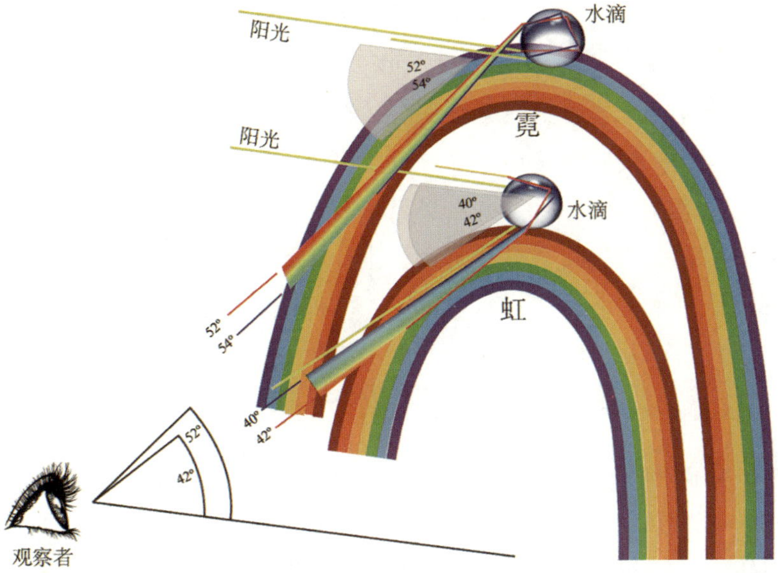

图 9.8 虹和霓的区别

牛顿运动方程、麦克斯韦方程、爱因斯坦狭义与广义相对论方程、狄拉克方程、海森堡方程和其他五六个方程是物理学理论架构的骨干. 它们提炼了几个世纪的实验工作 (1) 与唯象理论 (2) 的精髓, 达到了科学研究的最高境界. 它们以极度浓缩的数学语言写出了物理世界的基本结构, 可以说它们是造物者的诗篇.

这些方程还有一方面与诗有共同点: 它们的内涵往往随着物理学的发展而产生新的、当初所完全没有想到的意义. 举两个例子: 上面提到过的十九世纪中叶写下来的麦克斯韦方程是在二十世纪初通过爱因斯坦的工作才显示出高度的对称性, 而这种对称性以后逐渐发展为二十世纪物理学的一个最重要的中心思想. 另一个例子是狄拉克方程. 它最初完全没有被数学家注意, 而今天狄拉克流形 (Dirac manifold) 已变成数学家热门研究的一个新课题.

学物理的人了解了这些像诗一样的方程的意义以后, 对它们的美的感受是既直接而又十分复杂的.

它们的极度浓缩性和包罗万象的特点也许可以用《费曼物理学讲义》[1.25] 第一卷第三章的末尾, 费曼写了一段很优美的话来描述: 有位诗人曾经说过, "整个宇宙就在一杯酒中 (The whole universe is in a glass of wine)". 我们也许永远不会知道他是在什么意义上说这句话的, 因为诗人写诗不是为了被理解. 不过当我们足够细致地观察一杯酒时, 我们的确可以看到整个宇宙. 那里有很多物理的东西: 以一种与风和天气有关的方式蒸发着的液体, 玻璃上的反射, 以及我们想象力所添加的原子. 玻璃是地球岩石的提炼物, 从它的成分里我们窥视到宇宙的年龄和星体演化的奥秘. 酒里面有什么奇妙的化学组成? 它们从何而来? ······ 如果我们的绵薄智力为了便利之故将这杯酒, 这个宇宙, 分成了几个部分 —— 物理学、生物学、地质学、天文学、心理学, 等等 —— 那么要记住大自然并不知道这一切! 因此让我们把所有这些都放回去, 别忘记酒最终是为了什么. 让它最后再给我们一次快乐吧: 喝掉它, 然后把一切都忘掉!

思考题和补充材料

1.1　哈密顿在 17 岁便开始学习拉格朗日的分析力学著作, 由于后来创建哈密顿力学的贡献, 他在世时的绰号 (epithet) 是 “爱尔兰的拉格朗日 (the Irish Lagrange)”. 1827 年, 22 岁的哈密顿就被爱尔兰的都柏林大学聘任为天文学教授.

哈密顿曾多次强调说他主要是诗人而不是科学家 (Hamilton repeatedly claimed that he was primarily a poet rather than a scientist), 说明哈密顿在年轻时对诗歌的创作充满着热情并花费了大量的宝贵时间. 哈密顿于 1827 年第一次遇到英国诗人威廉 · 华兹华斯 (William Wordsworth, 1770~1850) 后, 两人便经常通信. 1831 年 11 月, 华兹华斯收到时年 26 岁的哈密顿的两封信, 信中附有其创作的九首十四行诗. 华兹华斯在回信中, 劝说哈密顿应该专注于科学研究, 而不是被诗歌引入歧途 (to be led astray by poetry). 此后, 哈密顿便将其主要精力用于数学和物理学的研究, 终于在 1834 年和 1835 年创立了哈密顿力学, 时年恰好处于 29 岁和 30 岁的而立之年. 哈密顿在创造高峰时经常不能正规用餐, 而是边用餐边工作. 他去世后, 在他的论文手稿中找到不少吃剩的肉骨头和三明治等残物. 结合牛顿和哈密顿体会一些大科学家在创造巅峰状态时废寝忘食的工作状态.

1.2　四元数 (quaternion) 是由哈密顿于 1843 年发现的. 当时他正研究扩展复数到更高的维次. 他不能做出三维空间的例子, 但四维则造出四元数. 哈密顿夫妻于 10 月 16 日在爱尔兰都柏林的皇家运河 (Royal Canal) 旁散步时, 哈密顿突然想到: $i^2 = j^2 = k^2 = ijk = -1$ 的方程解. 之后, 哈密顿立刻将此方程刻在附近布鲁穆桥 (Brougham Bridge, 现称为金雀花桥 Broom Bridge). 纵观整个物理学, 下一步何处走? 杨振宁提出一个 “something like this” 的方向: 应该是四元数发挥作用的时候了! 为什么杨振宁会有这个看法? 请查找相应的资料.

题图 1.2　哈密顿通过一闪而过的灵感 (a flash of genius) 发现了四元数并刻在桥的石头上

1.3　为什么一般地将 1925 年作为经典物理的坐标?

1.4　阿诺尔德于 1957 年 19 岁时就解决了希尔伯特第十三问题, 此后对多个数学领域都有重大贡献, 包括动力系统理论 (26 岁时为 KAM 定理的创立做出了关键的贡献)、突变论、拓扑学、代数几何、经典力学、奇点理论等.

问题: 请初步了解希尔伯特的 23 个问题.

1.5 行军蚁 (army ants) 造桥的秘密[1.26] 与最短路径原理的关系思考. 俗话说, 逢山开路, 遇水搭桥. 如图所示, 亚马孙河流域的行军蚁特别善长在遇到障碍时用自己的身体搭桥. Reid 等最近发现, 这种蚂蚁桥的秘密可能会为开发未来智能机器人提供思路.

题图 1.5 行军蚁造桥与最短路径[1.26]

行军蚁喜欢群体生活, 一般一个群体就有一二百万只. 它们喜欢迁移, 没有固定居所, 习惯在行动中发现猎物. 在遇到水洼等障碍物时, 行军蚁能够将彼此的身体连接在一起, 搭造一座桥梁, 供蚂蚁大部队通过, 以节省爬行距离. 这种桥的搭建和拆解速度极快, 可以按秒计算.

观察发现, 蚁桥会根据行军蚁对外界情况的了解不断变化. 蚁桥能够从最初搭建的位置缓慢移动, 通过增加蚁桥中行军蚁的数量, 延长桥的长度, 不断缩短蚁群距目标地的距离.

研究又发现, 动态蚁桥并不总是能够实现最短路程, 往往蚁桥延长到一定程度, 参与搭建蚁桥的蚂蚁数量就不会继续增加了, 桥的长度也停止增长.

研究人员认为, 行军蚁在建桥过程中运用了运筹学方法. 由于参与建桥的蚂蚁无法参与其他工作, 当蚁群一旦发现延长桥梁所投入的蚂蚁数量与其他工作所需的蚂蚁数量失去平衡, 它们就会停止投入更多的蚂蚁.

借鉴行军蚁的决策机制, 研究人员可以设计出一套简易的智能机器人控制程序, 未来能让机器人完成在危险环境下搭建移动桥梁等工作.

有关研究成果发表在 2015 年美国《国家科学院院刊》($PNAS$) 月刊[1.26].

1.6 有关第五种基本力的探索. 2016 年美国加州大学欧文分校 (UCI) 的学者在《物理评论快报》(*PRL*) 发表论文[1.27], 可能是第五种基础自然力存在的证据. UCI 小组 2015 年中期遇到匈牙利科学院的实验核物理学家的研究, 这些核物理学家正在寻找 “暗光子 (dark photons)”, 这些粒子意味着看不见的暗物质, 物理学家说它们约占宇宙质量的 85%. 匈牙利科学家的研究工作发现了异常的放射性衰变[1.28], 表明存在一种比电子重 30 倍的轻粒子. UCI 小组研究了匈牙利研究者的研究数据以及所有其他在这个领域之前的实验, 显示此证据无论是对暗物质粒子还是对暗光子都极不支持. 因此, 他们提出了一种新的理论. 综合所有现有数据之后, 确定此发现可能意味着是第五种基本力. 这种暗区力可能体现为疏质子力 (protophobic force), UCI 学者强调他们看到的就是匈牙利科学家的实验结果. 实际情况是否确实存在第五种作用力, 有待进一步的实验证实.

1.7 2017 年 5 月 26 日《物理评论快报》期刊发表的论文称[1.29], 爱因斯坦的广义相对论再次经受住了考验, 同时, 也未发现第五种基本力存在的证据. 美国科学家借助夏威夷凯克天文台近 20 年的数据, 获得了银河系中心超大质量黑洞附近两颗恒星 S0-1 和 S0-38 的清晰运行轨迹, 发现这两颗恒星的运行方式没有偏离广义相对论.

宇宙中存在四种基本作用力: 弱力、强力、电磁力和引力. 但许多观测迹象对广义相对论提出挑战, 一些科学家假设存在第五种基本力, 并希望通过发现这种力的存在, 来证明相对论存在漏洞和偏差.

加州大学洛杉矶分校的奥莱里昂 · 希斯 (Aurélien Hees) 认为, 银河系最中心的超大质量黑洞 “人马座 A*”(Sagittarius A*) 周围, 最有可能发现第五种力. 一般情况下, 黑洞周围的恒星会向黑洞 “喂食” 自身气体云盘, 导致恒星运行轨迹发生改变, 从而对验证广义相对论造成的干扰; 但 “人马座 A*” 与周围恒星的间距不够近, 恒星气体不会被 “卷进” 黑洞, 因此能提供更清晰的检测.

希斯和同事从二十世纪九十年代末开始, 持续 20 年长期跟踪 “人马座 A*” 附近恒星的运行轨迹. 他们跟踪到 S0-1 和 S0-38 围绕 “人马座 A*” 运行一周的完整轨迹, 运行周期分别为 16 年和 19 年. 他们发现, 这两颗恒星围绕 “人马座 A*” 快速运转的方式, 完全遵循广义相对论的预言. 希斯说: “这是广义相对论首次在超大质量黑洞附近经受住考验 (It’s the first time that general relativity is really tested around a supermassive black hole).”

1.8 科学论文和乐曲之间的类比性. 玻尔兹曼评价的英文原文: Even as a musician can recognize his Mozart, Beethoven, or Schubert after hearing the first few bars, so can a mathematician recognize his Cauchy, Gauss, Jacobi, Helmholtz, or Kirchhoff after the first few pages. The French writers reveal themselves by the extreme formal elegance, while the English, especially Maxwell, by their dramatic sense. Who, for example, is not familiar with Maxwell’s memoirs on his dynamical theory of gases? ··· The variations of the velocities are, at first, developed majestically; then from one side enter the equations of state; and from the other side, the equations of motion in a central field. Ever higher soars the chaos of formulae. Suddenly, we hear, as from kettle drums, the four beats "put $n = 5$." The evil spirit V (the relative velocity of the two molecules) vanishes; and, even as in music, a hitherto dominating figure in the bass is suddenly silenced, that which had seemed insuperable has been overcome as if by a stroke of magic ··· This is not the time to ask why this or that substitution. If you are not swept along with the development, lay aside the paper. Maxwell does not write programme music with explanatory notes ··· One result after another follows in quick succession till at last, as the unexpected climax, we arrive at the conditions for thermal equilibrium together with the expressions for the transport coefficients. The curtain then falls.

1.9　作用量的量纲是什么? 普朗克常数 h 和约化普朗克常数 $\hbar = h/2\pi$ 的量纲是否和作用量的量纲相同? 判断一个力学系统是否出现量子效应的判据: 作用量 S 和约化普朗克常数 $\hbar$ 同量级: $S \sim \hbar$. 详见表 26.1 中的内容.

1.10　海森堡将科学探索和爬山进行了类比, 他说: 爬山的时候, 你想爬某个山峰, 但往往到处是雾 ······ 你有地图, 或别的索引之类的东西, 知道你的目的地, 但是仍堕入雾中. 然后 ······ 忽然你模糊地, 只在数秒钟的功夫, 自雾中看到一些形象, 你说: "哦, 这就是我要找的大石." 整个情形自此而发生了突变, 因为虽然你仍不知道你能不能爬到那块大石, 但是那一瞬间你说: "我现在知道我在什么地方了. 我必须爬近那块大石, 然后就知道该如何前进了."

1.11　美可以分为优美 (the beautiful) 和壮美 (the sublime)[1.30]. 如何从优美和壮美的角度进一步理解物理学中的美?

1.12　美 (beauty) 和优雅 (elegance) 是同义词. 在评价某一篇科技文章的工作十分漂亮时, 也常用英文 elegant 来形容.

1.13　上帝视觉的一个典型例子. 黄克孙 (Kersong Huang, 1928～2016) 在其 *Fundamental Forces of Nature*[1.31] 的结束语中谈到宇宙的演化: 物理学是真理 (Physics is truth). 当能量从大爆炸减退后, 它沿着一条拉格朗日量空间轨迹滑行. 当吸引并附着在一些不动点上, 逗留在相邻区域 —— 这是不动点的特性, 而且是必然的. 于是开始了从不动点到另一不动点的旅程, 也仅仅在这些港湾, 我们才有机会观察和了解它. 正是在这些时间里, 美和真合而为一.

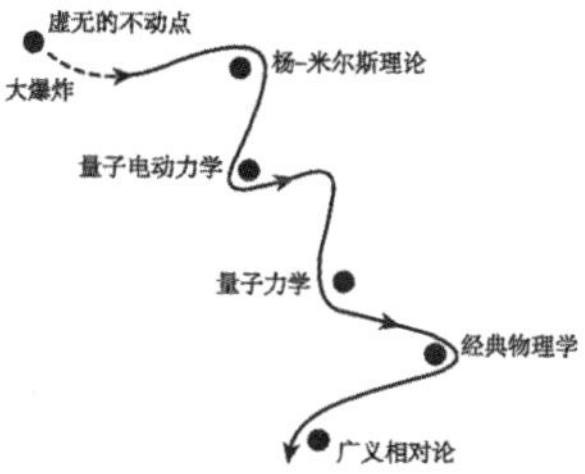

题图 1.13　宇宙演化的轨迹

1.14　图 1.3(b) 业已阐明, 爱因斯坦站在麦克斯韦的肩膀上. 如果有人问: 麦克斯韦又站在哪位巨人的肩膀上? 答案之一可能是: 法拉第.

1.15　朗道在二十世纪三十年代曾做过一个物理学家排名表, 从 0 到 5 按照创造力的对数标度 (logarithmic scale), 称为: "朗道天才标度 (Landau genius scale, LGS)" "朗道排名 (Landau's ranking, LR)" 或 "朗道物理学家天才标度 (Landau physicist genius scale)",

简称: 朗道标度 (Landau's scale). 按照以 10 为底的对数来进行衡量的话, 一个二流的物理学家比三流物理学家的贡献要大 10 倍. 开派宗师牛顿的朗道标度为 0; 爱因斯坦的朗道标度为 1/2; 量子力学的创始人们 —— 玻尔、海森堡、狄拉克、薛定谔 —— 标度为 1, 其他标度为 1 的物理学家包括: 费米、德布罗意、印度物理学家玻色 (Satyendra Bose)、狄拉克的妹夫维格纳 (Eugene Wigner) 等. 朗道开始谦虚地给自己定标为 2.5, 获得诺贝尔物理学奖后将自己迁至 2.0, 晚年将自己迁至 1.5. 另外一个版本是, 直到二十世纪五十年代初, 在同金兹堡写完关于超导 "朗道–金兹堡方程 (Landau-Ginzburg equation)" 的论文后, 朗道把稿子往桌上一扔, 叹道: "终于爬到了第二流物理学家的位置."

据说朗道将这个排名表藏在自己的大衣里随身携带 (he supposedly kept in his coat pocket). 他将排名比他高的或者和他可比的 (如 Wolfgang Pauli) 物理学家称为 "优越智力 (superior intellects)"; 他将排名比他低的人称为 "蠢才 (fools)"; 他将标度为 5 的所谓 "五流物理学家" 称为 "病态 (pathologists, pathological types)". 按照朗道排名, 杨振宁的标度应为 1, 而绝大多数的 "平凡的物理学工作者 (mundane physicists)" 也只能归于五流, 因为标尺的刻度到 5 为止.

1.16 朗道曾经酸溜溜地表示: "漂亮姑娘都和别人结婚了, 现在只能追求一些不太漂亮的姑娘了." 这里 "漂亮姑娘" 指的是量子力学, 量子力学是现代物理学的基础, 于二十世纪三十年代由海森堡、薛定谔、索末菲和狄拉克等幸运儿建立, 朗道因为比他们小几岁所以没能赶上这次物理学史上关键的淘金行动. 所以有的史学家慨叹: 朗道生不逢时. 言外之意就是, 他要是早生个一二十年, 正赶上本世纪初物理学的革命时期, 也就是相对论、量子论的草创阶段, 以他的才情学识, 对人类知识的贡献, 当可以使他跻身于爱因斯坦、玻尔这样的世界级大师之列. 朗道对自己也有 "生不逢时" 的感叹, 对于自己没能赶上量子力学的创建, 感到极度惋惜.

1.17 朗道是 "典型的浪漫派科学家". 对多种科学领域都有百科全书式的知识, 特别对边缘科学表现出强烈的兴趣, 使他观察事物敏锐, 分析问题深刻、全面, 富于创见. 朗道认为, 费米是一位不可多得的 "全能物理学家", 在费米逝世以后, 他感叹地说: "现在我就是最后一位全能物理学家了!" 应该承认, 他的这种看法并非自夸自赞, 而是有着不容怀疑的真实根据的. 朗道临终的一句话是: "我这辈子没有白活, 总是事事成功."

1.18 统计力学的奠基人之一、奥地利的物理学家玻尔兹曼 (Ludwig Boltzmann, 1844~1906), 他带了一个好徒弟埃伦费斯特 (Paul Ehrenfest, 1880~1933), 是荷兰人. 埃伦费斯特带了一堆好学生, 有好几个拿了诺贝尔奖, 其中一个学生叫费米 (Enrico Fermi, 1901~1954), 他也带了不少好学生, 包括李政道. 埃伦费斯特有一个学生叫乌伦贝克 (George Eugene Uhlenbeck, 1900~1988). 乌伦贝克是电子自旋概念的提出者之一. 1956 年 2 月, 美国物理教师协会授予他给物理教学的最高奖 —— 奥斯特奖, 因为他也是一个非常好的老师. 领取这个奖的时候, 乌伦贝克做了一个题为 "Reminiscences of Professor Paul Ehrenfest"[1.32] 的演讲. 乌伦贝克在演讲中深情地回忆了他敬爱的老师. 他的老师埃伦费斯特曾经说过, 对一个科学研究者的主要要求就是自信 (confidence in himself). 埃伦费斯特还曾经说过一句名言: “Weshalb habe ichsolche gut Studenten? Weil ich so dumm bin! (我的学生之所以这么棒, 就是因为我自己很蠢!)”

1.19 奥斯特奖 (The Oersted Medal) 创立于 1936, 由美国物理教师协会 (the American Association of Physics Teachers) 颁发. 该奖由物理学家 Hans Christian Ørsted (1777~1851) 的姓命名, 是美国物理教师学会的最高奖. 奥斯特获奖者中包括多位诺贝尔奖获得者: Robert Andrews Millikan, Edward M. Purcell, Richard Feynman, Isidor I. Rabi, Norman F. Ramsey, Hans Bethe, Carl Wieman, 等. 有的虽未获得诺贝尔奖, 却是著名物理学家, 有的甚至被称为一代宗师或教父, 如: Arnold Sommerfeld, George Uhlenbeck, Jerrold Zacharias, Philip Morrison, Melba Phillips, Victor Weisskopf, Gerald Holton, John A. Wheeler, Frank Oppenheimer, Robert Resnick, Carl Sagan, Freeman Dyson, Daniel Kleppner, Lawrence Krauss, Anthony French, David Hestenes, Robert Karplus, Robert Pohl, Francis Sears, 等.

1.20 卢瑟福 (Ernest Rutherford, 1871~1937) 本人是一位伟大的物理学家, 同时更是一位伟大的物理导师, 他以敏锐的眼光去发现人们的天才, 又以伟大的人格去关怀他们, 把他们的潜力充分挖掘出来. 他的实验室被称为 “诺奖幼儿园”, 产生过十余位诺贝尔奖得主, 包括玻尔和狄拉克. 卢瑟福 “诺奖幼儿园” 培养过一个苏联的物理学家卡皮查. 1921 年, 卡皮查进卢瑟福实验的申请一开始被卢瑟福以人满为患为由而拒绝. 卡皮查就问卢瑟福: “您的实验误差是多少?” 卢瑟福不明其意地答道: “一般在百分之二到三.” 卡皮查恶作剧地笑道: “您的实验室有三十几个人, 增加一人正好在误差范围内.” 卢瑟福是个性格豪爽的人, 哈哈一笑就把他收下了, 而且一留就是 14 年. 1934 年, 在他一年一度回苏联探望他的母亲后, 便没有返回英国. 1978 年, 84 岁的高龄的卡皮查获得诺贝尔物理学奖.

题图 1.21 玻恩和泡利在一起 (1925 年秋天), 玻恩似乎在揪泡利的耳朵

1.21 德国哥廷根大学的玻恩 (Max Born, 1882~1970) 教授的实验室也是 “诺奖幼儿园”. 1921 年起, 玻恩在哥廷根大学当了 12 年的物理系主任, 1933 年因纳粹迫害而离职, 二十世纪二十年代举办一周一次的 “物理结构讨论班”, 吸引了全世界的量子物理青年才俊, 名单中可以看到一长串量子物理史上闪闪发光的名字 —— 海森堡 (1932 年诺贝尔物理学奖获得者)、泡利 (1945 年诺贝尔物理学奖获得者)、奥本海默、康普顿、约尔丹、狄拉克、鲍林 …… 这个讨论班还真有点 “幼儿园” 的味道. 不过, 玻恩似乎没有他的学生幸运, 他对量子力学的几率解释受到了包括爱因斯坦、普朗克等很多伟大的科学家的反对, 直到 1954 年退休约一年后才获诺贝尔物理学奖.

索末菲和学生泡利在一起

1.22 以严谨博学而著称, 同时也以尖刻和爱挑刺而闻名的泡利 (Wolfgang Pauli, 1900~1958) 被称为 “上帝之鞭 (God’s whip)” 和 “物理学的良知 (conscience of physics)”. 让泡利 “极度敬重” 有且仅有一位, 那就是泡利的导师索末菲 (Arnold Sommerfeld, 1868~1951). 泡利不仅从未批评过索末菲, 甚至终其一生都在索末菲面前谨守着弟子礼仪. 哪怕当他早

已成为极有声望的物理学家后, 只要索末菲走进屋子, 泡利就会立刻站起, 甚至鞠躬行礼.

很多科学家都大惑不解, 天不怕地不怕, 敢于叱责爱因斯坦、玻尔等世界顶尖物理学家的泡利, 为何独独在索末菲面前如同羔羊. 其实, 这也让泡利自己不明白, 泡利把心中的想法写信给索末菲老师: "亲爱的枢密顾问先生, 自从 1918 年, 我第一次见到您以来, 一个深藏在我心中的秘密就是, 为什么只有您这样成功的让我感到敬畏. 同样, 这个秘密毫无疑问也是很多人想从您那里挖掘出来的, 尤其是玻尔先生. 有时候您的一个很自然的紧蹙眉头, 就让我感到惶恐不安, 我深怕在某方面做的不够好, 会得到您严厉的批评, 虽然您没有怎么批评过我. 我的这种敬畏您的心理, 是由于您的独特人格魅力所带来的, 我多么庆幸能够成为您的学生."

索末菲作为物理学的一代宗师, 被称为 "无冕之王" 的原因是, 他的六位学生获得过诺贝尔奖, 他本人共被提名过 84 次诺贝尔物理学奖, 但从未获过诺贝尔奖, 他是获得提名次数最多的物理学家.

爱因斯坦告诉索末菲: "我特别钦佩你的是你有这么多的青年才俊, 就仿佛这些才俊是从地里敲出来的一样 (What I especially admire about you is that you have, as it were, pounded out of the soil such a large number of young talents)."

1.23 狄拉克在 1927 年索尔维会议上说, 我发现一个有趣的现象, 那些越能写出经典教材的物理学家们往往越具备责任感, 越想把知识分享给公众和后辈, 宗教观上越倾向于无神论.

1.24 索末菲出版过著名的六卷本《理论物理教程》(*Lectures on Theoretical Physics*): 1934 年出版的卷 1《力学》(*Mechanics*); 卷 2《可形变介质的力学》(*Mechanics of Deformable Media*); 1948 年出版的卷 3《电动力学》(*Electrodynamics*); 1950 年出版的卷 4《光学》(*Optics*); 去世 1 年后于 1952 年出版的卷 5《热力学与统计力学》(*Thermodynamics and Statistical Mechanics*); 卷 6《物理中的偏微分方程》(*Partial Differential Equations in Physics*). 索末菲在慕尼黑大学教书 32 年, 桃李满门, 望重杏坛.

在二十世纪四十年代末, 索末菲尚未开始着手写卷 5 的《热力学与统计力学》. 当有人询问他, 是否准备写一本有关热力学的书时, 索末菲幽默地给出了如下经常被引用的回答: "热力学是一门滑稽的科目. 你学第一遍时, 你完全不理解它; 你学第二遍时, 除了一两个小点之外, 你觉得你理解了它; 你学第三遍时, 你知道你不理解它, 但你已经习惯于弄不懂该科目的事实了, 它也不再打扰你了 (Thermodynamics is a funny subject. The first time you go through it, you don't understand it at all. The second time you go through it, you think you understand it, except for one or two small points. The third time you go through it, you know you don't understand it, but by that time you are so used to it, it doesn't bother you anymore)[1.33]".

在索末菲卷 5 的《热力学与统计力学》中, 有一句著名的话: "事实上, 可逆过程根本就不是什么过程, 他们只是平衡态的结果. 我们日常生活中所遇到的过程都是不可逆的 (Reversible processes are not, in fact, processes at all, they are sequences of states of equilibrium. The processes which we encounter in real life are always irreversible)".

黑板的力量 —— 一代宗师索末菲在授课中 (1937)

题图 1.25　玻尔和朗道、卡皮查

1.25　1961年, 朗道对玻尔在莫斯科大学举办的学术报告进行翻译. 玻尔讲到: "我从来不害怕当着学生们的面显露我的愚蠢". 很自然地, 朗道却将其翻译为 "我从来不怕当着学生们的面显露他们的愚蠢." 卡皮查说: 这就是玻尔和朗道学派的原则性区别. (Once Lev Landau translated a talk of Niels Bohr in Russian. Bohr said, "I am never afraid to show my students that I am *stupid*." Naturally, Landau translated, "I am never afraid to show my students that *they are stupid*." Pyotr Kapitsa remarked that he would rather call it a *principle difference* between the Bohr and Landau schools.)

1.26　关于 "愚蠢" 的话题还有一个著名的例子 [1.34]. 思考题 1.18 中所提到的乌伦贝克和戈德史密特 (Samuel Abraham Goudsmit, 1902～1978) 两人在读博士期间提出了电子的自旋, 他们的导师埃伦费斯特建议首先写一篇简短的快报给《自然科学》(*Naturwissenschaften*), 并推荐发表. "之后我们再请教洛伦兹先生" [1.34]. 后来, 他们两人拿论文给洛伦兹看时, 洛伦兹当时就指出, 他们论文的结果将导致电子的表面速度大于光速, 违反相对论. 乌伦贝克和戈德史密特两人赶紧找到导师埃伦费斯特要求撤回论文, 埃伦费斯特告诉他们论文已经寄出了一段时间, 将会很快发表, 并给出了如下著名的回答: "你们两个足够年轻, 可以接受任何看似愚蠢的错误! (德文原文: *Sie sind beide jung genug um sich eine Dummheit leisten zu konnen*! 英文: You are both young enough to be able to afford a stupidity!)"

1.27　爱因斯坦无疑是二十世纪最伟大的物理学家, 同时也是有史以来最伟大的科学家之一. 当然, 爱因斯坦也会犯错误. 讨论领袖科学家所犯的错误往往比他们的成功更能让人洞察他们那个时代的精神与背景. 而且, 对于绝大多数的普通学者而言, 知道就连爱因斯坦也会犯错多少是一种安慰. 这或许让人们意识到, 那些最重要的科学先驱也不是所有文字都必须被当成金科玉律的先知, 他们只不过是为我们今天所获得的更好的理解做出了铺垫的伟大科学家. 阅读 1979 年诺贝尔物理学奖获得者温伯格题为《爱因斯坦的错误》的文章[1.35].

参 考 文 献

[1.1] Newton I. Philosophiae Naturalis Principia Mathematica. London, 1687.

[1.2] de Lagrange J L. Méchanique Analitique. Paris: Desaint, 1788.

[1.3] Hamilton W R. On a general method in dynamics; by which the study of the motions of all free systems of attracting or repelling points is reduced to the search and differentiation of one central relation, or characteristic function. Philosophical transactions of the Royal Society of London, 1834, 124: 247–308.

[1.4] Hamilton W R. On the application to dynamics of a general mathematical method previously applied to optics. British Association Report, 1834, 513–518.

[1.5] Hamilton W R. Second essay on a general method in dynamics. Philosophical Transactions of the Royal Society of London, 1835, 125: 95–144.

[1.6] Landau L D, Lifshitz E M. Mechanics, Vol. 1. Course of Theoretical Physics, 1976. (中译本: 朗道, 栗弗席兹. 力学 (第五版, 李俊峰译). 北京: 高等教育出版社, 2007.)

[1.7] Arnold V I. Mathematical Methods of Classical Mechanics. Springer, 2013. (中译本: 阿诺尔德. 经典力学的数学方法 (第四版, 齐民友译). 北京: 高等教育出版社, 2006.)

[1.8] Desaguliers J T. The Newtonian System of the World, the Best Model of Government: An Allegorical Poem. A. Campbell, 1728.

[1.9] Noether E. Invariante variationsprobleme. Nachrichten von der Gesellschaft der Wissenschaften zu Göttingen, mathematisch-physikalische Klasse, 1918, 1918: 235–257.

[1.10] de Maupertuis P L. Accord de différentes lois de la nature qui avaient jusqu'ici paru incompatibles. Mémoires de l'Académie Royale des Sciences, pp.417–426, Paris, 1744.

[1.11] de Maupertuis P L. Les Loix du mouvement et du repos déduites d'un principe métaphysique. Mémoire Académie Berlin, p. 267, 1746.

[1.12] Wilczek F. Whence the force of $F = ma$? I: Culture shock. Physics Today, 2004, 57(10): 11–12. (中译文: Frank Wilczek, 黄娆译, 曹则贤校. 公式 $F = ma$ 中的力从哪来?. 物理, 2005, 34(02): 93-95.)

[1.13] Wilczek F. Whence the force of $F = ma$? II: Rationalizations. Physics Today, 2004, 57(12): 10–11. (中译文: Frank Wilczek, 黄娆译, 曹则贤校. 公式 $F = ma$ 中的力从哪来? (之二). 物理, 2005, 34(11): 784-786.)

[1.14] Wilczek F. Whence the force of $F = ma$? III: Cultural diversity. Physics Today,

2005, 58(7): 10–11. (中译文: Frank Wilczek, 黄娆译, 曹则贤校. 公式 $F = ma$ 中的力从哪来? (之三). 物理, 2005, 34(12): 861-863.)

[1.15] Hertz H. Die Prinzipien der Mechanik in neuem Zusammenhange dargestellt. Leipzig, 1894.

[1.16] Maxwell J C. A dynamical theory of the electromagnetic field. Philosophical Transactions of the Royal Society of London, 1865, 155: 459–512.

[1.17] Einstein A. Zur elektrodynamik bewegter körper. Annalen der Physik, 1905, 322: 891–921.

[1.18] Einstein A. Die grundlage der allgemeinen relativitätstheorie. Annalen der Physik, 1916, 354: 769–822.

[1.19] Schrödinger E. Quantisierung als eigenwertproblem. Annalen der Physik, 1926, 385: 437–490.

[1.20] Schwinger J. On quantum-electrodynamics and the magnetic moment of the electron. Physical Review, 1948, 73: 416–417.

[1.21] Dirac P A M. The evolution of the physicist's picture of nature. Scientific American, 1963, 208 (5): 45–53.

[1.22] Dyson F J. Prof. Hermann Weyl, For. Mem. RS. Nature, 1956, 177: 457–458.

[1.23] 杨振宁. 美与物理学. 物理, 2002, 31: 193–199.

[1.24] 方励之. 物理学和美. 文学评论, 1988(5): 66–71.

[1.25] Feynman R P, Leighton R B, Sands M. The Feynman Lectures on Physics, Desktop Edition, Volume I. Basic books, 2013.

[1.26] Reid C R, Lutz M J, Powell S, Kao A B, Couzin I D, Garnier S. Army ants dynamically adjust living bridges in response to a cost–benefit trade-off. Proceedings of the National Academy of Sciences, 2015, 112: 15113–15118.

[1.27] Feng J L, Fornal B, Galon I, Gardner S, Smolinsky J, Tait T M, Tanedo P. Protophobic fifth-force interpretation of the observed anomaly in Be 8 nuclear transitions. Physical Review Letters, 2016, 117: 071803.

[1.28] Krasznahorkay A J, Csatlós M, Csige L, Gácsi Z, Gulyás J, Hunyadi M, Kuti I, Nyakó B M, Stuhl L, Timár J, Tornyi T G, Vajta Zs, Ketel T J, Krasznahorkay A. Observation of Anomalous Internal Pair Creation in Be 8: A Possible Indication of a Light, Neutral Boson. Physical Review Letters, 2016, 116: 042501.

[1.29] Hees A, Do T, Ghez A M, Martinez G D, Naoz S, Becklin E E, Boehle A, Chappell S, Chu D, Dehghanfar A, Kosmo K, Lu J R, Matthews K, Morris M R, Sakai S, Schödel

R, Witzel G. Testing General Relativity with stellar orbits around the supermassive black hole in our Galactic center. Physical Review Letters, 2017, 118: 211101.

[1.30] Burke E. A Philosophical Enquiry into the Origin of Our Ideas of the Sublime and Beautiful. 1756.

[1.31] Huang K. Fundamental Forces of Nature: The Story of Gauge Fields. Singapore: World Scientific, 2007. (中译本: 黄克孙. 大自然的基本力 —— 规范场的故事 (杨建邺, 龙芸译). 上海: 上海世纪出版集团, 2009.)

[1.32] Uhlenbeck G E. Reminiscences of Professor Paul Ehrenfest. American Journal of Physics, 1956, 24: 431–433.

[1.33] Angrist S W, Helper L G. Order and Chaos – Laws of Energy and Entropy (p. 215). New York: Basic Books, 1967.

[1.34] Uhlenbeck G E. Fifty years of spin: Personal reminiscences. Physics Today, 1976, 29(6): 43–48.

[1.35] Weinberg S. Einstein's mistakes. Physics Today, 2005, 58: 31–35.

本章进一步推荐阅读的经典力学文献

(以出版年份为序, 未出现在各章的参考文献中)

[1.36] Goldstein H. Classical Mechanics. Reading: Addison-Wesley, 1950.

[1.37] 周培源. 理论力学. 北京: 人民教育出版社, 1952.

[1.38] Kittel C, Knight W D, Ruderman M A. Mechanics, Berkeley Physics Course, Vol. 1. Reverté, 1965. (中译本: 力学.《伯克利物理学教程》第一卷 (陈秉乾等译). 北京: 科学出版社, 1979.)

[1.39] Weinberg S. Gravitation and Cosmology: Principles and Applications of the General Theory of Relativity. John Wiley, 1972. (中译本: 温伯格. 引力论和宇宙论–广义相对论的原理和应用. 北京: 科学出版社, 1980.)

[1.40] Landau L D, Lifshitz E M. The Classical Theory of Fields (4th Revised English Edition). Pergamon Press, 1975. (中译本: 朗道, 栗弗席兹. 场论 (第八版, 鲁欣等译). 北京: 高等教育出版社, 2012.)

[1.41] 朱照宣, 周起钊, 殷金生. 理论力学. 北京: 北京大学出版社, 1982.

[1.42] 吴大猷. 古典动力学. 北京: 科学出版社, 1983.

[1.43] 汤川秀树. 经典物理学. 北京: 科学出版社, 1986.

[1.44] 方励之, 李淑娴. 力学概论. 合肥: 安徽科学技术出版社, 1986.

[1.45] 赵凯华. 定性与半定量物理学. 北京: 高等教育出版社, 1991 (第一版), 2008 (第二版).

[1.46] 赵凯华, 罗蔚茵. 新概念物理教程－力学. 北京: 高等教育出版社, 1995 (第一版), 2004 (第二版).

[1.47] Feynman R P, Gottlieb M A, Leighton R. Feynman's Tips on Physics: A Problem-Solving Supplement to the Feynman Lectures on Physics. Addison–Wesley, 2006.

[1.48] Marsden J E, Ratiu T S. Introduction to Mechanics and Symmetry. New York: Springer-Verlag, 1999. (中译本: 力学和对称性导论. 王丽瑾等译. 北京: 清华大学出版社, 2006.)

[1.49] Arnold V I, Kozlov V V, Neishtadt A I. Mathematical Aspects of Classical and Celestial Mechanics. Springer Science & Business Media, 2007.

[1.50] Zee A. Fearful Symmetry: The Search for Beauty in Modern Physics. Princeton University Press, 2015.

第二篇　牛顿力学与思想实验

(a) 牛顿水桶思想实验　　(b) 马赫原理　　(c) 爱因斯坦电梯思想实验

图 II　启人心智的思想实验

§10. 中国古代先哲对“宇宙”和“力”的论述

爱因斯坦针对宇宙的名言之一便是: “关于宇宙最不可理解的是, 它居然可以被理解 (The most incomprehensible thing about the world is that it is comprehensible).”

尸子, 名尸佼 (约公元前 390~前 330 年), 战国时期杂家代表性人物之一. 胡适 (1891~1962) 说过, 杂家是道家的前身, 道家是杂家的新名.

《尸子》一书对 “宇” 和 “宙” 的解释: “上下四方曰宇, 往古来今曰宙”, 以空间时间作为宇宙一词的含义. 该解释明确了空间的三维性和时间的一维性, 但没有明言时间空间是否存在界限、开端或终点的问题.

庄周 (约公元前 369~前 286) 东周战国中期, 道家代表性人物之一.《庄子 · 庚桑楚》也对 “宇宙” 进行了阐述, 把时间空间的无限性明确地表示出来: “有实而无乎处者, 宇也; 有长而无本剽者, 宙也”. “实”, 实在. “处”, 方域、界限. “无乎处”, 无定处. “长”, 增长、长久. “剽”, 通 “标”, 指末端. “本剽”, 本末, 始终, 指空间实际存在却无定处可求, 时间不断延长却无始无终.

从上可以看出, 庄子既肯定了空间的实际存在, 又没有把空间完全等同于物质实体; 既肯定了时间的不断流失, 又不否认时间无限性.

同《尸子》比较,《庄子 · 庚桑楚》的解释强调了时空的无限性, 但忽视了时间空间的维度.

陆德明 (约 550~630), 经学家、训诂学家, 曾任唐朝宰相. 他在《经典释文》中引《三苍》云: “四方上下为宇, 宇虽有实而无定处可求也.” “往古来今曰宙. ……宙虽有增长亦不知其始末所至者也.” 把两种解释合在一起, 较好地表述了时间空间的特性.

春秋时代墨家的代表人物墨翟在《墨经》中曾写道, “力, 形之所以奋也”. 这里的 “形”, 就是我们前面所说的空间与物质之间的界限, 是空间或者物质的 “形状”. 奋的古字为 “奮”, 是一个会意字, 金文字形, 中间是 “隹” (鸟), 外面像鸟振翅欲飞之势; 下面是 “田”, 表示空旷的田野, 本义指鸟类振羽展翅, 后引申为 “震动”.《易 · 豫》中有 “雷出地奋” 之说,《广雅》则释为 “奋, 动也”. “力, 形之所以奋也” 这句话的意思是说, 力是物质与空间之间形状之所以发生变化的原因.

《墨经》中对时间和空间概念分别作了正确的定义. 他把时间定名为 “久”, 把空间定名为 “宇”, 并给出了 “久” 和 “宇” 的定义, 即 “久” 为包括古今旦暮的一切时间, “宇” 为包括东西中南北的一切空间, 时间和空间都是连续不间断的. 如 “久, 弥异时也”. “宇, 弥异所也”. 就是说, 时间是不同时候的通称. 空间是包括各个方面的一切地点, 并区分了时间和时刻的概念, 如 “始, 当时也.” “时, 或有久, 或无久. 始, 当无久.” 就是说, 时间可分为 “持续 (有久) 的” 和 “非持续 (无久) 的”, 即瞬时的两种. “开始” 则属于 “无久” 的瞬时的那一种. 墨家又把机械运动定义为 “动, 或 (域) 徒也”. 意思是说, 运动乃是物体空间位置的变动.

《墨经》中还进一步把重量与力联系了起来, “力, 重之谓. 下与 (举), 重, 奋也”. 显然它指出了物体的重量也是一种力. 并说明物体下落或向上举时, 都有力的作用. 墨家以桔槔和秤的工作原理为例, 总结了杠杆的工作原理, 提出了 “本 (重臂)” “标 (力臂)” “权” “重” 等概念, 论述了等臂杠杆和不等臂杠杆的平衡条件, 并指出 “挈, 长重者下, 轻短者上.” 即杠杆的平衡, 不但取决于两物的重量, 还与 “本” “标” 的长短有关. 可见墨家已知道了可以用两种方法来调节杠杆的平衡, 并已进行了杠杆原理的探讨.

《庄子》曰: “南海之帝儵, 北海之帝忽, 中央之帝名浑沌.” 庄子将创世之初宇宙的浑沌状态拟人化, 讲述了一个儵、忽、浑沌三个人的故事, 庄子在文中并没有交代清楚浑沌为什么七窍一通就死了? 但正是这种言犹未尽的风格才给予了后人无限联想的空间.

儵、忽二人经常在浑沌之领地相遇同乐, 他们可怜, 如图 10.1 所示浑沌无目、无耳、无鼻、无口、无心、无智、无识, 只有浑沌 (混沌) 一团, 无法享受世俗之美好. 儵和忽商量为浑沌凿开七窍而报答他. 于是他们就一天凿一窍, 凿到第七天, 七窍全凿通时, 浑沌就死了.

在古汉字中, “儵” 字和 “忽” 字都是 “极快” 的意思, 与时间有关. 儵为南帝, 忽为北帝, 浑沌中间之帝, 这儿的南、北、中显然是代表空间. 时空交接处为 “浑沌”, 七日之后, 混沌开窍而死去, 宇宙是否就从混沌中诞生了?

《神异经》中对浑沌也有如下论述: “昆仑西有兽, 有目而不见, 有耳而不闻, 有腹无五脏, 有肠直短时径过, 名浑沌.”

针对时空这一物理学的基本概念, 约翰 · 惠勒 (John Archibald Wheeler, 1911~2008) 曾做出如下著名的评论: “在这纷繁芜杂的海洋中, 什么才是物理学的关健呢? 我想, 最基本的恐怕还是那个在哲学和物理学上赫赫有名的、似乎永远也不会有最后答案的古老问题: 什么是时空. 什么是时空呢? 莱布尼兹说: ‘…… 时空不是事物本身, 而是事物的次序.’ 显然, 他用时空的相对性否定了牛顿所恪守的 ‘时空绝对’ 的观念. 爱因斯坦则以更强烈的方式表达了类似的思想: ‘时空不是我们赖以生存的媒介, 而是我们用之思想的模式.’ 一个物理概念的逐步深化是很耐人寻味的. 如果你翻开上一世纪 (十九世纪) 的物理教科书, 就会发现 ‘弹性’ 曾被认为是物理

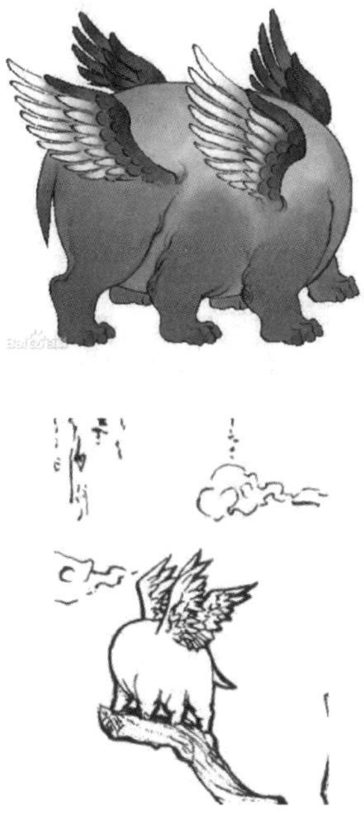

图 10.1　无目、无耳、无鼻、无口、无心、无智、无识的浑沌

学的基本性质之一. 也就是说, 你不能导出它而只能测量它! 这正如我们今天处理 ‘时空’ 观念一样. 是否将来有一天, 我们也能像现在从方程中导出 ‘弹性’ 一样地从方程中导出 ‘时空’ 呢? 总而言之, 在我看来, 只有当我们找到了关于时空概念的更深刻的含义时, 自然界的各种相互作用才有真正被统一的希望.”

§11. 思想实验 (thought experiment)

奥斯特 (1777~1851)

丹麦物理学家、化学家汉斯 · 奥斯特 (Hans Ørsted, 1777~1851) 是第一位明确描述思想实验的现代思想家, 他创建了思想实验 (Gedanken experiment) 这一名词. 在物理学领域, 奥斯特首先发现载流导线的电流会产生作用力于磁针, 使磁针改变方向. 在化学领域, 他最先发现了铝元素. 美国物理教师协会 (the American Association of Physics Teachers) 的最高奖为 “奥斯特奖 (Oersted Medal)”.

笛卡儿 (René Descartes, 1596~1650) 在其 1637 年出版的哲学名著《谈谈方法》(*Discourse on the Method*) 中给我们留下了千古名言: “我思故我在 (I think, therefore I am).” 思想实验在经典物理学发展中起着极为特殊的不可替代的历史性作用.

思想实验是指, 使用想象力去进行的实验, 所做的都是在现实中无法做到, 或现实未做到的实验.

例如爱因斯坦有关相对运动的著名思想实验, 又例如在爱因斯坦和英费尔德 (Leopold Infeld, 1898~1968) 合著的科普读物《物理之演进》(*The Evolution of Physics*)[2.1] 中, 就有一个实验要求读者想象一个平滑, 无摩擦力的地面及球体进行实验, 但这在现实或许暂时是做不到的. 思想实验需求的是想象力, 而不是感官. 爱因斯坦的电梯思想实验可见 §18 中的专论, 爱因斯坦的追光思想实验见 §39 中的专论.

爱因斯坦曾说: “理论的真理在你的心智中, 不在你的眼睛里.” 而在这其中, 伽利略的实验大多数就是思想实验, 历史已经证明他并没有从比萨斜塔上同时扔两个铁球来证明亚里士多德的错误.

11.1　思想实验简介

思想实验是一种在人的头脑中进行的理性思维活动, 这种思维活动按照实验的格式展开, 所以也称为 “实验”. 在科学日益发展的今天, 我们的认识活动越来越远离日常的直观经验和直觉, 科学研究活动所需的仪器设备日益纯化、理想化, 物化实验有时无法满足科学发展的需要, 运用思想实验进行科学研究就成为一种必然.

11.2 思想实验的缘由

思想实验是科学家在头脑中设计和构造出一套纯粹的、理想化的仪器设备和研究对象, 并对它进行纯粹的理想化的实验操作和控制, 使与实验对象的某些因素以绝对简化、纯化、被设定、限制的形式表现出来; 然后通过对这种理想化对象的感知和描述, 发现和获取科学事实与自然规律的思维活动. 思想实验在爱因斯坦那里得到了高度综合和充分发展, 被叫做思想实验和理想实验. 后来, 有人把它称为"抽象实验""假想思想""思想实验"和"理想实验"等.

思想实验早在古代就已经有了萌芽, 古希腊科学家阿基米德在研究面积和体积时, 总是先作一种思想上的"实验". "想象把用均匀材料切成一定形状的平面物体通过称量, 以测量它的面积, 这样就对它们的关系有所了解, 然后再从数学上进行证明."

公元前五世纪, 芝诺用思想实验论证了"阿基里斯和龟""飞矢不动"等命题. 思想实验在中国也有人作过, 在古代庄子的《天下篇》中, 就有"一尺之棰, 日取其半, 万世不竭"这样的例子, 来论证物质的无限可分.

思想实验最初主要从物理学中发展起来, 这与物理学主要始于研究宏观物体的运动有关, 亚里士多德的物理学研究大都是思想实验.

到了近代, 它逐渐从思辨的形式转变为科学的思想实验. 科学的思想实验从伽利略开始, 可以说十七世纪是科学的思想实验的发源时期. 到了现代科学时期, 因科学探索更广阔更深入, 思想实验更加不可或缺.

思想实验是指在特定的条件下, 依靠科学原理, 通过逻辑推论在头脑中实施的实验活动, 它按物化实验的格式展开, 主要过程和结果均以逻辑的形式表述. 马赫说: "思想实验的基本方法和物理实验相同." 它是在物化实验无法进行的情况下采用的一种特定的科学研究方法. 虽然其结果是未经证实的认识, 但在物化条件具备的情况下, 能得到科学实践的检验.

11.3 思想实验的启发性

思想实验对新的理论的产生具有启发作用. 爱因斯坦在谈到伽利略思想实验时写道: "这个惯性定律不能直接从实验得出, 它只能根据思索和观察得出. 思想实验无论什么时候都是不能实现的, 但它使我们对实际的实验有深刻的理解." 爱因斯坦通过"追光实验"提出的"同时性的相对性"原理是狭义相对论的基础假设之一, 抽去这块基石也就无所谓相对论了. 经典力学的惯性原理也是在伽利略回答斜面实验基础上得出的. 思想实验是对科学家头脑中灵感的深加工、精加工, 它把灵感进一步引导到有待解决的问题上来, 并且已经为问题的解决, 认识的深化迈出了积极而富有创意的第一步.

11.4 思想实验的革命性

思想实验在科学革命的过程中起着推动作用. 例如, 十九世纪末, 以经典力学、电磁理论和经典统计物理学为代表的经典物理学经过 300 多年的发展, 达到了完整、系统和成熟的阶段. 当时不少物理学家认为物理学的大厦已经基本建成, 一些基本的、原则的问题都已经得到解决.

1900 年 4 月 27 日周五, 英国物理学家开尔文 (Lord Kelvin, 1824~1907) 在他题为 "在热与光的动力学理论上空的十九世纪乌云 (Nineteenth-century clouds over the dynamical theory of heat and light)" 的报告中曾指出: "在物理学晴朗天空的远处, 还有两朵小小的令人不安的乌云 (Two small, puzzling clouds remained on the horizon)." 这两朵乌云是指当时经典物理学无法解释的迈克尔逊–莫雷实验和黑体辐射实验. 正是这两朵乌云引发了二十世纪物理学的革命, 第一朵乌云动摇了牛顿力学, 第二朵乌云则诞生了量子力学. 这场物理学变革的推动力量是爱因斯坦的思想实验. 爱因斯坦较早地看到了经典物理学的 "危机", 他一直在思考两个问题: 一个是, 如果有人跟着光跑而企图抓住它, 那么又会发生什么呢? 另一个是, 如果有人凑巧在一部自由下落的升降机里, 那么又会发生什么呢? 因这两个问题, 他建立了关于时间、空间与物质运动之间关系的全新理论 —— 狭义相对论. 相对论的诞生, 将人类对客观世界的认识向前推进了一大步, 开拓了科学研究的新领域.

黑板的力量——开尔文

在附录 F 中本书总结归纳了物理学中的四个著名的思想实验: 龟、猫和两妖. 本节将以爱因斯坦的一句名言来进行总结: "上帝行事很诡异, 但他并无恶意 (The Lord God is subtle, but malicious he is not)."

§12. 思想实验之一: 镞矢之疾、飞矢不动、芝诺佯谬

《庄子 · 天下篇》: "镞矢之疾, 而有不行不止之时." 也就是说, 疾飞的箭头既不动 (不行) 也不停 (不止). 这其实就是一种 "佯谬" 或 "悖论", 这是因为射出的箭头在疾飞, 这是谁都看得见的, 常人没有人会说箭头不动.

令人惊叹的是, 《庄子 · 天下篇》此说与稍早的古希腊哲学家芝诺 (Zeno of

芝诺 (c. 490~c. 430 BC)

Elea, c. 490 ~ c. 430 BC) 在遥远的爱琴海提出的 “飞矢不动 (the flying arrow is motionless)” 说几乎如出一辙! 一般地, 在业界被广泛地称为 “芝诺佯谬 (芝诺悖论, Zeno's paradox)” 或 “箭佯谬 (arrow paradox)”. 芝诺的理由是: 一支射出的箭在飞, 在一定时间内经过许多点, 每一瞬间都停留在某一点上; 许多静止的点集合起来, 仍然是静止的, 所以说飞箭是不动的. 而《庄子 · 天下篇》的说理是: 疾飞之箭, 每一瞬间既在某点又不在某点; 在某点便是 “不行”, 不在某点便是 “不止”, 故云飞矢不行不止! 与芝诺说理相比, 既在又不在 (不行不止), 显然比纯粹 “不动” 说深邃了许多.

芝诺佯谬还有另外一个通俗版本. 传说芝诺在 5 岁时, 他父亲曾经考他, 从他们家到外婆家有五公里路, 他以每小时五公里的速度走, 需要走多少时间. 芝诺答是一小时, 父亲给他了一颗糖吃, 因为他答对了. 十年后, 等他 15 岁时, 父亲又拿同样问题考他, 他知道这下如果再答是一个小时肯定要挨骂. 因为, 很显然这回父亲考的再不是他的算术能力. 父亲是在考他的判断、分析、思辩等多方面的能力, 他需要找出另外一种答案来博得父亲的嘉许. 最后, 他告诉父亲: 他永远也走不到外婆家. 父亲想当然地替他回答了原因: 因为外婆已经去世, 外婆家已经不存在. 这事实上也是父亲要的答案. 父亲问这个问题的目的就是要儿子打开思路. 但尚未成年的芝诺说: 不, 父亲, 您这是偷换概念, 不是在用数学说明问题. 父亲哈哈大笑说: 那你用数学来说明一下. 他根本不相信, 这还能用数学来解释. 芝诺说: 我可以把五公里一分为二, 然后又把一分为二的五公里再一分为二, 这样分下去、分下去, 可以分出无穷个 “一分为二”, 永远也分不完. 既然永远分不完, 你也就永远走不到. 芝诺正是这样创造了他流芳百世的佯谬学.

芝诺佯谬全部得自亚里士多德 (Aristotle, 384~322 BC) 在其《物理学》的第 VI 卷中转述, 有如下四个:

一、二分法 (dichotomy). 如图 12.1 所示, 物体在到达目的地之前必须先到达全程的一半, 这个要求可以无限进行下去, 所以, 如果它起动了, 它永远到不了终点; 或者, 它根本起动不了.

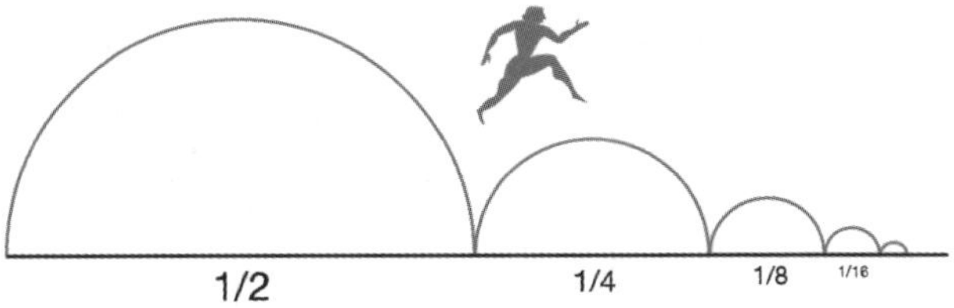

图 12.1　二分法示意图

二、阿基里斯和龟 (Achilles and the tortoise). 如图 12.2 所示, 快跑者永远赶不上慢跑者, 因为追赶者必须跑到被追者的出发点, 而当它到达被追者的出发点, 又有新的出发点在等着它, 有无限个这样的出发点.

图 12.2　阿基里斯和龟赛跑示意图

三、飞矢不动 (arrow). 如图 12.3 所示, 任何东西占据一个与自身相等的处所时是静止的, 飞着的箭在任何一个瞬间总是占据与自身相等的处所, 所以也是静止的.

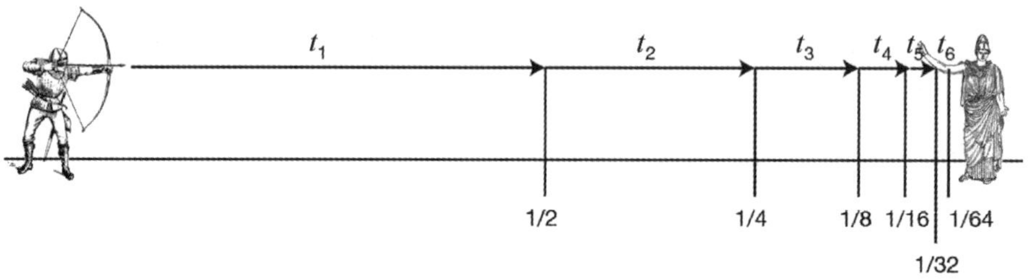

图 12.3　飞矢不动示意图

四、运动场 (stadium). 如图 12.4 所示, 两列物体 B、C 相对于一列静止物体 A 相向运动, B 越过 A 的数目是越过 C 的一半, 所以一半时间等于一倍时间.

四个论辩可分成两组, 前两个假定时空是连续的, 后两个假定时空是分立的, 每组的第一个论证绝对运动不可能, 第二个论证相对运动不可能.

亚里士多德的《物理学》对芝诺佯谬进行了如下分析:

芝诺说有限的空间可以分割成无限多个部分, 因此无法在有限的时间内完成. 亚里斯多德很聪明地指出, 芝诺显然没有意识到他对空间的分析也可以用在时间上, 因为有限的时间跟有限的空间一样, 也是可以分割成无限多个部分的. 因此, 用

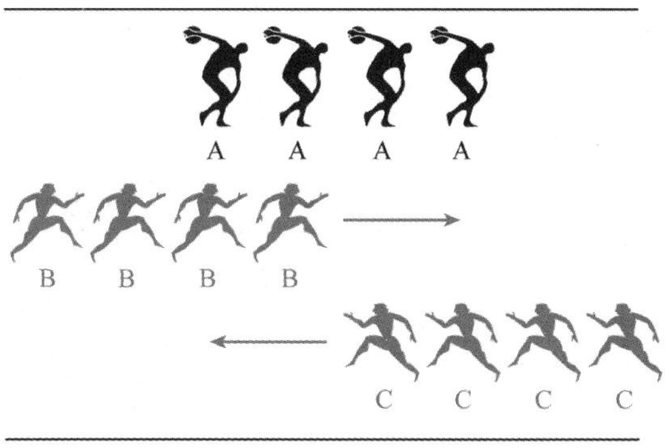

图 12.4 运动场示意图

有限的时间完成有限的空间是完全可以的, 因为那实际上是用无限多个时间部分来完成无限多个空间部分. 亚里士多德并且表示, 无论是空间、时间还是其它连续的东西, 当我们说它们 "无限" 时必须区分两种含义: 一种是分割意义上的无限, 一种是延伸意义上的无限. 芝诺显然混淆了两者. 现代人由于早已熟悉诸如收敛级数这样的概念, 因此, 在分析时往往会直接指出完成无限多个部分不等于需要无限多的时间. 但这种分析如果拿到亚里士多德的时代, 恐怕非但难以服人, 还会被当成胡搅蛮缠 (因为它等于直接假定芝诺错了, 却不给出任何理由 —— 除非我们有办法让亚里士多德时代的人理解我们有关收敛级数的某些知识). 反倒是亚里士多德的分析由于是用芝诺自己的分析方法来反驳他, 可谓是 "以子之矛, 攻子之盾", 或 "以毒攻毒", 即便拿到今天, 也不无意义.

如何直观地理解 "飞矢不动"? 一个浅显的例子是考虑用摄影机或高速摄影拍摄箭的飞行过程的 "冻结", 或对电影中每秒放映多少帧静止的图片, 等.

如果每一个物体当它占据与自己相同空间时, 不是静止不动就是在运动中, 然而, 在一瞬间物体已经运动完成, 所以飞矢不动.

芝诺实际上是以运动的间断性来否定运动的连续性. 而辩者 "镞矢之疾, 而有不行不止之时" 的论断, 则既肯定了运动的间断性, 又肯定了运动的连续性, 是一种辩证的运动观.

在芝诺佯谬中用了两种不同的时间度量 —— 普通钟 t 和 "芝诺钟" t'. 如图 12.5 所示, 设开始阿基里斯和龟相距为 L, 两者的速度分别为 V_1 和 V_2, 显然: $V_1 > V_2$. 作为常识, 当: $t = L/(V_1 - V_2)$ 时, 阿基里斯将赶上龟, 当 $t > L/(V_1 - V_2)$ 时, 阿基里斯将超过龟. 如图 12.6 所示.

表 12.1 中给出了芝诺时 t' 和普通时 t 之间的关系. 由上表知, 当芝诺时 $t' \to \infty$

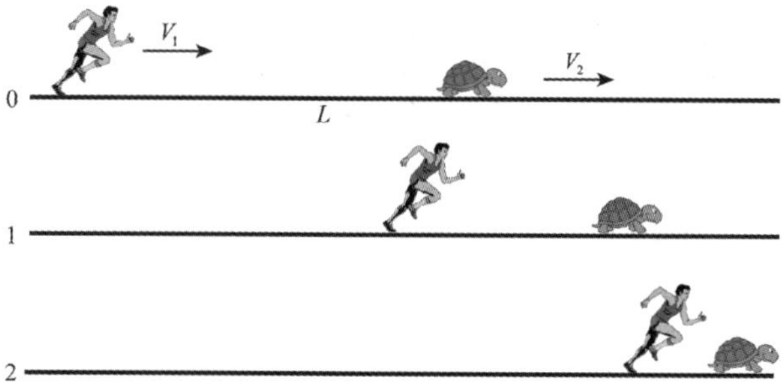

图 12.5　芝诺时的定义

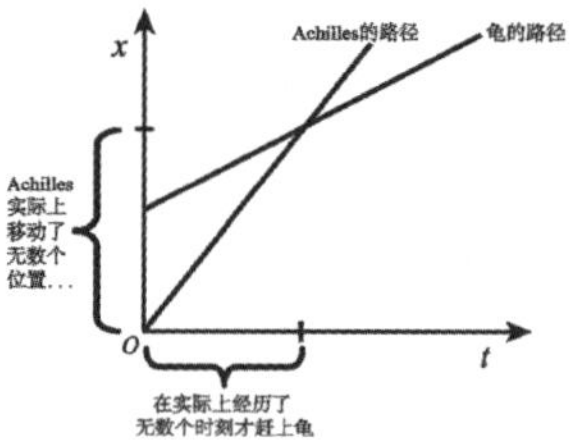

图 12.6　阿基里斯和龟的路径

时, 阿基里斯才能无限逼近龟. 而对于任何有限的 t', 阿基里斯总是落在龟的后面, 这就是芝诺佯谬的结论.

表 12.1　芝诺时和普通时之间的关系

芝诺时 t'	普通时 t	备注
0	0	
1	$\frac{L}{V_1}$	阿基里斯到达龟在 0 时的出发点
2	$\frac{L}{V_1}+\frac{L}{V_1}\frac{V_2}{V_1}$	阿基里斯到达龟在 1 时的出发点
⋮	⋮	
N	$\frac{L}{V_1}+\frac{L}{V_1}\frac{V_2}{V_1}+\cdots+\frac{L}{V_1}\left(\frac{V_2}{V_1}\right)^{N-1} = \sum_{n=0}^{N-1}\frac{L}{V_1}\left(\frac{V_2}{V_1}\right)^n$	阿基里斯到达龟在 $(N-1)$ 时的出发点

则有如下芝诺变换:

$$t=\sum_{n=0}^{t'-1}\frac{L}{V_1}\left(\frac{V_2}{V_1}\right)^n=\frac{L}{V_1-V_2}\left[1-\left(\frac{V_2}{V_1}\right)^{t'}\right] \tag{12-1}$$

或者,

$$t'=\frac{1}{\ln(V_2/V_1)}\ln\left(1-\frac{V_1-V_2}{L}t\right) \tag{12-2}$$

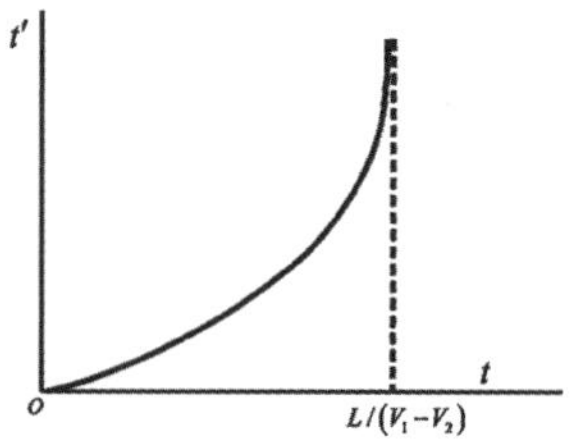

图 12.7　芝诺时 t' 和普通时 t 之间的关系

芝诺时 t' 和普通时 t 之间的关系如图 12.7 所示. 从该图可以看出, 芝诺变换是有奇异性的 (singular) 或称具有奇点的, 即当 $t=L/(V_1-V_2)$ 时, $t'\to\infty$. 也就是说, 当芝诺时从零到无穷时, 它只覆盖了普通时上的一个有限的范围, 即从零到 $L/(V_1-V_2)$. 由此可见, 通过芝诺时可以解释所谓 "时间局限性" 现象. 有一个 "三季人" 的故事, 说当年一个穿着一身绿衣服的人和孔子的弟子争论到底一年有几季, 绿衣人说一年有三季, 孔子的弟子说有四季, 他们约定, 谁错了, 就磕三个头. 他们找孔子来评理, 结果孔子对他们说, 一年有三季, 孔子的弟子不得不向绿衣人磕三个头, 绿衣人很得意地走了. 事后孔子的弟子问孔子, 一年不是明明有四季吗? 孔子说: "你没见到那个人一身绿衣服吗? 他就是个蚱蜢, 生于春季, 死于秋季, 就没见过冬季, 你跟这种三季人争什么, 就算争到天黑也没完, 还不如给他磕三个头, 反正他也活不过秋天." 孔子弟子顿时有所悟.

芝诺时 t' 和普通时 t 之间的另外一个区别是, 普通时的时间计量是均匀的, 而芝诺时的计量是非均匀的, 就是阿基里斯每次到达上次龟所到达的位置为一个循环, 利用这个重复性过程得到的时间来定义芝诺时.

上述结论启发我们, 普通时是否也和芝诺时一样具有局限性? 黑洞理论告诉我们, 芝诺时所具有的局限性在普通时中也是有的, 即不能用普通时来度量落入黑洞之后的过程, 而落入黑洞之后的现象涉及到普通时无穷大之后的时间. 为了描述落入黑洞之后的过程, 要用其他的时间度量, 要遇到新的有奇点的时间变换, 他的性质和芝诺变换十分相似.

什么是 "奇点"? 奇点是指时空开始无限弯曲的那个点. 物理学家认为奇点存在于黑洞中央, 一个奇点可能是自宇宙大爆炸起宇宙如何开始的起点. 比如, 在黑洞内部, 所有恒星的质量都在狭小的空间内压缩, 甚至可能成为一个单一的点. 当代物理学理论认为这个点是无限密集, 尽管科学家认为它是因广义相对论和量子力学的不一致而导致物理学崩溃的产物. 事实上, 物理学家怀疑奇点是非常密集, 但并非无限密集.

人们对速度所抱有的怀疑是那样的有哲学味道, 只有一个如同芝诺那样的异乎寻常地持批判态度的和过度活跃的大脑才会体会到. 传说当芝诺挑战运动现实性的时候, 希腊的哲学家、犬儒主义 (cynicism) 的代表性人物第欧根尼 (Diogenes, 412~323 BC) 以反对者的面貌出现了 —— 他站起来, 一言不发地走了几个来回, 然后又坐下了, 以此当作他优雅地反驳了 (elegantly refuted) 芝诺.

第欧根尼 (412~323 BC)

有关芝诺佯谬的进一步阅读 —— 量子芝诺效应

"量子芝诺效应" 是指一个非稳态的粒子, 如果你保持观察它, 它就不会衰变, 或者说它的状态就被锁定. 1935 年, 薛定谔就指出, "芝诺效应" 在经典力学的框架上似乎是荒谬的, 但在量子理论下, 它是可能的. 比如一个原子的衰减过程会因为测量 (人的观察) 而遭到破坏. 他为此提出了一个著名的思想实验, 被后人称为 "薛定谔猫 (Schrödinger's cat)". 这个思想实验指出: 虽然在量子系统中, 粒子的存在状态是一切可能状态的统计分布, 在测量前, 人们不能确定它处在哪个状态, 但是一旦测量, 系统就被锁定 (坍缩) 到某个状态, 而如果你一直保持在这个测量状态 (就是说一直观察它), 系统就不会改变, 也就是说不会从一个状态跳到另一个状态.

1988 年, 美国物理学家 Richard Cook 发表论文[2.2], 提出了一个设想, 可以利用单个的、被困离子的受激跃迁的过程实现量子芝诺效应. 依照 Cook 的设想, 在 1990 年 3 月, 美国物理学家 David Wineland (1944 ～) 和他的同事们发表题为《量子芝诺效应》(Quantum Zeno effect) 的著名论文[2.3], 描述他们第一次在量子领域里实现了芝诺效应, Wineland 之后因为在量子物理领域的杰出贡献获得了 2012 年度诺贝尔物理学奖. Wineland 和他的同事们利用电磁场固定住铍离子, 然后再利用激光把铍离子降低到极低的温度. 他们利用持续极短时间的光脉冲对这个粒子进行不断观测, 使铍离子的状态 "静止", 第一次实现了在量子领域的 "飞矢不动".

更多的物理学家尝试通过其他手段在量子领域实现芝诺佯谬. 2013 年 8 月, 德国洪堡大学的物理学家 Oliver Bensen 和其同事们发表的题为《对单固态自旋的量子芝诺现象的研究》[2.4] 的论文中, 描述他们第一次在室温条件下, 在金刚石晶体中实现了量子芝诺现象. 这项研究, 不仅对于量子物理的理论研究有重要意义, 结合之前在金刚石晶体实验中实现的另一些突破, 还有可能对于量子计算机和量子信息网络的实现有帮助.

量子理论预言当你观察一个运动系统时, 你的目光可以让这个系统停止运动. 这听起来非常荒谬, 但这个奇怪的理论于 2015 年被康奈尔大学的实验物理学家证实[2.5]. 借助各种原子冷却技术, Vengalattore 小组观察到: 把冷却到接近绝对零度的原子装载在光晶格中, 开始时, 由于 "隧道" 效应, 这些原子可以从一个格子跳到另一个格子, 随意运动. 但是如果持续观察, 这种跳动就会停止下来. 这跳来跳去的原子, 仿佛能明白你在看它, 如果你一直盯着它看, 它就也停下来, 盯着你, 不动了. 这种现象被称为 "量子芝诺效应".

在量子世界里, 一个值得进一步讨论的是 "被盯着的锅永远烧不开 (A watched pot never boils)" 这句话是否真的有道理? 量子芝诺动力学[2.6]?

"飞矢不动" 这样的一个哲学命题, 最开始被认为是佯谬, 之后被认定是 "聪明的骗局", 历经了 2000 多年后才引起重视, 转而被物理学家当作一个物理学命题, 最终成为实验事实, 这个实验也使人们更接近理解 "运动" 的本质.

罗素 (1872～1970)

作为本节内容的结束语, 让我们回顾下 1914 年伯特兰 · 罗素 (Bertrand Russell, 1872～1970, 1950 年诺贝尔文学奖得主) 对芝诺佯谬的评价. 罗素是二十世纪英国哲学家、数学家、逻辑学家、历史学家, 无神论或不可知论者, 也是上世纪西方最著名、影响最大的学者和和平主义社会活动家之一. 针对芝诺佯谬, 罗素感慨道: "在这个变化无常的世界上, 没有什么比死后的声誉更变化无常了. 死后得不到应有的评价的最显眼的牺牲品莫过于埃利亚的芝诺了. 他虽然发明了 4 个无限微妙、无限深邃的悖论, 后世的大批哲学家们却宣称他只不过是一个聪明的骗子, 而他的悖论只不过是一些诡辩. 遭到两千多年的连续驳斥之后, 这些 "诡辩" 才得以正名."

罗素继续评价道: "这种形式或那种形式的芝诺佯谬, 引起了几乎整个关于空间、时间和无限的发展. 这些理论从他那时起到今天, 一直被人们发展着 (Zeno's arguments, in some form, have afforded grounds for almost all theories of space and time and infinity which have been constructed from his time to our own)."

§13. 思想实验之二: 伽利略相对性原理 —— 萨尔维阿蒂的大船

后汉古籍《尚书纬 · 考灵曜》在谈到地球的运动时这样写到: "地恒动不止而人不知, 譬如人在大舟中, 闭牖而坐, 舟行不觉也." 这里 "牖" 也就是窗户. 其所描述的情景是: 地球在不停地运动, 而在地面上的人却感觉不到. 这就好比人坐在一艘大船里, 关上所有的窗户, 尽管船在行驶, 而人却觉察不到. 所反映出的朴素的物理原理是: 判断物体是否运动与参考系的选取有关.

南宋诗人陈与义 (1090~1138) 在题为《襄邑道中》的四行律诗中写道:

飞花两岸照船红, 百里榆堤半日风.
卧看满天云不动, 不知云与我俱东.

具有初中物理知识水平的读者便可理解上面后两句诗中所蕴含的相对运动的朴素知识.

1632 年, 伽利略出版了他的名著《关于托勒密和哥白尼两大世界体系的对话》[2.7] (该书封面见图 13.1). 书中那位地动派的 "萨尔维阿蒂 (Salviati)" 对上述问题给了一个彻底的回答. 伽利略在书中说道 (原文为意大利文, 英文译文见思考题 2.4):

"把你和一些朋友关在一条大船甲板下的主舱里, 让你们带着几只苍蝇、蝴蝶和其他小飞虫, 舱内放一只大水碗, 其中有几条鱼. 然后, 挂上一个水瓶, 让水一滴一滴地滴到下面的一个宽口罐里. 船停着不动时, 你留神观察, 小虫都以等速向舱内各方向飞行, 鱼向各个方向随便游动, 水滴滴进下面的罐中, 你把任何东西扔给你的朋友时, 只要距离相等, 向这一方向不必比另一方向用更多的力. 你双脚齐跳,

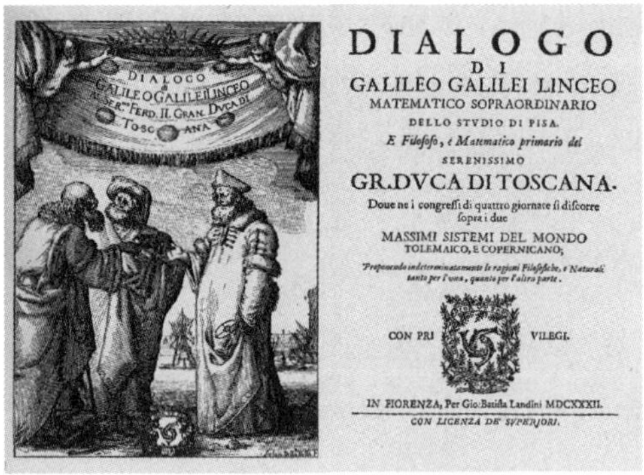

图 13.1　伽利略于 1632 年出版的《对话》的封面

无论向哪个方向跳过的距离都相等. 当你仔细地观察这些事情之后, 再使船以任何速度前进, 只要运动是匀速, 也不忽左忽右地摆动, 你将发现, 所有上述现象丝毫没有变化. 你也无法从其中任何一个现象来确定, 船是在运动还是停着不动. 即使船运动得相当快, 在跳跃时, 你将和以前一样, 在船底板上跳过相同的距离, 你跳向船尾也不会比跳向船头来得远. 虽然你跳到空中时, 脚下的船底板向着你跳的相反方向移动. 你把不论什么东西扔给你的同伴时, 不论他是在船头还是在船尾, 只要你自己站在对面, 你也并不需要用更多的力. 水滴将像先前一样, 滴进下面的罐子, 一滴也不会滴向船尾. 虽然水滴在空中时, 船已行驶了许多柞. 鱼在水中游向水碗前部所用的力并不比游向水碗后部来得大; 它们一样悠闲地游向放在水碗边缘任何地方的食饵. 最后, 蝴蝶和苍蝇继续随便地到处飞行. 它们也决不会向船尾集中, 并不因为它们可能长时间留在空中, 脱离开了船的运动, 为赶上船的运动而显出累的样子."

萨尔维阿蒂的大船道出了一条极为重要的真理, 即: 从船中发生的任何一种现象, 你是无法判断船究竟是在运动还是在停着不动. 现在称这个论断为伽利略相对性 (Galilean relativity) 原理或者伽利略不变性 (Galilean invariance) 原理.

用现代的语言来说, 萨尔维阿蒂的大船 (如图 13.2 所示) 就是一种所谓惯性参考系. 就是说, 以不同的速度匀速运动着而又不忽左忽右摆动的船都是惯性参考系. 在一个惯性系中能看到的种种现象, 在另一个惯性参考系中必定也能无任何差别地看到. 亦即, 所有惯性参考系都是平权的、等价的. 我们不可能判断哪个惯性参考系是处于绝对静止状态, 哪一个又是绝对运动的.

伽利略相对性原理不仅从根本上否定了地静派对地动说的非难, 而且也否定了绝对空间观念 (至少在惯性运动范围内). 所以, 在从经典力学到相对论的过渡中,

图 13.2　萨尔维阿蒂的大船 —— 惯性参考系

许多经典力学的观念都要加以改变, 唯独伽利略相对性原理却不仅不需要加以任何修正, 而且成了狭义相对论的两条基本原理之一.

读者可能感兴趣的是, 萨尔维阿蒂 (Salviati) 是谁? 1632 年, 伽利略确信自己掌握了日心说所需要的证明后, 出版了他的《两种世界体系的对话》[2.6] 一书. 书中内容以三个人物的对话展开 —— 辛普利西奥 (Simplicio, 主张地心说的亚里士多德主义者), 萨尔维阿蒂 (Salviati, 主张日心说的哥白尼主义者) 和沙格列陀 (Sagredo, 在这场辩论中持中立态度的博学智者). 在这场对话中, 萨尔维阿蒂系统地驳斥了 Simplicio 的所有观点, 并得出了伽利略所主张的, 富有挑战性的关于地球围绕太阳运转的证明. Sagredo 最终总结道, 睿智的萨尔维阿蒂是正确的, 亚里士多德是错误的. 然后三人退下, 享受餐点和美酒. 原来, 萨尔维阿蒂其实就是伽利略本人在他书中的投影, 或者是伽利略的代言人 (Galileo's mouthpiece).

如图 13.3 所示, 伽利略相对性原理是假设坐标系 $x'y'z'$ 沿 x 方向以匀速 v 相对于固定坐标系 xyz 运动时, 有如下伽利略变换 (Galilean transformations):

$$\begin{cases} x' = x - vt \\ y' = y \\ z' = z \\ t' = t \end{cases} \tag{13-1}$$

式 (13-1) 中第四式中的时间的绝对性是经典力学的基础之一. 式 (13-1) 进而可以更为简约地表示为

$$\begin{cases} \boldsymbol{r}' = \boldsymbol{r} - \boldsymbol{v}t \\ t' = t \end{cases} \tag{13-2}$$

容易验证 §2 中所给出的结论: 牛顿运动定律在做伽利略变换后其形式保持不变, 亦即

$$\boldsymbol{F} = m\frac{\mathrm{d}^2\boldsymbol{r}}{\mathrm{d}t^2} \quad \Leftrightarrow \quad \boldsymbol{F}' = m\frac{\mathrm{d}^2\boldsymbol{r}'}{\mathrm{d}t'^2} \tag{13-3}$$

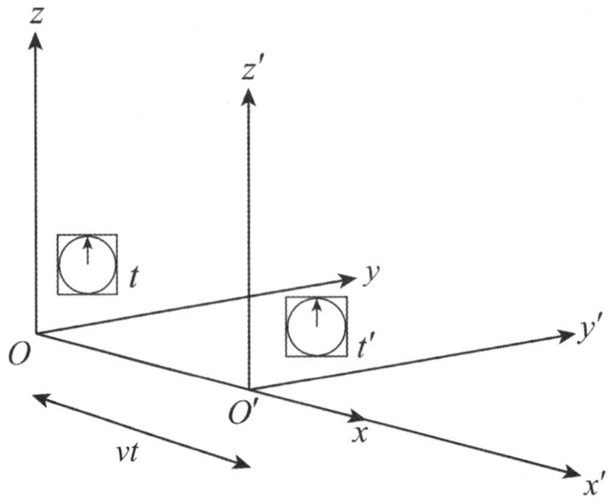

图 13.3　伽利略变换: 坐标系 $x'y'z'$ 沿 x 方向以匀速 v 相对于固定坐标系 xyz 运动

伽利略被誉为 "近代物理学之父" 甚至 "近代自然科学之父". 他还创建了 "伽利略科学方法论", 该方法论认为一个科学的理论应当满足如下三个条件: (1) 能够解释已有的现象; (2) 尽可能地简单; (3) 能够做出精确、定量、客观、可重复的预言并得到实验的证实.

§8 中谈到过的 1979 年诺贝尔物理学奖获得者温伯格在其 2015 新著《解释世界: 现代科学的发现》[2.8] 中对伽利略给出了极高的评价: "在伽利略这里, 我们遇到了与牛顿、达尔文及爱因斯坦同一级别的历史上最伟大的科学家之一. 他通过引入和使用望远镜使观测天文学发生了革命, 以及他有关运动学的研究为现代实验物理学提供了范式 (With Galileo, we come to one of the greatest scientists of history, in a class with Newton, Darwin, and Einstein. He revolutionized observational astronomy with his introduction and use of the telescope, and his study of motion provided a paradigm for modern experimental physics)."

§14. 开普勒三大行星定律

古希腊数学家和哲学家毕达哥拉斯 (Pythagoras, c.570∼c.495 BC) 同时还是个

有名的音乐家、琴师和歌手. 他提出了 “万物皆数 (all is number)” 和 “宇宙和谐” 的理念, 并据此认为由 “智慧的数” 组成的音乐是完美的. 如图 14.1 所示, 他发现了琴弦和声与弦长之间的简单数字关系, 从此使音乐成为一门建立在数学基础上的艺术科学. 琴弦定律是在给定张力作用下, 一根给定弦的频率与其长度成反比; 音程之比越简单, 和声越和谐. 如果是三根弦同时发音, 毕达哥拉斯发现只有当它们的长度比是 3:4:6 时, 发出的声音才最和谐, 最优美. 后来, 人们便把奇妙的数 3、4、6 叫做 “音乐数”. 毕达哥拉斯还假设宇宙行星之间存在和谐关系: 太阳、月亮及各行星以不同比例的速度和距离绕地球运转, 从而产生不同声音, 称为宇宙音乐 (music of the spheres).

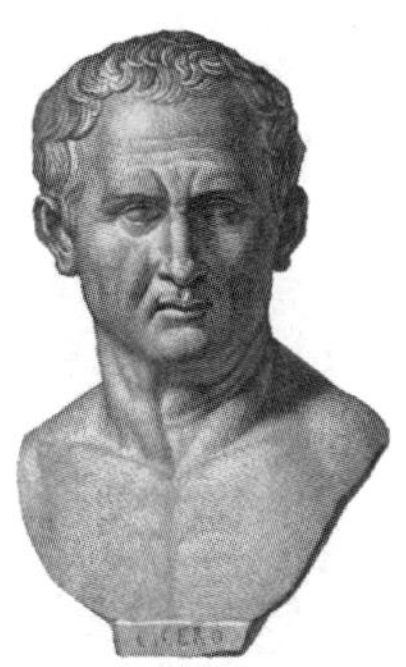

西塞罗 (106~43 BC)

古罗马哲学家西赛罗 (Marcus Tullius Cicero, 106~43 BC) 及其他人则认为当时太阳系已发现的七个天体 (月球、水星、金星、太阳、火星、木星、土星) 就是音阶中七音形成之源.

波爱修斯 (480~524)

古罗马思想家波爱修斯 (Anicius Manlius Severinus Boëthius, 480~524) 说: “有

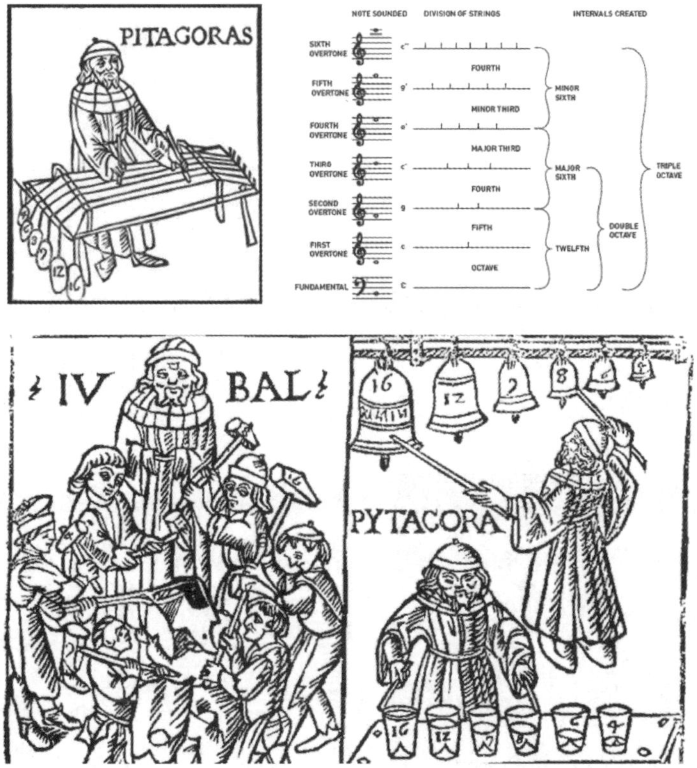

图 14.1 毕达哥拉斯发现了琴弦和声与弦长之间的简单数字关系

三种音乐: (1) 宇宙音乐, 宇宙的'和谐'或次序; (2) 人类的音乐, 高尚的、健康的身心次序; (3) 应用的音乐, 人们所作的、可以听到的音乐."

受毕达哥拉斯所认为的数和音乐之间存在和谐关系的启发, 开普勒进一步认为天体的运动是某种永恒的复调音乐, 他以音乐的和谐关系来研究宇宙的关系, 据此做出了伟大的发现: 行星之间受一种简单的、和谐的数学规律制约着.

布拉赫 (1546~1601)

实际上, 十七世纪初与在哥白尼 (Nicolaus Copernicus, 1473~1543) 生活的时代一样, 圆周运动在天体的研究中被赋予了巨大的审美价值. 但第谷 · 布拉赫的观测却表明: 行星, 特别是火星, 以不同的速率运行, 并且越靠近太阳时速度越快. 开普勒用了 8 年的时间, 伴以庞大且复杂的计算, 得出结论: 行星的轨道不可能是圆的, 而是椭圆的! 当然, 行星沿椭圆轨道上的运动也是有规律可循的, 这就是开普勒第二定律 (也称 "面积定律"). 1609 年, 开普勒在《新天文学》(*Astronomia Nova*) 的书中发表了这一成果. 至此, 开普勒大悟: "天体运动不是别的, 不过是几种声音汇成一种连续的音乐. 这种音乐只能为心智所领悟, 不能被人的耳朵倾听 (The heavenly bodies are nothing but a continuous song for several voices (perceived by the intellect, not by the ear)."

开普勒 (1571~1630)

1619 年, 划时代的 (epoch-making) 巨著, 开普勒的《世界的和谐》(*Harmonies of the World*) 出版, 如图 14.2 所示, 该书中使用了大量的音乐语言和乐谱图, 让人不禁感慨: "此曲只应天上有." 他在书中自信地写道: "在 22 年前, 当我发现天体轨道之中的 5 种正多面体时, 我就更加肯定天体一定是和谐的 …… 不顾一切, 把这本书写出来了. 人们是现在读它, 还是将来子孙后代读它, 这都无关紧要. 既然上帝为了他的研究者已经等了 6000 年, 那就让它为读者等上 100 年吧 (If God himself has waited six thousand years for someone to contemplate his works, my book can wait for a hundred)."

图 14.2 开普勒《世界的和谐》中使用的音乐语言和乐谱图

在《世界的和谐》的第五卷, 开普勒讨论了音乐的音高或音阶, 各种和谐、大调和小调, 都在星星的视运动中表现出来; 六颗行星的和谐比例彼此不同, 就像四声部对位; 四声部表现于行星运动就是女高音、女低音、男高音和男低音 …… 这些, 俨然就是一曲天体的音乐. 詹姆斯 (Jamie James, 1951~2020) 在《天体的音乐》(The Music of the Spheres) 一书中写道: "开普勒的工作做得太好了! 在开普勒之后, 天体的音乐从科学中不可挽回地分开了, 永远地退到模糊的深奥的幽深处. 然而, 开普勒是最后一位试图向这些隐秘处照射光亮的伟大的科学家."

开普勒还大胆地把它和谐的理念扩大: "天上地下, 只要和谐持续着, 一切都生机勃勃, 一旦和谐受到了干扰, 一切都会杂乱无章." 这种伟大的信念, 至今仍是科学家的智慧源泉, 是人类社会的最高准则. 难怪黑格尔 (Georg Wilhelm Friedrich Hegel, 1770~1831) 盛赞道: "开普勒的有序和谐是一种伟大的哲学思想, 一种超越时代、超越历史和具有永久生命力的伟大哲学思想."

开普勒在天文研究中取得的最大成就是提出了三大行星定律 (three laws of planetary motion), 分别是轨道定律 (the law of orbits)、面积定律 (the law of areas) 和周期定律 (the law of periods), 其中, 周期定律也被称为和谐定律 (harmonic law). 正如在 §9 中所谈到的, 这三大行星定律属于唯象理论, 这三大定律为牛顿力学和万有引力理论的创立奠定了基础.

开普勒三大行星定律的内容由表 14.1 给出.

表 14.1 开普勒三大行星定律的内容

定律	简称	定律内容 (中文)	定律内容 (英文)	理论架构
第一定律 (图 14.3)	轨道定律 椭圆定律	每一个行星都沿各自的椭圆轨道环绕太阳, 而太阳则处在椭圆的一个焦点中.	The orbit of each planet is an ellipse, with the Sun at one focus.	引力的平方反比关系
第二定律 (图 14.4)	等面积定律	每一行星与太阳的连线在相等的时间内扫过相等的面积.	An imaginary line drawn from each planet to the Sun sweeps out equal areas in equal times.	角动量守恒
第三定律 (图 14.5)	周期定律 和谐定律	各个行星绕太阳公转周期的平方和它们的椭圆轨道的半长轴的立方成正比.	The square of a planet's period is proportional to the cube of its mean distance from the sun.	万有引力定律

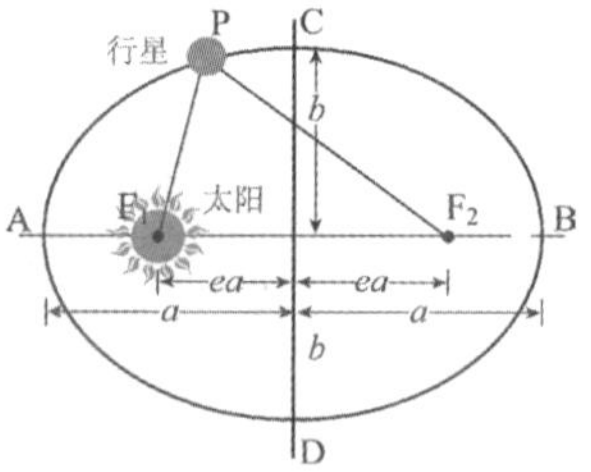

图 14.3　开普勒第一定律示意图

图 14.3 中, 太阳处于椭圆的一个焦点 (F 是 focus 的缩写), a 为长半轴 (semi-major axis), b 为短半轴 (semi-minor axis), e 为离心率 (eccentricity).

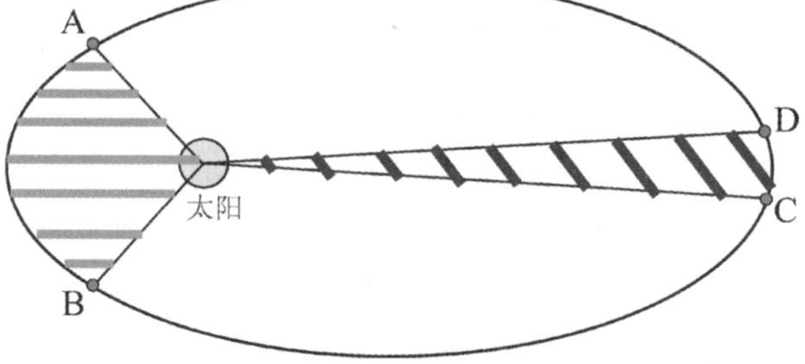

图 14.4　开普勒第二定律示意图

图 14.5 纵轴中的 AU 是天文单位 (astronomical unit) 的简称. 如果用 T 和 R 分别表示周期和距离的话, 则开普勒第三定律用公式可表示为

$$T^2 \propto R^3 \tag{14-1}$$

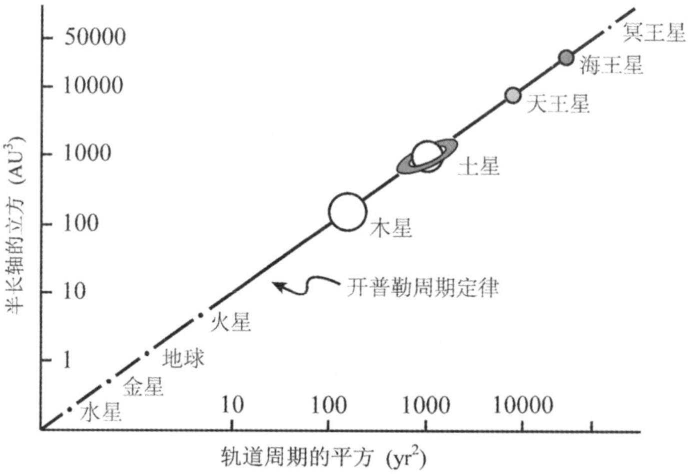

图 14.5　开普勒第三定律示意图

开普勒的不幸和大幸 —— 连年的战争, 长期漂泊, 长期拿不到薪水所导致的生活贫困以及来自教会的迫害, 不断困扰着晚年的开普勒.

1611 年的圣诞节, 穷困潦倒的德国天文学家开普勒徜徉街头. 这位皇家科学家很是沮丧, 已经好几个月没发薪水的他, 正绞尽脑汁思考如何给朋友送上一份礼物. 他看着漫天飞舞的雪花仰天长叹: “啊, 上帝! 除了雪花之外, 还能送什么呢?!” 雪花当然无法相送, 但他决心写一篇关于雪花形状的文章作为新年礼物送给朋友. 于是这篇题为《论六角形雪花》的开创性论文 (如图 14.6 所示) 问世了! 这无疑是一个凄美而令人感动的故事. 开普勒上述论文发表 300 年后的 1912 年, 德国物理学家冯 · 劳厄 (Max von Laue, 1879~1960) 发现了 X 射线在晶体中的衍射现象, 并因此获得了 1914 年的诺贝尔物理学奖. 通过 X 射线衍射技术, 科学家们便可以找到为什么雪花是六角形的答案. 事实上, 水汽凝华结晶成的雪花和天然水冻结成的冰都属于六方晶系.

图 14.6 开普勒于 1611 年发表的《论六角形雪花》的开创性论文封面

他名义上是德国皇帝宫廷天文学家, 却长达 20 年拿不到薪水. 1630 年, 无法养家糊口的开普勒只好亲自去雷根斯堡向国会讨薪. 由于饥寒交迫, 开普勒于 1630 年 11 月 15 日染伤寒死在途中, 只留下几件衣服和一些书籍. 这位伟大天文学家的凄惨结局无不令人唏嘘!

但当其命运被置于历史的长河中来看的话, 开普勒无疑又是幸运的! 在哥白尼与布拉赫的基础上, 开普勒得以揭开一个宇宙之谜, 所创立的三大行星定律最终为开普勒赢得了 "天空立法者" 的历史美名! 为十七世纪的后人实现科学上的突破创造了条件, 而即将到来的就是科学革命全面展开的激动人心的岁月.

有关星体与音乐的进一步阅读 —— 恒星演奏的乐曲

宇宙中遥远的恒星能奏乐吗? 能! 但我们一般难以听到. 一项最新研究报告说, 英国天文学家利用恒星发出的光线中所携带的信息, 破译出恒星所奏乐曲, 并借此发现 500 颗类太阳恒星.

英国伯明翰大学的天文学家查普林 (Chaplin) 领导的一个国际小组, 在 2011 年美国《科学》期刊上报告了这项成果[2.9]. 查普林研究的领域是星震学, 即关注恒星的振动.

查普林说, 恒星内部会发出一些声音, 引起恒星振动, 这种振动又会引起恒星光线发生微小变化, 通过探测并破译这种光线上的变化, 就可以倾听恒星演奏的音乐. 美国航天局 2009 年发射的开普勒太空望远镜拥有先进的光线探测仪, 为天文学家提供了良好的听星平台.

查普林的研究小组通过开普勒太空望远镜对天鹅座和天琴座一带的 15 万颗恒星进行了观测. 他们根据观测数据复原出这些恒星发出的声音. 正如不同的乐器会发出不同的声音, 不同体积和质量的恒星所发出的声音也不相同. 查普林等在分析后发现, 所观测恒星中有约 500 颗类太阳恒星.

查普林说, 下一步将在这些类太阳恒星周围寻找类地行星. 此外, 将通过研究这些类太阳恒星推测太阳未来的演化方式.

§15. 牛顿的《自然哲学的数学原理》和三大运动定律

牛顿是温伯格在其名著《解释世界: 现代科学的发现》[2.8] 中最后一位重点介绍的科学家, 温伯格对其做出了极高的评价, 不仅表示 "在牛顿这里, 我们来到了科学革命的巅峰 (With Newton we come to the climax of the scientific revolution)", 而且在评述了牛顿《原理》[1.1] 一书的诸多成就后意犹未尽地表示, 仅仅指出《原理》确立了运动定律和万有引力原理仍是对其重要性的低估 (understates its importance), 因为牛顿还用《原理》给后世树立了一个范式 (provided the paradigm that all subsequent science has followed), 告诉人们物理理论应该是什么样子的, 那就是用一组简单的数学原理, 以明确的方式, 描述大量不同的现象. 在《原理》发表之后曾有神学家批评说, 像《原理》这种充满数学 (几何) 的书是数学书而非物理书 (这当然是用现代术语重新表述了). 对此温伯格说了一句堪称是对牛顿的最高赞誉的话, 他表示那位神学家心目中的物理显然是亚里士多德时代那种没有数学的物理, "他没有意识到的是, 牛顿这一例子已经修改了物理学的定义".

温伯格在其 2001 年出版的名为 *Facing Up: Science and Its Cultural Adversaries* (《对峙: 科学及其文化敌手》) 中, 再一次对牛顿力学给与了崇高的评价: "牛顿物理学的诞生是一次巨范式转移 (The birth of Newtonian physics was a mega-paradigm shift)."

牛顿所留下的范式还包括, 他并不急于宣布他的有关万有引力定律等重大科学发现, 他想完成的研究远不止这一个发现, 他似乎要把他的发现放在整个科学领域之中, 而且他认为科学是一个整体, 是一个他有能力建成的整体, 不写完全部 *Principia*[1.1] 他是不会罢手的: 他写这本书的速度和连贯性, 在人类思想史上真是无与伦比. 在牛顿所处的时代, 这种科学观比较普遍, 例如开普勒在给出行星运动定律后, 他本可心满意足, 但他却决定写一本《新天文学》. 伽利略也是如此, 他在做出他的一些伟大发现后并没有停步, 他显然认为他必须写出《关于两种新科学的对话》. 后来, 拉格朗日和拉普拉斯继承了开普勒、伽利略和牛顿的这一传统, 分别出版了巨著《分析力学》和《天体力学》. 麦克斯韦也不例外, 在创建了他的经典电动力学的方程组后, 进而出版了传世之作《电磁通论》.

温伯格介绍牛顿的开场白就很有意思, 他说对潮汐如此感兴趣的牛顿一生却从未看过大海 (not even to see the sea, whose tides so much interested him). 牛顿与海的 "精神缘分" 其实还不限于研究潮汐, 他那句脍炙人口的名言 —— "我不知道我在别人眼里是怎样的, 但对我自己来说我只不过像是一个在海边玩耍的男孩, 因为时不时地找到一块比通常更光滑的卵石或更漂亮的贝壳而兴奋，却全然没有发现展现在我面前的伟大的真理海洋”——也是跟海有关的. 对于牛顿《原理》一书的风格, 温伯格表示现代读者可能会诧异于此书与现代物理著作的巨大差别, 因为牛顿用了大量的几何图片, 却很少用方程式, 仿佛已忘记了自己发明的微积分, 但仔细分辨的话, 在几何图片中, 包含了一些应被视为无穷小或无限多的东西.

1687 年, 牛顿不朽的名著《自然哲学的数学原理》[1.1] 出版. 这里所谓的“自然哲学”实际上就是指物理学. 在古代, 自然科学是以自然哲学的形式出现的.《原理》[1.1] 全书分为两大部分:

第一部分包括: “定义和注释”和“运动的基本定理或定律”. 在该部分中, 牛顿首先给质量、动量、惯性、力及向心力等基本概念下了定义, 说明了绝对时间和绝对空间的含义. 接着陈述了他总结和创立的运动三定律和矢量合成原理.

第二部分是这些基本定律的作用, 包括三篇: 第一篇研究万有引力; 第二篇讨论介质对物体运动的影响; 第三篇是“论宇宙系统”.

牛顿对运动三定律的表述在表 15.1 中给出.

表 15.1 牛顿三大运动定律的内容

定律	定律内容 (中文)	定律内容 (英文)	公式
牛顿第一运动定律 Newton’s First Law of Motion	任何物体将保持它的静止状态或匀速直线运动状态, 直到外力作用迫使它改变这种状态为止.	Every object in a state of uniform motion tends to remain in that state of motion unless an external force is applied to it.	$\sum_{i=0}^{n}\boldsymbol{F}_i=\boldsymbol{0}\Leftrightarrow\frac{\mathrm{d}\boldsymbol{v}}{\mathrm{d}t}=\boldsymbol{0}$
牛顿第二运动定律 Newton’s Second Law of Motion	动量的变化率与所施的力成正比, 并沿力的作用方向发生.	The rate of momentum of a body is proportional to the force applied and in the direction of the applied force.	$\sum_{i=0}^{n}\boldsymbol{F}_i=\frac{\mathrm{d}\boldsymbol{p}}{\mathrm{d}t}=\frac{\mathrm{d}(m\boldsymbol{v})}{\mathrm{d}t}$
牛顿第三运动定律 Newton’s Third Law of Motion	每一个作用总是有一个相等的反作用和它对抗.	For every action there is an equal and opposite reaction.	$\boldsymbol{F}_{12}=-\boldsymbol{F}_{21}$

《原理》[1.1] 以牛顿三大运动定律和万有引力定律为基础, 建立了完美的力学理论体系, 说明了当时人们所能理解的一切力学现象, 解决了行星运动、落体运动、

微粒运动、声音和波、潮汐以及地球的扁圆形状等各种各样的问题.

惯性坐标系的概念将在 §18~§20、思考题 2.11、§29 等中予以深入讨论, 并从不同侧面加以论述, 以期加深对该问题的理解.

经典力学中的牛顿第零定律 (Newton's zeroth law)[1.13] 或运动第零定律 (zeroth law of motion)[1.12] 是近年来文献中所经常被提及的话题. 该定律事实上就是拉瓦锡的质量守恒定律. 拉瓦锡大致于 1777 年提出的质量守恒, 比牛顿三定律的出现整整晚了 90 年的时间, 该定律又比第一定律更为基本, 这是被称为第零定律的原因. 物体的质量被认为是独立于它的速度和任何施加于它的外力的, 总质量既不产生也不消灭, 只是在物体相互作用的时候重新分配.

被誉为“现代化学之父”的拉瓦锡 (Antoine-Laurent de Lavoisier, 1743~1794) 之于化学, 犹如牛顿之于物理学. 事实上, 质量守恒的问题涉及到惯性质量和引力质量是否等价 (参见 §18) 和质量起源等重要问题, 此不再赘述.

牛顿第三定律指出, 对于每个作用 (action), 存在着一个大小相等方向相反的反作用 (reaction). 而且, 我们通常假定力不独立于速度. 这两个观点也都不那么正确. 例如, 它们不能解释带电粒子间的磁相互作用.

很多教科书讨论到角动量的时候, 引入了牛顿第四定律: 物体间的作用力沿着连接它们的直线的方向. 这被用来“证明”角动量守恒. 但这个定律对于分子间作用力是完全错误的.

牛顿第三和第四定律分别是动量守恒和角动量守恒的近似说法. 其中, 第四定律表述的是所有的力都是二体中心力 (two-body central forces). 在近代物理的基本原理中, 这些伟大的守恒律反映了物理定律在平移和旋转下的对称性, 参见第 §30 中的诺特定理.

说到微积分, 温伯格对德国数学家兼哲学家莱布尼兹 (Gottfried Wilhelm Leibniz, 1646~1716) 做出了如下评价[2.8]: “*像笛卡儿一样, 尽管莱布尼兹是一位伟大的数学家而且他的哲学工作也受到人们的推崇, 但他对自然科学未做出重要的贡献* (Though, like Descartes, Leibniz was a great mathematician whose philosophical work is much admired, he made no important contributions to natural science).” 对于牛顿与莱布尼兹的微积分优先权之争, 温伯格认同史学界的公认结论, 那就是两人彼此独立, 牛顿研究得更早, 莱布尼兹则发表得更早. 温伯格着重指出: “*尽管莱布尼兹首先发表了微积分, 是牛顿而非莱布尼兹将微积分应用到科学问题中去* (But though Leibniz was the first to publish on calculus, ··· it was Newton rather than Leibniz who applied calculus to problems in science).” 跟许多著作只是人云亦云地提到莱布尼兹的符号更优越并被现代所采用, 从而给人一个莱布尼兹的微积分更 "摩登" 的感觉不同, 温伯格引述了一个相对少为人知的细节, 那就是在《原理》第一卷第一节的末尾, 牛顿表示他已不再将像速度那样的 "流数"(fluxions) 视为两个无穷小量的比值, 而是当成两个连续而无限变小的量的比值之极限, 他并且明确指出: 这种比值接近极限的程度可以小于任意给定的量. 学过现代微积分的读者想必看出来了, 这其实正是直到十九世纪才经由法国数学家柯西 (Augustin-Louis Cauchy, 1789~1857) 等的工作逐渐形成的极限现代定义 —— ε-δ 定义 —— 的思想. 从这个意义上讲, 牛顿对微积分的理解其实远比莱布尼兹更 "摩登".

柯西 (1789~1857)

牛顿《原理》出版的一些历史 —— 牛顿在完成他的工作后等待了 6 年, 直到天文学重新测定了月球距离等数据后, 才在哈雷的推动和资助下, 敢于出版他用拉丁文写成的《原理》. 1687 年, *Principia* 的第一版印刷了 300~400 本, 其中的 100 本作为礼物 (gifts) 送人, 第一版的出版费用约 £60; 1713 年, *Principia* 的第二版印刷了 700 本, 印刷费用为 £117.

英文首版 *Principia* 出版于 1729 年.

伏尔泰从法国被流放到英国期间, 参加了牛顿的葬礼, 他首次告诉了世人牛顿苹果的故事. 伏尔泰的灵感女神是 Emilie du Châtelet 侯爵夫人, 她是启蒙时期的一代才女, 天生丽质. 她亲笔翻译了 *Principia* 的法文首版, 直用至今.

Principia 出版后的一天, 牛顿独自到剑桥大学附近一个幽静的旅馆休息, 却怎么也静不下来, 见到人家洗衣盆里的肥皂泡在阳光下呈现出美丽的色彩, 寻思着其中的光学原理. 于是牛顿就用麦秸杆吹起了肥皂泡来. 店主看了, 惋惜道: "一位快50 岁看起来挺体面的先生, 竟疯成这样!"

§16. 平方反比定律 —— 牛顿万有引力定律、有心力场、保守力

布里阿德 (1605~1694)

法国天文学家和数学家伊斯梅尔 · 布里阿德 (Ismaël Bullialdus, 1605~1694) 于 1645 年在其所出版的《天体哲学》(*Astronomia Philolaica*) 书中, 第一次提出了引力的平方反比关系的思想, 他指出: 从太阳发出的力, 应 "与粒子的力相似, 像光的亮度与距离的关系那样, 应当以与距离的平方成反比的关系取而代之". 牛顿正是在布里阿德平方反比关系思想的启示下产生了论证平方反比力的想法.

光的平方反比定律又称为照度第一定律. 它是一个关于光源照度与被照射物体之间距离关系的定律: 在点光源的垂直照射下, 被照射物体表面的照度, 与光源的

发光强度成正比, 与光源至被照射物体的表面距离的平方成反比. 由此可见, 引力和光照度的平方反比定律是“物理类比”一个具体而生动的例子.

牛顿在 *Principia*[1.1] 第三卷中写道: “最后, 如果由实验和天文学观测, 普遍显示出地球周围的一切天体被地球重力所吸引, 并且其重力与它们各自含有的物质之量成比例, 则月球同样按照物质之量被地球重力所吸引. 另一方面, 它显示出, 我们的海洋被月球重力所吸引; 并且一切行星相互被重力所吸引, 彗星同样被太阳的重力所吸引. 由于这个规则, 我们必须普遍承认, 一切物体, 不论是什么, 都被赋与了相互的引力 (gravitation) 的原理. 因为根据这个表象所得出的一切物体的万有引力 (universal gravitation) 的论证 ……”

牛顿在 1665~1666 年间只用离心力定律和开普勒第三定律, 因而只能证明圆轨道上的而不是椭圆轨道上的引力平方反比关系. 在 1679 年, 他知道运用开普勒第二定律, 但是在证明方法上没有突破, 仍停留在 1665~1666 年的水平. 只是到了 1684 年 1 月, 哈雷、雷恩、胡克和牛顿都能够证明圆轨道上的引力平方反比关系, 都已经知道椭圆轨道上遵守引力平方反比关系, 但是最后可能只有牛顿才根据开普勒第三定律、从离心力定律演化出的向心力定律和数学上的极限概念或微积分概念, 才用几何法证明了这个难题.

“万有”一词的来历已经在 §8 中交代清楚, 意在打破亚里士多德的“天界”和“俗界”的界限, 其巨大意义是实现了物理上的第一次大的统一.

牛顿万有引力定律 (Newton’s law of universal gravitation) 公式为

$$\boldsymbol{F} = -G\frac{m_1 m_2}{r^2}\frac{\boldsymbol{r}}{r} = -G\frac{m_1 m_2}{r^2}\widehat{\boldsymbol{r}} \tag{16-1}$$

式中, $\boldsymbol{F}$ 为两物体间的引力矢量, G 为万有引力常数, m_1 和 m_2 分别为物体 1 和 2 的质量, r 为两物体间的距离, $\boldsymbol{r}$ 为两物体间的矢径, $\widehat{\boldsymbol{r}}$ 为单位矢量.

作为“物理类比”的另一个例子, 两个静止点电荷相互作用力的库仑定律 (Coulomb’s law) 有着和万有引力定律完全类似的表达式:

$$\boldsymbol{F} = k\frac{q_1 q_2}{r^2}\widehat{\boldsymbol{r}} \tag{16-2}$$

式中, $\boldsymbol{F}$ 为两电荷间的作用力矢量, k 为库仑常数 (静电力常数), q_1 和 q_2 分别为电荷 1 和 2 的电量.

式 (16-1) 和式 (16-2) 均为平方反比定律 (inverse square law) 的具体形式. 由表 8.1 知, 两个平方反比定律的最大共同点是, 和强力与弱力相比它们都是长程作用. 两个平方反比定律之间的最大不同是, 库仑力既有吸引力也有排斥力; 而万有引力只有引力, 而没有斥力. 两者之间的类比性如表 16.1 所示.

1798 年, 卡文迪许 (Henry Cavendish, 1731~1810)[2.10] 这位被认为继牛顿后英国最伟大的科学家之一, 应用后来被称为"卡文迪许实验 (Cavendish experiment)"中的扭秤 (torsion balance) 测定了万有引力常数 G. G 是 gravitation 的第一个字母.

表 16.1　牛顿万有引力定律和库仑定律之间的类比性

万有引力定律相关公式	库仑定律相关公式	说明
$\boldsymbol{g}=\boldsymbol{F}/m$	$\boldsymbol{E}=\boldsymbol{F}/q$	重力加速度和电场强度类比, 质量和电荷类比
$\boldsymbol{F}=-G\dfrac{m_1m_2}{r^2}\hat{\boldsymbol{r}}$	$\boldsymbol{F}=k\dfrac{q_1q_2}{r^2}\hat{\boldsymbol{r}}$	万有引力和电场力类比, 质量和电荷类比, 库仑常数 $k=1/4\pi\varepsilon_0$, ε_0 为真空介电常数; 万有引力常数和库仑常数相比, 在数值上小约 10^{20} 倍
$\boldsymbol{g}=-\dfrac{GM}{r^2}\hat{\boldsymbol{r}}$	$\boldsymbol{E}=\dfrac{kQ}{r^2}\hat{\boldsymbol{r}}$	重力加速度和电场强度类比, 质量和电荷类比, 万有引力常数和库仑常数类比
$V=-GM/r$	$V=kQ/r$	引力势和电势类比, 质量和电荷类比, 万有引力常数和库仑常数类比
$\Delta W=m\cdot\Delta V$	$\Delta W=q\cdot\Delta V$	引力势能变化量和电势能变化量类比, 质量和电荷类比
$g=-\Delta V/\Delta r$	$E=\Delta V/\Delta r$	重力加速度和电场强度类比

无论从哪个角度来评判, 卡文迪许的扭秤实验都可以列入有史以来最经典、最漂亮的十大物理学实验之一.

在经典物理中, 有三次著名的扭秤实验, 表 16.2 给出了总结和对比.

厄缶 (Loránd Eötvös, 亦称: Roland von Eötvös, 1848~1919) 设计的扭秤还被应用于地球物理勘探, 这也是第一台获得实际应用的重力梯度仪, 在二十世纪初曾广泛地应用于石油和天然气勘探, 期间"超过 10 亿桶的石油以及至少 79 个产油构造的发现归因于扭秤的应用 (For a time, the torsion balance had no competition whatsoever in the search for oil and gas. In the next 10 or so years, the discovery of more than 1 billion barrels of oil and at least 79 producing structures was attributed to the application of this instrumentation)"[2.13].

米歇尔 (1724~1793)

但需要特别指出的是, 本书作者在另一本著作《近代连续介质力学》的附录 C 中也着重谈到, 卡文迪许测量万有引力常数所使用的扭秤事实上是由约翰 · 米歇尔 (John Michell, 1724~1793) 所首先发明的, 如图 16.1 所示. 该装置一般被称为"卡文迪许实验中所使用的米歇尔的扭秤 (Michell's torsion balance, used in the Cavendish experiment)".

表 16.2　库仑扭秤、卡文迪许扭秤、厄缶扭秤

年代	物理学家	贡献	示意图
1785	库仑  Charles Coulomb (1736～1806)	电扭秤实验[2.11], 测量了静电力常数 k.	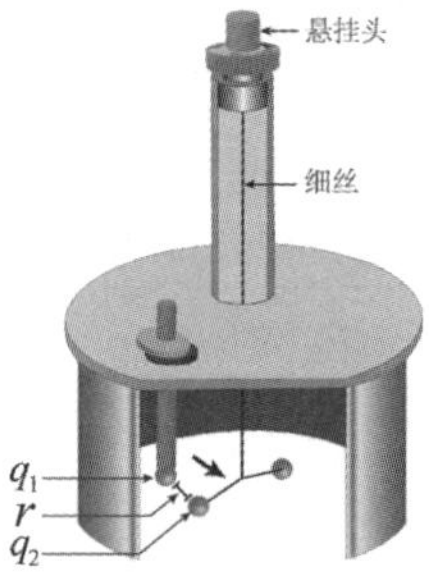
1798	卡文迪许  Henry Cavendish (1731～1810)	67 岁时完成了测量万有引力常量的扭秤实验[2.10], 从而使万有引力定律不再是一个比例性的陈述, 而成为一项精确的定量规律. 卡文迪许被认为是继牛顿之后英国最伟大的科学家之一.	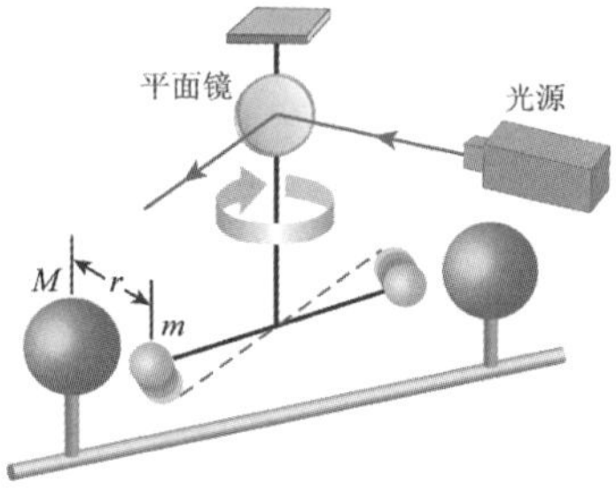
1889	厄缶  Loránd Eötvös (1848～1919)	改进了扭秤的设计[2.12], 使悬杆两端的两个重物不仅有水平距离, 而且还有垂直距离. 提高了扭秤的灵敏度, 发展了扭秤在地球物理勘探方面的应用, 证明了引力质量和惯性质量的等效性, 见 §18 的讨论.	

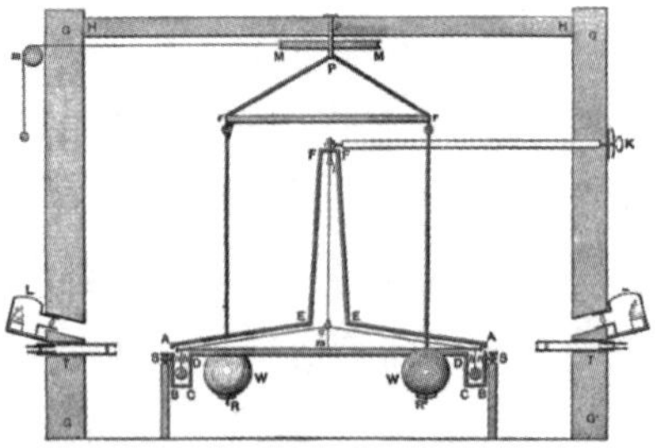

图 16.1　卡文迪许实验中所使用的米歇尔的扭秤

1987 年, 引力学研究专家 A. H. Cook[2.14] 评论道: “有关引力实验的最重要进展和精细测量是由米歇尔所引入的扭秤和被卡文迪许的使用. 这是此后所有有关引力实验最重要的基础 (The most important advance in experiments on gravitation and other delicate measurements was the introduction of the torsion balance by Michell and its use by Cavendish. It has been the basis of all the most significant experiments on gravitation ever since)."

不仅如此, 黑洞概念的起源还要回溯到 1783 年的约翰 · 米歇尔[2.15], 虽然那时的黑洞概念与我们如今所说的黑洞其实没太大的关系. 约翰 · 米歇尔利用牛顿万有引力定律和光的微粒说得到了一个推论, 如果一颗直径比太阳大几百倍, 密度与太阳一样的星球, 物体在它表面的逃逸速度将会超过光速. 这意味着该星球对远方观测者来说将成为一颗 "暗星 (dark star)", 因为作为微粒的光将无法从它表面逃逸到远方就被引力拉了回来.

约翰 · 米歇尔还最早提出了磁极间的平方反比定律. 约翰 · 米歇尔被认为是 "有史以来最伟大的被埋没的科学家之一 (one of the greatest unsung scientists of all time)".

从矢量分析及场论的观点出发, 可对平方反比定律解释得更深入一些. 简略地说, 服从平方反比律的场具有一些 "优美的 (elegant)" 特点: 是无旋的 (irrotational)、是保守力场 (conservative force field)、是有心力场 (central force field)、无源处场的散度为 0、场强 (intensity) 可表示为某个标量的梯度、做功与路径无关 (path independence), 等.

从场论的观点, 在 n 维欧氏空间中, 场强的变化与 r^{n-1} 成反比. 特别地当 $n=3$ 时, 便化简成为平方反比定律, 原因很简单, 如图 16.2 所示, 对于一个几何形状为球形的场, 由于球面面积为 $A=4\pi r^2$, 故而描述自然现象的公式中用到的平方反比定律都来自这个球形面积公式中的 r^2, 也就是说, 场的位置距离场点源中心越远, 面积就越大、密度就越低, 面积与半径成平方正比, 密度与半径成平方反比, 由此形成了平方反比定律, 该定律适用于力、光、电、磁、声音等点源场的场强和点源之间距离的关系.

上面所提到的保守力的基本性质之一, 牛顿万有引力式 (16-1) 可表示为某个标量 $U=-Gm_1m_2/r$ 的梯度:

$$\boldsymbol{F}=-\boldsymbol{\nabla}U \tag{16-3}$$

事实上, 上述标量 U 就是重力势能. 对于一维情形, 有

$$F=-\frac{\mathrm{d}U}{\mathrm{d}x} \tag{16-4}$$

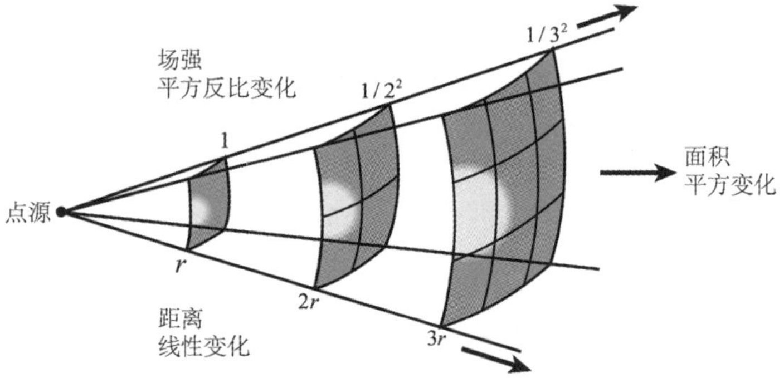

图 16.2　三维欧氏空间中点源的平方反比关系示意图

保守力做功的路径无关性是指从一点到另一点所做的功和所选择的具体路径无关. 作为特例, 力对于闭合回路所做的功为零:

$$W = \oint_c \boldsymbol{F} \cdot \mathrm{d}\boldsymbol{r} = 0 \tag{16-5}$$

无旋矢量场 (irrotational vector field, curl-free vector field) 是一个重要概念. 作为矢量恒等式之一, 某一标量梯度的旋度为零: $\boldsymbol{\nabla} \times (\boldsymbol{\nabla}\varphi) = \boldsymbol{0}$.

我们以无旋流动 (irrotational flow) 为例, 当旋度 $\mathrm{rot}\boldsymbol{v} = \boldsymbol{\nabla} \times \boldsymbol{v} = \boldsymbol{0}$ 时, 可以引入一个速度势标量函数 $\varphi(x, y, z, t)$, 使得速度矢量为该标量函数的梯度: $\boldsymbol{v} = \boldsymbol{\nabla}\varphi$. 因此, 无旋流动也被称为势流.

例 16.1　用来描述两个中性原子 (分子) 之间相互作用的最常用模型是由 John Edward Jones 于 1924 年提出的二体势模型:

$$V_{\mathrm{LJ}} = 4\varepsilon \left[\underbrace{\left(\frac{\sigma}{r}\right)^{12}}_{\text{近距离排斥}} - \underbrace{\left(\frac{\sigma}{r}\right)^{6}}_{\text{远距离吸引}} \right] \tag{16-6}$$

如图 16.3 所示, ε 拥有和 V_{LJ} 相同的能量的量纲, 其为反映两个原子相互作用强弱的势阱深度 (depth of potential well); σ 为 $V_{\mathrm{LJ}} = 0$ 时两体的距离.

Jones 于 1926 年娶 Kathleen Lennard 女士为妻, 可能为了体现男女平等, Jones 在他的姓氏前加上了妻子的姓氏 Lennard. 因而, John Edward Jones 在结婚前发表文章的作者是 J. E. Jones, 结婚后发表文章的作者变为 J. E. Lennard-Jones. (1894～1954) 这就是为何式 (16-6) 被广泛地称为 "Lennard-Jones (勒纳德–琼斯) 势" 的原因, 并被简称 "L-J 势", 如有同学欲进一步深究该二体势, 可参阅本书作者的专著《纳米与介观力学》的 8.2.2 小节.

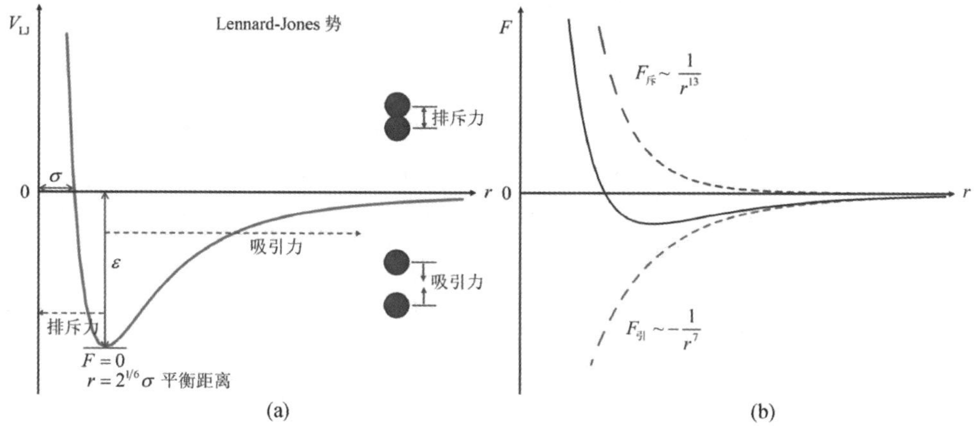

图 16.3　Lennard-Jones 势函数

例 16.2　应用所学过的牛顿力学的知识, 进一步分析 L-J 势.

解: 由于二体相互作用为保守力, 故, 相互作用力可通过式 (16-4) 获得

$$F=-\frac{\mathrm{d}V_{\mathrm{LJ}}}{\mathrm{d}r}=24\frac{\varepsilon}{\sigma}\left[2\left(\frac{\sigma}{r}\right)^{13}-\left(\frac{\sigma}{r}\right)^{7}\right] \tag{16-7}$$

从式 (16-7) 中容易看出, 由于 σ/r 为无量纲距离, ε/σ 则明显具有力的量纲, 这也是为什么在应用 L-J 势函数 (potential function) 的原子模拟中, 无量纲力往往写成: $f^*=f\sigma/\varepsilon$. 势函数又被广泛地称为 “力场 (force field)”.

如图 16.3 所示, 二体间的平衡位置由 $F=0$ 确定, 则有

$$r_m=\sqrt[6]{2}\sigma\approx1.122\sigma \tag{16-8}$$

从图 16.3 看出, 在 $r=r_m$ 处, V_{LJ} 达到其最小值.

下面分析原子在 L-J 势场中的一维运动, 由牛顿第二定律, 若原子的质量为 m 的话, 则有

$$m\frac{\mathrm{d}^2r}{\mathrm{d}t^2}=24\frac{\varepsilon}{\sigma}\left[2\left(\frac{\sigma}{r}\right)^{13}-\left(\frac{\sigma}{r}\right)^{7}\right] \tag{16-9}$$

将式 (16-9) 进行无量纲化, 有

$$\frac{\mathrm{d}^2r^*}{\mathrm{d}\tau^2}=24\left[2\left(\frac{\sigma}{r}\right)^{13}-\left(\frac{\sigma}{r}\right)^{7}\right]=24\left(\frac{2}{r^{*13}}-\frac{1}{r^{*7}}\right) \tag{16-10}$$

式中, 无量纲距离和无量纲时间分别为

$$r^*=\frac{r}{\sigma},\quad \tau=\frac{t}{t_0}=\frac{t}{\sqrt{m\sigma^2/\varepsilon}}=t\sqrt{\frac{\varepsilon}{m\sigma^2}} \tag{16-11}$$

其中,

$$t_0 = \sqrt{\frac{m\sigma^2}{\varepsilon}} \tag{16-12}$$

就是在应用 L-J 势函数的原子模拟中常用的特征时间. 下面进行粗略数量级估计 (rough order-of-magnitude estimate): 一般地, 势阱深度 $\varepsilon \sim 10^{-19}$ J, 原子间距 $\sigma \sim 10^{-10}$ m, 由 1 个铁原子的质量 9.288×10^{-26} kg 知 $m \sim 10^{-25}$ kg, 则特征时间的量级估计为: $t_0 \sim \sqrt{\dfrac{10^{-25}(10^{-10})^2}{10^{-19}}} \sim 10^{-13}$ s.

若进一步, 原子位移用 u 表示, 亦即: $r = r_m + u$, 意味着原子在其平衡位置 $r = r_m$ 附近运动, 由于 $r_m/\sigma = \sqrt[6]{2}$ 为常量, 式 (16-10) 中左端变为

$$\frac{\mathrm{d}^2 r^*}{\mathrm{d}\tau^2} = \frac{\mathrm{d}^2}{\mathrm{d}\tau^2}\left(\frac{r_m}{\sigma} + \frac{u}{\sigma}\right) = \frac{\mathrm{d}^2}{\mathrm{d}\tau^2}\left(\frac{u}{\sigma}\right) = \frac{\mathrm{d}^2 u^*}{\mathrm{d}\tau^2} \tag{16-13}$$

下面再分析式 (16-10) 中右端, 其形式可改变为

$$\frac{2}{r^{*13}} - \frac{1}{r^{*7}} = \frac{2}{(r_m^* + u^*)^{13}} - \frac{1}{(r_m^* + u^*)^7} = \frac{2}{r_m^{*13}}\frac{1}{(1 + u^*/r_m^*)^{13}} - \frac{1}{r_m^{*7}}\frac{1}{(1 + u^*/r_m^*)^7} \tag{16-14}$$

由附录 C 中的泰勒展开, 在 $u^*/r_m^* \ll 1$ 的条件下, 亦即 $u \ll \sigma$ 时, 有

$$\frac{1}{(1 + u^*/r_m^*)^{13}} \sim 1 - 13\frac{u^*}{r_m^*}, \quad \frac{1}{(1 + u^*/r_m^*)^7} \sim 1 - 7\frac{u^*}{r_m^*} \tag{16-15}$$

再注意到式 (16-8) $r_m^* = \sqrt[6]{2}$, 从而式 (16-14) 中右端为

$$\begin{aligned}
&\frac{2}{r_m^{*13}}\frac{1}{(1 + u^*/r_m^*)^{13}} - \frac{1}{r_m^{*7}}\frac{1}{(1 + u^*/r_m^*)^7} \\
&\approx \frac{1}{r_m^{*7}}\left[\frac{2}{r_m^{*6}}\left(1 - 13\frac{u^*}{r_m^*}\right) - \left(1 - 7\frac{u^*}{r_m^*}\right)\right] \\
&= \frac{1}{2^{7/6}}\left[\left(1 - 13\frac{u^*}{r_m^*}\right) - \left(1 - 7\frac{u^*}{r_m^*}\right)\right] = -\frac{3}{\sqrt[3]{2}}u^*
\end{aligned} \tag{16-16}$$

将式 (16-13) 和式 (16-16) 代入式 (16-10), 得到原子在其平衡位置附近做简谐振动的二阶常微分方程 (the 2nd order ordinary differential equation, ODE):

$$\frac{\mathrm{d}^2 u^*}{\mathrm{d}\tau^2} + 2^{8/3} \times 9u^* = 0 \tag{16-17}$$

读者可进一步分析原子振动的频率和周期等特征量.

在本节的最后, 我们给出由 Mario Rabinowitz 于 2001 年所建立的 n 维空间的万有引力的一般表达式:

$$F_n = -\frac{2\pi G_n m_1 m_2}{\pi^{n/2} r^{n-1}}\Gamma\left(\frac{n}{2}\right) \tag{16-18}$$

式中, $\Gamma(x)=\int_0^{\infty} t^{x-1}\mathrm{e}^{-t}\mathrm{d}t$ 为伽玛函数 (Gamma function), $\Gamma\left(\frac{n}{2}\right)=\frac{(n-2)!!\sqrt{\pi}}{2^{(n-1)/2}}$, 式 (16-18) 所对应的引力势为

$$V_n=-\int \boldsymbol{F}_n\cdot\mathrm{d}\boldsymbol{r}=-\frac{2\pi G_n m_1 m_2}{(n-2)\pi^{n/2}r^{n-2}}\Gamma\left(\frac{n}{2}\right) \tag{16-19}$$

容易证明, 当 $n=3$ 时, $\Gamma\left(\frac{3}{2}\right)=\frac{\sqrt{\pi}}{2}$, 此时式 (16-18) 和式 (16-19) 将退化为经典的万有引力定律相应的形式.

§17. 牛顿壳层定理、地球内外的引力势

17.1　空心球壳情形

如图 17.1 所示, 一半径为 a、厚度为 $\mathrm{d}a$ 的空心球壳, 球壳上的面元为: $\mathrm{d}S=2\pi a\sin\theta\cdot a\mathrm{d}\theta$, 若球壳的密度均匀且为 ρ, 则其微元质量为

$$\mathrm{d}m=\rho\mathrm{d}a\cdot\mathrm{d}S=\rho\mathrm{d}a\cdot 2\pi a\sin\theta\cdot a\mathrm{d}\theta \tag{17-1}$$

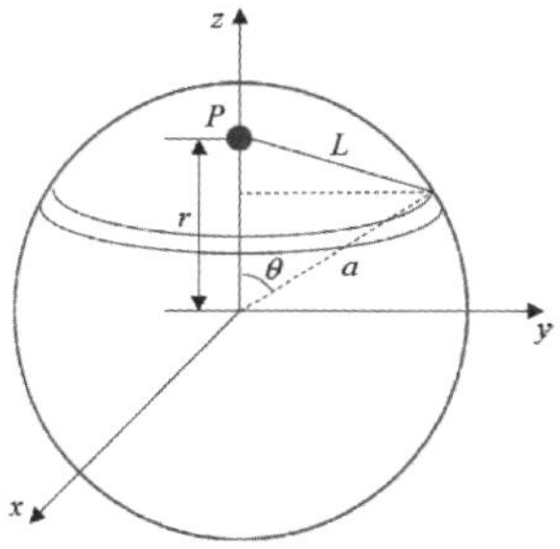

图 17.1　空心球壳示意图

由余弦定理可获得距离球心为 r 的任意点 P 与微元体的距离:

$$L=\sqrt{r^2+a^2-2ar\cos\theta} \tag{17-2}$$

整个球壳在点 P 的引力势为

$$\begin{aligned}
\mathrm{d}U&=-\int_{\rho V}\frac{G\mathrm{d}m}{L}=-\int_0^{\pi}\frac{G\cdot\rho\mathrm{d}a\cdot 2\pi a\sin\theta\cdot a\mathrm{d}\theta}{\sqrt{r^2+a^2-2ar\cos\theta}}\\
&=-\pi\rho Ga^2\mathrm{d}a\int_0^{\pi}\frac{2\sin\theta\mathrm{d}\theta}{\sqrt{r^2+a^2-2ar\cos\theta}}\\
&=-\pi\rho Ga^2\mathrm{d}a\int_0^{\pi}\frac{1}{ar}\frac{\mathrm{d}(r^2+a^2-2ar\cos\theta)}{\sqrt{r^2+a^2-2ar\cos\theta}}\\
&=-\frac{\pi\rho Ga\mathrm{d}a}{r}\left(2\sqrt{r^2+a^2-2ar\cos\theta}\right)\Big|_0^{\pi}\\
&=-\frac{2\pi\rho Ga\mathrm{d}a}{r}\left(\sqrt{(r+a)^2}-\sqrt{(r-a)^2}\right)\\
&=-\frac{2\pi\rho Ga\mathrm{d}a}{r}[(r+a)-|r-a|]\\
&=\begin{cases}-\dfrac{4\pi\rho Ga^2\mathrm{d}a}{r}=-G\dfrac{\mathrm{d}M}{r}, & r\geqslant a\ \text{(球壳外)}\\[2ex] -4\pi\rho Ga\mathrm{d}a=-G\dfrac{\mathrm{d}M}{a}, & r\leqslant a\ \text{(球壳内)}\end{cases}
\end{aligned} \tag{17-3}$$

对式 (17-3) 积分, 则对于半径为 a 的球壳, 可得引力势如下:

$$U=\begin{cases}-G\dfrac{M}{r}, & r>a\\ -G\dfrac{M}{a}, & r\leqslant a\end{cases} \tag{17-4}$$

对式 (17-4) 进行求导, 则得到半径为 a 球壳的引力为

$$f=-\frac{\mathrm{d}U}{\mathrm{d}r}=\begin{cases}-G\dfrac{M}{r^2}, & r>a\\ 0, & r\leqslant a\end{cases} \tag{17-5}$$

式 (17-5) 说明: (1) 均匀球壳外部的引力场强与将全部质量集中在球心时相同, 符合平方反比定律; (2) 球壳内部各点的引力场强为零.

牛顿壳层定理: 质点若是在球壳内, 受到球壳的引力为零; 但若在球壳外, 则可将球壳视为质量集中在球心.

17.2 实心球情形

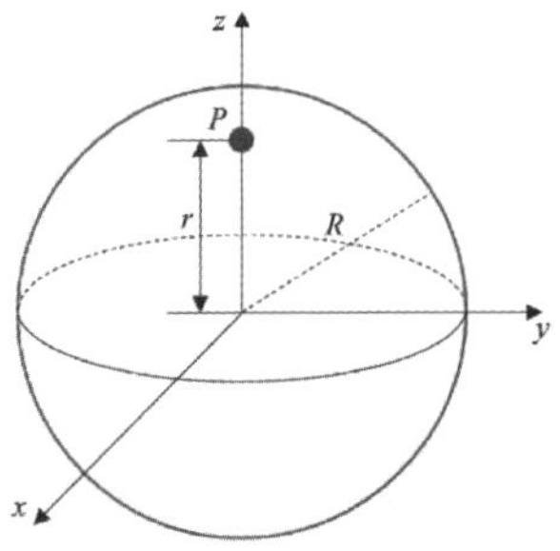

图 17.2 半径为 R 的密度均匀的实心球示意图

如图 17.2 所示, 实心球可看作由无限多个微元球面构成.

考虑一个距离球心为 r 的任意点 P. 分为两种情况, 当该点位于球内时, 引力位能可通过式 (17-3) 进行如下分段积分获得

$$\begin{aligned}U&=-\int_0^r\frac{4\pi\rho Ga^2\mathrm{d}a}{r}-\int_r^R4\pi\rho Ga\mathrm{d}a\\&=-\left(4\pi\rho G\frac{a^3}{3r}\right)\bigg|_0^r-\left(2\pi\rho Ga^2\right)\big|_r^R=-4\pi\rho G\frac{r^2}{3}-2\pi\rho GR^2+2\pi\rho Gr^2\\&=2\pi\rho G\left(\frac{1}{3}r^2-R^2\right)\end{aligned} \tag{17-6}$$

当 P 点位于球外时, 引力位能可通过式 (17-3) 中第一式进行如下积分获得

$$\begin{aligned}U&=-\int_0^R\frac{4\pi\rho Ga^2\mathrm{d}a}{r}\\&=-\left(4\pi\rho G\frac{a^3}{3r}\right)\bigg|_0^R=-\frac{4}{3}\pi\rho GR^3\frac{1}{r}\end{aligned} \tag{17-7}$$

综上, P 点的引力势为

$$U=\begin{cases}2\pi\rho G\left(\dfrac{1}{3}r^2-R^2\right), & r<R\\ -\dfrac{4}{3}\pi\rho GR^3\dfrac{1}{r}, & r\geqslant R\end{cases} \tag{17-8}$$

则点 P 处的万有引力可由对上述引力位能求导得出:

$$f=-\frac{\mathrm{d}U}{\mathrm{d}r}=\begin{cases}-\dfrac{4}{3}\pi\rho Gr, & r<R\\ -\dfrac{4}{3}\pi\rho GR^3\dfrac{1}{r^2}, & r\geqslant R\end{cases} \tag{17-9}$$

式 (17-8) 和式 (17-9) 的函数关系分别由图 17.3 (a) 和 (b) 给出.

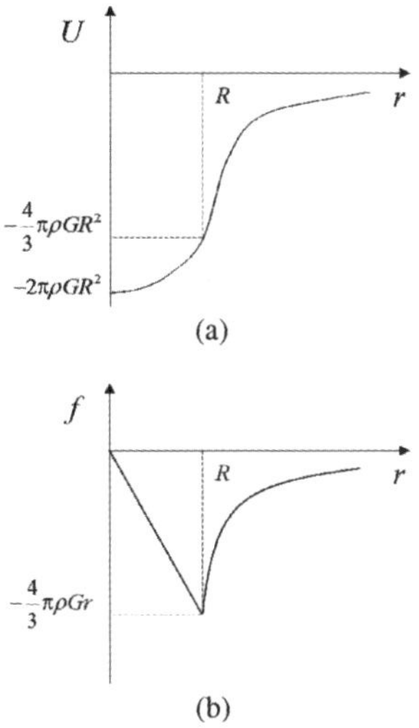

图 17.3 (a) 地球内外的引力位能; (b) 地球内外的万有引力

应该值得特别指出的是, 本节针对引力的讨论完全适用于相应电荷磁的情形, 因此, 力、电、磁具有物理类比性. 例如, 针对于图 17.3 (b) 电荷磁相应的关系分别由图 17.4 (a) 和 (b) 给出.

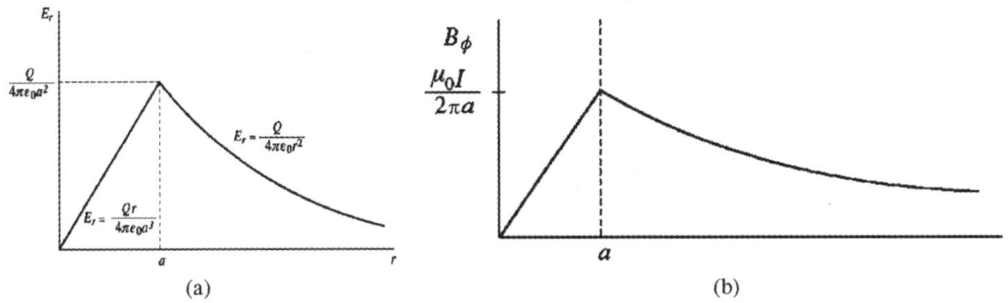

图 17.4 (a) 带电球体内外的电场强度; (b) 磁球体内外的磁场强度

§18. 爱因斯坦的电梯思想实验, 惯性质量、引力质量与等效原理

在 §15 中, 通过牛顿第二定律引入的质量称为惯性质量 (inertial mass) m_i; 而在 §16 中, 通过牛顿的万有引力定律引入的质量称为引力质量 (gravitational mass) m_g. 读者自然会问: m_i 和 m_g 之间何种关系? 它们是否相等? 这就是 “等效原理 (equivalence principle, EP)” 需要回答的问题.

爱因斯坦曾说: “1907 年末, 我当时正坐在专利局的椅子上, 突然我有了一个想法: 如果一个人自由落体, 他就不会感觉到自身的重量了. 我被震惊了!” 事实上, 爱因斯坦对失重的感受是柏林一个人跳楼不幸生还后告诉他的.

事实上, 爱因斯坦在 1920 年曾回忆道, 他于 1907 年在伯尔尼专利局有关惯性质量和引力质量等价性原理的思想实验, 是他一生中 “最为幸福的思想 (the happiest thought in my life)”!

如图 18.1 所示的爱因斯坦 "电梯思想实验", 最清楚地表达了他的等效原理思想. 设想一个观测者处在一个封闭的电梯内, 得不到电梯外部的任何信息. 当他看到梯内的一切物体都自由下落, 下落加速度 g 与物体的大小及物质组成无关时 (此时, 他自己也感受到重力 mg, m 是他自身的引力质量), 他无法断定自己处在下列两种情况中的哪一种:

(1) 电梯静止在一个引力场强为 g 的星球的表面;

(2) 电梯在无引力场的太空中以加速度 a 运动, 而 a 在数值上恰好等于 g, 他因而感受到场强为 g 的惯性力.

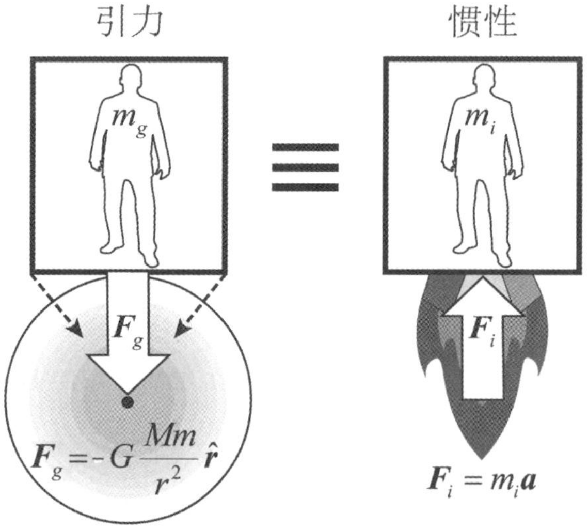

图 18.1　爱因斯坦的 "电梯思想实验"

当观测者感到自己和电梯内的一切物体都处于失重状态时, 他同样无法断定自己处在下列两种情况中的哪一种:

(1) 电梯 (elevator) 在引力场中自由下落;

(2) 电梯在无引力的太空中作惯性运动.

造成上述现象的原因是, 无法用任何物理实验来区分引力场和惯性场, 即等效原理造成了上述不可区分性.

然而, 引力场与惯性场还是有不同之处, 它们在有限大小的时空范围内并不等效. 例如, 由于星球是球体, 静置于星球表面的电梯, 其内部的引力线有向星球中心汇聚的趋势, 而在星际空间加速的电梯, 其内部的惯性力线则是平行的. 只要电梯不是无穷小, 探测这些力线的灵敏仪器就可以区分这两种情况.

所以等效原理是一个局域性原理. 也就是说, 引力场与惯性场仅在无穷小时空范围内不可区分.

等效原理告诉我们, 引力场中一个自由下落的、无自转的无穷小参考系 (自转会产生科里奥利力), 可以看作惯性系.

如图 18.2 所示, 等效原理分为弱等效原理 (weak equivalence principle, WEP) 和强等效原理 (strong equivalence principle, SEP).

图 18.2 (a) 强等效原理; (b) 弱等效原理

简而言之, 弱等效原理就是对于所有物体, 有: $m_i = m_g$.

1907 年, 爱因斯坦对弱等效原理进行了推广, 提出了强等效原理, 亦称为 "爱因斯坦等效原理". 该原理可表述为: 引力场中任一时空点, 当采用局部惯性系时, 除引力外的一切物理学规律应是洛伦兹协变的. 强等效原理包含弱等效原理、局部洛伦兹不变性和局部位置不变性. 1915 年, 爱因斯坦利用强等效原理和广义协变原理两个基本假设, 将引力描述为时空的一种几何属性, 利用黎曼几何给出引力场方程, 从而创建了广义相对论[1.18].

本节只讨论弱等效原理. 表 18.1 给出了历史上一些有关弱等效原理实验验证的里程碑式的工作[2.16].

亚里士多德兴趣广泛, 他想了解自然界中的一切. 如果有什么事是他不明白的, 他就会进行观察、收集数据、认真思考, 并努力寻找答案. 然而, 偶尔他也会犯一些错误. 例如, 他说女人的牙齿比男人的少. 他还写过: 是蜂王而不是蜂后统治着蜂房. 虽然他注重观察, 但是他没有用实验来证明他的理论. 比如, 亚里士多德说, 一个百磅重的球从一百腕尺高的地方落下到地面时, 一磅重的球才落下一腕尺 (A 100 pound ball falling from a height of 100 cubits (1 cubit = 46 cm) reaches the ground before another of 1 pound had descended a distance of 1 cubit). 这种说法在六世纪受到了拜占庭 (Byzantium) 哲学家约翰 · 菲罗帕纳斯 (John Philoponus, 490~570)

菲罗帕纳斯 (490~570)

的质疑. 菲罗帕纳斯指出: “如果你使两个重量差别几倍的物体从相同的高度下落的话, 你会看到两者下落的时间差是一个很小的量 (For if you let fall from the same height two weights of which one is many times as heavy as the other, you will see that the difference in time is a very small one).” 这就是为什么菲罗帕纳斯被列于表 18.1 第一位的原因.

表 18.1 历史上实验验证弱等效原理的一些里程碑式的工作[2.16]

研究者	实验年份	精度	实验方法
Philoponus	~ 500	“很小”	落塔 (drop tower)
Galileo	~ 1590	$\sim 2\times10^{-3}$	落塔
Galileo	~ 1638	2×10^{-3}	单摆 (pendulum)
Newton	1686	$< 10^{-3}$	单摆
Newton	1687	10^{-3}	月球轨道振动 (lunar orbit oscillation)
Laplace	1773	10^{-7}	月球轨道振动
Bessel	1832	10^{-5}	单摆
Eötvös	1891	5×10^{-8}	陆地扭秤 (terrestrial torsion balance)
Eötvös	1891	6×10^{-9}	太阳扭秤 (solar torsion balance)
Poincaré	1906	2×10^{-8}	月球轨道振动
Thomson	1909	7×10^{-5}	单摆
Southerns	1910	5×10^{-6}	单摆
Pekar, Fekete	1922	5×10^{-9}	扭秤
Potter	1923	5×10^{-6}	单摆
Potter	1927	10^{-6}	扭摆 (torsion pendulum)
Renner	1935	2×10^{-9}	扭秤
Roll, Krotkov, Dicke	1962	2×10^{-11}	太阳扭秤
Braginsky, Panov	1971	$\sim 10^{-12}$	太阳扭秤
Shapiro	1976	10^{-12}	月球激光测距 (lunar laser ranging)
Keiser, Faller	1982	7×10^{-11}	水上漂浮 (flotation on water)
Niebauer 和合作者	1987	5×10^{-10}	落塔
Polacco 和合作者	1990	3×10^{-10}	落塔
Adelberger 和合作者	1994	5×10^{-13}	太阳扭秤、陆地扭秤
Dickey 和合作者	1994	5×10^{-13}	月球激光测距

大约 1589 年, 据说伽利略 (1564~1642) 进行了所谓比萨斜塔实验 (Galileo's Leaning Tower of Pisa experiment), 验证了两个重量不同的球几乎同时落地, 这就是表 18.1 第二行的内容.

众所周知的是, 在 1971 年美国阿波罗 15 号登月任务期间, 指令长戴维 · 斯科特 (David Scott, 1932~　) 在月球表面做的著名的 "锤子和羽毛下落 (Hammer and Feather Drop)" 实验, 有效地证明了这点. 如图 18.3 所示, 在月球上, 斯科特同时松开了手中的锤子和羽毛, 它们同时下落到地面, 证明了当空气阻力和某些其他力没有作用在物体上时, 它们会以同样的速度着地.

图 18.3　斯科特于 1971 年 8 月初在月球表面演示 "锤子和羽毛下落" 实验

下面讨论表 18.1 第三行的内容. 1638 年, 在伽利略出版的《关于力学和运动两种新科学的对话》(简称: 关于两门新学科的对话)[2.17] 中提出了对亚里士多德的 "下落速度与重量成正比" 的批驳: "如果我们取天然速率不同的两个物体. 显而易见, 如果把那两个物体连接在一起, 速率较大的那个物体将受到速率较慢物体的影响其速率要减慢一些, 而速率较小的物体将因受到速率较大物体的影响其速率要加快一些. 如果这是对的话, 并假定一块大石块以 (比如说) 八的速率运动, 而一块较小的石块以四的速率运动, 那么把二者联在一起, 这两块石头将以小于八的速率运动; 但是两块联在一起的石头当然比先前以八的速率运动的要重. 可见, 较重的物体反而比较轻的物体运动得慢; 而这个效应同你的设想是相反的. 你由此可以看出, 我是如何从你认为轻重物体比较轻物体运动得快的假设推出了较重物体运动较慢的结论来." 伽利略通过上述逻辑缜密的论述充分展示了亚里士多德观点的自相矛盾, 这就是著名的伽利略 "落体佯谬".

表 18.1 第三行为什么说伽利略 1638 年所用的方法是单摆 (pendulum)? 原因是伽利略很早就已经发现了摆的等时性现象, 传说 1583 年他在比萨教堂作祈祷时

用自己的脉搏作标准, 发现了摆动的吊灯虽然振幅不断减小而摆动周期却不改变.

伽利略 “落体佯谬” 的提出大约比牛顿的 *Principia*[1.1] 的发表早了约半个世纪. 表 18.1 第四行是牛顿的贡献: (a) 认识到了引力的单一性质 (unique property); (b) 引入了惯性质量和引力质量的差别 (distinction); (c) 应用单摆周期的比较, 开展了第一次较为精确的有关等效性原理的实验验证.

可见 “落体佯谬” 的提出为新力学的创立开辟了广阔的道路, 这的确令人惊叹不已! 它清楚地表明, 一个深刻的科学佯谬的提出, 往往是通向新的科学创造的路标.

弱等效原理的破缺程度可用无量纲厄缶参数 (Eötvös parameter)[2.18] 来确定:

$$\eta = \frac{|a_1 - a_2|}{(a_1 + a_2)/2} = \frac{|(m_g/m_i)_1 - (m_g/m_i)_2|}{[(m_g/m_i)_1 + (m_g/m_i)_2]/2} \tag{18-1}$$

下面让我们分别以自由落体和单摆为例, 如何来确定其相应的厄缶参数.

例 18.1　自由落体情形时的厄缶参数.

解: 由惯性质量和引力质量的定义, 对于自由落体情形有如下基本关系式:

$$\begin{cases} F = m_g g \\ F = m_i a \end{cases} \tag{18-2}$$

如果 $m_i \neq m_g$ 的话, 则落体的加速度和重力加速度 g 的关系为

$$a = \frac{m_g}{m_i} g \tag{18-3}$$

由于自由落体为匀加速运动, 在已知落体高度 h 的情况下, 落体时间为

$$t = \sqrt{\frac{2h}{(m_g/m_i)g}} \tag{18-4}$$

按照当时 1590 年的技术条件, 伽利略的落体实验, 可达到的精度被该领域学术界估计为

$$\eta = \frac{|a_1 - a_2|}{(a_1 + a_2)/2} \sim 2 \times 10^{-3} \tag{18-5}$$

例 18.2　单摆情形时的厄缶参数.

解: 如图 18.4 所示的惯性质量为 m_i 而引力质量为 m_g 的单摆. 无重量的摆长为 l, 当摆角为 θ 时, 小球切线方向的加速度为: $a_\tau = l\ddot{\theta}$, 则在切线方向的运动方程为

$$m_i l\ddot{\theta} + m_g g \sin\theta = 0 \tag{18-6}$$

由附录 C 中正弦函数的泰勒级数展开: $\sin\theta = \theta - \dfrac{\theta^3}{3!} + \dfrac{\theta^5}{5!} - \dfrac{\theta^7}{7!} + \dfrac{\theta^9}{9!} + o(\theta^9)$, 当摆幅 θ 足够小时, 有近似关系式: $\sin\theta \approx \theta$, 这样, (18-6) 式变为

$$\ddot{\theta} + \frac{m_g}{m_i}\frac{g}{l}\theta = 0 \quad 或 \quad \ddot{\theta} + \omega^2\theta = 0 \tag{18-7}$$

式中圆频率为: $\omega = \sqrt{\dfrac{m_g}{m_i}\dfrac{g}{l}}$, 则单摆的周期为

$$T = \frac{2\pi}{\omega} = 2\pi\sqrt{\frac{m_i}{m_g}\frac{l}{g}} \tag{18-8}$$

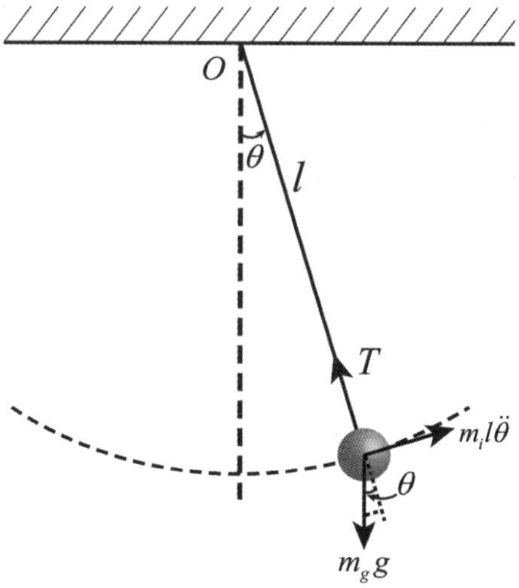

图 18.4　单摆的受力分析

对于不同材料组成的摆球 1 和 2, 当摆长相同时, 弱等效原理的破缺程度可由如下厄缶参数来决定:

$$\eta = \frac{\left|\dfrac{1}{T_1^2} - \dfrac{1}{T_2^2}\right|}{\left(\dfrac{1}{T_1^2} + \dfrac{1}{T_2^2}\right)\Big/2} = \frac{|T_2^2 - T_1^2|}{(T_2^2 + T_1^2)/2} \tag{18-9}$$

应用单摆研究弱等效原理的主要实验和厄缶参数精度的量级如下:

(1) 牛顿于 1686 年采用了长度为 3.3 m 悬挂一个载物盒, 盒中可放置不同的材料, 如金、银、铅、玻璃、沙子、普通食盐 (common salt)、木头、水和小麦等, 其厄缶参数的精度可达到 10^{-3}, 考虑到十七世纪当时的实验条件和水平所限, 取得这样的精度已经实属不易!

贝塞尔 (1784~1846)

(2) 贝塞尔 (Friedrich Wilhelm Bessel, 1784~1846)[2.19] 于 1832 年, 通过改进牛顿的单摆实验, 提高了对时间和长度的测量精度, 所使用的检测物包括铁、锌、铅、银、金、Fe_3O_4、大理石 ($CaCO_3$)、泥土 ($Al_2(Si_2O_5)_3$)、石英 (SiO_2) 和水. 由于水作为黏性流体的内部运动会引起耗散使实验结果发生异常外, 其它所有检测介质的厄缶参数的精度可达到 10^{-5}.

(3) Harold H. Potter[2.20] 于 1923 年再次采用单摆法, 在实验中十分巧妙地观测单摆摆长的变化, 所测试的介质包括黄铜、铅、钢、氟化铵、石蜡和硬铝等, 将厄缶参数的精度进一步提高到 10^{-6}.

客观地讲, 单摆实验在弱等效原理的实验测试中, 从十七世纪一直到二十世纪初, 发挥了主角的作用. 但因其由于摆长等的实验精度等问题, 其厄缶参数的精度难以进一步超越 10^{-6}. 因此, 单摆已经在 Potter 的实验之后便完成了其在弱等效原理实验测试中的历史使命.

作为例 18.2 的结束, 还可给出摆线的受力, 对其应用牛顿第二定律:

$$T - m_g g\cos\theta = m_i\frac{(l\dot{\theta})^2}{l} = m_i l\dot{\theta}^2$$

整理上式, 可得摆线的受力表达式:

$$T = m_g g\cos\theta + m_i l\dot{\theta}^2 \tag{18-10}$$

厄缶于 1890 年, 开始进行为期约 25 年的实验. 悬挂物体由于地球自转离心力, 会偏离地球径向方向, 这个偏离角由悬挂物体的两种质量之比有关. 厄缶将八种材料和铂作比较, 发现它们的两种质量之比相等, 这时就不需要去区分两种质量的差别, 误差不大于 5×10^{-8}.

狄克 (Robert Henry Dicke, 1916~1997) 等[2.21] 于 1964 年改善了厄缶实验, 将铝和金悬挂在南北方向的棒上, 并从棒的中间将棒悬挂起来, 对应着太阳引力可能引起的效应, 结果没有发现摆荡, 表明两种质量可看作相等, 误差为 10^{-11}.

1971 年, 俄罗斯莫斯科大学的布洛金斯基 (Vladimir Braginsky, 1931~2016) 等[2.22] 进一步将误差减小到 10^{-12}.

例 18.3 当考虑引力与平方反比定律 (ISL) 有偏差时, 经常应用如下汤川势 (Yukawa potential):

$$V(r) = -G\frac{m_1 m_2}{r}(1 + \alpha e^{-r/\lambda}) \tag{18-11}$$

式中, α 为无量纲量, λ 为特征距离. 问题: 给出应用上述汤川势时对万有引力 “常数” 的修正.

解: 对汤川势 (18-11) 进行梯度运算便可获得引力的表达式:

$$\begin{aligned}\boldsymbol{F}(r) &= -\nabla V(r)\\ &= -G\frac{m_1m_2}{r^2}(1+\alpha \mathrm{e}^{-r/\lambda})\hat{\boldsymbol{r}} - G\frac{m_1m_2}{r}\frac{\alpha}{\lambda}\mathrm{e}^{-r/\lambda}\hat{\boldsymbol{r}}\\ &= -G\frac{m_1m_2}{r^2}\left[1+\alpha \mathrm{e}^{-r/\lambda}\left(1+\frac{r}{\lambda}\right)\right]\hat{\boldsymbol{r}}\\ &= -G(r)\frac{m_1m_2}{r^2}\hat{\boldsymbol{r}}\end{aligned} \tag{18-12}$$

式中, 和距离相关的引力 "常数" 修正为

$$G(r) = G\left[1+\alpha \mathrm{e}^{-r/\lambda}\left(1+\frac{r}{\lambda}\right)\right] \tag{18-13}$$

像万有引力常数和光速等这些已知的物理学常数的值为什么就是这么大? 爱因斯坦也很早就思考了这一问题.

爱因斯坦曾风趣地想象 "上帝创世" 时的情形 —— 在引发大爆炸前, "上帝" 坐在控制台前揣摩: "我该把光速定在多少?" "我该给电子带上多少电荷?" "我该怎样给决定量子大小的普朗克常数取值?" 人们不清楚, "上帝 (自然界)" 是经过深思熟虑还是随便抓来几个数字, 便创造了宇宙的一切? 答案应该是前者.

研究表明, "常数" 或许随时间、空间而变. 现在国际上有两个词语: "inconstant constants (不常的常数)" 和 "not-so-constant constants (不那么恒定的常数)". 正是由相关研究而起.

§19. 牛顿的水桶思想实验和马赫原理

19.1 绝对的转动

1689 年, 牛顿开展了一项如图 19.1 所示的简单而深刻的思想实验 —— 水桶实验 (bucket experiment, 亦称为 Newton's bucket, 或称为 bucket argument).

牛顿说, 用一根长的软吊绳提一桶水, 把吊绳拧成麻花状. 如果你握住吊绳, 不让麻花状的绳子松开, 桶及桶中的水是相对是静止的, 水面是平的. 突然放开手, 麻花开始放松, 吊绳旋转, 水桶也随着吊绳旋动. 最初, 桶中的水并不转动, 只有桶在旋转, 桶和桶中的水有相对转动. 慢慢地, 水被桶带动, 也开始转动. 最后, 水和桶一样转动. 这时, 水和桶之间又是相对静止的, 不转动的. 但水面却呈凹状, 中心低, 桶边高. 牛顿特别说 "I have experienced." 他亲自做过这实验.

水桶实验的关键是揭露, 有两种 "桶及桶中的水是相对是静止" 的状态. 最初 (第一状态), 绳被放松之前, "桶及桶中的水是相对是静止的, 水面是平的"; 最后 (第

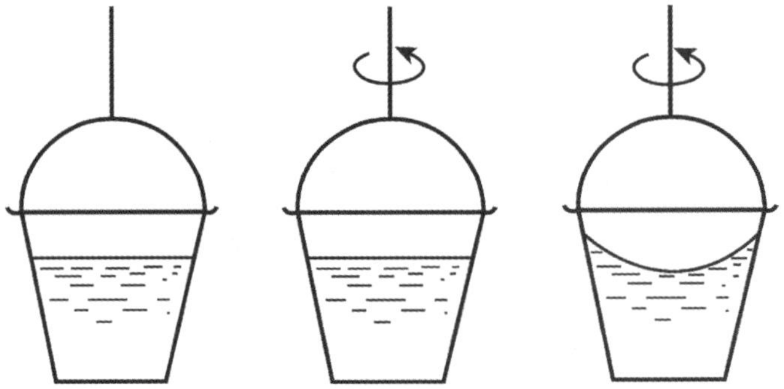

图 19.1　牛顿水桶思想实验示意图

(a) 桶吊在一根长绳上, 将桶旋转多次而使绳拧紧, 然后盛水并使桶与水静止, 此时水是平面的; (b) 接着松开, 因长绳的扭力使桶旋转, 起初, 桶在旋转而桶内的水并没有跟着一起旋转, 水还是平面的; (c) 转过一段时间, 因桶和水界面的 "无滑移边界条件", 也就是摩擦力带动水一起旋转, 水就形成了凹面. 直到水与桶的转速一致. 这时, 水和桶之间是相对静止的, 相对于桶, 水是不转动的. 但水面却仍然呈凹状, 中心低, 桶边高.

二状态), 绳被放松一段时间之后, "水和桶之间又是相对静止的", 水面却是凹状. 两种状态中, 水和桶之间都是相对静止的, 但水面却不同, 前者平, 后者凹. 引起牛顿的疑问, 为什么?

为此, 牛顿问一位 "聪明人": "为什么桶中水面有时平, 有时凹? "

聪明人答: "这个问题简单, 转动时水面凹, 无转动时水面平."

牛顿反诘: "不对吧. 你看水桶实验, 在第一和第二状态时, 水相对于桶都是无转动的. 但水面可以是平的 (第一状态), 也可以是凹的 (第二状态)."

聪明人觉得这个问题也不难答: "虽然在第二状态水和桶之间相对无转动, 但实际上水和桶同时都在转动, 它们并不是在真正的无转动状态, 只是相对无转动而已. 所以, 水面是凹的."

到要害了, 牛顿的兴致来了: "那就是说, 转动必须分成真正的无转动, 和相对的无转动. 只在真正的无转动状态, 水面才平. 有相对无转动, 没有真正的无转动, 还不行."

聪明人只能同意了: "应当是吧."

牛顿再追问: "那, 谁是在真正的无转动状态? "

聪明人意识到这是难题, 只能碰碰运气了: "水井就没有转动呀! 水井就在真正的无转动状态."

果然被牛顿抓个正着: "哈哈, 聪明的朋友, 水井建在地球上. 如果水井是在真正的无转动状态, 地球也应当是在真正的无转动状态. 这不就同哥白尼学说矛盾了吗? 地球的自转一天一圈, 公转一年一圈, 虽然比水桶的旋转慢得多, 但也是在转动呀.”

聪明人语塞: “……”

牛顿紧逼: “再想想, 什么东西在真正的 (或绝对的) 无转动状态? ”

聪明人想: 是太阳? 不对, 太阳也有转动. 是银河系? 在牛顿时代, 尚无银河系结构概念, 不对, 银河也有转动 ……

聪明人已无招架之功了: “牛先生, 还是请你告诉我们答案吧.”

其实, 牛顿自己也不知道答案. 但是, 牛顿的过人之处, 在于敢大胆假定他自己也没有见过的东西. 牛顿在他的 *Principia*[1.1] 里假定, “绝对空间: 其自身特性与一切外在事物无关, 处处均匀, 永不移动”. “永不移动” 的东西当然是不会有转动的. 所以, “绝对空间” 是在绝对的无转动状态. 尽管, 谁也没见过 “绝对空间”. 这样, 水桶实验的一个自洽的解释是, 只当桶中水相对于绝对空间无转动时, 水面才是平的, 否则是凹的.

19.2　马赫的解释

1883 年, 力学家、哲学家马赫 (Ernst Mach, 1838~1916) 强烈反对牛顿的解释[2.23]. 主要理由就是, 牛顿的假定 —— “当桶中水相对于绝对空间不转动时, 水面才是平的” —— 是无法实验检验的, 无法证伪的. 谁知道如何观测 “绝对空间”? 马赫形象地讲到: “牛顿用转动的水桶所作的实验, 只是告诉我们: 水对桶壁的相对转动并不引起显著的离心力, 而这离心力是由水对地球的质量和其他天体的相对转动所产生的. 如果桶壁愈来愈重, 最后到达好几英里厚时 (eventually several miles thick), 那就没有人既能定量也能定性地说出这实验会得出什么样的结果 …….”

马赫 (1838~1916)

马赫所说的几英里厚的旋转水桶如图 19.2 所示.

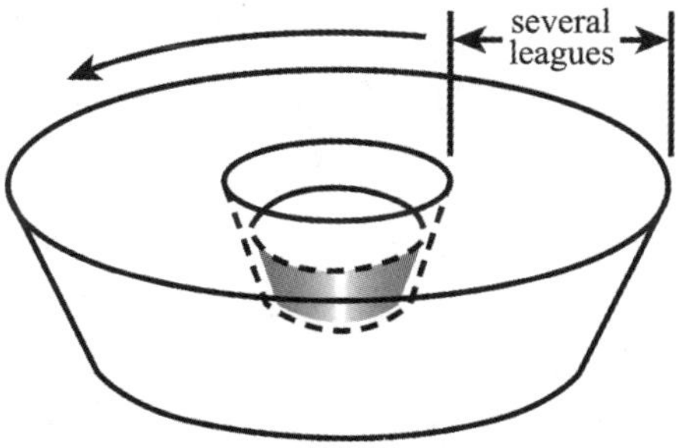

图 19.2　马赫设想的几英里厚的旋转水桶

马赫提出的解释是, 如果桶中水相对于整个星空背景无转动, 水面是平的. 当水相对于星空背景有转动时, 水面是凹的. 在马赫的解释中, 不需要绝对空间. 表面看, 马赫似乎只是用 “整个星空背景” 替代了牛顿的 “绝对空间”. 但二者有很大不同, 马赫的解释是可以检验的. 人人都看得见 “星空背景”, 而看不见 “绝对空间”.

人类很早就以星空背景作为位置和方向的基本参考系. 无论是在陆地上旅行, 或在海上航行, 星空背景都是有效的导航者. 表面看, 马赫的解释似乎与星空导航相似, 实则有很大不同. 导航参考系是运动学 (位置和方向) 问题, 而马赫解释赋予星空背景特别的动力学性质. 他说, 水面之所以变凹, 是由于星空背景与水之间的相互作用. 相互作用是动力学. 马赫还设计了一个 “手臂实验”, 类似牛顿的水桶, 证明他的动力学解释, 大意是:

“你站在一块开阔地仰望星空. 若你的两个手臂自然地下垂在身体两边, 这时你看到的遥远星空 (相对于你) 是不动的. 然后, 你以身体为轴, 快速自转. 以致你的两个手臂不再自然地下垂, 而是向两边分开. 这时, 你会看到, 整个星空 (相对于你) 在快速地旋转. 为何当星空旋转时你的手臂向两边分开? 为何当星空不动时你的手臂自然垂落? (You are standing in a field looking at the stars. Your arms are resting freely at your side, and you see that the distant stars are not moving. Now start spinning. The stars are whirling around you and your arms are pulled away from your body. Why should your arms be pulled away when the stars are whirling? Why should they be dangling freely when the stars don't move?)” 故, 用你看到的遥远星空是否旋转, 可区分两种状态 “手臂自然地下垂” 和 “手臂自然地向两边分开”. “手臂自然地向两边分开” 是由于旋转星空对手臂的作用.

马赫的解释可以用陀螺极精确地验证, 无需牛顿的水桶. 陀螺的最基本的动力学性质是它具有转动惯性. 物体惯性的基本动力学性质是: 在没有外界干扰时, 动者恒动, 静者恒静. 转动惯性的基本动力学性质是: 在没有外界干扰时, 陀螺的转轴方向保持恒定, 其指向不变.

按马赫的解释, 一个没有外界干扰的陀螺轴的指向, 应当相对于星空背景无转动, 亦即: “一旦一个没有外界干扰的陀螺轴指向星空某一方向, 它就总是保持这个方向.”

各种飞行器上的惯性导航系统, 就是根据陀螺的这个性质. 当飞行器转向时, 惯性导航仪中的陀螺轴指向相对于星空保持不变. 所以, 不必看星空背景, 只要看陀螺, 就可以度量飞行器相对于星空的转动.

再回到牛顿水桶. 如果把牛顿水桶和导航陀螺两者放在一起, 让陀螺轴垂直于吊绳, 按马赫的解释, 当水面是平的时, 水相对于陀螺轴一定无转动, 当水面是凹状时, 水面相对于陀螺轴必有转动, 这也可以实验验证. 至此, 在马赫解释里, 陀螺、水桶、芭蕾舞旋转、星空背景等之间的关系, 都得到自洽的说明, 而且有实验支持.

19.3 马赫原理 (Mach's principle)

马赫否认存在绝对空间, 认为一切运动都是相对的. 这样, 他必须面对水桶实验, 对惯性力的起源给予另外的解释. 马赫认为, 没有绝对空间, 牛顿对惯性力起源的解释是错误的. 他推测, 惯性力起源于物体间的相对加速, 起源于作相对加速的物体之间的相互作用.

他认为, 加速物体受到惯性力, 是由于它相对于宇宙中的所有物质加速, 这相当于该物体不动, 整个宇宙的物质相对于它作反向加速. 全宇宙的物质通过这种加速共同对该物体施加了 "作用", 这种 "作用" 就是惯性力.

在水桶实验中, 水受到惯性离心力, 是由于它相对于整个宇宙中的物质转动, 这相当于水不动, 全宇宙的物质相对于水反向转动, 在这种相对转动中, 全宇宙的物质都对水施加了 "作用", 这一作用的表现就是惯性离心力. 如果水只相对于桶转动, 而相对于宇宙中的其他物质不转, 虽然桶对水也施加了影响, 但桶的质量与整个宇宙的质量相比微乎其微, 转动的桶对水的 "作用" 也就微乎其微, 所以这时水不会受到惯性离心力.

马赫这种认为惯性效应起源于物体之间的相对加速, 从而起源于物质间的相互作用的思想, 被爱因斯坦称为 "马赫原理". 马赫原理并没有严格的物理陈述, 更没有数学表达式, 它只是一种定性的物理思想.

然而, 正是马赫的这一思想, 给了爱因斯坦重要的启示, 引导爱因斯坦提出等效原理, 并进而建立起广义相对论的大厦. 在广义相对论取得巨大成功之后, 爱因斯坦高度评价马赫的这一思想, 认为自己的广义相对论具体体现了马赫原理预期的效应.

不过, 后来的深入研究表明, 广义相对论与马赫原理并不一致. 马赫看到了狭义相对论, 但据说没有看到广义相对论 (马赫逝世于 1916 年 2 月; 爱因斯坦于 1915 年 11 月完成了广义相对论的创建, 1916 年 3 月发表). 1921 年, 马赫的《物理光学原理》(*The Principles of Physical Optics*) 一书出版, 书中包含了马赫在于 1913 年左右爱因斯坦将其有关广义相对论的早期论文 (early paper) 寄给他之后不久写的序言: "我感到时间紧迫, 这可能是我最后的机会了, 我要取消原来对相对论的看法 (I am compelled in what may be my last opportunity, to cancel my views of the relativity theory)," 马赫写道, "我从送给我的那些出版物和信函中收集到的信息使我意识到, 我正在逐渐被认为是相对论的先行者, 我必须肯定地拒绝 (I gather from the publications which have reached me, and especially from my correspondence, that I am gradually becoming regarded as the forerunner of relativity ··· I must as assuredly disclaim to be a forerunner of the relativists ···).”

所以, 当爱因斯坦第一次阅读到马赫的上述否定相对论的序言时一定被刺痛了. 在马赫的序言发表后不久, 1922 年, 爱因斯坦在巴黎发表的一篇演讲中苦涩地 (bitterly) 说, 马赫是 “一个很好的力学家 (*un bon mecanicien*)”, 也是一个 “可悲的哲学家 (*deplorable philosophe*)”. 他不再声称他的理论是马赫相对主义的一种. 到了 1931 年, 爱因斯坦完全抛弃了马赫的观点. 在他去世前一年, 即 1954 年, 爱因斯坦说: “我们不应该再谈论马赫原理了 (We ought not to speak about the Machian Principle anymore).”

然而, 有一点可以肯定, 马赫认为 “不存在以太和绝对空间, 一切运动都是相对的”, 这一思想引导爱因斯坦走上了创立狭义相对论的正确道路; 马赫认为 “惯性效应起源于物质间相对加速产生的相互作用” 的思想, 又导致爱因斯坦猜测惯性力可能与万有引力有相同或相似的根源, 都起源于物质间的相互作用, 从而引导爱因斯坦走上了创立广义相对论的正确道路.

所以, 马赫原理在历史上的贡献是应该肯定的.

§18 中所讲过的等效原理、本节所讲的马赫原理和广义相对论原理, 形成了爱因斯坦新理论的物理基础.

19.4 爱因斯坦的 “颠覆”

如果 “无转动状态决定于星空背景的作用”, 那么, 逻辑上就不能否认个别星体也会对动力学无转动状态有作用. 因为, 星空背景是由个别星体构成的. 当然, 整个星空背景包含大量星体, 其作用可能比个别星体的作用大得多.

不过, 个别星体的作用是否可以忽略, 不能想当然, 而应由定量的理论估计.

马赫也意识到, 他的解释必须有动力学理论支持. 他曾企图建立动力学理论, 定量解释 “水面之凹, 是由于水与星空背景在相对转动时的相互作用”. 但不成功.

1916~1918 年就有人注意到, 爱因斯坦于 1915 年所创立的广义相对论[1.18] 的一个重要推论是, 无转动状态不仅取决于星空背景, 也决定于个别星体.

如果有一艘飞船飘浮在太空里, 它距离所有星球都很远. 这时, 太空飞船里的导航陀螺轴相对于星空背景是不转动的. 如果飞船离一颗星体太近, 按照广义相对论, 导航陀螺轴相对于星空背景是有转动的. 结论是:

“一旦一个没有外界干扰的陀螺轴指向星空某一方向, 它就总是保持这个方向”

—— 在星体附近不再正确. 陀螺导航的根据被 ‘颠覆’ ”.

“颠覆” 效应的大小取决于星体的质量和转动. 如果飞船飞到一个快速转动的大黑洞附近, 陀螺轴相对于星空背景会有很强的转动. 这时, 不能再用它导航.

幸好, 地球的质量不大且一天一圈的自转也慢. “颠覆” 效应很小. 在近地空间的飞机和卫星, 仍可以用陀螺导航, 广义相对论只带来极小的修正. 修正有两项:

一、测地漂移 (geodetic drift): 地球质量引起的陀螺轴相对于星空背景的转动 (1916, W. de Sitter[2.24]);

二、惯性参考系拖拽 (frame-dragging): 地球转动引起的陀螺轴相对于星空背景的转动[2.25] (1918, Josef Lense (1890~1985) 和 Hans Thirring (1888~1976)). 这是一种爱因斯坦的理论中所预言的现象, 即由于地球的自转导致周遭的时空结构随之发生扭曲的效应.

在地球上空一千公里以内的导航陀螺, 测地漂移大约是每年千分之一度. 惯性参考系拖拽大约是每年十万分之一度.

所以, 由激光陀螺构成的惯性导航系统的 Airbus 380, 24 小时的飞行距离为两万公里, 测地漂移和惯性参考系拖拽带来目标偏差分别不大于 1 米和 1 厘米. 导弹的飞行时间短, 飞行距离小, 广义相对论的修正更小.

19.5 历时 48 年的“水桶”实验

2011 年 5 月底,《物理评论快报》(*PRL*) 发表了一篇只有五页的短文[2.26]. 该文报告了美国 Gravity Probe B 实验的最终结果. Gravity Probe B 实验的目的是精密测量地球附近的测地漂移和惯性参考系拖拽, 以定量地检验广义相对论. 如图 19.3 所示, Gravity Probe B 的主要装置是放在一颗卫星上的一台极精密的陀螺仪. 卫星的轨道为圆形, 并经过地球南北两极上空, 离地高度 642 公里. 它测量陀螺轴相对于星空背景的转动. 按广义相对论计算, 在这个卫星上陀螺轴的测地漂移和惯性参考系拖拽, 分别是每年千分之 1.8 度和每年十万分之 1.1 度.

这项历时 48 年 (1963~2011) 的实验项目 Gravity Probe B 由斯坦福大学 C. W. Francis Everitt (1934~) 主持. 前 45 年 (1963~2008), 由美国宇航局 (National Aeronautics and Space Administration, NASA) 支持. 它是美国宇航局支持时间最长的一个项目, 共耗资 7 亿 5 千万美元, 亦即, 五页的文章每页平均耗资 1 亿 5 千美元. 美国宇航局于 2008 年停止支持. 2009~2011 的三年, 是由在斯坦福大学获博士学位沙特阿拉伯王国的一位王子资助的实验.

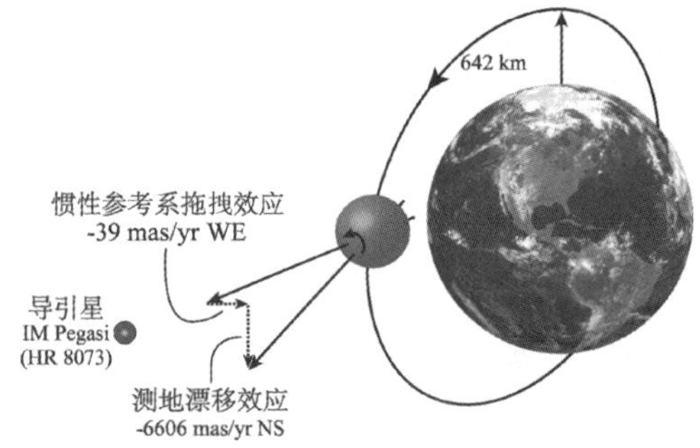

图 19.3 美国 Gravity Probe B 卫星实验的示意图

尽管 Gravity Probe B 耗费的时间和财力巨大, 其结果并不理想. 按原来宣称的目标, Gravity Probe B 能给出精度达 0.01% 的测地漂移数据, 和精度达 1% 的惯性参考系拖拽数据. 而最终结果的精度只分别是 0.28% 和 19%. 比预期的精度差十倍以上. 因此, 引来不少微词, "花钱太多了 ······ ".

不完全成功的主要原因是, 项目主持人低估了技术上的困难. 技术的关键之一是陀螺的稳定性. Everitt 等在他们的论文中一开始就写到, 他们需要的陀螺的稳定性要比现今最好的导航用陀螺高一百万倍! Everitt 要测 "每年十万分之 1.1 度" 的转动, 那么, 陀螺的不稳定性至少应当小于每年百万分之 1 度. 而 Airbus 380 上用的激光陀螺的不稳定性, 不会小于每年 1 度. 所以, 它比 Everitt 等的要求 —— 小于每年百万分之 1 度, 要差一百万倍以上. 物理和天文前沿实验用的仪器, 其精度, 一般都比民用和军事设备高. 许多高精度技术, 是物理和天文前沿实验的副产品.

Everitt 实验室的陀螺仪原型由 4 个乒乓球大小的水晶球构成. 球的每个方向上不得与理想球面有 40 个原子厚度以上的偏差. 球的表面再镀以铌. 4 个水晶球都放在 1.8 K 的液氦低温环境里, 几乎没有热噪声. 在此低温度下, 铌成为超导体, 当镀铌水晶球转动时, 会产生磁场. 磁场的方向就是陀螺的轴的方向. Gravity Probe B 即测量磁场方向相对于背景星的转动.

虽然 Gravity Probe B 不完全成功, Everitt 等人近半个世纪的努力, 仍是功不可没. 它是第一次在近地空间, 用陀螺直截了当地证伪了 "一旦一个没有外界干扰的陀螺的轴指向背景星空某一方向, 它就总是保持这个方向". 其结果支持爱因斯坦理论预言的测地漂移和惯性参考系拖拽.

19.6 正在进行的 "水桶实验"

意大利空间局的激光相对论卫星 (Laser Relativity Satellite, LARES) 是一颗小

型低成本探测卫星, 于法属圭亚那当地时间 2012 年 2 月 14 日 7:00 搭载在欧洲织女星火箭上发射升空. 发射激光相对论卫星旨在其目的是要将惯性参考系拖拽测准到 1%, 从而能进一步验证爱因斯坦广义相对论. 该卫星的耗资仅 1000 万美元, 其探测精度将比此前美国宇航局进行的该项研究高出几乎一百倍.

2016 年 3 月, LARES 的项目负责人, 意大利萨兰托大学 (Università del Salento) 的伊戈纳兹尔 · 塞佛利尼 (Ignazio Ciufolini) 的联合团队发表了卫星的阶段性性测试结果[2.27], 其结果和广义相对论的预测相一致 (in agreement with the prediction of general relativity).

是呀, 四百多年的牛顿水桶, 还在继续转动中.

§20. 四种虚拟力

虚拟力 (fictitious force) 又称为赝力 (pseudo force)、达朗贝尔力 (d'Alembert force) 或者惯性力 (inertial force). 作为一种表观力 (apparent force), 虚拟力作用在所有在用非惯性参考系 (non-inertial frame of reference) 描述其运动的物体上, 旋转参考系 (rotating reference frame) 是非惯性系的一个典型代表.

真实力 (real force) 来源于物体间的物理相互作用; 虚拟力来源于非惯性参考系的加速度, 因此, 虚拟力总是正比于质量 m.

如表 20.1 所示, 共有四种虚拟力.

表 20.1　四种虚拟力

非惯性坐标系	虚拟力名称	特点和计算公式
直线变速		和加速度方向相反, $-m\ddot{r}\boldsymbol{e}_r$
旋转	离心力 centrifugal force	对应于作为真实力的向心力 (centripetal force), $mr\dot{\theta}^2\boldsymbol{e}_r$
	科里奥利力 Coriolis force	由 Gaspard-Gustave de Coriolis (1792~1843) 于 1835 年引入[2.28], $2m\dot{\boldsymbol{r}}\times\dot{\boldsymbol{\theta}}$ (右手螺旋法则) 或 $-2m\dot{r}\dot{\theta}\boldsymbol{e}_\theta$
变速旋转	欧拉力 Euler force	$-mr\ddot{\theta}\boldsymbol{e}_\theta$

科里奥利 (1792~1843)

针对如图 20.1 所示的质点的曲线运动 (curvilinear motion) 情形, 我们来说明如何区别上述四种虚拟力. 为研究方便, 建立如图所示的极坐标和运动标架, $\boldsymbol{r} = r\boldsymbol{e}_r$ 为质点的位置矢量 (position vector), 简称位矢, $\boldsymbol{e}_r$ 为沿质点位矢方向的运动的径

向单位基矢量 (radial unit basis vector), 而 $\boldsymbol{e}_\theta$ 则为垂直于位矢的法向单位矢量 (normal unit basis vector), 它们均为时间的函数.

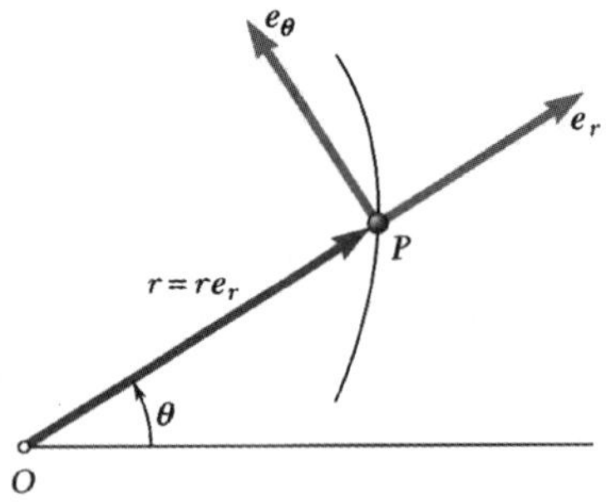

图 20.1 做曲线运动的质点的极坐标和运动标架的建立

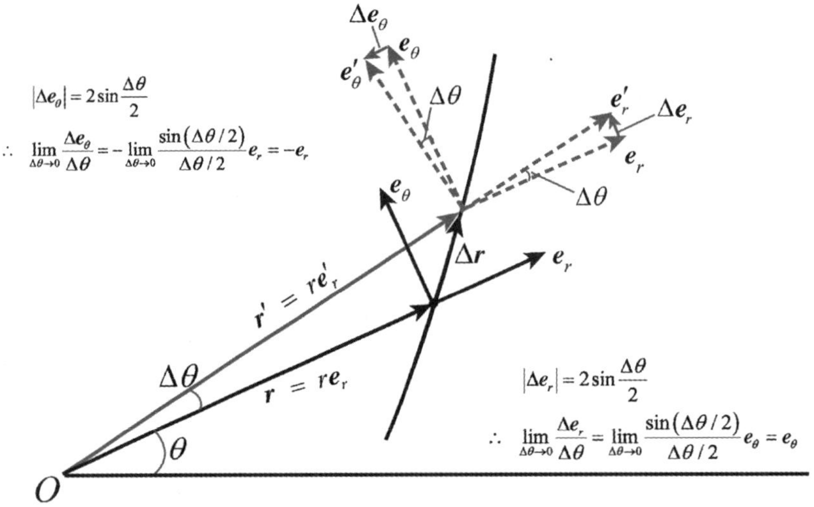

图 20.2 当位矢转过一微角度时的径向和法向单位基矢量的变化示意图

下面进行质点的运动学 (kinematics) 分析. 设质点运动了一个微小距离 $\Delta\boldsymbol{r}$, 微转角为 $\Delta\theta$. 考虑图 20.2 中的两个微小等腰三角形, 两个单位基矢量的微伸长均为: $|\Delta\boldsymbol{e}_r| = |\Delta\boldsymbol{e}_\theta| = 2\sin\dfrac{\Delta\theta}{2}$, 根据洛必塔法则 (L'Hôpital's rule), 考虑到两个单位基矢量在旋转过程中方向的变化, 则有

$$\begin{cases} \dfrac{\mathrm{d}\boldsymbol{e}_r}{\mathrm{d}\theta} = \lim\limits_{\Delta\theta\to 0}\dfrac{\Delta\boldsymbol{e}_r}{\Delta\theta} = \lim\limits_{\Delta\theta\to 0}\dfrac{\sin(\Delta\theta/2)}{\Delta\theta/2}\boldsymbol{e}_\theta = \boldsymbol{e}_\theta \\ \dfrac{\mathrm{d}\boldsymbol{e}_\theta}{\mathrm{d}\theta} = \lim\limits_{\Delta\theta\to 0}\dfrac{\Delta\boldsymbol{e}_\theta}{\Delta\theta} = -\lim\limits_{\Delta\theta\to 0}\dfrac{\sin(\Delta\theta/2)}{\Delta\theta/2}\boldsymbol{e}_r = -\boldsymbol{e}_r \end{cases} \tag{20-1}$$

由链式法则 (chain rule), 两个单位基矢量的时间变化率 (time rate) 为

$$\begin{cases} \dfrac{\mathrm{d}\boldsymbol{e}_r}{\mathrm{d}t} = \dfrac{\mathrm{d}\boldsymbol{e}_r}{\mathrm{d}\theta}\dfrac{\mathrm{d}\theta}{\mathrm{d}t} = \dot{\theta}\boldsymbol{e}_\theta \\ \dfrac{\mathrm{d}\boldsymbol{e}_\theta}{\mathrm{d}t} = \dfrac{\mathrm{d}\boldsymbol{e}_\theta}{\mathrm{d}\theta}\dfrac{\mathrm{d}\theta}{\mathrm{d}t} = -\dot{\theta}\boldsymbol{e}_r \end{cases} \tag{20-2}$$

质点速度为

$$\begin{aligned} \boldsymbol{v} &= \frac{\mathrm{d}}{\mathrm{d}t}(r\boldsymbol{e}_r) = \frac{\mathrm{d}r}{\mathrm{d}t}\boldsymbol{e}_r + r\frac{\mathrm{d}\boldsymbol{e}_r}{\mathrm{d}t} = \frac{\mathrm{d}r}{\mathrm{d}t}\boldsymbol{e}_r + r\frac{\mathrm{d}\theta}{\mathrm{d}t}\boldsymbol{e}_\theta \\ &= \dot{r}\,\boldsymbol{e}_r + r\dot{\theta}\,\boldsymbol{e}_\theta \end{aligned} \tag{20-3}$$

质点加速度为

$$\begin{aligned} \boldsymbol{a} &= \frac{\mathrm{d}}{\mathrm{d}t}\left(\frac{\mathrm{d}r}{\mathrm{d}t}\boldsymbol{e}_r + r\frac{\mathrm{d}\theta}{\mathrm{d}t}\boldsymbol{e}_\theta\right) \\ &= \frac{\mathrm{d}^2r}{\mathrm{d}t^2}\boldsymbol{e}_r + \frac{\mathrm{d}r}{\mathrm{d}t}\frac{\mathrm{d}\boldsymbol{e}_r}{\mathrm{d}t} + \frac{\mathrm{d}r}{\mathrm{d}t}\frac{\mathrm{d}\theta}{\mathrm{d}t}\boldsymbol{e}_\theta + r\frac{\mathrm{d}^2\theta}{\mathrm{d}t^2}\boldsymbol{e}_\theta + r\frac{\mathrm{d}\theta}{\mathrm{d}t}\frac{\mathrm{d}\boldsymbol{e}_\theta}{\mathrm{d}t} \\ &= \left[\frac{\mathrm{d}^2r}{\mathrm{d}t^2} - r\left(\frac{\mathrm{d}\theta}{\mathrm{d}t}\right)^2\right]\boldsymbol{e}_r + \frac{1}{r}\left[\frac{\mathrm{d}}{\mathrm{d}t}\left(r^2\frac{\mathrm{d}\theta}{\mathrm{d}t}\right)\right]\boldsymbol{e}_\theta = (\ddot{r} - r\dot{\theta}^2)\boldsymbol{e}_r + (r\ddot{\theta} + 2\dot{r}\dot{\theta})\,\boldsymbol{e}_\theta \\ &= a_r\boldsymbol{e}_r + a_\theta\boldsymbol{e}_\theta \end{aligned} \tag{20-4}$$

从式 (20-4) 可以看出, 做曲线运动质点的加速度有四个分量, 加上负号也就是考虑到相反的方向, 再乘以质量后, 即分别对应着表 20.1 中的四种虚拟力.

例 20.1　确定如图 20.3 所示的笛卡儿坐标系下做曲线运动质点的加速度大小和方向.

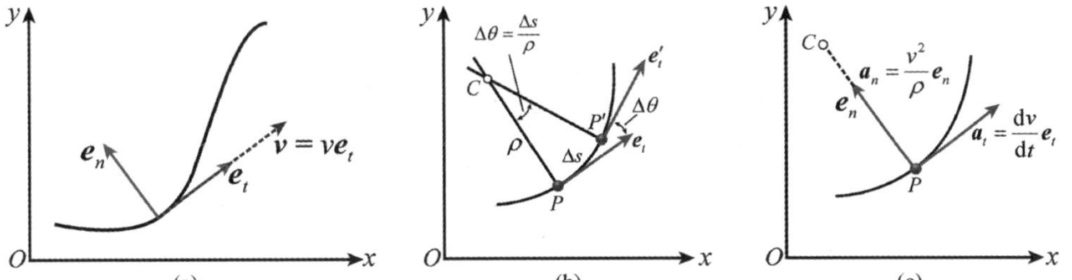

图 20.3　直角坐标系下做曲线运动的质点

(a) 任意一点的切线和法线方向; (b) 曲率半径、弧长和角度的关系; (c) 加速度沿切线和法线方向的分量

解: 如图 20.3(a) 所示, 曲线上任意一点的速度只有切向分量:

$$\boldsymbol{v} = v\boldsymbol{e}_t \tag{20-5}$$

由式 (20-1) 类比可知, 单位切向矢量 $\boldsymbol{e}_t$ 对角度 θ 的导数为

$$\frac{\mathrm{d}\boldsymbol{e}_t}{\mathrm{d}\theta}=\boldsymbol{e}_n \tag{20-6}$$

再注意到图 20.3(b) 中的几何关系:

$$\rho\,\mathrm{d}\theta=\mathrm{d}s \tag{20-7}$$

式中, ρ 为曲率半径, $\mathrm{d}\theta$ 和 $\mathrm{d}s$ 分别为角度和弧长增量. 则加速度为

$$\begin{aligned}\boldsymbol{a}&=\frac{\mathrm{d}\boldsymbol{v}}{\mathrm{d}t}=\frac{\mathrm{d}v}{\mathrm{d}t}\boldsymbol{e}_t+v\frac{\mathrm{d}\boldsymbol{e}_t}{\mathrm{d}t}\\&=\frac{\mathrm{d}v}{\mathrm{d}t}\boldsymbol{e}_t+v\frac{\mathrm{d}\boldsymbol{e}_t}{\mathrm{d}\theta}\frac{\mathrm{d}\theta}{\mathrm{d}s}\frac{\mathrm{d}s}{\mathrm{d}t}\\&=\frac{\mathrm{d}v}{\mathrm{d}t}\boldsymbol{e}_t+\frac{v^2}{\rho}\boldsymbol{e}_n\end{aligned} \tag{20-8}$$

加速度沿切向和法向的两个分量如图 20.3(c) 所示, 加速度的大小为

$$a=\sqrt{(a_t)^2+(a_n)^2}=\sqrt{\left(\frac{\mathrm{d}v}{\mathrm{d}t}\right)^2+\left(\frac{v^2}{\rho}\right)^2} \tag{20-9}$$

例 20.2 人在紧贴旋转式滚筒旋转时的真实力和感知力 (perceived forces).

答: 如图 20.4 所示. 虚拟力亦被称为感知力.

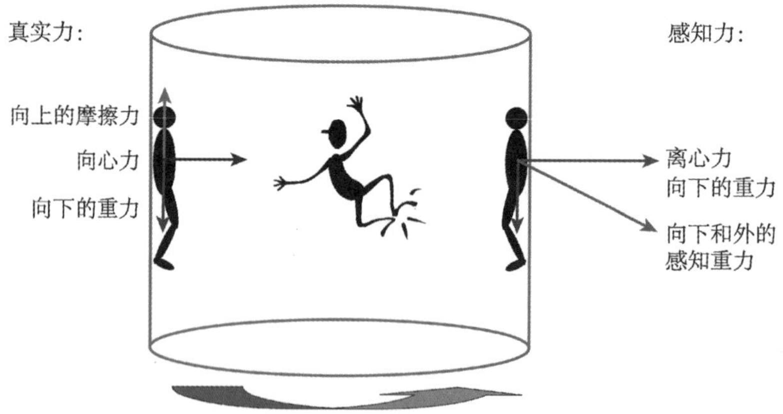

图 20.4 人随旋转式滚筒旋转时的真实力和感知力

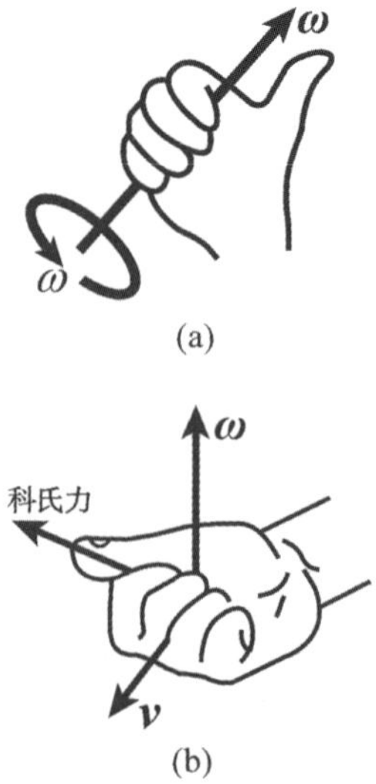

图 20.5 (a) 角速度的右手螺旋法则; (b) 科氏力的右手螺旋法则

例 20.3 科里奥利力的方向判断. 根据右手螺旋法则 (速度矢量叉乘角速度矢量, 如图 20.5, 将四个手指伸向速度方向, 握向角速度方向, 拇指即为科氏力方向), 现在我们来考虑地球. 地球是自西向东转的, 所以角速度指向地理北极.

在北半球 (northern hemisphere) 的表面上, 角速度的垂直分量指向天空. 所有我们往任何一个方向走都是向自己的面前伸出手, 握的时候都是握向天空, 即大拇指指向右, 不管怎么走都是这么握, 都是指向速度的右边. 所以, 北半球的运动由于科氏力的作用都是往右偏, 如图 20.6 所示.

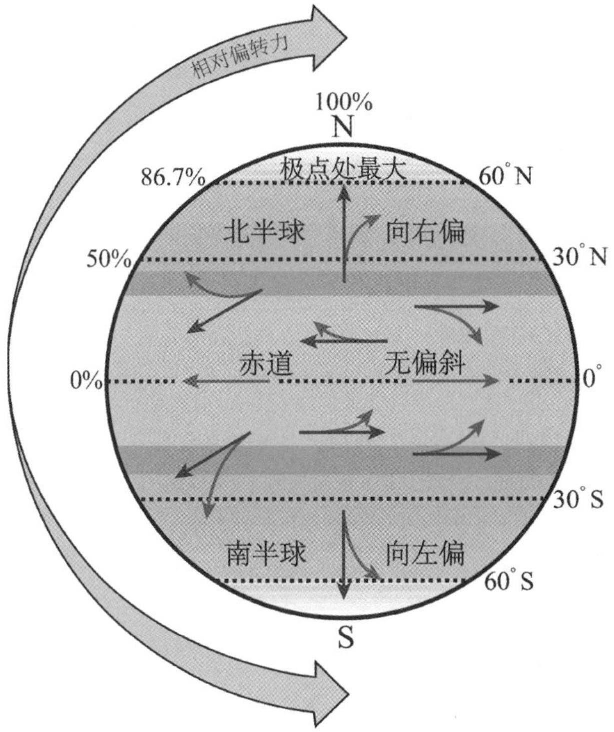

图 20.6　在科氏力作用下南北半球运动的偏斜示意图

而在南半球 (southern hemisphere) 角速度的垂直分量指向地面, 同样我们往任何一个方向走都是向自己的面前伸出手, 握的时候都是握向地面, 即大拇指指向左, 不管怎么走都是这么握, 都是指向速度的左边. 所以, 北半球的运动由于科氏力的作用都是往右偏, 如图 20.6 所示.

在赤道上, 水平方向的运动引起的科氏力为零, 所以运动没有偏离, 如图 20.6 所示; 而铅直方向的运动引起的科氏力最大, 方向沿东向西.

和科氏力相关的自然现象包括: (1) 在北半球河流的右岸被冲蚀, 而在南半球左岸被冲蚀, 如图 20.7 所示; (2) 对于双轨列车, 列车总是单轨运行, 在北半球, 总是右轨磨损严重. 而在南半球, 则是左轨磨损严重; (3) 北半球旋涡逆时针转, 南半球顺时针转.

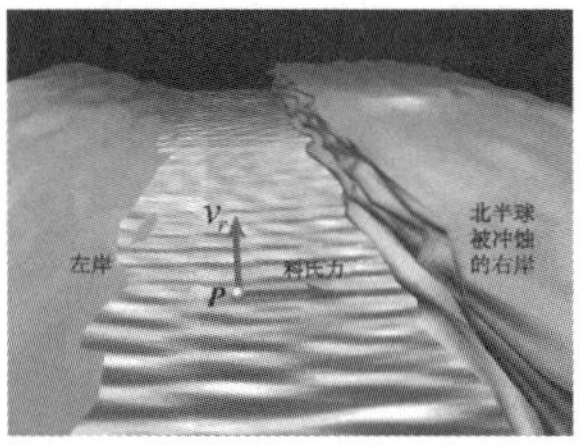

图 20.7　由于科氏力的作用, 在北半球河流中的右岸被冲蚀

§21. 功–能定理、机械能守恒定律

图 21.1　能量块 (energy blocks)

对整个自然科学乃至社会科学而言, “功 (work)” 和 “能 (energy)” 都是最为基本的概念, 但能够完全弄懂, 特别是能灵活运用的话, 却并不轻松.

图 21.1 用积木的有趣的形式对不同形式的能量进行了总结与归纳, 普物力学作为打基础阶段, 我们在表 21.1 中从上而下逐一予以解释.

另外, 直到十八世纪末, 拉格朗日才意识到: 势能 + 动能 = 机械能, 并且此机械能守恒.

表 21.1　能量块物理意义的解释

第 1 层	$E=mc^2$, 爱因斯坦狭义相对论中的质–能公式, 1905 年提出, 见本书第 339 页
第 2 层	$\mathrm{d}U=T\mathrm{d}S-p\mathrm{d}V$, 内能 $\dfrac{1}{2}mv^2$, 动能
第 3 层	mgh, 重力势能, 1785 年由拉普拉斯 (Pierre-Simon Laplace) 引入 $\displaystyle\int \boldsymbol{F}\cdot\mathrm{d}\boldsymbol{r}$, 功的定义, 1829 年由科里奥利 (Gaspard-Gustave Coriolis) 引入
第 4 层	$H=T+V$, 保守系统的哈密顿量, 由哈密顿于 1834 年或 1835 年定义 $G=8\pi T$, 爱因斯坦场方程, 详见本书第 332 页例 B.14
第 5 层	$E=h\nu$, 1900 年由普朗克定义 $\dfrac{1}{2}kx^2$, 弹簧势能 $\dfrac{1}{2}CV^2$, 电容储能
底层	$\dfrac{1}{2}k_{\mathrm{B}}T$, 能量均分定理, 每个自由度所拥有的能量, 详见本书第 131 页 $\Delta U=Q+W$, 热力学第一定律, 1850 年克劳修斯和 William Rankine 表述 $L=T-V$, 拉格朗日量, 1788 年由拉格朗日定义 $\Delta Q=mc\Delta T$, 比热容公式, 热容概念由 Joseph Black 在 1750 年代提出

从牛顿第二定律可直接推导出功–能定理 (work-energy theorem). 功–能定理亦称为动能定理. 对牛顿第二定律 $\boldsymbol{F}=m\dfrac{\mathrm{d}\boldsymbol{v}}{\mathrm{d}t}$ 两端点乘速度 $\boldsymbol{v}$, 有

$$\boldsymbol{F}\cdot\boldsymbol{v}\mathrm{d}t=m\boldsymbol{v}\cdot\mathrm{d}\boldsymbol{v}\quad\Leftrightarrow\quad\boldsymbol{F}\cdot\mathrm{d}\boldsymbol{r}=\frac{1}{2}m\mathrm{d}v^2$$

积分上式, 得到:

$$\int\boldsymbol{F}\cdot\mathrm{d}\boldsymbol{r}=\frac{1}{2}mv_2^2-\frac{1}{2}mv_1^2\tag{21-1}$$

式 (21-1) 即为功–能定理或动能定理, 也就是, 外力对物体所做的总功等于物体动能的变化.

对于保守力场 (conservative force field), 保守力矢量 $\boldsymbol{F}$ 可通过势能函数 V 表示为

$$\boldsymbol{F} = -\frac{\mathrm{d}V}{\mathrm{d}\boldsymbol{r}} \tag{21-2}$$

式 (21-2) 即为保守力的定义, 将式 (21-2) 代入式 (21-1), 积分则得到:

$$\frac{1}{2}mv_2^2 + V_2 = \frac{1}{2}mv_1^2 + V_1 \tag{21-3}$$

式 (21-3) 给出的便是机械能守恒定律.

从式 (21-2) 的定义式, 很容易给出保守力的条件: (1) 保守力对一个物体在一个回路上所做的功为零: $\oint \boldsymbol{F}\cdot \mathrm{d}\boldsymbol{r} = 0$; (2) 保守力对一个物体所做的功只取决于起点和终点, 和路径无关.

一维运动的完全解. 设一维运动的总机械能 E 已知, 势能的变化 $V(x)$ 也已知, 由能量守恒: $\frac{1}{2}m\dot{x}^2 + V(x) = E$, 显然有

$$\frac{\mathrm{d}x}{\mathrm{d}t} = \pm\sqrt{\frac{2}{m}}\sqrt{E - V(x)} \tag{21-4}$$

亦即:

$$\mathrm{d}t = \sqrt{\frac{m}{2}}\frac{\mathrm{d}x}{\sqrt{E - V(x)}}$$

则可得一维运动的完全解如下:

$$t = \sqrt{\frac{m}{2}}\int_0^x \frac{\mathrm{d}x'}{\sqrt{E - V(x')}} \tag{21-5}$$

例 21.1　以自由落体运动为例说明式 (21-5) 的有效性. 以自由落体的起始点为势能零点, 则物体在自由落体过程中总能量始终满足: $E = 0$, 而势能: $V(x') = -mgx'$, 由式 (21-5) 可得

$$t = \sqrt{\frac{m}{2}}\int_0^h \frac{\mathrm{d}x'}{\sqrt{mgx'}} = \int_0^h \frac{\mathrm{d}x'}{\sqrt{2gx'}} = \sqrt{\frac{2h}{g}}$$

上式给出中学就已经熟知的结论: $h = \frac{1}{2}gt^2$.

例 21.2　用能量等价条件推导出刚体平衡需要满足的条件.

解: 设在欧氏空间的 n 个质点约束在同一刚体上, 其位移由平动和转动两部分组成:

$$\boldsymbol{u}_i = \boldsymbol{u}_0 + \boldsymbol{\varphi} \times \boldsymbol{r}_i \tag{21-6}$$

式中, $\boldsymbol{u}_i$ 为矢径为 $\boldsymbol{r}_i$ 的第 i 个质点的位移, $\boldsymbol{u}_0$ 为刚体质心的平动位移, $\boldsymbol{\varphi}$ 为刚体转动位移. 每个质点上所作用的力矢量为: $\boldsymbol{F}_i$, 则刚体的平衡条件等价为如下能量条件:

$$\sum_{i=1}^{n} \boldsymbol{F}_i \cdot \boldsymbol{u}_i = 0 \tag{21-7}$$

也就是

$$\sum_{i=1}^{n} \boldsymbol{F}_i \cdot \boldsymbol{u}_i = \sum_{i=1}^{n} \boldsymbol{F}_i \cdot (\boldsymbol{u}_0 + \boldsymbol{\varphi} \times \boldsymbol{r}_i) = \sum_{i=1}^{n} \boldsymbol{F}_i \cdot \boldsymbol{u}_0 + \sum_{i=1}^{n} \boldsymbol{F}_i \cdot (\boldsymbol{\varphi} \times \boldsymbol{r}_i) \tag{21-8}$$

式 (21-8) 的右端最后一项利用标量的三重积公式, 有

$$\sum_{i=1}^{n} \boldsymbol{F}_i \cdot \boldsymbol{u}_i = \sum_{i=1}^{n} \boldsymbol{F}_i \cdot \boldsymbol{u}_0 + \sum_{i=1}^{n} \boldsymbol{F}_i \cdot (\boldsymbol{\varphi} \times \boldsymbol{r}_i) = \sum_{i=1}^{n} \boldsymbol{F}_i \cdot \boldsymbol{u}_0 + \sum_{i=1}^{n} (\boldsymbol{r}_i \times \boldsymbol{F}_i) \cdot \boldsymbol{\varphi} = 0 \tag{21-9}$$

由于平动 $\boldsymbol{u}_0$ 和转动 $\boldsymbol{\varphi}$ 的任意性, 则有

$$\begin{cases} \boldsymbol{F} = \displaystyle\sum_{i=1}^{n} \boldsymbol{F}_i = \boldsymbol{0} \\ \boldsymbol{\tau} = \displaystyle\sum_{i=1}^{n} \boldsymbol{r}_i \times \boldsymbol{F}_i = \boldsymbol{0} \end{cases} \tag{21-10}$$

合力和合力矩均为零是刚体平衡的两个条件.

§22. 动量定理、动量守恒定律

从牛顿第二定律可直接推导出动量定理. 由牛顿第二定律: $\boldsymbol{F} = \mathrm{d}\boldsymbol{p}/\mathrm{d}t = \dot{\boldsymbol{p}}$, 亦即: $\mathrm{d}\boldsymbol{p} = \boldsymbol{F}\mathrm{d}t$, 两端积分即得到动量定理:

$$\boldsymbol{p}_2 - \boldsymbol{p}_1 = \int \boldsymbol{F}\mathrm{d}t \tag{22-1}$$

式中, $\int \boldsymbol{F}\mathrm{d}t$ 称为冲量. 动量定理表明, 物体动量的改变等于外力合力的冲量. 当物体所受的外力为零时, 物体的动量守恒.

1765 年, 欧拉将针对质点的牛顿定律推广到刚体. 欧拉第一定律 (Euler's first law) 所陈述的内容是: 刚体的动量等于其质量和质量中心 (center of mass, cm) 的速度 $\boldsymbol{v}_{cm}$ 的乘积: $\boldsymbol{p} = m\boldsymbol{v}_{cm}$.

例 22.1　台秤由台秤盘和指针盘 (弹簧) 组成, 可将结构做如下简化: 重为 G 的盘子和劲度系数为 k 的弹簧, 如图 22.1 所示. 现将一个面团, 重为 Q, 无初速地自高 h 处落到台秤盘上. 问: 台秤的最大读数是多少?

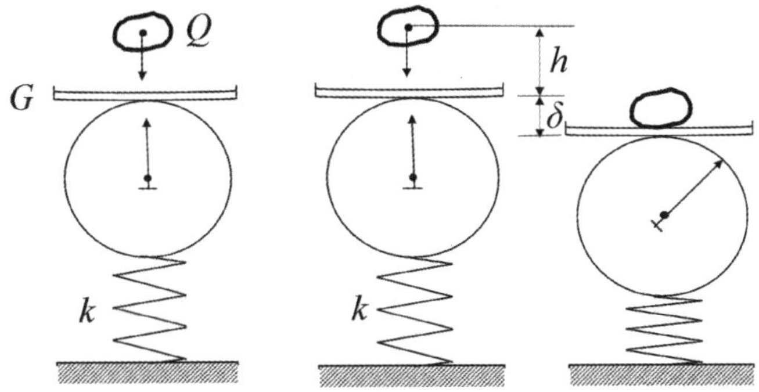

图 22.1　台秤示意图

解: 设台秤盘下降的最大距离是 δ, 则最大读数是 $k\delta$.

不失一般性, 可假设面团秤盘的碰撞过程是完全非弹性的, 动量守恒, 动能损失, 运动过程可分为如下三个阶段:

第一阶段: 碰撞前, 机械能守恒, 可获得面团和托盘碰撞前的速度 v:

$$Qh = \frac{1}{2}\frac{Q}{g}v^2 \quad \to \quad v = \sqrt{2gh} \tag{22-2}$$

第二阶段: 完全非弹性碰撞过程, 动量守恒, 碰撞后面团和托盘共同速度 v_0:

$$Qv = (G+Q)v_0 \quad \to \quad v_0 = \frac{1}{1+G/Q}\sqrt{2gh} \tag{22-3}$$

第三阶段: 压缩弹簧过程, 机械能守恒, 面团和托盘在非弹性完全碰撞后所获得的动能 $\Delta T = \dfrac{1}{2}\dfrac{(G+Q)}{g}v_0^2$ 将转化为弹性势能:

$$\begin{aligned}\Delta U &= -\underbrace{(G+Q)\delta}_{\text{托盘和面团势能}} + \underbrace{\frac{k}{2}\left[\left(\frac{G}{k}+\delta\right)^2 - \left(\frac{G}{k}\right)^2\right]}_{\text{弹簧势能}} = -(G+Q)\delta + G\delta + \frac{1}{2}k\delta^2 \\ &= -Q\delta + \frac{1}{2}k\delta^2\end{aligned}$$

由 $\Delta T = \Delta U$, 则可获得台秤的读数为

$$k\delta = Q\left(1+\sqrt{1+\frac{2kh}{G+Q}}\right) \tag{22-4}$$

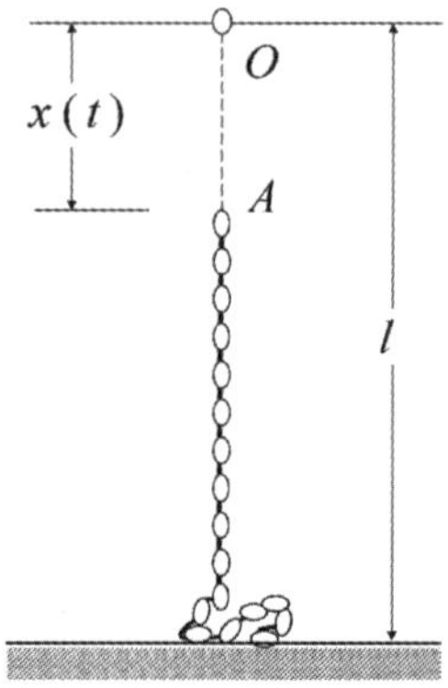

图 22.2　下落的链条

特别地, 当面团的下落高度为零 $h = 0$ 时, 台秤的读数为面团实际重量的二倍: $k\delta = 2Q$.

例 22.2　如图 22.2 所示, 用手拿住均匀链条的上端, 使下端刚好着地. 突然将手放开, 使链条竖直下落. 求证地面受到的最大压力是链条重量的三倍.

解: 设链条长为 l, 质量为 M, 上端 A 下落的距离为 $x(t)$. 建立坐标系, 选取研究对象.

第一步, 选取在空中的那一段长为 $(l-x)$ 的链条为对象 (变质量的质点系), 它的质量为: $m = \dfrac{(l-x)M}{l}$, 在时间间隔 $\mathrm{d}t$ 内落地的小段链条落地之前的绝对速度和空中那一大段的速度相等, 经地面冲击后变为零. 动量变化率为 $\dot{p} = m\dfrac{\mathrm{d}v}{\mathrm{d}t}$. 长为 x 的链条以自由落体的方式落地时的速度为: $v^2 = 2gx$.

第二步, 再取全部链条为对象. 已经落在地面上的那部分链条的动量为零, 所以全部链条在时刻 t 的总动量 p_a 为

$$p_a = mv = \frac{(l-x)Mv}{l} \tag{22-5}$$

由链式法则, 动量的变化率为

$$\begin{aligned}\dot{p}_a &= \frac{\partial p_a}{\partial x}\frac{\mathrm{d}x}{\mathrm{d}t} + \frac{\partial p_a}{\partial v}\frac{\mathrm{d}v}{\mathrm{d}t} \\ &= -\frac{Mv}{l}\cdot v + \frac{(l-x)M}{l}\cdot g \\ &= -\frac{Mv^2}{l} + \frac{(l-x)Mg}{l}\end{aligned} \tag{22-6}$$

设地面反力为 N, 方向竖直向上, 由动量定理得

$$\dot{p}_a = Mg - N \tag{22-7}$$

则地面的反力为

$$N = Mg - \dot{P}_a = Mg - \frac{l-x}{l}Mg + \frac{1}{l}Mv^2 = \frac{x}{l}Mg + \frac{1}{l}Mv^2$$

将第一步的结果 $v^2 = 2gx$ 代入, 得到地面反力和链长的关系式:

$$N = \frac{3Mgx}{l} \tag{22-8}$$

当全部链条落地的瞬间, 即 $x = l$ 时 N 最大, 正好等于 $N_{\max} = 3Mg$.

§23. 动量矩定理、动量矩守恒 (角动量守恒) 定律

§22 讨论的直线运动和本节所讨论的转动之间存在如表 23.1 所示的类比关系.

表 23.1 直线运动和转动之间的类比关系

直线运动 (linear motion)	转动 (rotational motion)
位置 (position) x	角位置 (angular position) θ
速度 (velocity) v	角速度 (angular velocity) ω
加速度 (acceleration) a	角加速度 (angular acceleration) α
运动方程 (motion equations) $x=\bar{v}t$ $v=v_0+at$ $x=x_0+v_0t+\frac{1}{2}at^2$ $v^2=v_0^2+2ax$	运动方程 (motion equations) $\theta=\bar{\omega}t$ $\omega=\omega_0+\alpha t$ $\theta=\theta_0+\omega_0t+\frac{1}{2}\alpha t^2$ $\omega^2=\omega_0^2+2\alpha\theta$
质量, 直线惯量 (mass, linear inertia) m	转动惯量 (moment of inertia) I
牛顿第二定律 (N2) $F=ma$	牛顿第二定律 (N2) $\tau=I\alpha$
动量 (momentum) $p=mv$	角动量 (angular momentum) $L=I\omega$
冲量 (impulse) $\mathrm{d}p=F\mathrm{d}t$	角冲量 (angular impulse) $\mathrm{d}L=\tau\mathrm{d}t$
功 (work) $W=Fd$	功 (work) $W=\tau\theta$
动能 (kinetic energy) $K=\frac{1}{2}mv^2$	动能 (kinetic energy) $K=\frac{1}{2}I\omega^2$
功率 (power) $P=\dot{W}=Fv$	功率 (power) $P=\dot{W}=\tau\omega$

例 B.12 中给出了多种刚体构形的转动惯量和惯性张量的计算方法, 请参阅.

1765 年, 欧拉出版《刚体运动理论》[2.29], 建立了刚体运动的一般方程, 提出了转动惯量的概念, 有了动量矩定理的思想. 欧拉第二定律 (Euler's second law) 陈述了如下内容: 动量矩或角动量 $\boldsymbol{L}=\boldsymbol{r}\times\boldsymbol{p}$ 对时间的变化率为

$$\begin{aligned}\frac{\mathrm{d}\boldsymbol{L}}{\mathrm{d}t}&=\frac{\mathrm{d}}{\mathrm{d}t}(\boldsymbol{r}\times\boldsymbol{p})=\frac{\mathrm{d}\boldsymbol{r}}{\mathrm{d}t}\times\boldsymbol{p}+\boldsymbol{r}\times\frac{\mathrm{d}\boldsymbol{p}}{\mathrm{d}t}=\boldsymbol{v}\times(m\boldsymbol{v})+\boldsymbol{r}\times\frac{\mathrm{d}\boldsymbol{p}}{\mathrm{d}t}=\boldsymbol{0}+\boldsymbol{r}\times\frac{\mathrm{d}\boldsymbol{p}}{\mathrm{d}t}\\&=\boldsymbol{r}\times\boldsymbol{F}_{\mathrm{net}}=\boldsymbol{\tau}_{\mathrm{net}}\end{aligned}\tag{23-1}$$

因此, 动量矩定理表述为: 物体动量矩的时间变化率等于外部作用冲量矩之和. 动量矩守恒 (角动量守恒) 定律表述为: 不受外力或外部作用冲量矩之和为零时, 动量矩 (角动量) 守恒.

例 23.1 用角动量守恒证明开普勒第二定律.

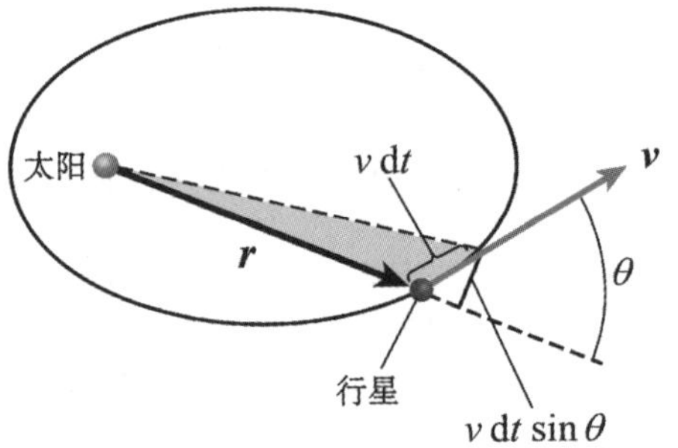

图 23.1　开普勒第二定律示意图

解: 如图 23.1 所示, 太阳和行星之间的引力为有心力场, 因此, 行星在运动过程中角动量守恒.

在 dt 时刻, 行星以太阳为焦点运动所扫过的面积为

$$\mathrm{d}A = \frac{1}{2}r \cdot \mathrm{d}\ell = \frac{1}{2}rv\mathrm{d}t\sin\theta$$

则面积变化率为

$$\begin{aligned}\frac{\mathrm{d}A}{\mathrm{d}t} &= \frac{1}{2}rv\sin\theta \\ &= \frac{mrv\sin\theta}{2m} = \frac{L}{2m}\end{aligned} \tag{23-2}$$

由于角动量 $L=\text{const}$, 故开普勒的等面积定律得证. 见表 14.1 的相关内容.

例 23.2 爱因斯坦所喜欢玩的 "悠悠 (yo-yo)"[2.30] 的力学模型如图 23.2 所示, 它是一木制圆柱体, 中间刻有凹槽, 凹槽内有一轴, 上面绕着绳子. 设某一悠悠质量为 m, 它对中心轴的回转半径为 k (转动惯量 $I=mk^2$), 轴的半径为 R, 重力加速度为 g. 悠悠从静止出发, 当下落一距离 y 时, 求其质心加速度大小 a.

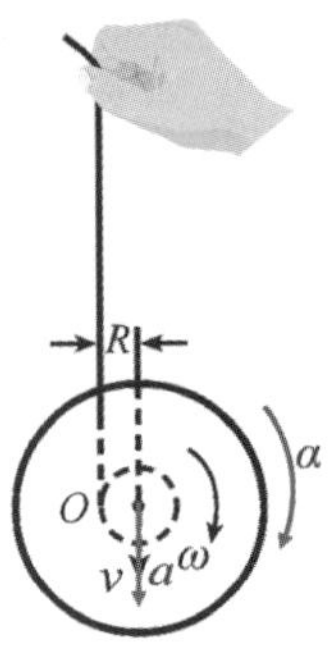

图 23.2　爱因斯坦喜欢玩的悠悠和力学模型

解: 采用动量矩定理求悠悠球加速度 a.

悠悠球对接触点 O 的动量矩为

$$L_O = I\omega + mvR \tag{23-3}$$

重力作为外力对 O 点的力矩为

$$M_O = mgR \tag{23-4}$$

由动量矩定理, 有

$$\begin{aligned}M_O = \frac{\mathrm{d}L_O}{\mathrm{d}t} &= mk^2\dot{\omega} + m\dot{v}R \\ &= mk^2\alpha + maR\end{aligned} \tag{23-5}$$

式中, α 为角加速度, a 为质心加速度. 由于 O 点静止不动, 则有

$$a = a_O + a_r = \alpha R \tag{23-6}$$

将式 (23-4) 和式 (23-6) 代入式 (23-5), 则获得本问题的解:

$$a = \frac{g}{1 + (k/R)^2} \tag{23-7}$$

例 23.3 用动量矩定理证明式 (20-4) 中的质点在极坐标中的法向加速度的表达式: $a_\theta = r\ddot{\theta} + 2\dot{r}\dot{\theta}$.

解: 如图 20.2 所示, 质点对坐标原点 O 的动量矩为: $L_O = mr^2\dot{\theta}$, 则由动量矩定理, 有如下关系式:

$$\begin{aligned} r\sum F_\theta &= \frac{\mathrm{d}}{\mathrm{d}t}(mr^2\dot{\theta}) \\ &= mr(r\ddot{\theta} + 2\dot{r}\dot{\theta}) \end{aligned}$$

由上式得到: $\sum F_\theta = ma_\theta = m(r\ddot{\theta} + 2\dot{r}\dot{\theta})$, 故: $a_\theta = r\ddot{\theta} + 2\dot{r}\dot{\theta}$ 得证.

例 23.4 比耐方程 (Binet's equation) 的建立. 该方程适用于有心力作用下行星或航天器轨道满足的微分方程.

比耐 (Jacques Binet, 1786~1856)

解: 在如图 20.1 所示的极坐标中, 质点在有心力的作用下, 其法向力, 也就是其法向加速度为零, 由式 (20-4) 有

$$a_\theta = \frac{1}{r}\left[\frac{\mathrm{d}}{\mathrm{d}t}\left(r^2\frac{\mathrm{d}\theta}{\mathrm{d}t}\right)\right] = 0 \quad \rightarrow \quad \frac{\mathrm{d}}{\mathrm{d}t}\left(r^2\frac{\mathrm{d}\theta}{\mathrm{d}t}\right) = 0$$

由上式知: $r^2\dot{\theta} = \text{const}$, 设该常量为 h, 则有

$$r^2\dot{\theta} = h \tag{23-8}$$

做如下变换: $u = \dfrac{1}{r}$, 则式 (23-8) 变为: $\dot{\theta} = hu^2$. 从而有

$$\begin{cases} \dot{r} = \dfrac{\mathrm{d}r}{\mathrm{d}t} = \dfrac{\mathrm{d}r}{\mathrm{d}\theta}\dfrac{\mathrm{d}\theta}{\mathrm{d}t} = \dfrac{\mathrm{d}}{\mathrm{d}\theta}\left(\dfrac{1}{u}\right)\dot{\theta} = -\dfrac{1}{u^2}\dfrac{\mathrm{d}u}{\mathrm{d}\theta}hu^2 = -h\dfrac{\mathrm{d}u}{\mathrm{d}\theta} \\ \ddot{r} = \dfrac{\mathrm{d}}{\mathrm{d}t}\left(-h\dfrac{\mathrm{d}u}{\mathrm{d}\theta}\right) = -\dfrac{\mathrm{d}}{\mathrm{d}\theta}\left(h\dfrac{\mathrm{d}u}{\mathrm{d}\theta}\right)\dot{\theta} = -h^2u^2\dfrac{\mathrm{d}^2u}{\mathrm{d}\theta^2} \end{cases} \tag{23-9}$$

由式 (20-4), 行星或航天器在径向有心力 $F(r)$ 作用下的运动方程为

$$F(r) = m(\ddot{r} - r\dot{\theta}^2) \tag{23-10}$$

其中, 有心力为万有引力:

$$F(r) = -G\frac{Mm}{r^2} = -k^2mu^2 \tag{23-11}$$

式中, $k^2 = GM$ 为太阳常数. 将式 (23-11)、式 (23-9) 中的 $\ddot{r} = -h^2u^2\dfrac{\mathrm{d}^2u}{\mathrm{d}\theta^2}$ 以及 $\dot{\theta} = hu^2$ 代入式 (23-10), 整理得到比耐方程:

$$\frac{\mathrm{d}^2u}{\mathrm{d}\theta^2} + u = \frac{k^2}{h^2} \tag{23-12}$$

式 (23-12) 为二阶非齐次常微分方程, 欲将其变为容易求解的齐次常微分方程, 要做如下参量变换:

$$u = \xi + \frac{k^2}{h^2}$$

则式 (23-12) 将变为如下熟知的二阶齐次常微分方程:

$$\frac{\mathrm{d}^2\xi}{\mathrm{d}\theta^2} + \xi = 0 \tag{23-13}$$

式 (23-13) 的解为: $\xi = A\cos(\theta - \theta_0)$, 也就是

$$u = \xi + \frac{k^2}{h^2} = A\cos(\theta - \theta_0) + \frac{k^2}{h^2} = \frac{1}{r}$$

亦即

$$r = \frac{h^2/k^2}{1 + A\cos(\theta - \theta_0)h^2/k^2} \tag{23-14}$$

式中, A 和 θ_0 为积分常数, 将极轴转动, 使得: $\theta_0 = 0$, 且令

$$\begin{cases} p = h^2/k^2 & (\text{正焦弦长度之半}) \\ e = Ah^2/k^2 & (\text{偏心率}) \end{cases} \tag{23-15}$$

则行星或航天器的轨迹可写为如下标准的圆锥曲线方程:

$$r = \frac{p}{1 + e\cos\theta} \tag{23-16}$$

有关行星轨迹的偏心率的确定方法, 请见思考题 2.16.

例 23.5 拉普拉斯–龙格–楞次矢量 (Laplace-Runge-Lenz vector, LRL vector) 及其守恒性.

答: 拉普拉斯–龙格–楞次矢量简称为 LRL 矢量. 该矢量主要是用来描述当物体环绕着另外一物体运动时, 轨道的形状与取向. 典型的例子就是行星环绕着太阳的公转.

万有引力的平方反比有心力 (16-1) 式可简洁地表示为

$$\boldsymbol{F}(r)=-\frac{\kappa}{r^2}\widehat{\boldsymbol{r}} \tag{23-17}$$

式中, 负号表示两物体间的作用力是引力, $\kappa = GMm$ 反映的是有心力场强度 (strength) 的物理量. LRL 矢量在数学上定义为

$$\boldsymbol{A}=\boldsymbol{p}\times\boldsymbol{L}-m\kappa\widehat{\boldsymbol{r}} \tag{23-18}$$

式中, $\boldsymbol{p}$ 为运动物体 (如行星) 的动量, $\boldsymbol{L}=\boldsymbol{r}\times\boldsymbol{p}$ 为角动量, m 为运动物体的质量. 在式 (23-18) 中, $m\kappa\widehat{\boldsymbol{r}}$ 是位于物体运动平面的矢量, 由两矢量的矢积垂直于这两个矢量所在平面可知, 矢量 $\boldsymbol{r}$ 与 $\boldsymbol{p}$ 的矢积 $\boldsymbol{r}\times\boldsymbol{p}$ 与 $\boldsymbol{r}$ 和 $\boldsymbol{p}$ 均垂直, 即垂直于轨道平面; 而 $\boldsymbol{p}$ 与 $\boldsymbol{r}\times\boldsymbol{p}$ 的矢积 $\boldsymbol{p}\times(\boldsymbol{r}\times\boldsymbol{p})$ 垂直于与 $\boldsymbol{r}\times\boldsymbol{p}$, 且经过轨道上一点, 故该矢量和椭圆轨道共面 (如图 23.3 所示). 故此, 合成后的 LRL 矢量位于物体运动轨迹的平面.

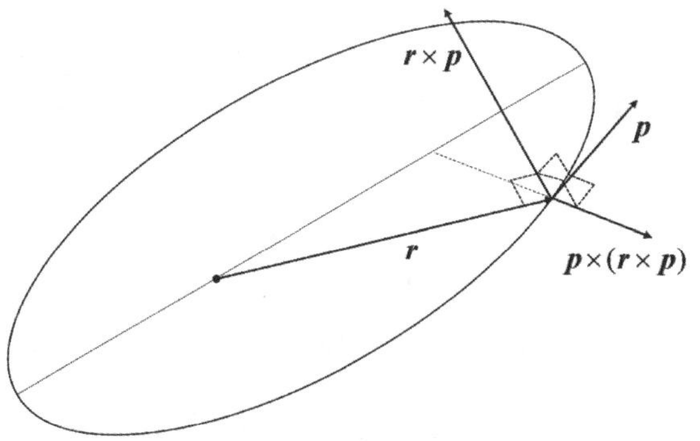

图 23.3 $\boldsymbol{p}\times\boldsymbol{L}$ 与椭圆轨道共面示意图

在该问题中有三个守恒量: (1) 能量 $E=\dfrac{p^2}{2m}-\dfrac{\kappa}{r}=\dfrac{1}{2}mv^2-\dfrac{\kappa}{r}$; (2) 角动量 $\boldsymbol{L}=\boldsymbol{r}\times\boldsymbol{p}$; (3) LRL 矢量.

若两个物体以万有引力相互作用, 则 LRL 矢量必定是一个运动常数 (运动积分, 见 §31), 不管在轨道的任何位置, 计算出来的 LRL 矢量都一样, 如图 23.4 所示; 也就是说, LRL 矢量是一个保守量. 更广义地, 在开普勒问题里, 由于两个物体以有心力相互作用, 而有心力遵守平方反比定律, 所以, LRL 矢量是一个保守量.

如上所述, 在重要的开普勒问题中, LRL 矢量作为一个运动常数, 时常用来描述天文轨道, 例如行星的运动. 然而, 物理学家, 特别是力学家对该矢量并不熟悉, 这很可能是因为与动量与角动量相比, 其物理的内涵性并不是很直观. 因此, 在过

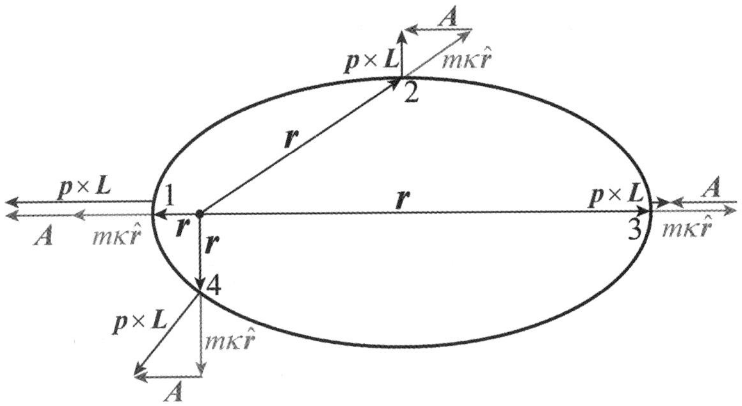

图 23.4 开普勒轨道中不同的四个点的 LRL 矢量作为保守量的示意图

赫尔曼 (1678~1733)

约翰 · 伯努利 (1667~1748)

去三个世纪里, 它曾被重复地发现过许多遍. 1710 年, 在一个不著名的意大利学刊里, 雅各布 · 赫尔曼 (Jakob Hermann, 1678~1733) 最先发表了关于 LRL 矢量的论文, 在推导一个轨道方程的过程中, 他计算出 LRL 矢量的大小, 不但证明其是保守的, 并且推导出此案例与椭圆轨道离心率的关系. 稍后, 赫尔曼把这结果告诉了老师约翰 · 伯努利 (Johann Bernoulli, 1667~1748). 伯努利又更进一步地推导出 LRL 矢量的方向. 这样, LRL 矢量得到了它的现代形式. 所以, 不容质疑地, LRL 矢量是赫尔曼和伯努利共同发现的.

在十八世纪末, 皮埃尔 – 西蒙 · 拉普拉斯 (Pierre-Simon Laplace, 1749~1827) 又重新发现了 LRL 矢量的保守性; 稍微不同的是, 拉普拉斯在推导上应用了分析方法, 而不是几何方法. 十九世纪中叶, 威廉 · 哈密顿推导出全等的离心率矢量. 他用离心率矢量来证明, 在平方反比有心力作用下, 速端曲线显示出, 粒子动量矢量的头部呈圆形移动. 二十世纪初, 约西亚 · 吉布斯 (Josiah Willard Gibbs, 1839~1903), 应用矢量分析, 推导出同样的矢量. 后来, 卡尔 · 龙格 (Carl Runge, 1856~1927) 将吉布斯的上述理论推导, 纳入到他的一本关于矢量的德文教科书内, 成为一道例题[2.31]. 1924 年, 威尔汉 · 楞次 (Wilhelm Lenz, 1888~1957) 发表了一篇关于氢原子的旧量子论的论文. 在这篇论文中, 他引用龙格所写的教科书的例题为参考[2.32]. 1926 年, 沃尔夫冈 · 泡利 (Wolfgang Pauli, 1900~1958) 用 LRL 矢量与矩阵力学, 而非薛定谔方程, 来推导氢原子的光谱[2.33]. 正是泡利的这篇文章发表之后, 学术界接受了 "龙格 – 楞次矢量" 的提法.

下面证明式 (23-18) 中的 LRL 矢量的守恒性.

方法一: 由于 $\dfrac{\mathrm{d}\boldsymbol{L}}{\mathrm{d}t}=\boldsymbol{0}$ 和 $\dfrac{\mathrm{d}\boldsymbol{p}}{\mathrm{d}t}=\boldsymbol{F}(r)=-\dfrac{\kappa}{r^2}\hat{\boldsymbol{r}}$, 则由 LRL 矢量的时间变化率为

$$\begin{aligned}\frac{\mathrm{d}\boldsymbol{A}}{\mathrm{d}t}&=\frac{\mathrm{d}\boldsymbol{p}}{\mathrm{d}t}\times\boldsymbol{L}-m\kappa\frac{\mathrm{d}}{\mathrm{d}t}\left(\frac{\boldsymbol{r}}{r}\right)=\boldsymbol{F}\times\left(\boldsymbol{r}\times m\frac{\mathrm{d}\boldsymbol{r}}{\mathrm{d}t}\right)-\frac{m\kappa}{r}\frac{\mathrm{d}\boldsymbol{r}}{\mathrm{d}t}+\frac{m\kappa\boldsymbol{r}}{r^2}\frac{\mathrm{d}r}{\mathrm{d}t}\\&=-\frac{m\kappa}{r^3}\boldsymbol{r}\times\left(\boldsymbol{r}\times\frac{\mathrm{d}\boldsymbol{r}}{\mathrm{d}t}\right)-\frac{m\kappa}{r}\frac{\mathrm{d}\boldsymbol{r}}{\mathrm{d}t}+\frac{m\kappa\boldsymbol{r}}{r^2}\frac{\mathrm{d}r}{\mathrm{d}t}\\&=-\frac{m\kappa}{r^3}\left[\boldsymbol{r}\times\left(\boldsymbol{r}\times\frac{\mathrm{d}\boldsymbol{r}}{\mathrm{d}t}\right)+r^2\frac{\mathrm{d}\boldsymbol{r}}{\mathrm{d}t}-r\boldsymbol{r}\frac{\mathrm{d}r}{\mathrm{d}t}\right]\end{aligned}\tag{23-19}$$

下面只需考虑 $\boldsymbol{r}\times\left(\boldsymbol{r}\times\frac{\mathrm{d}\boldsymbol{r}}{\mathrm{d}t}\right)+r^2\frac{\mathrm{d}\boldsymbol{r}}{\mathrm{d}t}-r\boldsymbol{r}\frac{\mathrm{d}r}{\mathrm{d}t}$ 的性质. 由三矢量叉积的拉格朗日恒等式:

$$\boldsymbol{a}\times(\boldsymbol{b}\times\boldsymbol{c})=\boldsymbol{b}(\boldsymbol{a}\cdot\boldsymbol{c})-\boldsymbol{c}(\boldsymbol{a}\cdot\boldsymbol{b})\tag{23-20}$$

再由: $\boldsymbol{r}^2=r^2$, 所以有

$$\begin{aligned}\boldsymbol{r}\times\left(\boldsymbol{r}\times\frac{\mathrm{d}\boldsymbol{r}}{\mathrm{d}t}\right)+r^2\frac{\mathrm{d}\boldsymbol{r}}{\mathrm{d}t}-r\boldsymbol{r}\frac{\mathrm{d}r}{\mathrm{d}t}&=\boldsymbol{r}\left(\boldsymbol{r}\cdot\frac{\mathrm{d}\boldsymbol{r}}{\mathrm{d}t}\right)-\boldsymbol{r}^2\frac{\mathrm{d}\boldsymbol{r}}{\mathrm{d}t}+r^2\frac{\mathrm{d}\boldsymbol{r}}{\mathrm{d}t}-r\boldsymbol{r}\frac{\mathrm{d}r}{\mathrm{d}t}\\&=\frac{\boldsymbol{r}}{2}\frac{\mathrm{d}\boldsymbol{r}^2}{\mathrm{d}t}-r\boldsymbol{r}\frac{\mathrm{d}r}{\mathrm{d}t}=\frac{\boldsymbol{r}}{2}\frac{\mathrm{d}r^2}{\mathrm{d}t}-r\boldsymbol{r}\frac{\mathrm{d}r}{\mathrm{d}t}\\&=r\boldsymbol{r}\frac{\mathrm{d}r}{\mathrm{d}t}-r\boldsymbol{r}\frac{\mathrm{d}r}{\mathrm{d}t}=\boldsymbol{0}\end{aligned}\tag{23-21}$$

式 (23-21) 说明了 LRL 矢量的守恒性:

$$\frac{\mathrm{d}\boldsymbol{A}}{\mathrm{d}t}=\boldsymbol{0}\tag{23-22}$$

方法二: 质点的角动量可表示为

$$\boldsymbol{L}=mr^2\boldsymbol{\omega}\tag{23-23}$$

显然, 质点的运动平面与角动量 $\boldsymbol{L}$ 的方向垂直. 由于下式成立:

$$\begin{aligned}\frac{\mathrm{d}\boldsymbol{A}}{\mathrm{d}t}&=\frac{\mathrm{d}}{\mathrm{d}t}(\boldsymbol{p}\times\boldsymbol{L}-m\kappa\hat{\boldsymbol{r}})=\frac{\mathrm{d}\boldsymbol{p}}{\mathrm{d}t}\times\boldsymbol{L}-m\kappa\frac{\mathrm{d}\hat{\boldsymbol{r}}}{\mathrm{d}t}\\&=\boldsymbol{F}\times\boldsymbol{L}-m\kappa\frac{\mathrm{d}\hat{\boldsymbol{r}}}{\mathrm{d}t}=-\frac{\kappa}{r^2}\hat{\boldsymbol{r}}\times(mr^2\boldsymbol{\omega})-m\kappa\frac{\mathrm{d}\hat{\boldsymbol{r}}}{\mathrm{d}t}\\&=m\kappa\boldsymbol{\omega}\times\hat{\boldsymbol{r}}-m\kappa\frac{\mathrm{d}\hat{\boldsymbol{r}}}{\mathrm{d}t}=m\kappa\frac{\mathrm{d}\hat{\boldsymbol{r}}}{\mathrm{d}t}-m\kappa\frac{\mathrm{d}\hat{\boldsymbol{r}}}{\mathrm{d}t}\\&=\boldsymbol{0}\end{aligned}\tag{23-24}$$

在式 (23-24) 的推导过程中, 用到了下列关系式:

$$\frac{\mathrm{d}\hat{\boldsymbol{r}}}{\mathrm{d}t}=\boldsymbol{\omega}\times\hat{\boldsymbol{r}}\tag{23-25}$$

也就是说, 作为一个单位矢量, $\hat{\boldsymbol{r}}$ 只能由一个转动 $\boldsymbol{\omega}$ 来改变. $\boldsymbol{\omega}\times\hat{\boldsymbol{r}}$ 称为转动矢量的轨道速度.

例 23.6　结合附录 B 中的例 B.12, 证明: (1) 对于离散体系, 惯性张量为[1.6]:

$$I_{ik}=\sum m(r_l^2\delta_{ik}-r_ir_k),\quad (i,k,l=x,y,z) \tag{23-26}$$

对于连续体, 式 (23-26) 将由求和形式变为如下积分形式:

$$I_{ik}=\iiint\rho\left(r_l^2\delta_{ik}-r_ir_k\right)\mathrm{d}V,\ (i,k,l=x,y,z) \tag{23-27}$$

证明: 我们主要证明式 (23-26), 式 (23-27) 是式 (23-26) 的自然推广.

方法一: 应用表 23.1 右栏中有关刚体转动动能的定义: $K=\dfrac{1}{2}I\omega^2$ 来进行推导. 由于速度 $\boldsymbol{v}$ 和角速度 $\boldsymbol{\omega}$ 的关系式: $\boldsymbol{v}=\boldsymbol{\omega}\times\boldsymbol{r}$, 则旋转刚体的动能为

$$K=\frac{1}{2}\sum m(\boldsymbol{\omega}\times\boldsymbol{r})^2 \tag{23-28}$$

下面我们再用两种方法来看式 (23-28) 中 $(\boldsymbol{\omega}\times\boldsymbol{r})^2$ 的进一步简化的结果. 最为直接的方法是

$$\begin{aligned}(\boldsymbol{\omega}\times\boldsymbol{r})\cdot(\boldsymbol{\omega}\times\boldsymbol{r})&=\begin{vmatrix}\mathbf{i}&\mathbf{j}&\mathbf{k}\\\omega_x&\omega_y&\omega_z\\r_x&r_y&r_z\end{vmatrix}\cdot\begin{vmatrix}\mathbf{i}&\mathbf{j}&\mathbf{k}\\\omega_x&\omega_y&\omega_z\\r_x&r_y&r_z\end{vmatrix}\\&=[(\omega_yr_z-\omega_zr_y)\mathbf{i}+(\omega_zr_x-\omega_xr_z)\mathbf{j}+(\omega_xr_y-\omega_yr_x)\mathbf{k}]^2\\&=(\omega_yr_z-\omega_zr_y)^2+(\omega_zr_x-\omega_xr_z)^2+(\omega_xr_y-\omega_yr_x)^2\end{aligned} \tag{23-29}$$

而由于:

$$\begin{aligned}\omega^2r^2-(\boldsymbol{\omega}\cdot\boldsymbol{r})^2&=(\omega_x^2+\omega_y^2+\omega_z^2)(r_x^2+r_y^2+r_z^2)-(\omega_xr_x+\omega_yr_y+\omega_zr_z)^2\\&=(\omega_yr_z-\omega_zr_y)^2+(\omega_zr_x-\omega_xr_z)^2+(\omega_xr_y-\omega_yr_x)^2\end{aligned} \tag{23-30}$$

比较式 (23-29) 和式 (23-30), 故我们得到了如下关系式:

$$(\boldsymbol{\omega}\times\boldsymbol{r})^2=\omega^2r^2-(\boldsymbol{\omega}\cdot\boldsymbol{r})^2 \tag{23-31}$$

为了增进初学者对该问题的理解, 我们下面再用另外一种方法来证明式 (23-31). 由矢量分析中三个矢量的混合积公式:

$$[\boldsymbol{u}\quad\boldsymbol{v}\quad\boldsymbol{w}]=(\boldsymbol{u}\times\boldsymbol{v})\cdot\boldsymbol{w}=\boldsymbol{u}\cdot(\boldsymbol{v}\times\boldsymbol{w})=\begin{vmatrix}u_x&u_y&u_z\\v_x&v_y&v_z\\w_x&w_y&w_z\end{vmatrix} \tag{23-32}$$

混合积的物理意义是以上述三个矢量为三个棱边所围成的平行六面体的体积. 注意到式 (23-20), 则有

$$\underbrace{(\boldsymbol{\omega}\times\boldsymbol{r})}_{\boldsymbol{u}}\cdot(\underbrace{\boldsymbol{\omega}}_{\boldsymbol{v}}\times\underbrace{\boldsymbol{r}}_{\boldsymbol{w}})=\underbrace{\boldsymbol{r}}_{\boldsymbol{w}}\cdot[\underbrace{(\boldsymbol{\omega}\times\boldsymbol{r})}_{\boldsymbol{u}}\times\underbrace{\boldsymbol{\omega}}_{\boldsymbol{v}}]=\boldsymbol{r}\cdot\boldsymbol{r}(\boldsymbol{\omega}\cdot\boldsymbol{\omega})-\boldsymbol{r}\cdot\boldsymbol{\omega}(\boldsymbol{\omega}\cdot\boldsymbol{r})$$
$$=\omega^2r^2-(\boldsymbol{\omega}\cdot\boldsymbol{r})^2 \tag{23-33}$$

从而式 (23-31) 再次得证. 将式 (23-31) 代回式 (23-28) 中, 则旋转刚体的动能为

$$\begin{aligned}K&=\frac{1}{2}\sum m(\boldsymbol{\omega}\times\boldsymbol{r})^2=\frac{1}{2}\sum m[\omega^2r^2-(\boldsymbol{\omega}\cdot\boldsymbol{r})^2]\\&=\frac{1}{2}\sum m(\omega_i^2r_l^2-\omega_ir_i\omega_kr_k)=\frac{1}{2}\sum m(\omega_i\omega_kr_lr_l\delta_{ik}-\omega_i\omega_kr_ir_k)\\&=\frac{1}{2}\omega_i\omega_k\sum m(r_lr_l\delta_{ik}-r_ir_k)=\frac{1}{2}I_{ik}\omega_i\omega_k\end{aligned} \tag{23-34}$$

则式 (23-26) 得证. 若将离散体推广到连续体的话, 将质量视为密度对体积的积分, 自然式 (23-27) 得证.

方法二: 应用表 23.1 右栏中有关刚体转动角动量的定义: $\boldsymbol{L}=\boldsymbol{I}\cdot\boldsymbol{\omega}$, 由该式可知, 二阶张量 $\boldsymbol{I}$ 和矢量 $\boldsymbol{\omega}$ 点积缩并成矢量 $\boldsymbol{L}$. 根据角动量的定义并利用式 (23-20), 有

$$\boldsymbol{L}=\sum m\boldsymbol{r}\times\underbrace{(\boldsymbol{\omega}\times\boldsymbol{r})}_{\boldsymbol{v}}=\sum m[\boldsymbol{\omega}(\boldsymbol{r}\cdot\boldsymbol{r})-\boldsymbol{r}(\boldsymbol{r}\cdot\boldsymbol{\omega})] \tag{23-35}$$

式 (23-35) 的分量形式为

$$\begin{aligned}L_i&=\sum m(r_lr_l\omega_i-r_ir_k\omega_k)=\sum m(r_lr_l\omega_k\delta_{ik}-r_ir_k\omega_k)\\&=\omega_k\sum m(r_lr_l\delta_{ik}-r_ir_k)\end{aligned} \tag{23-36}$$

所以式 (23-26) 得证.

§24. 位 力 定 理

1644 年笛卡儿 (Rene Descartes, 1596~1650) 在他所著的《哲学原理》[2.34] 中讨论碰撞问题时引进了动量的概念, 用以度量运动. 1687 年牛顿 (Isaac Newton, 1642~1727) 在他的 *Principia*[1.1] 中把动量的改变来度量力. 与此不同的是莱布尼兹 (Gottfried Wilhelm Leibniz, 1646~1716) 在 1686 年的一篇论文[2.35] 中抨击笛卡儿, 主张用质量乘速度的平方 (mv^2) 来度量运动, 莱布尼兹称之为活力 (vis viva, living force). 把牛顿由动量所度量的力也称为死力 (vis mortua, dead force). 莱布

尼兹的主张正好和 1669 年惠更斯关于碰撞问题研究的结论一致, 该结论说 “两个物体相互碰撞时, 它们的质量与速度平方乘积之和在碰撞前后保持不变.”

从莱布尼兹挑起争论起, 形成了以笛卡儿和莱布尼兹两大派的论争. 这场论战延续了近半个世纪, 许多学者都参加了论战, 并且各有实验佐证. 一直到 1743 年法国学者达朗贝尔 (Jean le Rond d’Alembert, 1717~1783) 在他的《论动力学》[3.2] 中说: “对于量度一个力来说, 用它给予一个受它作用而通过一定距离的物体的活力, 或者用它给予受它作用一定时间的物体的动量同样都是合理的.” 在这里, 达朗贝尔揭示了活力是按作用距离力的量度, 而动量是按作用时间力的量度. 这场争论终于尘埃落定了. 活力才作为一个正式的力学名词为力学家们所普遍接受.

活力虽然为力学家接受了, 但是它与力的关系并没有弄清楚. 一直到 1807 年英国学者托马斯 · 杨 (Thomas Young, 1773~1829) 引进了能量的概念[5.4], 1829 年法国学者科里奥利 (Gustave Gaspard Coriolis, 1792~1843) 又引进了力做功的概念, 并且在活力前加了 1/2 系数称为动能, 通过积分给出了功与动能的联系, 即 $\int \boldsymbol{F}\cdot \mathrm{d}\boldsymbol{r} = mv^2/2$ 这个式子表示力做功转化为物体的动能.

1870 年, 克劳修斯 (Rudolf Clausius, 1822~1888)[2.36] 和麦克斯韦 (James Clerk Maxwell, 1831~1879) 在研究气体的压强公式时创立了位力定理 (virial theorem). 克劳修斯于 1870 年夏天所做的一次报告中, 将位力定理表述为: “系统的平均活力等于其位力 (The mean vis viva of a system is equal to its virial)”.

由于动能 K 是速度 $\boldsymbol{v}_i$ 的二次函数 $K=\dfrac{1}{2}\sum\limits_i m_i\boldsymbol{v}_i^2$, 根据附录 E 中证明的欧拉齐次函数定理, 对于二阶齐次函数有

$$\sum_i \frac{\partial K}{\partial \boldsymbol{v}_i}\cdot \boldsymbol{v}_i = 2K \tag{24-1}$$

再利用动量 $\boldsymbol{p}_i$ 与动能之间的关系: $\partial K/\partial \boldsymbol{v}_i = \boldsymbol{p}_i$, 式 (24-1) 可写为

$$2K = \sum_i \boldsymbol{p}_i\cdot \boldsymbol{v}_i = \frac{\mathrm{d}}{\mathrm{d}t}\left(\sum_i \boldsymbol{p}_i\cdot \boldsymbol{r}_i\right) - \sum_i \dot{\boldsymbol{p}}_i\cdot \boldsymbol{r}_i \tag{24-2}$$

下面将对式 (24-2) 进行对时间平均. 函数 $f(t)$ 对时间平均是指:

$$\overline{f} = \lim_{\tau\to\infty}\frac{1}{\tau}\int_0^{\tau} f(t)\mathrm{d}t \tag{24-3}$$

容易看出, 如果函数 $f(t)$ 是某个有界 (bounded) 函数 $F(t)$ 对时间的全导数, 则 $f(t)$ 对时间的平均值为零. 事实上,

$$\overline{f} = \lim_{\tau\to\infty}\frac{1}{\tau}\int_0^{\tau}\frac{\mathrm{d}F}{\mathrm{d}t}\mathrm{d}t = \lim_{\tau\to\infty}\frac{F(\tau)-F(0)}{\tau} = 0 \tag{24-4}$$

假设系统在有限空间中以有限速度运动, 则 $\sum\limits_i \boldsymbol{p}_i \cdot \boldsymbol{r}_i$ 是有限的, 则式 (24-2) 中右端第一项 $\dfrac{\mathrm{d}}{\mathrm{d}t}\left(\sum\limits_i \boldsymbol{p}_i \cdot \boldsymbol{r}_i\right)$ 对时间的平均等于零. 对于保守系统, 式 (24-2) 中右端第二项中的动量的时间导数 $\dot{\boldsymbol{p}}_i$ 满足:

$$\dot{\boldsymbol{p}}_i = \frac{\mathrm{d}(m_i \boldsymbol{v}_i)}{\mathrm{d}t} = \boldsymbol{F}_i = -\frac{\partial U}{\partial \boldsymbol{r}_i} \tag{24-5}$$

则式 (24-2) 对时间的平均最终得到位力定理如下:

$$2\overline{K} = \sum_i \overline{\boldsymbol{r}_i \cdot \frac{\partial U}{\partial \boldsymbol{r}_i}} = -\sum_i \overline{\underset{\text{位}}{\boldsymbol{r}_i} \cdot \underset{\text{力}}{\boldsymbol{F}_i}} \tag{24-6}$$

式 (24-6) 的右端就称为系统的 "位力", 也就是位置矢径和力乘积的平均值.

如果势能是矢径 $\boldsymbol{r}_i$ 的 λ 阶齐次函数, 根据欧拉齐次函数定理和式 (24-5), 位力定理式 (24-6) 可写为

$$2\overline{K} = \lambda \overline{U} \tag{24-7}$$

由于 $\overline{K} + \overline{U} = \overline{E} = E$, E 为系统能量, 还可将式 (24-7) 等价地表示为

$$\overline{U} = \frac{2}{\lambda+2}E, \quad \overline{K} = \frac{\lambda}{\lambda+2}E \tag{24-8}$$

对于 $\lambda = 2$ 的一维谐振子系统, 有: $\overline{K} = \overline{U}$, 即当时间足够长时, 动能和势能对时间的平均值相等.

例 24.1 针对一维谐振子按照定义验证位力定理式 (24-6).

证明: 由于在 x 方向运动的一维谐振子的弹性势能为: $U = \dfrac{1}{2}kx^2$, 这里 k 为弹簧的劲度系数, 因此对于谐振子而言: $\lambda = 2$. 一维谐振子的运动微分方程为

$$\ddot{x} + \omega^2 x = 0 \tag{24-9}$$

式中, $\omega = \sqrt{\dfrac{k}{m}}$ 为谐振子振动的圆频率. 式 (24-9) 的通解为 (见思考题 4.9):

$$x = x_0 \sin(\omega t + \varphi) \tag{24-10}$$

式中, x_0 和 φ 为振动幅值和相位角. 式 (24-6) 中左端为

$$2\overline{K} = m\overline{\dot{x}^2} = kx_0^2\overline{\cos^2(\omega t + \varphi)} = \frac{1}{2}kx_0^2\left(1 + \overline{\cos 2(\omega t + \varphi)}\right) \tag{24-11}$$

由于:

$$\overline{\cos 2(\omega t + \varphi)} = \lim_{\tau\to\infty}\frac{1}{\tau}\int_0^\tau \cos 2(\omega t + \varphi)\,\mathrm{d}t = 0 \tag{24-12}$$

将式 (24-12) 式代回式 (24-11), 有

$$2\overline{K}=\frac{1}{2}kx_0^2 \tag{24-13}$$

由于: $F_x=-kx$, 因此, 应用式 (24-12), 则式 (24-6) 中右端为

$$\begin{aligned}-\overline{x\cdot F_x}&=k\overline{x^2}=kx_0^2\overline{\sin^2(\omega t+\varphi)}\\&=\frac{1}{2}kx_0^2\left(1-\overline{\cos 2(\omega t+\varphi)}\right)=\frac{1}{2}kx_0^2\end{aligned}$$

故该问题得证.

事实上, 在该问题的时间平均上, 在式 (24-12) 中用不着取 $\tau\to\infty$, 只需取 $\tau=2\pi$ 时, 即有如下常用关系式:

$$\begin{cases}\overline{\sin^2\theta}=\dfrac{1}{2\pi}\displaystyle\int_0^{2\pi}\sin^2\theta\mathrm{d}\theta=\dfrac{1}{2\pi}\displaystyle\int_0^{2\pi}\dfrac{1-\cos 2\theta}{2}\mathrm{d}\theta=\dfrac{1}{2}\\\overline{\cos^2\theta}=\dfrac{1}{2\pi}\displaystyle\int_0^{2\pi}\cos^2\theta\mathrm{d}\theta=\dfrac{1}{2\pi}\displaystyle\int_0^{2\pi}\dfrac{1+\cos 2\theta}{2}\mathrm{d}\theta=\dfrac{1}{2}\\\overline{\sin\theta\cos\theta}=\dfrac{1}{2\pi}\displaystyle\int_0^{2\pi}\sin\theta\cos\theta\mathrm{d}\theta=\dfrac{1}{4\pi}\displaystyle\int_0^{2\pi}\sin 2\theta\mathrm{d}\theta=0\end{cases} \tag{24-14}$$

对于 $\lambda=1$ 的重力作用下的自由落体系统有

$$2\overline{K}=\overline{U} \tag{24-15}$$

也就是在一个位置和速度都有界、稳定的重力下的自由落体体系中, 体系长期的平均总动能等于体系总引力势能之半. (均总动能等于体系总引力势能之半.) 下面对该结论给出证明.

证明: 由于重力势能和下落高度 h 之间的关系为一次幂: $U=mgh$, 故: $\lambda=1$. 对自由下落的小球 m, 假设其初始高度为 h_0, 运动时间为 τ, 则: $h_0=\frac{1}{2}g\tau^2$. 小球的动能为: $K=\frac{1}{2}mv^2=\frac{1}{2}mg^2\tau^2$, 则小球在整个运动过程中的平均动能:

$$\overline{K}=\frac{1}{\tau}\int_0^\tau K\mathrm{d}t=\frac{1}{\tau}\int_0^\tau\frac{1}{2}mg^2t^2\mathrm{d}t=\frac{1}{6}mg^2\tau^2 \tag{24-16}$$

则小球下落高度 x 与时间 t 之间的关系: $x=\frac{1}{2}gt^2$, 小球的势能为: $U=mg(h_0-x)=mgh_0-\frac{1}{2}mg^2t^2$, 则小球在整个下落的过程 $h_0=\frac{1}{2}g\tau^2$ 中势能的平均值为

$$\begin{aligned}\overline{U}&=\frac{1}{\tau}\int_0^\tau mg(h_0-x)\mathrm{d}t=mgh_0-\frac{1}{2\tau}mg^2\int_0^\tau t^2\mathrm{d}t\\&=\frac{1}{2}mg^2\tau^2-\frac{1}{6}mg^2\tau^2=\frac{1}{3}mg^2\tau^2\end{aligned} \tag{24-17}$$

比较式 (24-16) 和式 (24-17), 有: $2\overline{K}=\overline{U}$, 该问题得证.

而对于万有引力下的行星运动或者库仑势, $\lambda=-1$, 式 (24-7) 给出:

$$2\overline{K}=-\overline{U} \tag{24-18}$$

此时由式 (24-8) 还可获得: $\overline{K}+\overline{U}=E=\overline{U}/2=-\overline{K}$.

例 24.2　针对在万有引力下做圆周运动的行星运动验证位力定理式 (24-6).

证明: 由满足平方反比定理的万有引力的表达式:

$$\boldsymbol{F}=-G\frac{Mm}{r^2}\widehat{\boldsymbol{r}} \tag{24-19}$$

行星在万有引力的作用下做圆周运动的条件为

$$G\frac{Mm}{r^2}=mr\omega^2 \tag{24-20}$$

从式 (24-20) 得到: $r^2\omega^2=G\dfrac{M}{r}$, 故式 (24-6) 中左端为

$$2\overline{K}=mr^2\omega^2=G\frac{Mm}{r} \tag{24-21}$$

式 (24-6) 中右端为

$$-\overline{\boldsymbol{r}\cdot\boldsymbol{F}}=G\frac{Mm}{r^2}r\widehat{\boldsymbol{r}}\cdot\widehat{\boldsymbol{r}}=G\frac{Mm}{r} \tag{24-22}$$

比较式 (24-21) 和式 (24-22), 故问题得证.

例 24.3　用位力定理推导理想气体的状态方程.

设体积为 V 的容器内有由 N 个分子组成的理想气体, 气体绝对温度为 T, 由于每个气体分子有三个自由度, 由统计力学的能量均分定理, 每个自由度的平均动能为 $\dfrac{1}{2}Nk_{\mathrm{B}}T$, k_{B} 为玻尔兹曼常数, 则体系的平均动能为

$$\overline{K}=\frac{3}{2}Nk_{\mathrm{B}}T \tag{24-23}$$

由于是理想气体, 所以只考虑分子与容器壁之间的碰撞, 忽略分子间的碰撞, 设器壁单位法向矢量 $\boldsymbol{n}$ 从容器内部指向容器外部, 器壁面元 $\mathrm{d}A$ 上的作用力为

$$\mathrm{d}\boldsymbol{F}=-f\boldsymbol{n}\mathrm{d}A$$

其中, f 为单位面积受力大小, 故由位力定理: $\overline{K}=-\dfrac{1}{2}\overline{\sum_i\boldsymbol{r}_i\cdot\boldsymbol{F}_i}$, 则有

$$-\frac{1}{2}\overline{\sum_i\boldsymbol{r}_i\cdot\boldsymbol{F}_i}=\frac{1}{2}\oint_A\overline{f}\boldsymbol{n}\mathrm{d}A\cdot\boldsymbol{r}=\frac{p}{2}\oint_A\boldsymbol{n}\cdot\boldsymbol{r}\mathrm{d}A$$

式中 p 为宏观压强, 也就是 f 在外表面上的平均值 $p=\overline{f}$. 由高斯定理, 上式可变为

$$-\frac{1}{2}\overline{\sum_i \boldsymbol{r}_i\cdot\boldsymbol{F}_i}=\frac{p}{2}\int\limits_V \boldsymbol{\nabla}\cdot\boldsymbol{r}\mathrm{d}V=\frac{3}{2}pV$$

将上式和动能表达式代入位力定理, 即得到如下理想气体状态方程:

$$pV=Nk_{\mathrm{B}}T \tag{24-24}$$

应该指出的是, 我们在高中时所学到的理想气体状态方程是唯象的, 也就是知其然, 不知其所以然. 通过位力定理的推导, 再辅之与统计力学的能量均分定理, 我们便对这个方程的理解更深了, 唯象的模型就变成理论模型了.

[附] 高斯定理: 设空间闭区域 V 由分片光滑闭曲面 Σ 围成, 函数 $P(x,y,z)$, $Q(x,y,z)$ 和 $R(x,y,z)$ 在 V 上具有一阶连续偏导数, 则有高斯公式:

$$\int\limits_V\left(\frac{\partial P}{\partial x}+\frac{\partial Q}{\partial y}+\frac{\partial R}{\partial z}\right)\mathrm{d}V=\oiint\limits_{\Sigma}P\mathrm{d}y\mathrm{d}z+Q\mathrm{d}z\mathrm{d}x+R\mathrm{d}x\mathrm{d}y \tag{24-25}$$

矢量函数形式:

$$\int\limits_V \mathrm{div}\,\boldsymbol{F}\mathrm{d}V=\oint\limits_{\Sigma}\boldsymbol{F}\cdot\mathrm{d}\boldsymbol{A} \tag{24-26}$$

其中, Σ 是围成 V 的整个边界曲面

$$\mathrm{div}\,\boldsymbol{F}=\frac{\partial P}{\partial x}+\frac{\partial Q}{\partial y}+\frac{\partial R}{\partial z} \tag{24-27}$$

思考题和补充材料

2.1　阐述 “飞鸟之景, 未尝动也” (《庄子 · 天下篇》) 与芝诺佯谬之间的联系.

2.2　芝诺佯谬的一个民间版本是: 两位仇人 A 和 B 互扔一枚定于两分钟后爆炸的炸弹. A 先将炸弹抛向 B, B 一分钟后将炸弹反抛给 A, A 半分钟后又将炸弹抛给 B, B 于 1/4 分钟后再反抛给 A, 如此反复, 问最后炸弹到底在谁的手上爆炸?

2.3　有一个很形象但并不完全准确的例子来比喻 “量子芝诺效应”: 一个人准备睡觉, 如果旁边另一个人不断询问其是否睡着了, 那么可以想象, 准备睡觉的人便总也睡不着了. 这其实是在形容如果一个物理系统被连续不断地观测, 那么它将不再继续演化.

2.4　有关 §13 中萨尔维阿蒂大船的英文: Shut yourself up with some friend in the main cabin below decks on some large ship, and have with you there some flies, butterflies, and other small flying animals. Have a large bowl of water with some fish in it;

hang up a bottle that empties drop by drop into a wide vessel beneath it. With the ship standing still, observe carefully how the little animals fly with equal speed to all sides of the cabin. The fish swim indifferently in all directions; the drops fall into the vessel beneath; and, in throwing something to your friend, you need throw it no more strongly in one direction than another, the distances being equal; jumping with your feet together, you pass equal spaces in every direction. When you have observed all these things carefully (though doubtless when the ship is standing still everything must happen in this way), have the ship proceed with any speed you like, so long as the motion is uniform and not fluctuating this way and that. You will discover not the least change in all the effects named, nor could you tell from any of them whether the ship was moving or standing still. In jumping, you will pass on the floor the same spaces as before, nor will you make larger jumps toward the stern than toward the prow even though the ship is moving quite rapidly, despite the fact that during the time that you are in the air the floor under you will be going in a direction opposite to your jump. In throwing something to your companion, you will need no more force to get it to him whether he is in the direction of the bow or the stern, with yourself situated opposite. The droplets will fall as before into the vessel beneath without dropping toward the stern, although while the drops are in the air the ship runs many spans. The fish in their water will swim toward the front of their bowl with no more effort than toward the back, and will go with equal ease to bait placed anywhere around the edges of the bowl. Finally the butterflies and flies will continue their flights indifferently toward every side, nor will it ever happen that they are concentrated toward the stern, as if tired out from keeping up with the course of the ship, from which they will have been separated during long intervals by keeping themselves in the air. And if smoke is made by burning some incense, it will be seen going up in the form of a little cloud, remaining still and moving no more toward one side than the other. The cause of all these correspondences of effects is the fact that the ship's motion is common to all the things contained in it, and to the air also. That is why I said you should be below decks; for if this took place above in the open air, which would not follow the course of the ship, more or less noticeable differences would be seen in some of the effects noted.

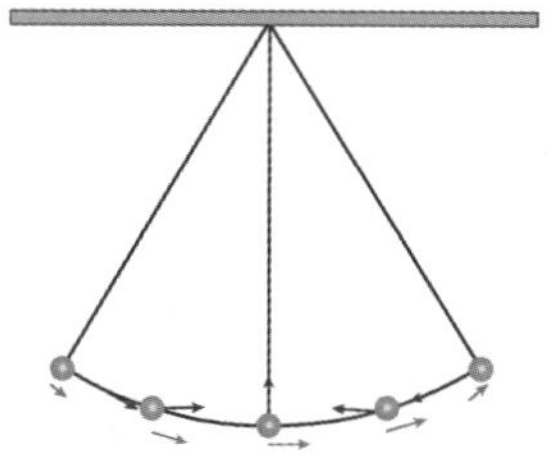

题图 2.5.1 单摆在摆动过程中不同位置上的速度 (灰色切线) 和加速度 (黑色箭头)

2.5 什么是牛顿力学的核心概念? 答案并不统一. 这里给出一种解答[2.37]: (1) 速度很容易被画为指向运动方向的一个矢量; 人们对速度所抱有的怀疑是那样的有哲学味道, 只有一个如同芝诺那样的异乎寻常地持批判态度的和过度活跃的大脑才会体会到. (2) 加速度是牛顿力学舞台上的主角. 加速度概念的非直观性, 可能是力学为什么要花那么长时间、那么

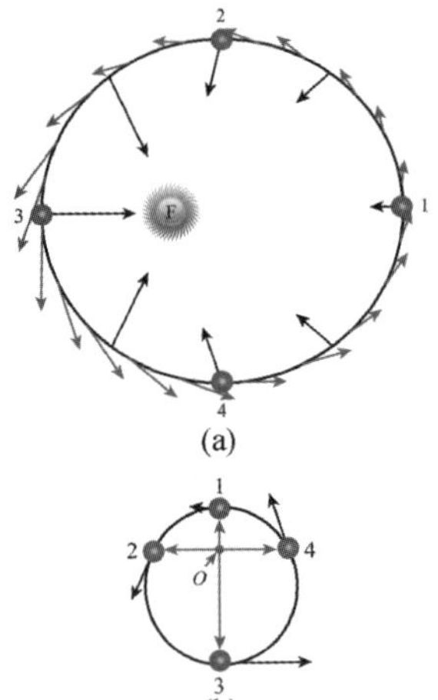

(a) (b)

题图 2.5.2

多功夫才建立起来的原因. (3) 即便对于物理学家来说, 加速度也很难可视化. 加速度的麻烦是, 一个物体可沿一个方向运动, 而其加速度却在另外一个方向 (如题图 2.5.1 的单摆中质点速度和加速度, 有地方相同, 有地方相反, 有地方垂直). 加速度描述的是任何同匀速直线运动的偏离. (4) 认识到速度和加速度是独立的量, 是牛顿力学的核心内容.

问题: 结合题图 2.5.2, 进一步体会行星运动中速度和加速度的独立性. 图 (a) 行星在绕日轨道上的速度 (灰色箭头) 和加速度 (黑色箭头), 速度总是和轨道相切, 加速度则总是指向太阳; 图 (b) 同一行星在速度空间的轨道是一个圆, 加速度和轨道相切! 灰色和黑色箭头分别表示速度和加速度, O 点速度为零.

2.6　开普勒第三定律的简要证明. 为简便且不失一般性, 设质量为 m 的行星绕太阳 (质量为 M) 的轨迹可近似看成一个半径为 R 的圆, 其周期为 T, 则其匀速圆周速度为: $V = 2\pi R/T$, 由牛顿万有引力定律: $G\dfrac{Mm}{R^2} = m\dfrac{V^2}{R} = \dfrac{m}{R}\left(2\pi\dfrac{R}{T}\right)^2$, 得到: $T^2 = \dfrac{4\pi^2}{GM}R^3$, 也就是开普勒第三定律: $T^2 \propto R^3$.

2.7　有关 §16 中的无旋流动, 速度矢量满足不可压缩的连续性方程 $\operatorname{div}\boldsymbol{v} = \boldsymbol{\nabla}\cdot\boldsymbol{v} = 0$. 证明: 速度势标量 φ 满足拉普拉斯方程: $\nabla^2\varphi = 0$.

2.8　欧洲十八世纪中叶围绕着月球运动的一场 “战斗”. 2010 年第一期的美国《今日物理》(*Physics Today*) 刊登了一篇题为 “十八世纪因月球运动的战斗 (The 18th-century battle over lunar motion)” 的文章[2.38], 追溯了十八世纪中叶, 欧洲科学界的一段公案. 联系到这桩公案的, 是一个和本章内容密切相关的天文问题: 如何用牛顿的万有引力定律, 去解释月球绕地球的运动. 了解这段史实不但对理解本章内容, 而且对科研竞争的残酷性有更深的意义. 这出大戏的三个主角克莱罗 (Alexis-Claude Clairaut, 1713~1765)、达朗贝尔 (1717~1783) 和欧拉 (1707~1783), 在历史上都赫赫有名. 欧拉是数学的一代宗师, 几乎数学所有重要分支, 都有名为欧拉的公式或者定理. 达朗贝尔是法国数学家, 也是法国启蒙运动的代表人物. 他和狄德罗 (Denis Diderot, 1713~1784) 主编的《百科全书》, 是启蒙运动里程碑式著作, 他为《百科全书》撰写的导论, 以一览众山小的气概, 阐述人类思维的结构, 也是研究启蒙思想必读的文献. 克莱罗也是数学史上罕见的天才, 9 岁开始学解析几何和微积分. 16 岁发表了关于二重曲率曲面的论文, 18 岁即破格当选为法国科学院院士, 迄今仍是法兰西科学院最年轻当选的院士.

把这些人类历史上最有智慧的人, 联系到这桩公案的, 是一个天文学问题: 如何用牛顿的万有引力定律, 去解释月球绕地球的运动. 由于月球同时受太阳和地球的吸引, 实际计算极其复杂, 而且计算结果与天文观测并不相符. 克莱罗、达朗贝尔和欧拉都认为, 只有对万有引力定律加以修正, 才可以解释月球的运动. 1747 年 11 月, 克莱罗在法国科学院公布了他的方案: 万有引力定律必须添上一个项. 六个月后, 克莱罗发现以前理论和观察的偏差, 是由于计算时忽略了一个不该忽略的项. 于是在 1749 年春, 克莱罗在法国科学院宣布收回了最初的论文, 并称用牛顿万有引力定律, 就完全可以解释月球的运动. 克莱罗没有公布计算的过程, 但出于谨慎, 同在法国科学院的达朗贝尔在当天下午, 也宣布撤回自己原先的论文. 尽管直到 1751 年初, 达朗贝尔还是没有办法通过万有引力定律解释月球的轨道, 但在编辑《百科全书》相关辞条的时候, 达朗贝尔含混地说, 自己找到了这个办法. 而由于克莱罗在通信中有意的隐瞒, 远在瑞士的欧拉压根就不知道克莱罗已经有了新的结果. 直到后来, 一个听了克莱罗报告的青年天文学家告诉了欧拉这件事情. 欧拉立即给克莱罗写信, 询问计算的方法. 克莱罗的回信王顾左右而言他, 只是叫欧拉放心, 他的论文马上就会发表.

可是过了许久, 克莱罗没了消息. 欧拉有些等不及了, 于是利用人脉, 让圣彼得堡科学院出面, 举办 "万有引力定律和月球运动" 的有奖论文竞赛. 然后欧拉像路人甲一样, 分别写信给克莱罗和达朗贝尔, 鼓励他们参赛. 这样身为秘密评委的欧拉就有机会看到他们的计算方法. 达朗贝尔自然没有参赛, 克莱罗则提交了他的论文. 欧拉很快意识到克莱罗的确解决了这个问题. 受克莱罗方法的启发, 欧拉也找到了解决这个问题的另一个方法. 欧拉先试图把自己的论文和克莱罗的论文一同在圣彼得堡发表. 后来听说在柏林可以很快出版, 又把手稿要回. 可是柏林的出版计划意外流产, 欧拉的论文, 最后只好于 1753 年, 在圣彼得堡发表. 此时克莱罗的论文已经发表了好几个月.

1754 年, 达朗贝尔出版了专著《宇宙体系的几个要点研究》, 其中就包括对月球轨道的研究. 老谋深算的达朗贝尔在序言中, 只字不提克莱罗在 1749 年就宣布了结果, 也不提一年前欧拉论文的发表, 而宣称自己早在 1751 年就解决了该问题.

用万有引力精确计算出月球的轨道, 是科学史上一个重要发现, 欧拉的方法, 对航海者通过月亮确定自己的经纬度, 还有直接的帮助, 有力的推动了当时航海业的发展. 但是这个光明发现背后的故事, 却有些灰暗. 为了让科学界和公众认为自己是最早的发现者, 这些欧洲顶级的大学者, 不惜利用自己的特权, 去施展一些小伎俩.

2.9 三体问题的由来.

1887 年, 大学喜欢数学的奥斯卡二世 60 岁生日时, 发起了一场数学竞赛, 其中的一道题目是牛顿、拉普拉斯时代的 "遗物" —— N 体问题 (N-body problem) 的求解. 三体问题 (three-body problem) 最简单的一个例子就是太阳系中太阳、地球和月球的运动. 作为对比, 米塔–列夫勒 (Gösta Mitag-Leffler, 1846~1927) 作为教授的年薪为 7000 瑞典克朗.

米塔–列夫勒 (1846~1927)

庞加莱 (Henri Poincaré, 1854~1912) 的获奖论文准备在《数学学报》(*Acta Mechanica*) 上发表. 当时该篇文章的排版周期长达半年之久 (从 1889 年的 4 月到 10 月)! 在排版过程中, 编辑 Edward Phragmén 在进行编辑加工时, 发现有些段落不是很清晰, 米塔–列夫勒将编辑的意见转告庞加莱, 并希望他写一个注记附在论文的后面. 后来戏剧性的事情发生了, 庞加莱发现了他论文中的一个致命错误, 他发电报给《数学学报》的主编米塔–列夫勒, 希望马上停止印刷. 1890 年初, 等庞加莱将更正后的论文重新寄给《数学学报》时, 此时包含错误的论文已经印刷完毕. 为了维护瑞典国王的荣誉和《数学学报》

庞加莱 (1854~1912)

的信誉, 米塔–列夫勒决定销毁印成品, 并重新排版印刷更正后的论文. 为此作为对杂志的补偿, 庞加莱不得不额外支付了 3585 瑞典克朗.

1889 年, 庞加莱从诺贝尔的“绯闻情敌”—— 米塔–列夫勒手上领走了瑞典国王奥斯卡二世悬赏的 2500 瑞典克朗与一枚金质奖章.

捧走奖金和奖牌的庞加莱完成了三项工作, 虽然他并没有在传统意义上最终解决“三体问题”或“N 体问题”, 但是这三项工作无疑是具有里程碑意义的. 首先他证明了“杞人忧天”的问题 —— 太阳系是稳定的, 其次“三体问题”作为一个“下金蛋的母鸡”的潜质已经被充分的挖掘出来了:

其一, 庞加莱证明当 $N > 2$ 时, 微分方程组不存在统一的首次积分 (运动积分或运动常数, 见例 23.5 和 §31). 一言以蔽之, 就是“三体”乃至“N 体”无法用传统的首次积分方法求解.

其二, 庞加莱开发出了一套全新分析工具, 构成了全新的现代数学或力学分支微分方程与微分动力系统 (differentiable dynamical systems) 的核心. 亦即, 庞加莱在探讨“N 体问题”的过程中开拓出了一个全新的数学方向.

其三, 庞加莱第一次揭示了自然界最广泛且最隐蔽的性质 —— 初始条件敏感依赖. 亦即, 即使是一个遵循牛顿力学的系统, 若初始条件作细微变化 ——“差若毫厘”, 也会使得最终的结果有天壤之别 ——“缪以千里”. 物理学在严格的牛顿力学框架下预测未来的信心受到了毁灭性打击. 大约 70 年后, 被庞加莱雪藏的发现有了一个通俗且时髦的新名字 —— 混沌 (chaos).

2.10 限制性三体问题 (restricted three-body problem): 三体问题的特殊情况, 当所讨论的三个天体中, 有一个天体的质量与其他两个天体的质量相比, 小到可以忽略时, 这样的三体问题称为限制性三体问题. 一般地把这个小质量的天体称为无限小质量体, 或简称小天体; 把两个大质量的天体称为有限质量体.

2.11 如图所示, 确定 §19 中牛顿水桶思想实验中旋转水面的形状.

解: 采用单元体方法, 由于问题的对称性, 采用极坐标较为方便. 设水桶匀速旋转时, 水面的形状为 $h(r)$, 取水面上质量为 Δm 的单元体, 该单元体受到三个力的作用, 分别为: (1) 重力 $F_g = \Delta m g$; (2) 离心力 $F_{\mathrm{Cfgl}} = \Delta m \Omega^2 r$; (3) 法向力: 其他水分子对该单元体的作用力 F_n. 从而有

$$\tan\phi = \frac{F_{\mathrm{Cfgl}}}{F_{\mathrm{g}}} = \frac{\Omega^2 r}{g}$$

利用下列几何关系:

$$\frac{\mathrm{d}h}{\mathrm{d}r} = \tan\phi = \frac{\Omega^2 r}{g}$$

积分上式, 便可得到牛顿旋转水桶水面的抛物方程:

$$h(r) = h(0) + \frac{1}{2g}(\Omega r)^2$$

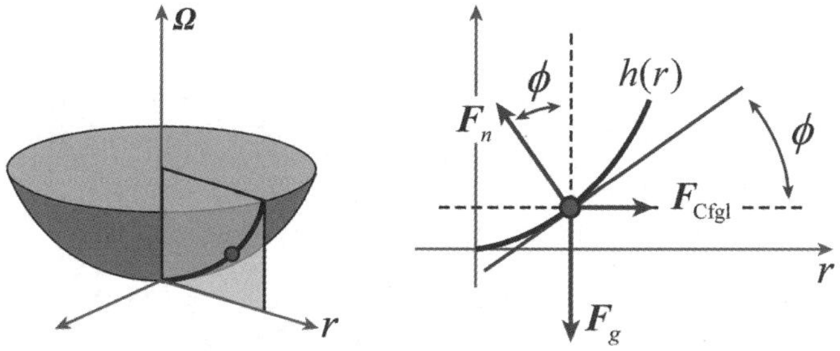

题图 2.11

2.12 如图所示, 用解析方法证明式 (20-2).

证明: 设笛卡儿坐标系的单位固定矢量分别为 $\mathbf{i}$ 和 $\mathbf{j}$, 则有

$$\begin{cases} \boldsymbol{e}_r = \cos\theta\mathbf{i} + \sin\theta\mathbf{j} \\ \boldsymbol{e}_\theta = -\sin\theta\mathbf{i} + \cos\theta\mathbf{j} \end{cases}$$

上式对时间求导, 有

$$\begin{cases} \dot{\boldsymbol{e}}_r = (-\sin\theta\mathbf{i} + \cos\theta\mathbf{j})\dot{\theta} = \dot{\theta}\boldsymbol{e}_\theta \\ \dot{\boldsymbol{e}}_\theta = -(\cos\theta\mathbf{i} + \sin\theta\mathbf{j})\dot{\theta} = -\dot{\theta}\boldsymbol{e}_r \end{cases}$$

对比上述解析方法和 §20 的几何方法表明, 解析方法更为直接、简便.

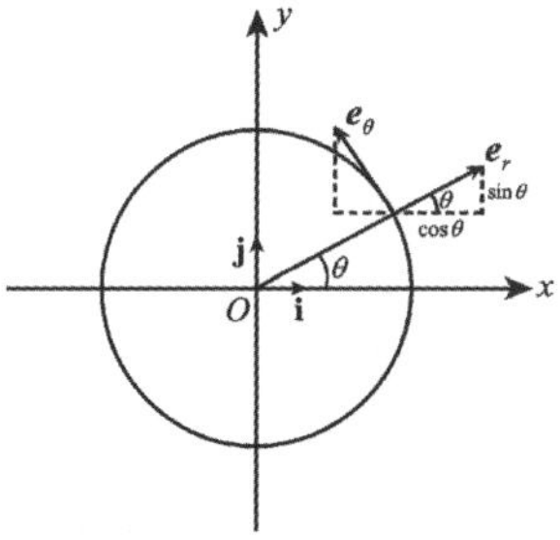

题图 2.12

2.13 马尔维纳斯群岛 (又叫福克兰群岛) 位于南半球. 第一次世界大战期间, 这里发生过一次著名的英德海战. 这次海战之所以出名, 是由于战斗中出现了一种奇怪的难以解释的现象. 当时德国军舰位于英国军舰的北方, 大约有 6~7 公里远. 英舰上的炮手瞄准德舰开了炮, 奇怪的是炮弹都落在了德舰左侧 100 多米外的地方去了. 英国军事专家对此感到十分困惑. 请解释原因.

2.14 一篇和牛顿万有引力相关的著名讽刺文.

1951 年, 美国物理学家 J. E. Miller 在《美国科学家》(*American Scientist*) 杂志上发表了一篇题为《牛顿是怎样发现万有引力定律》[2.39] 的文章, 该文借用牛顿在研究万有引力定律过程中, 在申请英国皇室的研究资助时的戏曲性事件, 辛辣地讽刺了当时美国科学界在申请研究项目资助时的繁文缛节.

Miller 在其文章中写道:

"牛顿首先宣誓绝不撒谎, 并否认自己是反皇党; 既没有写过下流的书籍, 又没有去过俄国, 也从未勾引过挤奶女工. 然后, 他遵命奉上自己的条陈. 牛顿在 10 分钟的简明精辟的即兴演说中, 解释了开普勒定律, 以及他本人偶然看到苹果落地时提出的假说. 就在这当口, 一个仪表堂堂、精力充沛的委员突然插话问牛顿, 他有没有改良英格兰苹果种子的妙法. 牛顿解释说, 在他的假说中, 苹果并非实质性内容. 这时, 很多委员打断他的话, 异口同声地赞成苹果改良计划. 这样一来, 一连好几周讨论关于苹果改良计划. 讨论期间,

牛顿一直正襟危坐，静候委员会咨询. 一天，牛顿迟到了几分钟. 他发觉会议厅大门已经关闭. 为了不打扰会议，牛顿就在门上轻轻敲了几下. 一个门卫把门打开，他对牛顿说，会议厅客满，然后就把牛顿打发走了. 牛顿根据自己的推理，断定委员会已经不再需要向他咨询，于是，他返回大学，继续从事委员会委托的重要的工作."

"数月后，牛顿接到从国王研发计划署/新思想研究委员会 (HMP·BRD/CINI) 邮寄来的一大包东西. 他感到非常惊奇. 打开一看，原来包里装的是各种各样的公文表格，每种一式五份. 出于好奇的天性 (这才是真正的科学家的最重要的性格)，他对所有表格仔细研究了一番. 经过推敲，他得出结论：委员会请他对'苹果品种、质量和下落速度之间关系'这个研究项目提出申请. 它要求最后能研究出一种苹果，不仅味道甜美，而且从树上掉下来的速度要缓慢，不致在着地时跌坏. 当然，这并不是牛顿当初向国王上书的本意. 不过，牛顿是讲求实际的. 他深深懂得，在完成这个项目时，当作副业或者叫副产品，肯定能很好验证他的假设是否正确；况且这样做既能增进国王陛下的收益，又能为科学做点事情."

2.15 荷兰科学思维版画大师埃舍尔 (M. C. Escher, 1898~1972) 创作于 1960 的石版画 (lithograph)《上升与下降》(*Ascending and Descending*) 被认为是一种典型的非保守的矢量场 (non-conservative vector field)，请说明原因.

题图 2.15

2.16 行星或航天器轨道偏心率的确定. 利用太阳常数，行星或航天器的势能可表示为：$V(r) = -\dfrac{k^2m}{r}$，则其总能量为：$E = \dfrac{1}{2}mv^2 + V(r) = \dfrac{1}{2}m(\dot{r}^2 + r^2\dot{\theta}^2) - \dfrac{k^2m}{r}$，再注意到：$u =$

$1/r, \dot{\theta} = hu^2$ 和 $\dot{r} = \dfrac{\mathrm{d}r}{\mathrm{d}u} \cdot \dfrac{\mathrm{d}u}{\mathrm{d}\theta} \cdot \dfrac{\mathrm{d}\theta}{\mathrm{d}t} = -\dfrac{1}{u^2} \cdot hu^2 \cdot \dfrac{\mathrm{d}u}{\mathrm{d}\theta} = -h\dfrac{\mathrm{d}u}{\mathrm{d}\theta}$, 则总能量可表示为: $E = \dfrac{1}{2}mh^2\left[\left(\dfrac{\mathrm{d}u}{\mathrm{d}\theta}\right)^2 + u^2\right] - mk^2u$. 再由: $u = A\cos\theta + \dfrac{k^2}{h^2} = \dfrac{1 + e\cos\theta}{h^2/k^2}$, 有: $\dfrac{\mathrm{d}u}{\mathrm{d}\theta} = -A\sin\theta = -\dfrac{k^2 e}{h^2}\sin\theta$, 将该式代入到总能量的表达式, 整理得

$$E = \frac{mk^4}{2h^2}(e^2 - 1) \quad \Rightarrow \quad e = \sqrt{1 + \frac{2E}{m}\left(\frac{h}{k^2}\right)^2}$$

有如下结论 (如题图 2.16 所示): (1) 当 $E < 0$, 则 $e < 1$ 椭圆轨道; (2) 当 $E = 0$, 则 $e = 1$ 抛物线轨道; (3) 当 $E > 0$, 则 $e > 1$ 双曲线轨道. 可见, 能量 E 是轨道类别的判据.

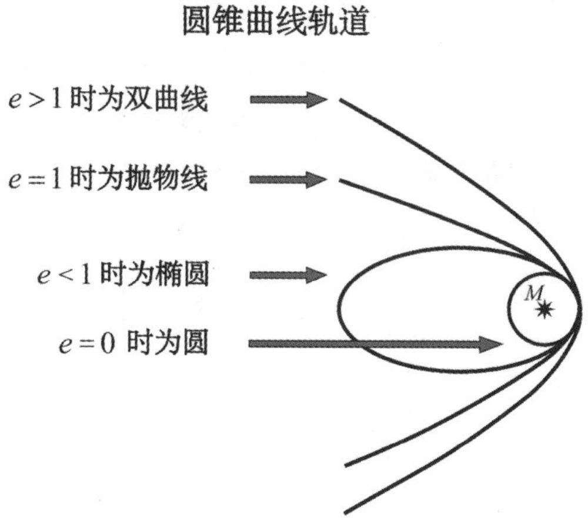

题图 2.16

2.17　拉住静止在地面上单位长度质量为 μ 的链条的一端以速度 v 匀速上提, 计算提升力 F.

解法一: 应用量纲分析

该道题高中时就已经做过. 大学物理又能给出什么新的启示呢?

提升力 F 所依赖的物理量包括: 质量密度 μ、链提升速度 v、重力加速度 g、时间 t. 它们的量纲分别为: $[F] = \mathrm{MLT^{-2}}$, $[\mu] = \mathrm{M/L}$, $[v] = \mathrm{L/T}$, $[g] = \mathrm{L/T^2}$, $[t] = \mathrm{T}$. 由于基本物理量的量纲有三个: L、M、T, 由附录 G 中的白金汉姆 π 定理可知, 该问题的独立的无量纲量有两个. 亦即, 函数关系:

$$F = f(\mu, v, g, t)$$

可通过附录 G 中量纲分析的快速匹配法, 将上述函数关系进一步简化为如下无量纲形式:

$$\frac{F}{\mu v^2} = f\left(\frac{gt}{v}\right)$$

应用量纲分析, 可将问题进行极大的简化, 从中所获得的重要信息是: 无量纲提升力 $F/(\mu v^2)$ 只依赖于无量纲速度 gt/v. 但是, 量纲分析的作用也只能发挥到此处, 具体的函数依赖关系需要通过理论模型的求解而得到.

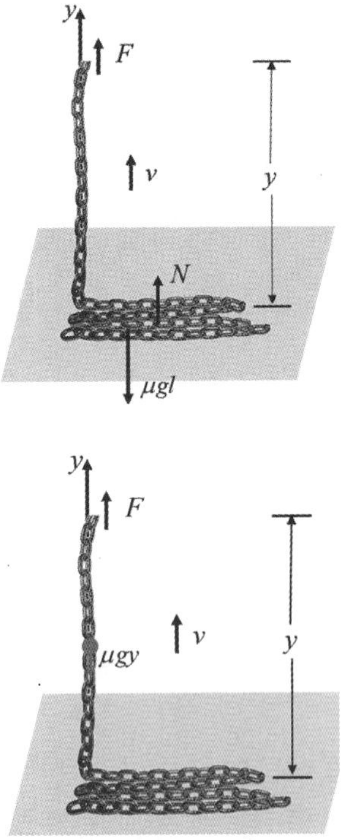

题图 2.17

解法二: 以整个链条为研究对象, 应用动量定理

此方法用到了链的全长 l, 在时间 t 内, 链条被提起的长度为 $y = vt$, 链条受地面的支反力为: $N = (l - vt)\mu g$, 链条动量为: $P = vt\mu v = \mu v^2 t$, 动量的时间变化率为: $I = \mu v^2$, 链条所受到的合力为: $F_{\text{total}} = F - l\mu g + (l - vt)\mu g = F - vt\mu g$, 由动量定理, 有: $I = \mu v^2 = F_{\text{total}}$, 得到:

$$\frac{F}{\mu v^2} = 1 + \frac{gt}{v}$$

再将上述解和量纲分析的结果做对比, 便可体会出量纲分析的有效性.

解法三: 以拉起的链条为研究对象, 应用动量定理

链条被拉起的质量在 $\mathrm{d}t$ 内的增量为: $\mathrm{d}m = v\mu\mathrm{d}t$, 动量增量为: $\mathrm{d}P = \mu v^2\mathrm{d}v$, 则: $I = \mu v^2$. 再由动量定理: $I = \mu v^2 = F - vt\mu g$, 则: $\dfrac{F}{\mu v^2} = 1 + \dfrac{gt}{v}$.

解法四: 应用变质量系统的密歇尔斯基方程

该问题被称为是一 "变质量问题 (variable mass problem)". 俄罗斯圣彼得堡的力学家密歇尔斯基 (Ivan Vsevolodovich Meshchersky, 1859~1935) 于 1897 年在其副博士学位论文《变质量质点动力学》进而于 1904 年的文章中给出了描述变质量系统的 "密歇尔斯基方程 (Meshchersky equation)":

$$m\frac{\mathrm{d}\boldsymbol{v}}{\mathrm{d}t} = \underset{\text{合力}}{\boldsymbol{F}} + \underbrace{\frac{\mathrm{d}m}{\mathrm{d}t}\boldsymbol{v}_{\text{rel}}}_{\substack{\text{米歇尔斯基力}\\ \text{反推力}}} = \boldsymbol{F} + \boldsymbol{\Phi}$$

密歇尔斯基 (1859~1935)

式中, $\boldsymbol{v}_{\text{rel}} = \boldsymbol{w} - \boldsymbol{v}$ 为并入质量的相对速度, $\boldsymbol{w}$ 为并入体在并入前的速度. 反推力亦称密歇尔斯基力 (Meshchersky force) 为: $\boldsymbol{\Phi} = \dot{m}\boldsymbol{v}_{\text{rel}}$. 密歇尔斯基方程是现代火箭动力学的基础.

对于本问题, 并入质量的相对速度为: $v_{\text{rel}} = -v$, 此时, 密歇尔斯基方程简化为

$$F_{\text{total}} = F - vt\mu g = m\dot{v} + \dot{m}v$$

式中, $\dot{v} = 0$, 由解法三: $\dot{m} = v\mu$, 代入上式, 即得最后的结果: $\dfrac{F}{\mu v^2} = 1 + \dfrac{gt}{v}$.

2.18 尼尔斯 · 玻尔 (Niels Bohr, 1885~1962, 1922 年诺贝尔物理学奖获得者) 对角动量守恒和能量守恒定律的两次挑战. 1914 年, 查德威克 (James Chadwick, 1891~1974, 1935 年诺贝尔物理学奖获得者) 测量到原子核的 β 衰变过程产生的电子具有连续能谱, 这与二体衰变过程中能量 – 动量守恒的预言相矛盾.

1924 年, 玻尔与他的学生克拉莫斯 (Hendrik Anthony Kramers, 1894~1952) 以及于 1923 年底到访哥本哈根的美国青年物理学家斯莱特 (John Clarke Slater, 1900~1976)

合作发表了一篇题为“辐射的量子理论” (The quantum theory of radiation) 的文章[2.40], 公开提出了一个极具争议的思想: 能量和动量在单个微观相互作用过程中不必守恒, 而只需在统计意义上守恒. 这个挑战能量和动量守恒定律的大胆想法虽然很具有煽动性, 却很快在 1925 年被著名的康普顿 (Compton) 电子 – 光子散射实验证明是错误的.

那篇论文所提出的理论后来被冠以三人的姓氏首字母而称为了 BKS 理论. 正是这篇 BKS 论文, 记录了玻尔的错误. 爱因斯坦在获悉了 BKS 理论之后, 在给玻恩 (Max Born, 1882～1970, 1954 年诺贝尔物理学奖获得者) 的信中毫不含糊地表示了反对, 并写下了一段后来很出名的话, 那就是假如 BKS 理论是正确的话, “我宁愿去当一个修鞋匠, 甚至赌场的雇员, 也不愿做物理学家 (If so, I'd rather be a cobbler or even an employee in a gambling house than a physicist)”. 后来当 BKS 理论被实验证伪后, 玻尔向斯莱特表示了歉意, 而斯莱特当时虽然客气地表示了不介意, 时隔近四十年后 (那时玻尔已经去世) 却在接受访谈时表达了对玻尔的强烈不满, 甚至用上了 “我对玻尔先生不曾有过任何敬意, 因为我在哥本哈根度过了一段可怕的日子” 那样罕见的语气.

然而, 这次惨痛的失败还并没有惨痛到足以让玻尔心服口服的 “死心” 的地步, 以至于为他第二次重蹈覆辙埋下了伏笔. 让玻尔再次 “鼓吹” 能量不守恒的直接动因, 来自于艾利斯 (Charles Drummond Ellis, 1895～1980) 和伍斯特 (William Alfred Wooster, 1903～1984) 在 1927 年对 β 衰变能谱所做的精确测量. 艾利斯-伍斯特实验 (Ellis-Wooster experiment) 证实了查德威克在 1914 年就发现的一个奇特现象: 原子核的 β 衰变能谱并非当时的理论所预期的分立谱, 而是逐渐衰减的连续谱. 分立谱基于两个假设: (1) β 衰变放出一个较轻的原子核和一个电子; (2) 反应前后的能量和动量守恒. 因而要想解释实验所观测到的连续能谱, 至少要放弃其中一个假设. 一贯以思想深刻而著称的玻尔这一次仍旧把宝押在了能量和动量不守恒上, 他在随后的几年中四处演讲, 提醒人们能量守恒定律不一定适用于亚原子的单一反应过程. 1929 年, 玻尔将自己的观点写成一篇题为 “β 射线谱和能量守恒” 的短文寄给了泡利 (Wolfgang Pauli, 1900～1958, 1945 年诺贝尔物理学奖获得者). 在那篇短文中, 玻尔不仅提出了 β 衰变中能量动量不守恒的可能性, 而且还设想这种不守恒性或许有助于解释当时尚未盖棺论定的太阳的发光之谜. 不过有了上一次的前车之鉴, 在给泡利的信中, 玻尔谦虚地表示: “我将很乐意听取您有关所有这些的看法, 无论您觉得适宜用多么温和或多么严厉的语气来表达.” 泡利没有辜负玻尔的信任, 看完之后给出了很 “温和” 地评价: “我必须说它几乎没给我带来任何满足.” 在做了若干技术性批评后, 泡利的最终建议是: “让这篇短文先休息一长段时间, 并让星星安静地照耀它吧.”

经过深思熟虑, 泡利的选择是坚持能量和动量守恒, 但修改第一个假设. 1930 年, 泡利提出了一个假说, 认为在 β 衰变过程中, 除了电子之外, 同时还有一种静止质量为零、电中性、与光子有所不同的新粒子放射出去, 带走了另一部分能量, 因此出现了能量亏损. 这种粒子与物质的相互作用极弱, 以至仪器很难探测得到. 未知粒子、电子和反冲核的能量总和是一个确定值, 能量守恒仍然成立, 只是这种未知粒子与电子之间能量分配比例可以变化而已. 当时泡利将这种粒子命名为 “中子”, 最初他以为这种粒子原来就存在于原子核中. 但在 1931 年 6 月, 泡利在美国物理学会在帕萨迪纳 (Pasadena) 举行的一场讨论会中提出, 这种粒子不是原来就存在于原子核中, 而是衰变产生的. 1932 年 1 月, 真正的中子被查德威克发现后, 费米 (Enrico Fermi, 1901～1954, 1938 年诺贝尔物理学奖获得者) 将泡利的 “中子” 正名为 “中微子” (neutrino). 1933 年, 费米提出了 β 衰变的定量理论, 指出自然界中除了已知的引力和电磁力以外, 还有第三种相互作用 —— 弱相互作用. β 衰变就是核内一个中子通过弱相互作用衰变成一个电子、一个质子和一个中微子. 他的理论定量地描述了 β 射线能谱连续和 β 衰变半衰期的规律, β 能谱连续之谜终于解开了.

1956 年 6 月, 泡利的中微子假说终于在反应堆实验中通过逆 β 衰变过程被科温 (Clyde Cowan, 1919～1974) 和莱因斯 (Frederick Reines, 1918～1998) 等证实，莱因斯于 1995 年获得诺贝尔物理学奖. 而这也意味着玻尔的能量和动量不守恒假说最终成为物理学史上的一个笑料.

参 考 文 献

[2.1] Einstein A, Infeld L. Die Evolution der Physik. Hamburg: Zsolnay, 1950.

[2.2] Cook R J. What are quantum jumps? Physica Scripta, 1988, T21: 49–51.

[2.3] Itano W M, Heinzen D J, Bollinger J J, Wineland D J. Quantum Zeno effect. Physical Review A, 1990, 41: 2295–2300.

[2.4] Wolters J, Strauß M, Schoenfeld R S, Benson O. Quantum Zeno phenomenon on a single solid-state spin. Physical Review A, 2013, 88: 020101.

[2.5] Patil Y S, Chakram S, Vengalattore M. Measurement-induced localization of an ultracold lattice gas. Physical Review Letters, 2015, 115: 140402.

[2.6] Barontini G, Hohmann L, Haas F, Estève J, Reichel J. Deterministic generation of multiparticle entanglement by quantum Zeno dynamics. Science,2015,349: 1317–1321.

[2.7] Galilei G. Dialogue Concerning the Two Chief World Systems–Ptolemaic & Copernican, 1632.

[2.8] Weinberg S. To Explain the World: The Discovery of Modern Science. Penguin UK, 2015.

[2.9] Chaplin W J, Kjeldsen H, Christensen-Dalsgaard J, et al. Ensemble asteroseismology of solar-type stars with the NASA Kepler mission. Science, 2011, 332: 213–216.

[2.10] Cavendish H. Experiments to determine the Density of the Earth (part II). Philosophical Transactions of the Royal Society of London, 1798, 88: 469–526.

[2.11] Coulomb C A. Premier-[troisième] mémoire sur l'électricité et le magnétisme. Histoire de l'Académie Royale des Sciences, 1785, 569–577.

[2.12] Eötvös L. Mathematische und naturwissenschaftliche Berichte aus Ungarn. Volume 6. R. Friedländer & Sohn, 1889.

[2.13] Bell R E, Hansen R O. The rise and fall of early oil field technology: The torsion balance gradiometer. The Leading Edge, 1998, 17(1): 81–83.

[2.14] Cook A H. Experiments in Gravitation. In: Three Hundred Years of Gravitation (Hawking S W and Israel W eds.). Cambridge University Press, 1987.

[2.15] Mitchell J. On the means of discovering the distance, magnitude, & c. of the fixed stars, in consequence of the diminution of the velocity of their light, in case such a diminution should be found to take place in any of them, and such other data should be procured from observations, as would be farther necessary for that purpose. Philosophical Transactions of the Royal Society of London, 1783, 74: 35–57.

[2.16] Everitt C W F, Damour T, Nordtvedt K, Reinhard R. Historical perspective on testing the Equivalence Principle. Advances in Space Research, 2003, 32: 1297–1300.

[2.17] Galilei G. Discorsi e dimostrazioni matematic he intorao à due nuove scienze (Dialogue concerning two new sciences). Leiden: Elzevir, 1638.

[2.18] Von Eötvös R, Pekár D, Fekete E. Beiträge zum Gesetze der Proportionalität von Trägheit und Gravität (Contributions to the law of proportionality of inertia and gravity). Annalen der Physik, 1922, 68: 11–68.

[2.19] Bessel F W. Pogg. Ann. 1832, 25: 401.

[2.20] Potter H H. Some experiments on the proportionality of mass and weight. Proceedings of the Royal Society of London A, 1923, 104: 588–610.

[2.21] Roll P G, Krotkov R, Dicke R H. The equivalence of inertial and passive gravitational mass. Annals of Physics, 1964, 26: 442–517.

[2.22] Braginskii V B, Panov V I. Verification of equivalency of inertial and gravitational masses. Zh. Eksp. Teor. Fiz., 1971 61: 873–879.

[2.23] Mach E. Die mechanik in ihrer entwickelung. FA Brockhaus, 1883. (英文版: Mach E. The Science of Mechanics (1883). La Salle, Open Court, 1960; 中文版: 恩斯特 · 马赫. 力学及其发展的批判历史概论 (李醒民译). 北京: 商务印书馆, 2014.)

[2.24] De Sitter W. On Einstein's theory of gravitation and its astronomical consequences. Second paper. Monthly Notices of the Royal Astronomical Society, 1916, 77: 155–184.

[2.25] Lense J, Thirring H. Über den Einfluss der Eigenrotation der Zentralkörper auf die Bewegung der Planeten und Monde nach der Einsteinschen Gravitationstheorie (On the Influence of the Proper Rotation of Central Bodies on the Motions of Planets and Moons According to Einstein's Theory of Gravitation). Physikalische Zeitschrift, 1918, 19: 156–163.

[2.26] Everitt C W F, DeBra D B, Parkinson B W, Turneaure J P, Conklin J W, Heifetz M I, Keiser G M, Silbergleit A S, Holmes T, Kolodziejczak J, Al-Meshari M, Mester J C, Muhlfelder B, Solomonik V G, Stahl K, Worden P W, Bencze W, Buchman S, Clarke B, Al-Jadaan A, Al-Jibreen H, Li J, Lipa J A, Lockhart J M, Al-Suwaidan B, Taber M, Wang S. Gravity probe B: final results of a space experiment to test general relativity. Physical Review Letters, 2011, 106: 221101.

[2.27] Ciufolini I, Paolozzi A, Pavlis E C, Koenig R, Ries J, Gurzadyan V, Matzner R, Penrose R, Sindoni G, Paris C, Khachatryan H, Mirzoyan S. A test of general relativity using the LARES and LAGEOS satellites and a GRACE Earth gravity model. The European Physical Journal C, 2016, 76(3): 120.

[2.28] Coriolis G G. Mémoire sur les équations du mouvement relatif des systèmes de corps. Journal de l'école Polytechnique, 1835, 15: 142–154.

[2.29] Euler L. Theoria motus corporum solidorum seu rigidorum. AF Röse, 1765.

[2.30] Bucky T L, Blank J P. Einstein: An intimate memoir. The Harpers Monthly. September 1964, pp. 43–48.

[2.31] Runge C. Vektoranalysis, Vol. 1. Leipzig: Hirzel, 1919.

[2.32] Lenz W. Über den Bewegungsverlauf und Quantenzustände der gestörten Keplerbewegung. Zeitschrift für Physik, 1924, 24: 197–207.

[2.33] Pauli, W. Über das Wasserstoffspektrum vom Standpunkt der neuen Quantenmechanik". Zeitschrift für Physik, 1926, 36: 336–363.

[2.34] Descartes R. Principia Philosophiae. Amsterdam: Louis Elzevir, 1644.

[2.35] Leibniz G W. Brevis demonstratio erroris memorabilis Cartesii. Acta Eruditorum, 1686, 5: 161–163.

[2.36] Clausius R J E. On a mechanical theorem applicable to heat. Philosophical Magazine, 1870, 40: 122–127.

[2.37] Vignale G. The Beautiful Invisible: Creativity, Imagination, and Theoretical Physics. Oxford: Oxford University Press, 2011. (中译本: 至美无相 (曹则贤译). 合肥: 中国科学技术大学出版社, 2013.)

[2.38] Bodenmann S. The 18th-century battle over lunar motion. Physics Today, 2010, 63(1): 27–32.

[2.39] Miller J E. How Newton discovered the law of gravitation. American Scientist, 1951, 39: 134–140.

[2.40] Bohr N, Kramers H A, Slater J C. The quantum theory of radiation. Philosophical Magazine, 1924, 47: 785–802.

第三篇　拉格朗日力学

In 1788, Joseph-Louis Lagrange published the revolutionary *Mécanique Analytique*, a new and extremely powerful approach to solving many kinds of mechanics problems. Half a century later, William Rowan Hamilton described *Mécanique Analytique* as "showing that the most varied consequences respecting the motions of systems of bodies may be derived from one radical formula; the beauty of the method so suiting the dignity of the results, as to make of his great work a kind of scientific poem".

1788 年, 约瑟夫–路易斯 · 拉格朗日出版了具有革命性的《分析力学》, 成为一种新的和极其强大的方法来解决许多类型的力学问题. 半个世纪后, 威廉 · 哈密顿将《分析力学》描述为 "拉格朗日展现出以一个惊世骇俗的公式描述了系统运动万变的结果; 拉格朗日方法的美在于它完全容纳了其结果的尊严, 以至于他的伟大工作仿佛像一种科学的诗篇".

"Lagrange is the lofty pyramid of mathematical sciences" —— Napoléon Bonaparte

"拉格朗日是数学科学高耸的金字塔" —— 拿破仑 · 波拿巴

§25. 广义坐标、自由度和位形空间

正如 §1 和 §2 中所业已提及的, 1788 年拉格朗日出版了划时代的巨著《分析力学》[1.2], 提出了广义坐标和位形空间的概念. 应该指出的是, 在拉格朗日之前人们已经用广义坐标的概念解决过一些零星的问题, 例如拉格朗日的学术导师欧拉就用三个独立的变量 —— 欧拉角 —— 来描述刚体运动. 广义坐标的提出虽然只是描述方法上的改进, 但是对经典物理和经典力学的发展产生了深远影响.

牛顿力学一般又可称为矢量力学. 在静力学中, 我们一般常使用的矢量方法中并不出现坐标的抽象概念. 对于动力学问题, 应用纯的矢量方法能解的问题十分有限, 换言之, 几何方法具有很大的局限性. 此时, 应用更为抽象的分析力学方法则更为方便. 而在分析力学中, 坐标则在绝大多数情况下占有中心地位.

严格地说来, 分析力学是一种应用数学. 正是在坐标所建立的一对一的对应关系的帮助下, 一个具体、明晰的物理或力学问题被转换为一种抽象的数学关系. 最后所获得的解答将又重新转换到实际的物理或力学现实.

广义坐标是用来描述系统位形所需要的独立参数, 或者最少参数. 广义坐标不仅摆脱了笛卡儿坐标下的多体系统研究中约束所造成的巨大困难, 并用最少的参数描述系统的位形 (configuration), 也就是位置和形状. 同时, 由于坐标的相互独立性, 研究系统运动也有利得多.

例如对于刚体, 其位形可由六个坐标表示, 其中三个为刚体的质心坐标, 另外三个则可用相对于固定坐标系的转角.

对于含有 n 个质点的质点系, 在实际的物理空间中有 $3n$ 个坐标, 一般地被称为 “达朗贝尔位形”, 该实际的物理空间也被称为 “达朗贝尔位形空间”. 若这些质点间存在 k 个有限约束, 则约束方程可写为

$$f_\beta(x_1, x_2, \cdots, x_{3n}; t) = 0, \quad (\beta = 1, 2, \cdots, k) \tag{25-1}$$

利用上述约束方程消去 $3n$ 个坐标中的 k 个变量, 剩下 $s = 3n - k$ 个变量是独立的. 利用变量转换, 可将这 s 个变量用其他任何 s 个独立变量 $q_1, q_2, \cdots, q_s$ 来表示. 因此, n 个位矢坐标可用 s 个 q 表示为

$$\boldsymbol{r}_i = \boldsymbol{r}_i(q_1, q_2, \cdots, q_s; t), \quad (i = 1, 2, \cdots, n) \tag{25-2}$$

由于在三维欧几里得空间中, 每个矢量有三个分量, 则如果用分量表示, (25-2) 式可

等价地表示为

$$x_i = x_i(q_1, q_2, \cdots, q_s; t), \quad (i = 1, 2, \cdots, 3n) \tag{25-3}$$

将这种相互独立的变量称为广义坐标 (generalized coordinates) 或 “拉格朗日位形”, 其数目 s 等于完整力学系统的自由度 (degree of freedom, DOF). 自由度可定义为: 完全确定一个物体的空间位形所需要的相互独立并且可以任意取值的坐标数目. 具有不同自由度的典型力学系统如表 25.1 所示.

表 25.1　具有不同自由度的典型力学系统

单自由度 (1 DOF)	一维弹簧–振子系统、上下运动的活塞、平面内的单摆、平面内绕定点转动的直杆、二维表面上的运动的质点
两自由度 (2 DOF)	傅科摆、给定表面上运动的质点、在平面上纯滚的轮子
三自由度 (3 DOF)	空间运动的质点、刹车时边滚边滑的轮子
四自由度 (4 DOF)	自由摆动的玩具陀螺 (见图 25.1)
五自由度 (5 DOF)	保持等距离运动的两个质点、刚性双原子分子
六自由度 (6 DOF)	空间自由运动的刚体、非刚性双原子分子

表 25.1 中, 刚性和非刚性双原子分子的自由度差别在相互间的振动自由度上. 作为四个自由度的自由摆动的陀螺的典型例子由图 25.1 给出, 1954 年泡利 (Wolfgang Pauli, 1900~1958, 1945 年诺贝尔物理学奖获得者) 和玻尔 (Niels Bohr, 1885~1962, 1922年诺贝尔物理学奖获得者) 两位诺贝尔物理学奖得主在瑞典的隆德(Lund), 在一个新的物理学研究所成立仪式的会间休息时童心未泯地展示玩陀螺的技巧. 该种玩具陀螺分别具有两个平动和转动自由度.

图 25.1　1954 年泡利和玻尔在展示具有四个自由度的玩具陀螺

在后续的热学课程上, 自由度的概念亦十分重要. 如能量按自由度的均分定理,

在绝对温度为 T 的平衡状态下, 系统中分子的每个自由度都有相等的平均热运动动能, 其大小等于 $k_{\mathrm{B}}T/2$, 这里 $k_{\mathrm{B}}=1.380\ 6488\times10^{-23}$ J/K 为玻尔兹曼常数.

所谓完整力学系统是指, 其广义坐标均独立且无相互约束条件, 系统的自由度和广义坐标个数相同.

常用的广义坐标有线量和角量两种. 例如, 对约束在空间固定曲线上运动的质点, 可用自始点计量的路程 s 作广义坐标; 用细杆约束在竖直平面内摆动的质点, 可用杆与铅垂线的夹角 θ 作广义坐标. 广义坐标对时间的导数 $\dot{q}_i$ 称广义速度 (generalized velocity). 同样, 因为问题需要也会有广义加速度 (generalized acceleration)、广义动量 (generalized momentum)、广义角动量 (generalized angular momentum) 等.

由广义坐标 (拉格朗日位形) 组成的空间称为位形空间, 也被称为 "拉格朗日位形空间", 也就是说, 达朗贝尔位形空间剔除了约束后就变成了拉格朗日位形空间. 对于一个自由度为 s 的约束体系, 可将每个广义坐标 q_α 作为抽象空间的一个维度, 则这一组广义坐标就构成了一个 s 维的空间, 称为位形空间.

位形空间作为一种抽象的数学空间, 其中的一点 $(q_1,q_2,\cdots,q_s)$ 完全确定了质点系的位形, 当力学系统的位形随时间变化时, 位形点在位形空间中将画出一条超曲线, 也就是位形空间中的一维轨迹.

由于本科一年级新生还未学过变分法, 能否不用变分法推导出分析力学的拉格朗日方程? 这自然是力学教育界所普遍关心的问题. 作为一种尝试, 下面就给出一种未必严格的、简便的但具有启发意义的推导方法.

对于保守力 (conservative force) 系统, 对于广义坐标 q, 牛顿第二定律为

$$F=-\frac{\partial V}{\partial q}=m\ddot{q} \tag{25-4}$$

对于恒定质量系统, 由于惯性力 $m\ddot{q}$ 可表示为如下形式:

$$m\ddot{q}=\frac{\mathrm{d}}{\mathrm{d}t}(m\dot{q})=\frac{\mathrm{d}}{\mathrm{d}t}\left[\frac{\partial}{\partial\dot{q}}\left(\frac{1}{2}m\dot{q}^2\right)\right]=\frac{\mathrm{d}}{\mathrm{d}t}\frac{\partial T}{\partial\dot{q}} \tag{25-5}$$

对于保守力而言, 由于势能不依赖于广义速度 $\dot{q}$, 也就是

$$\frac{\partial T}{\partial\dot{q}}=\frac{\partial(T-V)}{\partial\dot{q}}=\frac{\partial L}{\partial\dot{q}} \tag{25-6}$$

式中, $L=T-V$ 为拉格朗日量.

再由于动能不依赖于广义坐标, 亦即式 (25-4) 中的 $-\dfrac{\partial V}{\partial q}$ 项可表示为

$$-\frac{\partial V}{\partial q}=\frac{\partial(T-V)}{\partial q}=\frac{\partial L}{\partial q} \tag{25-7}$$

应用式 (25-6) 和式 (25-7), 则式 (25-4) 可写为

$$\frac{\mathrm{d}}{\mathrm{d}t}\frac{\partial L}{\partial \dot{q}}-\frac{\partial L}{\partial q}=0 \tag{25-8}$$

再将式 (25-8) 应用到任一自由度, 则可得到将在 §27 中应用变分法推导出的拉格朗日方程式 (27-9).

§26. 哈密顿原理

哈密顿原理 (Hamilton's principle), 又称为哈密顿最小作用量原理 (Hamilton's principle of least action).

爱尔兰数学力学家哈密顿 1834 年发表的动力学中一条适用于完整系统的变分原理, 它可表述为: 在 $(N+1)$ 维空间 $(q_1,q_2,\cdots,q_N;t)$ 中, 任两点之间连线上动能和势能之差 $L=T-V$ 的时间积分以真实运动路线上的值为驻值.

应用变分法, 哈密顿原理表示为

$$\delta S=\delta\int_{t_1}^{t_2}L\mathrm{d}t=\delta\int_{t_1}^{t_2}(T-V)\mathrm{d}t=0 \tag{26-1}$$

式中, $L=T-V$ 为拉格朗日量或拉格朗日函数 (Lagrangian). 在位形空间中, 由于对于保守系统而言, 动能和势能分别是广义速度和广义坐标的函数: $T(\dot{q}_\alpha)=\sum\limits_{\alpha=1}^{s}\frac{1}{2}m_\alpha\dot{q}_\alpha^2, V=V(q_\alpha)$, 则拉格朗日量为广义坐标和广义速度的函数: $L(q_\alpha,\dot{q}_\alpha)=T(\dot{q}_\alpha)-V(q_\alpha)$. 因此, 哈密顿原理可表示为如下泛函的最小值问题:

$$\delta\int_{t_1}^{t_2}L(q_\alpha,\dot{q}_\alpha,t)\mathrm{d}t=0 \tag{26-2}$$

应该注意的是, 作用量 $S(q)=\int_{t_1}^{t_2}L(q,\dot{q},t)\,\mathrm{d}t$ 具有如下量纲:

$$[S]=[能量\ \cdot\ 时间]=[动量\ \cdot\ 位置]=[动量矩\ \cdot\ 角度] \tag{26-3}$$

由式 (26-3) 可知, 作用量有如下三个共轭对 (conjugate pair): 能量和时间、动量和位置、动量矩和角度.

从式 (26-3) 同时可看出, 作用量 S 的量纲和普朗克常数 h 或约化普朗克常数 $\hbar$ 的量纲相同.

量子力学和经典理论之间的界限可由约化普朗克常数 $\hbar$ 来划分 (见表 26.1). 当 $S\gg\hbar$ 时, 才可忽略量子效应, 称为传统的 "宏观"; 反之, 当作用量和约化普朗克常数 $\hbar$ 在一个量级时: $S\sim\hbar$, 则是量子效应凸显的 "微观".

表 26.1　经典物理学与近代物理学

	低速 ($v \ll c$)	高速 ($v \lesssim c$)
宏观 ($S \gg \hbar$)	经典物理学	相对论物理学
微观 ($S \sim \hbar$)	非相对论量子力学	相对论量子力学

注: $c = 299\ 792\ 458$ m/s 为真空中的光速; $\hbar = 1.054\ 572\ 66(63)\times 10^{-34}$ J·s.

拉格朗日量具有如下基本性质:

一、若系统可分为几个相互独立的部分, 则系统的拉格朗日量等于各部分的拉格朗日量之和. 这是由于能量是广延量, 具有可加性.

二、拉格朗日量不具有唯一性.

三、拉格朗日量乘以任意常数不会改变运动微分方程. 可参阅本书第 §36 节有关力学相似性的讨论.

四、两个拉格朗日量 $L'(q,\dot{q},t)$ 和 $L(q,\dot{q},t)$, 如果它们相差某个坐标和时间的函数 $f(q,t)$ 对时间的全导数:

$$L'(q,\dot{q},t) = L(q,\dot{q},t) + \frac{\mathrm{d}}{\mathrm{d}t}f(q,t) \tag{26-4}$$

它们将给出完全相同的动力学微分方程, 亦即, 拉格朗日量仅可确定到相差如上任意一个全导数项.

§27. 拉格朗日方程的导出、拉格朗日方程和牛顿第二定律的等价性

对于有 s 个自由度的力学系统, 其广义坐标和广义速度分别为

$$\begin{cases} q = (q_1, q_2, \cdots, q_s) \\ \dot{q} = (\dot{q}_1, \dot{q}_2, \cdots, \dot{q}_s) \end{cases} \tag{27-1}$$

哈密顿最小作用量原理要求:

$$\begin{aligned} \delta S &= \delta \int_{t_1}^{t_2} L(q,\dot{q},t)\mathrm{d}t \\ &= \delta \int_{t_1}^{t_2} L(q_1, q_2, \cdots, q_s; \dot{q}_1, \dot{q}_2, \cdots, \dot{q}_s; t)\mathrm{d}t = 0 \end{aligned} \tag{27-2}$$

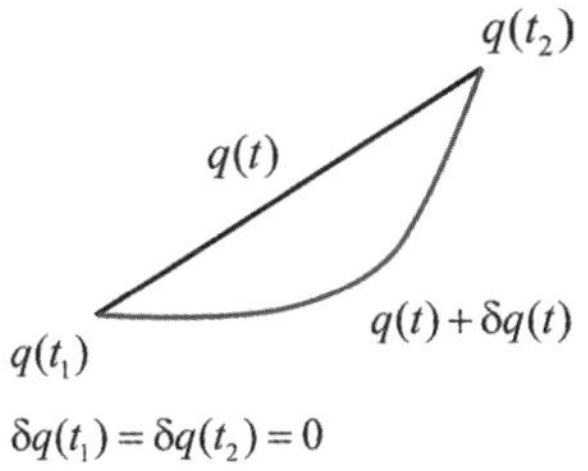

图 27.1

如图 27.1 所示, 进行如下等时变分:

$$q(t) \quad \to \quad q(t) + \delta q(t) \tag{27-3}$$

满足下列端点条件 (参阅附录 D):

$$\delta q(t_1)=\delta q(t_2)=0 \tag{27-4}$$

此时系统作用量随之有了一个增量:

$$S=\int_{t_1}^{t_2}L(q,\dot{q},t)\mathrm{d}t \quad \rightarrow \quad S+\delta S=\int_{t_1}^{t_2}L(q+\delta q,\dot{q}+\delta\dot{q},t)\mathrm{d}t \tag{27-5}$$

对式 (27-5) 所获得的作用量的变分进行一阶泰勒级数展开, 可得

$$\begin{aligned}\delta S&=\int_{t_1}^{t_2}[L(q+\delta q,\dot{q}+\delta\dot{q},t)-L(q,\dot{q},t)]\mathrm{d}t\\&=\int_{t_1}^{t_2}\left[L(q,\dot{q},t)+\frac{\partial L}{\partial q}\delta q+\frac{\partial L}{\partial\dot{q}}\delta\dot{q}-L(q,\dot{q},t)\right]\mathrm{d}t\\&=\int_{t_1}^{t_2}\left(\frac{\partial L}{\partial q}\delta q+\frac{\partial L}{\partial\dot{q}}\delta\dot{q}\right)\mathrm{d}t\end{aligned} \tag{27-6}$$

对式 (27-6) 中的 $\int_{t_1}^{t_2}\frac{\partial L}{\partial\dot{q}}\delta\dot{q}\mathrm{d}t$ 项进行分部积分, 有

$$\begin{aligned}\int_{t_1}^{t_2}\frac{\partial L}{\partial\dot{q}}\delta\dot{q}\mathrm{d}t&=\int_{t_1}^{t_2}\frac{\partial L}{\partial\dot{q}}\mathrm{d}\delta q=\frac{\partial L}{\partial\dot{q}}\delta q\bigg|_{t_1}^{t_2}-\int_{t_1}^{t_2}\frac{\mathrm{d}}{\mathrm{d}t}\frac{\partial L}{\partial\dot{q}}\delta q\mathrm{d}t\\&=-\int_{t_1}^{t_2}\frac{\mathrm{d}}{\mathrm{d}t}\frac{\partial L}{\partial\dot{q}}\delta q\mathrm{d}t\end{aligned} \tag{27-7}$$

将式 (27-7) 的结果代回式 (27-6) 可得

$$\delta S=\int_{t_1}^{t_2}\left(\frac{\partial L}{\partial q}-\frac{\mathrm{d}}{\mathrm{d}t}\frac{\partial L}{\partial\dot{q}}\right)\delta q\mathrm{d}t \tag{27-8}$$

由哈密顿最小作用量原理 $\delta S=0$, 再由式 (27-8) 中 δq 的任意性, 可得到如下方程:

$$\frac{\partial L}{\partial q}-\frac{\mathrm{d}}{\mathrm{d}t}\frac{\partial L}{\partial\dot{q}}=0 \quad 或 \quad \frac{\partial L}{\partial q_i}-\frac{\mathrm{d}}{\mathrm{d}t}\frac{\partial L}{\partial\dot{q}_i}=0, \quad (i=1,2,\cdots s)$$

在学术界一般对上式更习惯性地表示为

$$\frac{\mathrm{d}}{\mathrm{d}t}\frac{\partial L}{\partial\dot{q}}-\frac{\partial L}{\partial q}=0 \quad 或 \quad \frac{\mathrm{d}}{\mathrm{d}t}\frac{\partial L}{\partial\dot{q}_i}-\frac{\partial L}{\partial q_i}=0, \quad (i=1,2,\cdots,s) \tag{27-9}$$

式 (27-9) 即为拉格朗日方程, 也被广泛地称为欧拉–拉格朗日方程 (Euler-Lagrange equation). 该方程适用于保守系统.

欧拉–拉格朗日方程和牛顿第二定律是完全等价的. 证明如下, 对于拉格朗日

方程 $\dfrac{\mathrm{d}}{\mathrm{d}t}\dfrac{\partial L}{\partial \dot{q}}-\dfrac{\partial L}{\partial q}=0$ 而言, 其左端第一和第二项分别对应于:

$$\begin{cases}\dfrac{\mathrm{d}}{\mathrm{d}t}\dfrac{\partial L}{\partial \dot{q}}=\dfrac{\mathrm{d}}{\mathrm{d}t}\dfrac{\partial (T-V)}{\partial \dot{q}}=\dfrac{\mathrm{d}}{\mathrm{d}t}\dfrac{\partial T}{\partial \dot{q}}=\dfrac{\mathrm{d}}{\mathrm{d}t}\dfrac{\partial}{\partial \dot{q}}\left(\dfrac{1}{2}m\dot{q}^2\right)=m\ddot{q} \\ \dfrac{\partial L}{\partial q}=\dfrac{\partial (T-V)}{\partial q}=-\dfrac{\partial V}{\partial q}=F\end{cases} \tag{27-10}$$

因此, 对于保守系统而言, 拉格朗日方程 $\dfrac{\mathrm{d}}{\mathrm{d}t}\dfrac{\partial L}{\partial \dot{q}}-\dfrac{\partial L}{\partial q}=0$ 完全对应于牛顿第二定律 $F=m\ddot{q}$.

例 27.1 质点在非有心力场势 $V(r,\theta)$ 作用下的运动方程的建立.

解: 质点在极坐标 (r,θ) 系中的径向和横向的速度分量分别为: $v_r=\dot{r}$ 和 $v_\theta=r\dot{\theta}$. 因此, 质点的拉格朗日量为

$$L(r,\dot{r},\theta,\dot{\theta})=\frac{m}{2}(\dot{r}^2+r^2\dot{\theta}^2)-V(r,\theta) \tag{27-11}$$

由于系统有两个自由度 (r,θ), 故, 由系统的拉格朗日方程组:

$$\begin{cases}\dfrac{\mathrm{d}}{\mathrm{d}t}\dfrac{\partial L}{\partial \dot{r}}-\dfrac{\partial L}{\partial r}=0 \\ \dfrac{\mathrm{d}}{\mathrm{d}t}\dfrac{\partial L}{\partial \dot{\theta}}-\dfrac{\partial L}{\partial \theta}=0\end{cases} \tag{27-12}$$

将式 (27-11) 代入式 (27-12), 整理可得质点在非有心力势作用下的运动方程组为

$$\begin{cases}m\ddot{r}=mr\dot{\theta}^2-\dfrac{\partial V}{\partial r} \\ m(2r\dot{r}\dot{\theta}+r^2\ddot{\theta})=-\dfrac{\partial V}{\partial \theta}\end{cases} \tag{27-13}$$

上述方程组所给出的就是牛顿第二定律的结果.

定义广义动量:

$$p_\alpha=\frac{\partial L}{\partial \dot{q}_\alpha} \tag{27-14}$$

则质点的两个广义动量分别为

$$\begin{cases}p_r=\dfrac{\partial L}{\partial \dot{r}}=m\dot{r} \\ p_\theta=\dfrac{\partial L}{\partial \dot{\theta}}=mr^2\dot{\theta}\end{cases} \tag{27-15}$$

值得注意的是, 正像广义速度 $(\dot{r},\dot{\theta})$ 不一定具有速度的量纲一样, 广义动量的量纲也不一定是动量, 这要视其共轭变量而定, 如: 式 (27-15) 中, p_r 的共轭量为线速度 $\dot{r}$, 则其量纲为动量; 而 p_θ 因其共轭量为角速度 $\dot{\theta}$, 则其量纲为动量矩或角动量.

例 27.2　质点在有心力场势 $V(r)$ 作用下的运动方程的建立.

解: 该问题是例 27.1 的退化形式. 对于有心力场, $\dfrac{\partial V}{\partial \theta}=0$, 则质点的运动方程由式 (27-13) 退化为

$$\begin{cases} m\ddot{r}=mr\dot{\theta}^2-\dfrac{\mathrm{d}V}{\mathrm{d}r} \\ 2r\dot{r}\dot{\theta}+r^2\ddot{\theta}=0 \end{cases} \tag{27-16}$$

例 27.3　当所研究的质点系从笛卡儿坐标系转换到位形空间时, 给出动能表达式的张量形式.

解: 设共有 N 个质点, 动能的原始表达式为

$$T=\sum_{a=1}^{N}\frac{1}{2}m_a\boldsymbol{v}_a^2 \tag{27-17}$$

笛卡儿坐标系中质点的位矢 $\boldsymbol{r}$ 与位形空间中的广义坐标 q_i 之间的坐标的一对一的映射关系为: $\boldsymbol{r}_a=\boldsymbol{r}_a(q_i)$, 这里, $i=1,2,\cdots s$, s 为自由度数. 在不显含时间的前提下, 亦即: $\dfrac{\partial \boldsymbol{r}_a}{\partial t}=\boldsymbol{0}$, 则速度矢量为

$$\boldsymbol{v}_a=\dot{\boldsymbol{r}}_a=\sum_{i=1}^{s}\frac{\partial \boldsymbol{r}_a}{\partial q_i}\dot{q}_i \tag{27-18}$$

则动能式 (27-17) 表示为

$$\begin{aligned} T(q,\dot{q})&=\sum_{a=1}^{N}\frac{1}{2}m_a\boldsymbol{v}_a\cdot\boldsymbol{v}_a=\frac{1}{2}\sum_{a=1}^{N}m_a\left(\sum_{i=1}^{s}\frac{\partial \boldsymbol{r}_a}{\partial q_i}\dot{q}_i\right)\cdot\left(\sum_{j=1}^{s}\frac{\partial \boldsymbol{r}_a}{\partial q_j}\dot{q}_j\right) \\ &=\frac{1}{2}\sum_{i,j=1}^{s}\sum_{a=1}^{N}\left(m_a\frac{\partial \boldsymbol{r}_a}{\partial q_i}\cdot\frac{\partial \boldsymbol{r}_a}{\partial q_j}\right)\dot{q}_i\dot{q}_j=\frac{1}{2}\sum_{i,j=1}^{s}a_{ij}\dot{q}_i\dot{q}_j \end{aligned} \tag{27-19}$$

式中,

$$a_{ij}(q)=\sum_{a=1}^{N}m_a\frac{\partial \boldsymbol{r}_a}{\partial q_i}\cdot\frac{\partial \boldsymbol{r}_a}{\partial q_j} \tag{27-20}$$

可视为二阶张量, 由于两个矢量的点积和顺序无关, 故: $a_{ij}=a_{ji}$.

§28. 瑞利耗散函数、力–电类比

在朗道和栗弗席兹著名的《理论物理教程》十卷中, 其中至少有三卷 (力学、弹性理论、统计物理 I) 中大篇幅地讨论过 “耗散函数 (dissipation function, dissipative function)” 的概念.

耗散函数的概念是瑞利勋爵 (Lord Rayleigh, John William Strutt, 1842～1919, 1904 年诺贝尔奖获得者)[3.1] 于 1871 年在研究振动时引入的.

瑞利 (1842～1919)

首先以一维摩擦情况为例来说明耗散函数的物理意义. 设摩擦力正比于质点的速度, 有

$$f=-\mu\dot{x} \tag{28-1}$$

式中, μ 为黏滞系数. 则瑞利耗散函数定义为如下正定的二次型:

$$R=\frac{1}{2}\mu\dot{x}^2=\frac{1}{2}|f|\dot{x} \tag{28-2}$$

耗散函数 R 的量纲为 "力 $\times$ 速度", 也就是功率. 对比式 (28-1) 和式 (28-2), 易知摩擦力和耗散函数的关系为

$$f=-\frac{\partial R}{\partial \dot{x}} \tag{28-3}$$

为了明晰耗散函数的物理意义, 我们给出摩擦力的元功如下:

$$\mathrm{d}E_{\mathrm{mech}}=-f\mathrm{d}x=-f\dot{x}\mathrm{d}t=\mu\dot{x}^2\mathrm{d}t=2R\mathrm{d}t \tag{28-4}$$

因此, 瑞利耗散函数 R 表征的是系统能量耗散的快慢, 具体来说是摩擦力 (黏滞力) 引起的系统能量耗散率之半:

$$R=\frac{1}{2}\frac{\mathrm{d}E_{\mathrm{mech}}}{\mathrm{d}t} \tag{28-5}$$

将式 (28-2) 中一维简化情形推广至三维的普遍情形:

$$R=\frac{1}{2}\eta_{ij}\dot{q}_i\dot{q}_j \tag{28-6}$$

式 (28-6) 对重复指标求和. 根据 Onsager 倒易关系, 黏滞系数张量 η_{ij} 满足如下对称性要求:

$$\eta_{ij}=\eta_{ji} \tag{28-7}$$

考虑耗散函数后, 拉格朗日方程式 (27-9) 则可改写为

$$\frac{\mathrm{d}}{\mathrm{d}t}\left(\frac{\partial L}{\partial \dot{q}_i}\right)-\frac{\partial L}{\partial q_i}=-\frac{\partial R}{\partial \dot{q}_i}\quad (i=1,2,\cdots,s) \tag{28-8}$$

式中的右端项 $-\dfrac{\partial R}{\partial \dot{q}_i}$ 为考虑耗散函数时的附加项.

例 28.1　力 – 电类比.

如图 28.1 所示, 一维阻尼弹簧 – 振子系统和 RLC 电路参量和方程的对应关系可由表 28.1 给出.

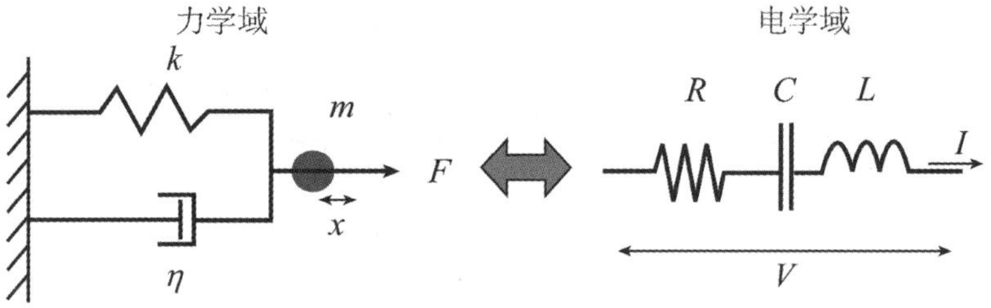

图 28.1　力–电类比示意图

表 28.1　力学系统和 RLC 电路系统的类比关系一览表

参量或方程	力学系统	电路系统	类比关系
动能、势能、拉格朗日量	$T=\frac{1}{2}m\dot{x}^2,\ V=\frac{1}{2}kx^2$ $\mathcal{L}(x,\dot{x})=\frac{1}{2}m\dot{x}^2-\frac{1}{2}kx^2$	$T=\frac{L\dot{Q}^2}{2},\ V=\frac{Q^2}{2C}$ $\mathcal{L}(Q,\dot{Q})=\frac{L\dot{Q}^2}{2}-\frac{Q^2}{2C}$	$m\Leftrightarrow L$ $k\Leftrightarrow 1/C$ $x\Leftrightarrow Q$
耗散函数	$\mathcal{R}=\frac{1}{2}\eta\dot{x}^2$	$\mathcal{R}=\frac{1}{2}R\dot{Q}^2=\frac{1}{2}RI^2$	$\eta\Leftrightarrow R,\ \dot{x}\Leftrightarrow I=\dot{Q}$
通过拉格朗日方程获得的动力学方程	$m\ddot{x}+\eta\dot{x}+kx=0$ $\ddot{x}+c\dot{x}+\omega_0^2x=0$ $c=\frac{\eta}{m},\ \omega_0=\sqrt{\frac{k}{m}}$	$L\ddot{Q}+R\dot{Q}+\frac{Q}{C}=0$ $\ddot{Q}+\mu\dot{Q}+\omega_0^2Q=0$ $\mu=\frac{R}{L},\ \omega_0=\frac{1}{\sqrt{LC}}$	$c\Leftrightarrow\mu$
品质因子	$\mathcal{Q}=\frac{\sqrt{km}}{\eta}$	$\mathcal{Q}=\frac{1}{R}\sqrt{\frac{L}{C}}$	$\eta\Leftrightarrow R, m\Leftrightarrow L, k\Leftrightarrow 1/C$

例 28.2　雨滴的极限速度.

设球形雨滴的半径为 a, 其有效质量 (实际质量–排开液体的浮力质量) 为 m, 在重力的作用下, 运动在黏度系数为 η 的水气介质中. 该问题只有一个自由度, 那就是雨滴下落的距离 z, 设雨滴下落点势能为零, 则其拉格朗日量为

$$L=T-V=\frac{1}{2}m\dot{z}^2+mgz$$

瑞利耗散函数为

$$R=3\pi\eta a\dot{z}^2$$

由式 (28-8), 雨滴的运动满足如下方程为: $\frac{\mathrm{d}}{\mathrm{d}t}\frac{\partial L}{\partial\dot{z}}-\frac{\partial L}{\partial z}=-\frac{\partial R}{\partial\dot{z}}$, 则可得到

$$m\ddot{z}+6\pi\eta a\dot{z}=mg$$

亦即

$$\ddot{z}+\frac{1}{\tau}\dot{z}=g \tag{28-9}$$

式中,

$$\tau=\frac{m}{6\pi\eta a}$$

为弛豫时间. 为方便, 令: $\dot{z}=v$, 式 (28-9) 可改写为

$$\frac{\mathrm{d}v}{\mathrm{d}t}=-\frac{v-g\tau}{\tau} \tag{28-10}$$

当 $\dfrac{\mathrm{d}v}{\mathrm{d}t}=0$ 时, 雨滴的速度达到极大值: $v_{\max}=g\tau=\dfrac{mg}{6\pi\eta a}$, 式 (28-10) 可改写为

$$\frac{\mathrm{d}(v_{\max}-v)}{v_{\max}-v}=-\frac{\mathrm{d}t}{\tau}$$

积分上式, 可得: $\ln(v_{\max}-v)=-\dfrac{t}{\tau}+C$, 在初始条件 $v\big|_{t=0}=0$ 下, 二阶微分方程式 (28-9) 的解为

$$v=v_{\max}(1-\mathrm{e}^{-t/\tau}) \tag{28-11}$$

可见雨滴的终速 (terminal speed) 也就是其最大速度:

$$v\big|_{t\to\infty}=v_{\max}=g\tau=\frac{mg}{6\pi\eta a} \tag{28-12}$$

由式 (28-11) 可知, 弛豫时间 τ 的含义为雨滴的速度和终速的差 $(v_{\max}-v)$ 达到其终速 $v_{\max}$ 的 e^{-1} 倍时, 所需要的时间.

雨滴下降的距离可对式 (28-11) 对时间的积分获得

$$z(t)=\int v\mathrm{d}t=v_{\max}t+v_{\max}\tau(\mathrm{e}^{-t/\tau}-1) \tag{28-13}$$

式 (28-13) 满足初始条件: $z(0)=0$.

弛豫时间 (relaxation time) 是在弛豫过程中某个特征物理量 (例如电压、振幅) 衰减到一定程度 ($\mathrm{e}^{-1}=0.367\,8796\cdots$) 所用的时间. 弛豫时间也是体系 (例如有阻尼的弹簧振子、RC 电路) 从一个平衡态 (有一定的位移或充电、某电压积累一定的电量) 开始, 经历一段失去 "平衡" 后的非平衡态过程 (运动并遭遇阻尼、电流在回路中流过电阻) 逐渐过渡到另一个新的平衡态 (停在平衡位置、电容端电压达到新的电源电压) 的特征时间. 下面我们再举例说明.

例 28.3　确定 RC 串联电路 (resistor-capacitor circuit in series) 的弛豫时间.

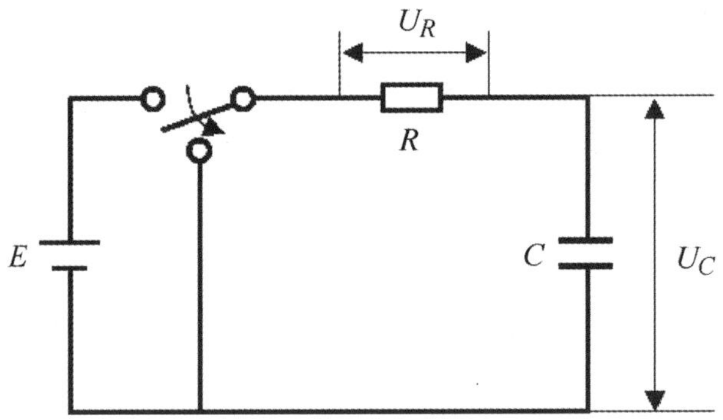

图 28.2 RC 串联电路

解: 对如图 28.2 所示的 RC (电阻 – 电容) 串联电路, 先对电容进行充电, 充电完成后将开关置于下方连通, 研究电容器的放电过程, 在 $t=0$ 的放电初始时刻, $U_C(0)=E$.

在电容和电阻组成的回路中, 由于电容器的上平板带正电荷, 所以从电容器出发的电流沿逆时针方向为正、电压降低. 因为根据基尔霍夫电压定律, 从一点出发绕回路一周回到该点时, 各段电压的代数和恒等于零, 故有

$$U_R+U_C=0 \tag{28-14}$$

回路中电流处处相等, 根据欧姆定律 $U_R=iR$ 和电容器中电压 – 电流的关系, 可得

$$U_R=Ri=RC\frac{\mathrm{d}U_c}{\mathrm{d}t} \tag{28-15}$$

式中, i 是回路中的电流. 则描述该电路放电过程的常系数一阶线性齐次微分方程可以由式 (28-14) 和式 (28-15) 得到

$$RC\frac{\mathrm{d}U_C(t)}{\mathrm{d}t}+U_C(t)=0 \tag{28-16}$$

对式 (28-16) 进行分量变量, 有

$$\frac{\mathrm{d}U_C(t)}{U_C(t)}=-\frac{\mathrm{d}t}{RC}=-\frac{\mathrm{d}t}{\tau} \tag{28-17}$$

式中, $\tau=RC$ 即为弛豫时间. 由初始条件 $U_C(0)=E$ 可得一阶微分方程 (28-16) 的解为

$$U_C(t)=E\mathrm{e}^{-t/RC}=E\mathrm{e}^{-t/\tau} \tag{28-18}$$

在 $t=0$ 时刻, 电容器两端的电压为 $U_C(0)=E$. 由式 (28-18) 可知, 弛豫时间 τ 的含义为电容器两端电压降至初始状态的 e^{-1} 倍所需要的时间 $\tau=RC$.

§29. 从拉格朗日方程出发重新审视伽利略不变性

惯性参考系是这样一种参考系, 相对于它:

➤ 空间是均匀的和各向同性的 (homogeneous and isotropic);

➤ 时间是均匀的;

➤ 运动规律具有最简单的形式.

伽利略 (1564～1642)

空间的均匀性意味着: 力学系统在发生平行移动 $\boldsymbol{r}\to\boldsymbol{r}+\mathrm{d}\boldsymbol{r}$ 的情况下保持不变, 亦即

$$\frac{\partial}{\partial \boldsymbol{r}}L=\mathbf{0} \tag{29-1}$$

空间的各向同性意味着: 力学系统在有转动时保持不变, 亦即, 系统的拉格朗日量不应依赖于速度矢量, 而是依赖于反映其大小的速度的平方

$$L=L(\boldsymbol{v}^2,t) \tag{29-2}$$

对应于空间的均匀性, 时间的均匀性是指, 力学系统在任意时刻均保持一致:

$$\frac{\partial}{\partial t}L=0 \tag{29-3}$$

综合式 (29-2) 和式 (29-3), 力学系统的拉格朗日量可表示为

$$L=L(\boldsymbol{v}^2) \tag{29-4}$$

式 (29-4) 表明, 在惯性参考系中, 自由运动的质点其拉格朗日量只能是速度大小的函数.

对于惯性参考系而言, 由式 (29-1), 这样拉格朗日方程 $\dfrac{\mathrm{d}}{\mathrm{d}t}\dfrac{\partial L}{\partial \boldsymbol{v}}-\dfrac{\partial L}{\partial \boldsymbol{r}}=\mathbf{0}$ 简化为: $\dfrac{\mathrm{d}}{\mathrm{d}t}\dfrac{\partial L}{\partial \boldsymbol{v}}=\mathbf{0}$, 亦即: $\dfrac{\partial L}{\partial \boldsymbol{v}}=\mathrm{const}$, 在笛卡儿坐标系下, 有

$$\begin{cases}\dfrac{\partial L}{\partial \dot{x}}=\mathrm{const}\\ \dfrac{\partial L}{\partial \dot{y}}=\mathrm{const}\\ \dfrac{\partial L}{\partial \dot{z}}=\mathrm{const}\end{cases} \tag{29-5}$$

式 (29-5) 意味着: $\dfrac{\partial L}{\partial \boldsymbol{v}}=f(\boldsymbol{v})=\mathrm{const}$, 也就是

$$\boldsymbol{v}=\mathrm{const} \tag{29-6}$$

式 (29-6) 给出了匀速直线运动 (强调了速度的大小和方向均不变) 与惯性定律的逻辑关系. 事实上, 还可从另外一个侧面对式 (29-5) 做出理解: 该式分别给出了 $\partial L/\partial \dot{x} = p_x$、$\partial L/\partial \dot{y} = p_y$ 和 $\partial L/\partial \dot{z} = p_z$ 三个动量分量为常量, 在质量一定时, 式 (29-6) 成立具有必然性.

伽利略相对性原理是指, 在伽利略变换下, 运动方程是不变的, 即在任意惯性参考系中力学规律是相同的. 对伽利略变换可做如下三部分内容的分解. 第一步, 是关于匀速直线运动速度 $\boldsymbol{v}$ 的变换:

$$g_1(t, \boldsymbol{x}) = (t, \boldsymbol{x} + \boldsymbol{v}t), \quad \forall t \in \mathbb{R}, \boldsymbol{x} \in \mathbb{R}^3 \tag{29-7}$$

式中, $\mathbb{R}$ 表示所有实数的集合, $\mathbb{R}^3$ 则表示三维矢量空间 (vector space) 或线性空间 (linear space).

第二步, 是关于原点的平移变换:

$$g_2(t, \boldsymbol{x}) = (t + \tau, \boldsymbol{x} + \boldsymbol{s}), \quad \forall t \in \mathbb{R}, \boldsymbol{x} \in \mathbb{R}^3 \tag{29-8}$$

式中, τ 为两个坐标系时钟的时差, 而 $\boldsymbol{s}$ 则为坐标系原点的空间平移矢量.

最后一步, 是关于坐标轴的旋转变换:

$$g_3(t, \boldsymbol{x}) = (t, \boldsymbol{R}\boldsymbol{x}), \quad \forall t \in \mathbb{R}, \boldsymbol{x} \in \mathbb{R}^3 \tag{29-9}$$

式中, $\boldsymbol{R}\boldsymbol{x}$ 表示的是旋转张量 $\boldsymbol{R}$ 和位置矢量 $\boldsymbol{x}$ 之间的点积, 该点积操作后仍然为一个矢量. 对于如图 29.1(a) 所示的绕着 z 轴的逆时针旋转, 旋转张量 $\boldsymbol{R}$ 可用矩阵表示为

$$\boldsymbol{R} = \begin{bmatrix} \cos\theta & \sin\theta \\ -\sin\theta & \cos\theta \end{bmatrix} \tag{29-10}$$

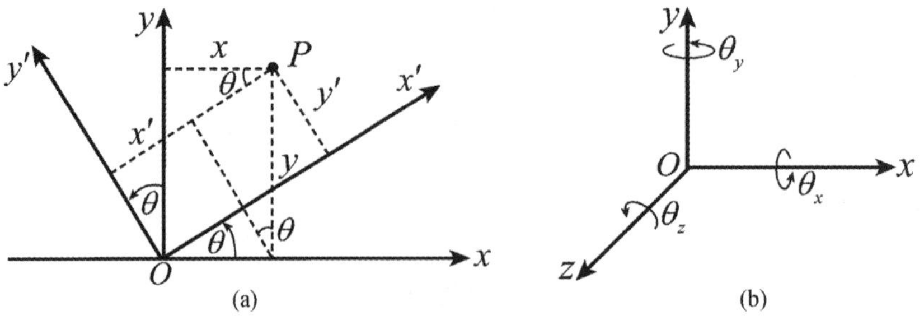

图 29.1　(a) 绕 z-轴的旋转; (b) 同时绕三个坐标轴的旋转

如图 29.1(b) 所示, 质点绕 x-轴的旋转张量可用矩阵表示为

$$R_x(\theta_x)=\begin{bmatrix}1 & 0 & 0\\ 0 & \cos\theta_x & -\sin\theta_x\\ 0 & \sin\theta_x & \cos\theta_x\end{bmatrix} \tag{29-11}$$

质点绕 y-轴的旋转张量可用矩阵表示为

$$R_y(\theta_y)=\begin{bmatrix}\cos\theta_y & 0 & \sin\theta_y\\ 0 & 1 & 0\\ -\sin\theta_y & 0 & \cos\theta_y\end{bmatrix} \tag{29-12}$$

质点绕 z-轴的旋转张量可用矩阵表示为

$$R_z(\theta_z)=\begin{bmatrix}\cos\theta_z & -\sin\theta_z & 0\\ \sin\theta_z & \cos\theta_z & 0\\ 0 & 0 & 1\end{bmatrix} \tag{29-13}$$

而同时绕 x、y、z 三轴旋转, 例如绕 y-x-z 旋转张量则可用矩阵表示为

$$\begin{aligned}&R_{x,y,z}(\theta_x,\theta_y,\theta_z)=R_z(\theta_z)R_x(\theta_x)R_y(\theta_y)\\ =&\begin{bmatrix}\cos\theta_y\cos\theta_z-\sin\theta_x\sin\theta_y\sin\theta_z & -\cos\theta_x\sin\theta_z & \sin\theta_y\cos\theta_z+\sin\theta_x\cos\theta_y\sin\theta_z\\ \cos\theta_y\sin\theta_z+\sin\theta_x\sin\theta_y\cos\theta_z & \cos\theta_x\cos\theta_z & \sin\theta_y\sin\theta_z-\sin\theta_x\cos\theta_y\cos\theta_z\\ -\cos\theta_x\sin\theta_y & \sin\theta_x & \cos\theta_x\cos\theta_y\end{bmatrix}\end{aligned} \tag{29-14}$$

综上所述, 经典力学的伽利略群的 10 个生成元 (维数) 分别是上述三个变换的集合[1.7]: $g=g_1\circ g_2\circ g_3=3+4+3=10$, 亦即: 三个旋转分量, 包括时间轴的四个平移分量, 三个匀速运动的分量.

事实上, 上述旋转张量满足正交性, 亦即

$$\boldsymbol{R}^{\mathrm{T}}\boldsymbol{R}=\mathbf{I} \tag{29-15}$$

式中, T 表示转置 (Transpose), $\mathbf{I}$ 为单位矩阵.

例 29.1 根据牛顿决定性原理, 给出具有普遍意义的牛顿运动方程.

答: 牛顿决定性原理 (Newton's principle of determinacy) 是指, 一个具有 n 个质点的力学系统的初始状态, 也就是各质点的初始位置 $\boldsymbol{x}(t_0)\in\mathbb{R}^{3n}$ 和速度 $\dot{\boldsymbol{x}}(t_0)\in\mathbb{R}^{3n}$, 唯一地决定其运动. n 个 $\mathbb{R}^3$ 的直积 (direct product) 称为 n 个质点系统的构

形空间 (configuration space). 这样, 便存在一个函数 $\boldsymbol{F}$: $\mathbb{R}^{3n}\times\mathbb{R}^{3n}\times\mathbb{R} \rightarrow \mathbb{R}^{3n}$, 使得

$$\ddot{\boldsymbol{x}}=\boldsymbol{F}(\boldsymbol{x},\dot{\boldsymbol{x}},t) \tag{29-16}$$

式 (29-16) 即为牛顿方程的普遍形式.

例 29.2 时间平移是伽利略变换之一. 时间平移的不变性表明自然界的法则是恒定的. 如果 $\boldsymbol{x}=\boldsymbol{\varphi}(t)$ 是式 (29-16) 的解, 确定此时式 (29-16) 的右端是否显含时间?

答: 若 $\boldsymbol{x}=\boldsymbol{\varphi}(t)$ 是式 (29-16) 的解, 通过时间平移, 则对 $\forall\tau\in\mathbb{R}$, $\boldsymbol{\varphi}(t+\tau)$ 也是式 (29-16) 的一个解. 由此可知, 在惯性参考系中, 式 (29-16) 的右端不含时间:

$$\ddot{\boldsymbol{x}}=\boldsymbol{\Phi}(\boldsymbol{x},\dot{\boldsymbol{x}}) \tag{29-17}$$

例 29.3 三维空间的旋转是伽利略变换之一. 对这些旋转的不变性意味着空间是各向同性的. 用牛顿运动方程式 (29-16) 表示该种空间旋转的变换.

答: 三维空间的旋转的不变性是指

$$\boldsymbol{F}(\boldsymbol{R}\boldsymbol{x},\boldsymbol{R}\dot{\boldsymbol{x}})=\boldsymbol{R}\boldsymbol{F}(\boldsymbol{x},\dot{\boldsymbol{x}}) \tag{29-18}$$

式中, $\boldsymbol{R}\boldsymbol{x}$ 表示 $(\boldsymbol{R}\boldsymbol{x}_1,\boldsymbol{R}\boldsymbol{x}_1,\cdots,\boldsymbol{R}\boldsymbol{x}_n)$, $\boldsymbol{x}_i\in\mathbb{R}^3$.

例 29.4 三维空间的平移是伽利略变换之一. 用牛顿运动方程式 (29-16) 说明之.

答: 三维空间的平移不变性意味着空间是均匀的. 若 $\boldsymbol{x}_i=\boldsymbol{\varphi}_i(t)$ 是满足于式 (29-16) 的 n 个质点的运动 $(i=1,2,\cdots,n)$, 则对任意 $\boldsymbol{r}\in\mathbb{R}^3$, 则运动 $\boldsymbol{\varphi}_i(t)+\boldsymbol{r}$ 也是满足式 (29-16) 的运动. 在惯性坐标系中, 式 (29-16) 的右方只依赖于相对坐标 $(\boldsymbol{x}_j-\boldsymbol{x}_k)$, 这里的指标 j 和 k 表示质点, $j,k=1,2,\cdots,n$.

例 29.5 匀速运动的不变性是伽利略变换之一. 用牛顿运动方程式 (26-11) 说明之.

答: 三维空间的匀速运动并不改变加速度 $\ddot{\boldsymbol{x}}_i$ 和相对坐标 $(\boldsymbol{x}_j-\boldsymbol{x}_k)$, 惯性参考系下, 式 (29-16) 的运动方程只能依赖于相对速度:

$$\ddot{\boldsymbol{x}}_i=\boldsymbol{f}_i(\boldsymbol{x}_j-\boldsymbol{x}_k,\dot{\boldsymbol{x}}_j-\dot{\boldsymbol{x}}_k),\quad (i,j,k=1,2,\cdots,n) \tag{29-19}$$

§30. 应用拉格朗日方程证明诺特定理

诺特定理 (Noether's theorem, 1918)[1.9]: 每一种对称性均对应于一个物理量的

守恒定律, 反之亦然. 例如: 空间平移对称对应于动量守恒定律, 时间平移对称对应于能量守恒定律, 旋转对称对应于角动量守恒定律.

诺特定理可用通俗的语言解释为:

一、如果物理定律不随时间变化, 能量就守恒. 亦即: 如果作用量在时间平移下保持不变, 则能量守恒. 通俗地讲就是, 昨天、今天和明天的物理学都要是一样的, 能量就守恒;

二、如果作用量在空间平移下保持不变, 动量就守恒. 通俗地讲, 如果物理学在这里、那里、在所有的地方都一样, 动量就守恒;

三、空间的旋转不变性, 就导致动量矩守恒.

总之, 这些守恒定律是来源于物理学在今天、昨天和明天; 这里、那里和所有地方; 东方、西方、南方和北方都一样的假定.

诺特定理既深刻又简单, 使我们 "快乐、敬畏又动情!" 下面我们用拉格朗日方程的角度给出其证明.

首先让我们从空间平移不变性来推导动量守恒. 为简单且不失一般性, 考虑二维的空间平移不变性, 亦即系统发生如下平移时,

$$\begin{cases} x' = x + \delta x \\ y' = y + \delta y \end{cases} \quad 且 \quad \begin{cases} \dot{x'} = \dot{x} \\ \dot{y'} = \dot{y} \end{cases} \tag{30-1}$$

系统的拉格朗日量将发生如下变化:

$$L(x, y, z, \dot{x}, \dot{y}, \dot{z}, t) \quad \rightarrow \quad L'(x + \delta x, y + \delta y, z, \dot{x}, \dot{y}, \dot{z}, t) \tag{30-2}$$

对发生空间平移后的拉格朗日量进行一阶泰勒级数展开, 有

$$\begin{aligned} L' &= L'(x + \delta x, y + \delta y, z, \dot{x}, \dot{y}, \dot{z}, t) \\ &= L + \frac{\partial L}{\partial x}\delta x + \frac{\partial L}{\partial y}\delta y + O(\delta x^2) + O(\delta y^2) \end{aligned} \tag{30-3}$$

空间平移不变性意味着 $L' = L$, 也就是

$$\begin{cases} \dfrac{\partial L}{\partial x} = 0 \\ \dfrac{\partial L}{\partial y} = 0 \end{cases} \tag{30-4}$$

相应的拉格朗日方程将退化为

$$\begin{cases} \dfrac{\partial L}{\partial x} = \dfrac{\mathrm{d}}{\mathrm{d}t}\left(\dfrac{\partial L}{\partial \dot{x}}\right) = 0 \\ \dfrac{\partial L}{\partial y} = \dfrac{\mathrm{d}}{\mathrm{d}t}\left(\dfrac{\partial L}{\partial \dot{y}}\right) = 0 \end{cases} \tag{30-5}$$

再由于动量分量可分别表示为

$$\begin{cases}\dfrac{\partial L}{\partial \dot{x}}=\dfrac{\partial T}{\partial \dot{x}}=m\dot{x}=p_x\\ \dfrac{\partial L}{\partial \dot{y}}=\dfrac{\partial T}{\partial \dot{y}}=m\dot{y}=p_y\end{cases} \tag{30-6}$$

将式 (30-6) 代回式 (30-5), 有

$$\begin{cases}\dfrac{\mathrm{d}}{\mathrm{d}t}\left(\dfrac{\partial L}{\partial \dot{x}}\right)=\dfrac{\mathrm{d}p_x}{\mathrm{d}t}=0\\ \dfrac{\mathrm{d}}{\mathrm{d}t}\left(\dfrac{\partial L}{\partial \dot{y}}\right)=\dfrac{\mathrm{d}p_y}{\mathrm{d}t}=0\end{cases} \quad\Rightarrow\quad \begin{cases}p_x=\text{const}\\ p_y=\text{const}\end{cases} \tag{30-7}$$

也就是说, 空间平移不变性对应于动量守恒.

其次让我们从时间平移不变性来推导能量守恒. 此时拉格朗日量将不显含时间, 亦即: $L(q,\dot{q},t)\to L(q,\dot{q})$. 下面考察拉格朗日量对时间的变化率:

$$\frac{\mathrm{d}L}{\mathrm{d}t}(q,\dot{q})=\sum_i^N\left(\frac{\partial L}{\partial q_i}\frac{\mathrm{d}q_i}{\mathrm{d}t}+\frac{\partial L}{\partial \dot{q}_i}\frac{\mathrm{d}\dot{q}_i}{\mathrm{d}t}\right) \tag{30-8}$$

将拉格朗日方程 $\dfrac{\partial L}{\partial q_i}=\dfrac{\mathrm{d}}{\mathrm{d}t}\left(\dfrac{\partial L}{\partial \dot{q}_i}\right)$ 代入式 (30-8), 有

$$\begin{aligned}\frac{\mathrm{d}L}{\mathrm{d}t}(q,\dot{q})&=\sum_i^N\left(\frac{\partial L}{\partial q_i}\frac{\mathrm{d}q_i}{\mathrm{d}t}+\frac{\partial L}{\partial \dot{q}_i}\frac{\mathrm{d}\dot{q}_i}{\mathrm{d}t}\right)\\&=\sum_i^N\left[\dot{q}_i\frac{\mathrm{d}}{\mathrm{d}t}\left(\frac{\partial L}{\partial \dot{q}_i}\right)+\frac{\partial L}{\partial \dot{q}_i}\frac{\mathrm{d}\dot{q}_i}{\mathrm{d}t}\right]\\&=\frac{\mathrm{d}}{\mathrm{d}t}\sum_i^N\dot{q}_i\frac{\partial L}{\partial \dot{q}_i}\end{aligned} \tag{30-9}$$

对式 (30-9) 进行简单移项, 有

$$\frac{\mathrm{d}}{\mathrm{d}t}\left(\sum_i^N\dot{q}_i\frac{\partial L}{\partial \dot{q}_i}-L\right)=0 \tag{30-10}$$

时间平移不变性意味着: $\sum\limits_i^N\dot{q}_i\dfrac{\partial L}{\partial \dot{q}_i}-L=\text{const}$, 亦即

$$\sum_i^N\dot{q}_i\frac{\partial T}{\partial \dot{q}_i}-(T-V)=\text{const} \tag{30-11}$$

由于动能为关于 $\dot{q}_i$ 的二次齐次函数, 由欧拉定理 (附录 E), $\sum\limits_i^N\dot{q}_i\dfrac{\partial T}{\partial \dot{q}_i}=2T$, 则式

(30-11) 变为: $T+V=\text{const}$, 也就是说, 时间平移不变性对应于能量守恒.

最后让我们从空间旋转不变性来推导动量矩守恒. 考虑 xy 平面绕坐标原点 O 的微旋转 $\delta\theta$, 此时满足: $\cos\delta\theta\approx 1, \sin\delta\theta\approx\delta\theta$, 从而有

$$\begin{cases} x'=x\cos\delta\theta-y\sin\delta\theta\cong x-y\delta\theta \\ y'=y\cos\delta\theta+x\sin\delta\theta\cong y+x\delta\theta \end{cases} \tag{30-12}$$

经过微旋转后, 系统的拉格朗日量的变化为

$$L(x,y,z,\dot{x},\dot{y},\dot{z},t) \quad\to\quad L'(x-y\delta\theta,y+x\delta\theta,z,\dot{x}-\dot{y}\delta\theta,\dot{y}+\dot{x}\delta\theta,\dot{z},t) \tag{30-13}$$

将发生微转动后系统的拉格朗日量做一阶泰勒级数展开, 有

$$\begin{aligned} L' &= L'(x-y\delta\theta,y+x\delta\theta,z,\dot{x}-\dot{y}\delta\theta,\dot{y}+\dot{x}\delta\theta,\dot{z},t) \\ &= L+\left[\left(x\frac{\partial L}{\partial y}-y\frac{\partial L}{\partial x}\right)+\left(\dot{x}\frac{\partial L}{\partial \dot{y}}-\dot{y}\frac{\partial L}{\partial \dot{x}}\right)\right]\delta\theta+O(\delta\theta^2) \end{aligned} \tag{30-14}$$

将拉格朗日方程组 (30-5) 代入式 (30-14), 则式 (30-14) 可表示为

$$\begin{aligned} L' &= L'(x-y\delta\theta,y+x\delta\theta,z,\dot{x}-\dot{y}\delta\theta,\dot{y}+\dot{x}\delta\theta,\dot{z},t) \\ &= L+\left[\left(x\frac{\partial L}{\partial y}-y\frac{\partial L}{\partial x}\right)+\left(\dot{x}\frac{\partial L}{\partial \dot{y}}-\dot{y}\frac{\partial L}{\partial \dot{x}}\right)\right]\delta\theta+O(\delta\theta^2) \\ &= L+\left\{\left[x\frac{\mathrm{d}}{\mathrm{d}t}\left(\frac{\partial L}{\partial \dot{y}}\right)-y\frac{\mathrm{d}}{\mathrm{d}t}\left(\frac{\partial L}{\partial \dot{x}}\right)\right]+\left(\dot{x}\frac{\partial L}{\partial \dot{y}}-\dot{y}\frac{\partial L}{\partial \dot{x}}\right)\right\}\delta\theta+O(\delta\theta^2) \\ &= L+\delta\theta\frac{\mathrm{d}}{\mathrm{d}t}\left(x\frac{\partial L}{\partial \dot{y}}-y\frac{\partial L}{\partial \dot{x}}\right)+O(\delta\theta^2) \\ &= L+\delta\theta\frac{\mathrm{d}}{\mathrm{d}t}(xp_y-yp_x)+O(\delta\theta^2) \\ &= L+\delta\theta\frac{\mathrm{d}J_z}{\mathrm{d}t}+O(\delta\theta^2) \end{aligned} \tag{30-15}$$

式中, 已经利用了动量矩的定义: $\boldsymbol{J}=\boldsymbol{r}\times\boldsymbol{p}$. 对于空间旋转不变性, 有: $L'=L$, 由 $\delta\theta$ 的任意性, 则有

$$\frac{\mathrm{d}J_z}{\mathrm{d}t}=0 \quad\to\quad J_z=\text{const} \tag{30-16}$$

同理, 再分别考虑 yz 和 zx 平面的微转动和不变性, 则可得到: $J_x=\text{const}$ 和 $J_y=\text{const}$. 这样就证明了空间旋转不变性对应于动量矩守恒的结论.

埃米 · 诺特 (Emmy Noether, 1882~1935) 生前的同事、数学家爱德蒙 · 兰道 (Edmund Landau, 1877~1938, 哥廷根大学 1909~1934 年的数学系主任) 对诺特做出了如下有趣的评价: “我可以证明她是一位伟大的数学家, 但对于她是不是女人

这点, 我无法发誓 (I can testify that she is a great mathematician, but that she is a woman, I cannot swear)."

诺特生前的同事、著名数学家赫尔曼 · 外尔这样评价她: "我们哥廷根的同事常将她称为诺特先生, 也恭敬地承认她拥有创造性思维的能力, 她似乎打破了性别的界限, 她是一位伟大的数学家, 而且是最伟大的 (If we at Göttingen ··· often referred to her as *Der Noether*, it was ··· done with a respectful recognition of her power as a creative thinker who seemed to have broken through the barrier of sex ··· She was a great mathematician, the greatest)."

1935 年 4 月 14 日, 星期天, 53 岁的埃米 · 诺特因手术后感染去世. 一位正富有创造力的天才, 就这样殒落了. 美国《纽约时报》在同年的 5 月 4 日发表了爱因斯坦悼念诺特的文章: "根据仍在世的最强的数学家来判断, 诺特小姐是自妇女开始受到高等教育以来最杰出的和最富有创造性的数学天才 (In the judgment of the most competent living mathematicians, Fräulein Noether was the most significant creative mathematical genius thus far produced since the higher education of women began)."

图 30.1 给出的是用诺特图像制作的双曲几何的庞加莱圆盘 (Poincaré disk), 可结合思考题 4.23 来理解.

图 30.1　用诺特图像制作的双曲几何的庞加莱圆盘

§31. 运动积分、运动常数

拉格朗日方程的运动积分 (integrals of motion) 亦被称为首次积分 (first integrals) 或运动常数 (constants of motion), 系指作为二阶微分方程的拉格朗日运动方程的积分常数, 这些常数在运动过程中始终保持不变, 是以广义坐标和广义速度 $(q_k, \dot{q}_k)$ 表示的某种函数.

在应用拉格朗日方程处理问题时, s 个自由度的力学系统的拉格朗日量 $L = L(q_k, \dot{q}_k, t)$ 一般来说是 $(q_k, \dot{q}_k, t)$ 的函数. 由于拉格朗日方程为二阶微分方程, 所以, s 个以时间为独立变量的二阶微分方程方程的通解写为

$$\begin{cases} q_k = q_k(t; C_1, C_2, \cdots, C_{2s}) \\ \dot{q}_k = \dot{q}_k(t; C_1, C_2, \cdots, C_{2s}) \end{cases}, \quad (k = 1, 2, \cdots, s) \tag{31-1}$$

式中, $(C_1, C_2, \cdots, C_{2s})$ 为 $2s$ 个积分常数. 如果式 (31-1) 中的时间 t 可以消去的话, 则原则上可获得 $(2s-1)$ 个相互独立的方程:

$$C_\alpha = C_\alpha(q_k, \dot{q}_k), \quad (k = 1, 2, \cdots, s; \alpha = 1, 2, \cdots, 2s-1) \tag{31-2}$$

式 (31-2) 就是在运动过程中始终保持不变的初值, 亦即运动积分.

例 31.1　经典力学中的四个守恒律分别为: 动量、动量矩 (角动量)、机械能、拉普拉斯–龙格–楞次矢量 (LRL 矢量).

§32. 虚位移、虚功原理、广义力

给定的瞬时位形上, 虚位移 (virtual displacement) 是符合约束条件的无穷小位移 (infinitesimal displacement). 由于任何物理运动都需要经过时间的演进才会有实际的位移, 所以称保持时间不变的位移为虚位移. 虚位移既可以是线位移, 也可以是角位移.

如何区分实位移和虚位移? 对于一个力学系统的位矢: $\boldsymbol{r}_i = \boldsymbol{r}_i(q_1, q_2, \cdots, q_n; t)$, 其实位移可表示为位矢的全微分:

$$\mathrm{d}\boldsymbol{r}_i = \frac{\partial \boldsymbol{r}_i}{\partial t}\mathrm{d}t + \sum_{j=1}^{n} \frac{\partial \boldsymbol{r}_i}{\partial q_j}\mathrm{d}q_j \tag{32-1}$$

速度可表示为

$$\boldsymbol{v}_i \equiv \frac{\mathrm{d}\boldsymbol{r}_i}{\mathrm{d}t} = \frac{\partial \boldsymbol{r}_i}{\partial t} + \sum_k \frac{\partial \boldsymbol{r}_i}{\partial q_k}\frac{\mathrm{d}q_k}{\mathrm{d}t} \tag{32-2}$$

由于时间保持不变，则虚位移为

$$\delta \boldsymbol{r}_i = \sum_{j=1}^{n} \frac{\partial \boldsymbol{r}_i}{\partial q_j} \delta q_j \tag{32-3}$$

虚功原理 (principle of virtual work) 又称为虚位移原理. 一则说法是拉格朗日于 1764 年建立了虚功原理. 虚功原理的内容为: 一个原为静止的质点系, 如果约束是理想双面定常约束, 则系统继续保持静止的条件是所有作用于该系统的主动力对作用点的虚位移所作的功之和为零.

力矢量 $\boldsymbol{F}$ 在虚位移 $\delta \boldsymbol{r}$ 上所做的元功 (elementary work) 定义为虚功:

$$\delta W = \boldsymbol{F} \cdot \delta \boldsymbol{r} \tag{32-4}$$

考虑一个平衡的力学系统, 由于合力为零, 则虚功原理可表示为

$$\delta W = \sum_{i=1}^{n} \boldsymbol{F}_i \cdot \delta \boldsymbol{r}_i = 0 \tag{32-5}$$

实际情况经常是将力分别为作用力 (applied force) $\boldsymbol{F}_i^{(a)}$ 和约束力 $\boldsymbol{f}_i$, 亦即

$$\boldsymbol{F}_i = \boldsymbol{F}_i^{(a)} + \boldsymbol{f}_i \tag{32-6}$$

将式 (32-6) 代入式 (32-5), 有

$$\delta W = \sum_{i=1}^{n} (\boldsymbol{F}_i^{(a)} + \boldsymbol{f}_i) \cdot \delta \boldsymbol{r}_i = \delta W^{(a)} + \delta W^{(c)} = 0$$

不失一般性, 约束力所做的净虚功 (net virtual work) 为零:

$$\sum_{i=1}^{n} \boldsymbol{f}_i \cdot \delta \boldsymbol{r}_i \equiv \delta W^{(c)} = 0 \tag{32-7}$$

此时, 虚功原理可最终表示为

$$\delta W^{(a)} = \sum_{i=1}^{n} \boldsymbol{F}_i^{(a)} \cdot \delta \boldsymbol{r}_i = 0 \tag{32-8}$$

在 §25 中业已指出, 广义坐标既可以具有线量, 也可以具有角量的量纲. 下面我们通过虚位移来定义广义力 (generalized force).

首先应该指出的是, 广义力是广义坐标所对应的力, 换句话说, 广义力和广义坐标是功的共轭关系. 由虚位移的定义式 (32-3), 有

$$\sum_{i} \boldsymbol{F}_i \cdot \delta \boldsymbol{r}_i = \sum_{i,j} \boldsymbol{F}_i \cdot \frac{\partial \boldsymbol{r}_i}{\partial q_j} \delta q_j \equiv \sum_{j} Q_j \cdot \delta q_j \tag{32-9}$$

易知, 广义力定义为

$$Q_j \equiv \sum_i \boldsymbol{F}_i \cdot \frac{\partial \boldsymbol{r}_i}{\partial q_j} \tag{32-10}$$

广义力不一定具有力的量纲, 和角度作为广义坐标相对应的广义力则为力矩.

相应地, 广义动量 (generalized momentum) 可通过广义速度 $\dot{q}_k$ 定义为

$$p_k = \frac{\partial T}{\partial \dot{q}_k} = \frac{\partial L}{\partial \dot{q}_k}, \quad (k = 1, 2, \cdots, n) \tag{32-11}$$

分别对应于线量和角量广义坐标, 广义动量既可以是线动量, 也可以是动量矩.

图 32.1　生活中的惰钳和惰钳铆钉锤

例 32.1　虚功原理在惰钳 (lazy tongs) 受力分析中的应用. 如图 32.1 所示, 在生活中惰钳有多种应用, 它延伸了手的作用距离. 惰钳机构一般由六根长杆和两根短杆组成, 长杆长 $2a$, 短杆长 a, 杆与杆之间用铰链相连.

如图 32.2, 若惰钳顶部受到大小为 F 力的作用, 下部受力大小为 F_Q, 图中 θ 大小已知, 且不计摩擦. 则: F_Q 的大小为多少时能使系统处于平衡状态?

解: 该问题的自由度为 1, 取 θ 为广义坐标. 图 32.2 中 A、B、C 各点的坐标和虚位移可表示为

$$\begin{cases} y_A = 7a\sin\theta, & \delta y_A = 7a\cos\theta\delta\theta \\ x_B = -a\cos\theta, & \delta x_B = a\sin\theta\delta\theta \\ x_C = a\cos\theta, & \delta x_C = -a\sin\theta\delta\theta \end{cases}$$

由虚功原理,

$$\begin{aligned} \sum \delta W_F &= -F\delta y_A + F_Q\delta x_B - F_Q\delta x_C \\ &= (-7Fa\cos\theta + 2F_Q a\sin\theta)\delta\theta \\ &= 0 \end{aligned}$$

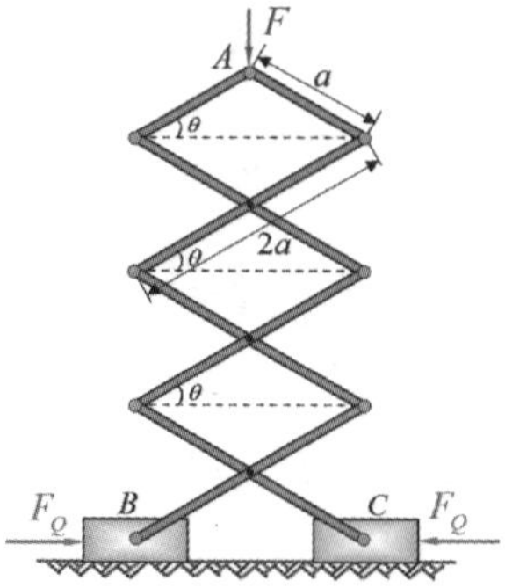

图 32.2　惰钳机构受力图

由上式可得本问题的解为

$$F_Q = \frac{7}{2}F\cot\theta$$

上面的分析适用于由六根长杆组成的惰钳, 对于由 n 组长杆组成的惰钳, 问题的解有如下推广形式:

$$F_Q = \frac{2n+1}{2}F\cot\theta$$

例 32.2　用虚位移原理确定液滴和固体表面的接触角.

解: 1805 年, 英国物理学家托马斯 · 杨 (Thomas Young) 针对图 32.3(a) 所示的液滴和固体表面的接触问题确定了其静态平衡接触角, 因而被广泛地称为杨接触

角 (Young contact angle). 确定的方法是考虑 “固–气–液” 三相接触线三个界面张力在水平方向力的平衡:

$$\gamma_{sv}=\gamma_{sl}+\gamma_{lv}\cos\theta$$

从而杨接触角可以方便地表示为如下杨方程 (Young's equation):

$$\cos\theta=\frac{\gamma_{sv}-\gamma_{sl}}{\gamma_{lv}} \tag{32-12}$$

式中, γ_{sv}、γ_{sl} 和 γ_{lv} 分别为固–气、固–液和液–气界面张力, 这三个量的量纲均为单位长度的力.

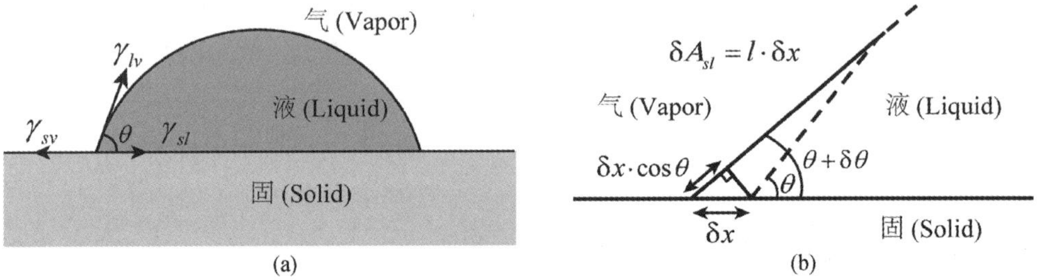

图 32.3　(a) 液滴的杨接触角; (b) 液滴铺展的虚位移

下面用虚位移原理的方法推导出式 (32-12). 如图 32.3(b) 所示, 假定液滴的接触线移行的虚位移为 δx, 则液滴移行的虚面积为: $\delta A_{sl}=2\pi r\cdot\delta x$, 这里 r 为液滴的铺展半径. 在液–气界面张力的作用下, 液面运动的虚面积为: $\delta A_{lv}=\delta A_{sl}\cos\theta=2\pi r\delta x\cos\theta$. 则三个界面张力所做的虚功之和为

$$(\gamma_{sl}-\gamma_{sv})\delta A_{sl}+\gamma_{lv}\delta A_{lv}=(\gamma_{sl}-\gamma_{sv})2\pi r\delta x+\gamma_{lv}2\pi r\delta x\cos\theta=0$$

由上式可直接得到式 (32-12).

§33. 达朗贝尔原理、从达朗贝尔原理推导拉格朗日方程

将牛顿第二定律 $\boldsymbol{F}_i=\dfrac{\mathrm{d}\boldsymbol{p}_i}{\mathrm{d}t}$ 改写为如下等价形式:

$$\boldsymbol{F}_i-\frac{\mathrm{d}\boldsymbol{p}_i}{\mathrm{d}t}=\boldsymbol{0} \tag{33-1}$$

此时的质点系可视为处于 “平衡” 状态, 这里的平衡之所以是带引号的是由于该质点系并不是处于真正的平衡, 而是 “化动为静”, 该质点系是在 “外力 + 惯性力

(inertial force)” 的共同作用下将动力学问题变为静力学平衡问题的. 这里的惯性力又称为 “逆效力 (reversed effective force)”: $-(\mathrm{d}\boldsymbol{p}/\mathrm{d}t)$. 质点系在化动为静后, 虚功原理将改写为如下形式:

$$\delta W=\sum_{i=1}^{n}\left(\boldsymbol{F}_i-\frac{\mathrm{d}\boldsymbol{p}_i}{\mathrm{d}t}\right)\cdot\delta\boldsymbol{r}_i=0 \tag{33-2}$$

引入式 (32-6), 将力分别为作用力 $\boldsymbol{F}_i^{(\mathrm{a})}$ 和约束力 $\boldsymbol{f}_i$, 再引入式 (32-7), 也就是设约束力所做的净虚功为零, 则式 (33-2) 变为

$$\delta W=\sum_{i=1}^{n}\left(\boldsymbol{F}_i^{(a)}-\frac{\mathrm{d}\boldsymbol{p}_i}{\mathrm{d}t}\right)\cdot\delta\boldsymbol{r}_i=0 \quad 或 \quad \delta W=\sum_{i=1}^{n}(\boldsymbol{F}_i^{(a)}-m_i\ddot{\boldsymbol{r}}_i)\cdot\delta\boldsymbol{r}_i=0 \tag{33-3}$$

式 (33-3) 即为达朗贝尔原理, 该原理是达朗贝尔 26 岁时的 1743 年在其名著《动力学》[3.2] 中所创建的. 达朗贝尔原理阐明: 对于任意力学系统, 所有施加的外力和惯性力, 经过符合约束条件的虚位移, 所作的虚功的总和等于零. 达朗贝尔还可以等价地表述为: 作用于一个物体的外力与动力的反作用之和等于零.

作为达朗贝尔原理的一种典型应用, 我们下面将从其推导出拉格朗日方程.

在达朗贝尔原理中, 我们首先分析惯性力 (逆效力) 所做的虚功, 由虚位移的定义式 (32-3), 有如下关系式:

$$\sum_i\frac{\mathrm{d}\boldsymbol{p}_i}{\mathrm{d}t}\cdot\delta\boldsymbol{r}_i=\sum_i\left(m_i\frac{\mathrm{d}^2\boldsymbol{r}_i}{\mathrm{d}t^2}\cdot\delta\boldsymbol{r}_i\right)=\sum_{i,j}\left(m_i\frac{\mathrm{d}^2\boldsymbol{r}_i}{\mathrm{d}t^2}\cdot\frac{\partial\boldsymbol{r}_i}{\partial q_j}\delta q_j\right) \tag{33-4}$$

式 (33-4) 可等价地写为如下形式:

$$\begin{aligned}\sum_i\left(m_i\frac{\mathrm{d}^2\boldsymbol{r}_i}{\mathrm{d}t^2}\cdot\frac{\partial\boldsymbol{r}_i}{\partial q_j}\right)&=\sum_i\left[\frac{\mathrm{d}}{\mathrm{d}t}\left(m_i\frac{\mathrm{d}\boldsymbol{r}_i}{\mathrm{d}t}\cdot\frac{\partial\boldsymbol{r}_i}{\partial q_j}\right)\right]-\sum_i\left(m_i\frac{\mathrm{d}\boldsymbol{r}_i}{\mathrm{d}t}\cdot\frac{\mathrm{d}}{\mathrm{d}t}\frac{\partial\boldsymbol{r}_i}{\partial q_j}\right)\\&=\sum_i\left[\frac{\mathrm{d}}{\mathrm{d}t}\left(m_i\boldsymbol{v}_i\cdot\frac{\partial\boldsymbol{r}_i}{\partial q_j}\right)\right]-\sum_i\left(m_i\frac{\mathrm{d}\boldsymbol{r}_i}{\mathrm{d}t}\cdot\frac{\partial\boldsymbol{v}_i}{\partial q_j}\right)\end{aligned} \tag{33-5}$$

考虑到如下操作的可交换性:

$$\frac{\mathrm{d}}{\mathrm{d}t}\frac{\partial\boldsymbol{r}_i}{\partial q_j}=\frac{\partial}{\partial q_j}\frac{\mathrm{d}\boldsymbol{r}_i}{\mathrm{d}t}\equiv\frac{\partial\boldsymbol{v}_i}{\partial q_j} \tag{33-6}$$

由式 (32-2) 有关速度的定义, 有速度对广义坐标的偏导数为

$$\frac{\partial\boldsymbol{v}_i}{\partial q_j}=\frac{\partial^2\boldsymbol{r}_i}{\partial q_j\partial t}+\sum_k\left(\frac{\partial^2\boldsymbol{r}_i}{\partial q_j\partial q_k}\frac{\mathrm{d}q_k}{\mathrm{d}t}\right) \tag{33-7}$$

再由速度的定义式 (32-2) 有

$$\frac{\partial\boldsymbol{v}_i}{\partial\dot{q}_j}=\frac{\partial\boldsymbol{r}_i}{\partial q_j} \tag{33-8}$$

将式 (33-8) 代入式 (33-5) 右端第一项中, 有

$$\begin{aligned}\sum_i\left(m_i\frac{\mathrm{d}^2\boldsymbol{r}_i}{\mathrm{d}t^2}\cdot\frac{\partial\boldsymbol{r}_i}{\partial q_j}\right)&=\sum_i\left[\frac{\mathrm{d}}{\mathrm{d}t}\left(m_i\boldsymbol{v}_i\cdot\frac{\partial\boldsymbol{v}_i}{\partial\dot{q}_j}\right)\right]-\sum_i\left(m_i\boldsymbol{v}_i\cdot\frac{\partial\boldsymbol{v}_i}{\partial q_j}\right)\\&=\sum_i\left[\frac{\mathrm{d}}{\mathrm{d}t}\frac{\partial}{\partial\dot{q}_j}\left(\frac{1}{2}m_i\boldsymbol{v}_i^2\right)\right]-\sum_i\frac{\partial}{\partial q_j}\left(\frac{1}{2}m_i\boldsymbol{v}_i^2\right)\end{aligned}\tag{33-9}$$

注意到式 (33-9) 仅仅是达朗贝尔原理中有关惯性力的部分, 当考虑外力的虚功时, 结合广义力的定义式 (32-10), 则达朗贝尔原理给出如下关系式:

$$\sum_j\left[\frac{\mathrm{d}}{\mathrm{d}t}\frac{\partial}{\partial\dot{q}_j}\left(\sum_i\frac{1}{2}m_i\boldsymbol{v}_i^2\right)-\frac{\partial}{\partial q_j}\left(\sum_i\frac{1}{2}m_i\boldsymbol{v}_i^2\right)-Q_j\right]\delta q_j=0\tag{33-10}$$

亦即

$$\sum_j\left(\frac{\mathrm{d}}{\mathrm{d}t}\frac{\partial T}{\partial\dot{q}_j}-\frac{\partial T}{\partial q_j}-Q_j\right)\delta q_j=0\tag{33-11}$$

由于 δq_j 的任意性, 则有

$$\frac{\mathrm{d}}{\mathrm{d}t}\frac{\partial T}{\partial\dot{q}_j}-\frac{\partial T}{\partial q_j}=Q_j,\quad(j=1,2,3,\cdots,s)\tag{33-12}$$

当 $\boldsymbol{F}_i=-\boldsymbol{\nabla}_iV$ 时, 广义力定义为

$$Q_j\equiv\sum_i\boldsymbol{F}_i\cdot\frac{\partial\boldsymbol{r}_i}{\partial q_j}=-\sum_i\boldsymbol{\nabla}_iV\cdot\frac{\partial\boldsymbol{r}_i}{\partial q_j}\equiv-\frac{\partial V}{\partial q_j}\tag{33-13}$$

将式 (33-13) 代入式 (33-12), 即得到拉格朗日方程:

$$\frac{\mathrm{d}}{\mathrm{d}t}\frac{\partial L}{\partial\dot{q}_j}-\frac{\partial L}{\partial q_j}=0,\quad(j=1,2,3,\cdots,s)$$

从达朗贝尔原理可以推出拉格朗日方程说明: (1) 二者的等价性; (2) 达朗贝尔原理比拉格朗日方程更为基本.

除了以虚位移为变量的达朗贝尔原理外, 还有以虚速度为变量的约尔丹原理, 以及以虚加速度为变量的高斯原理, 见表 33.1 的比较. 在后两节中, 将讨论约尔丹原理和高斯原理.

表 33.1　达朗贝尔原理、约尔丹原理、高斯原理一览表

原理名称	表达式	提出人
达朗贝尔原理 (1743)	$\delta W=\sum_{i=1}^{n}\left(\boldsymbol{F}_i-\frac{\mathrm{d}\boldsymbol{p}_i}{\mathrm{d}t}\right)\cdot\delta\boldsymbol{r}_i=0$ $\delta W=\sum_{i=1}^{n}(\boldsymbol{F}_i-m_i\ddot{\boldsymbol{r}}_i)\cdot\delta\boldsymbol{r}_i=0$	

续表

原理名称	表达式	提出人
约尔旦原理 (约尔旦虚速度原理) (约尔旦虚功率原理) (1908)	$\sum\limits_{i=1}^{n}\left(\boldsymbol{F}_i-\dfrac{\mathrm{d}\boldsymbol{p}_i}{\mathrm{d}t}\right)\cdot\delta\dot{\boldsymbol{r}}_i=0$ $\sum\limits_{i=1}^{n}(\boldsymbol{F}_i-m_i\ddot{\boldsymbol{r}}_i)\cdot\delta\dot{\boldsymbol{r}}_i=0$	
高斯原理 (高斯虚加速度原理) (高斯最小约束量原理) (1829)	$\sum\limits_{i=1}^{n}\left(\boldsymbol{F}_i-\dfrac{\mathrm{d}\boldsymbol{p}_i}{\mathrm{d}t}\right)\cdot\delta\ddot{\boldsymbol{r}}_i=0$ $\sum\limits_{i=1}^{n}(\boldsymbol{F}_i-m_i\ddot{\boldsymbol{r}}_i)\cdot\delta\ddot{\boldsymbol{r}}_i=0$	

§34. 约尔旦原理

约尔旦原理 (Jourdain's principle) 是英国逻辑学家约尔旦 (Philip Jourdain, 1879~1919, 终年 40 岁) 于 1908 年所建立的[3.3]. 约尔旦是本书 §12 所述的伯特兰 · 罗素的追随者, 他将马赫德文版的巨著《力学史评》翻译为英文版.

约尔旦原理: 对于任意力学系统, 所有施加的外力和惯性力, 经过运动许可的 (kinematically-possible) 虚速度, 在任意时刻所作虚功率的总和等于零.

和虚功相对应, 虚功率 (virtual power) 定义为力和虚速度的乘积. 有的书[3.4] 中将约尔旦原理称为 "达朗贝尔虚功率原理 (d'Alembert's principle of virtual power)".

例 34.1 对于在倾角为 θ 的光滑斜面上滑落的质量为 m 的物体, 应用约尔旦原理建立其运动方程.

为方便求解, 建立如图 34.1 所示的坐标系.

对物体受力及速度进行分解. 重力为外力, 根据约尔旦原理, 有

$$(mg\sin\theta-m\ddot{x})\delta\dot{x}+(-mg\cos\theta-m\ddot{y})\delta\dot{y}=0 \tag{34-1}$$

对于该问题, 运动许可的虚速度分量只有 $\delta\dot{x}$, 沿斜面的法线方向有: $\delta\dot{y}=0$, 则式 (34-1) 简化为: $(mg\sin\theta-m\ddot{x})\delta\dot{x}=0$, 再由虚速度 $\delta\dot{x}$ 的任意性, 则滑块的运动方程为: $\ddot{x}=g\sin\theta$.

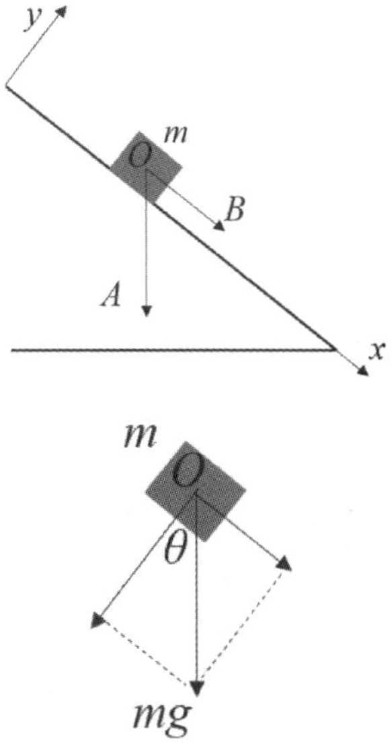

图 34.1

§35. 高斯最小约束量原理

高斯的虚加速度原理又称为高斯最小约束量原理 (Gauss's principle of least constraint), 是由高斯于 1829 年创建的[3.5]. 要讲清楚该原理的来龙去脉, 需要从高斯的最小二乘法讲起.

高斯使用的最小二乘法发表于 1809 年他的著作《天体运动论》[3.6] 中, 用于计算谷神星的轨道. 最小二乘法是一种数学优化技术, 通过最小化误差的平方和寻找数据的最佳匹配函数.

由某一变量 t 或多个变量 $t_1, t_2, t_3, \cdots$ 构成的相关变量 y, 为得到 y 和变量之间的关系, 构建一个函数模型:

$$y_m = f(t_1, t_2, \cdots, t_q; b_1, b_2, \cdots, b_p)$$

其中, $t_1, t_2, \cdots, t_q$ 是独立变量, b_i 为拟合系数. 被选择的参数, 由于偏差 $r_i = y_i - y_m$ 有正有负, 为保证所有偏差的绝对值都较小, 应该使算出的函数曲线与观测值之差的平方和最小:

$$\sum_{i=1}^{n}(y_i - y_m)^2 = \min$$

其中, y_i 为观测得到的实际值, y_m 为由函数曲线计算得到的数据.

特别地, 当数据点分布近似一条直线时, 设函数 $y = ax + b$, 使其满足:

$$M(a, b) = \sum_{i=1}^{n}(y_i - ax_i - b)^2 = \min$$

则求极值得到系数 a 和 b:

$$\begin{cases} \dfrac{\partial M}{\partial a} = -2\displaystyle\sum_{i=1}^{n}(y_i - ax_i - b)x_i = 0 \\ \dfrac{\partial M}{\partial b} = -2\displaystyle\sum_{i=1}^{n}(y_i - ax_i - b) = 0 \end{cases}$$

值得注意的是, 最小二乘法最早的清晰定义是由在 §40 中着重提到的法国数学家勒让德于 1805 发表的, 高斯声称该方法是他从 1795 年开始运用的, 这就导致两人关于谁最早创立最小二乘法的争论.

在理想约束条件下, 系统在某一瞬时, 真实运动位置、速度、约束条件均相同但加速度不同的可能运动相比较, 真实运动应使约束量 $Z = \displaystyle\sum_{i=1}^{n}\frac{1}{2m_i}(m_i a_i - F_i)^2$ 取得极小值, 即: $\delta Z = 0$.

约束量 Z 的物理意义是对系统运动偏离自由运动的度量, 也是约束作用大小的度量, 其中 F 为系统所受外力, 不考虑约束对系统产生的约束力.

为何当 $\delta Z=0$ 时, 约束量 $Z=\sum_{i=1}^{n}\frac{1}{2m_i}(m_ia_i-F_i)^2$ 取极小值? 现证明如下: 真实运动时系统加速度为 a_i, 可能运动的加速度为 $a_i+\Delta a_i$, 则约束量差值为

$$\begin{aligned}\Delta Z&=\sum_{i=1}^{n}\frac{1}{2m_i}\{[m_i(a_i+\Delta a_i)-F_i]^2-(m_ia_i-F_i)^2\}\\&=\sum_{i=1}^{n}\left[\frac{1}{2}m_i(\Delta a_i)^2+m_ia_i\Delta a_i-F_i\Delta a_i\right]\\&=\sum_{i=1}^{n}\frac{1}{2}m_i(\Delta a_i)^2+\sum_{i=1}^{n}(m_ia_i-F_i)\Delta a_i\end{aligned}$$

加速度 a_i 为真实运动时系统加速度, 则根据 $\delta Z=0$, 可以得到等式最后一项为零, 则:

$$\Delta Z=\sum_{i=1}^{n}\frac{1}{2}m_i(\Delta a_i)^2>0$$

则任意的可能约束带来的约束量都大于变分为零时的约束量, 也就是在约束量变分为零时, 约束量取得极小值.

对于平动刚体, 约束量 Z 的表达式为: $\frac{1}{2m}(ma-F)^2$. 对于在外力偶 M 作用下的定轴转动刚体, 其中 J_O 为定轴转动的转动惯量, α 为转动加速度, 约束量 Z 的表达式为: $\frac{1}{2J_O}(J_O\alpha-M)^2$. 推而广之, 对于由平动和转动组成的一般平面运动刚体, 如 J_C 为质心的转动惯量, α 为质心转动加速度, 则约束量 Z 可由叠加原理得到: $\frac{1}{2m}(ma_C-F)^2+\frac{1}{2J_C}(J_C\alpha-M)^2$, 这里 a_C 为质心加速度.

§36. 从拉格朗日方程角度出发的力学相似性

参阅附录 E 有关齐次函数的讨论. 考虑势能 $U(\boldsymbol{r}_1,\boldsymbol{r}_2,\cdots,\boldsymbol{r}_n)$ 是坐标 $\boldsymbol{r}_i$ 的 λ 阶齐次函数 (homogeneous function of degree λ), 也就是将函数的所有自变量 $\boldsymbol{r}_i$ 均乘以同一个因子 α, 此时因变量相当于原函数乘以这个因子的 λ 次幂:

$$U(\alpha\boldsymbol{r}_1,\alpha\boldsymbol{r}_2,\cdots,\alpha\boldsymbol{r}_n)=\alpha^{\lambda}U(\boldsymbol{r}_1,\boldsymbol{r}_2,\cdots,\boldsymbol{r}_n)\tag{36-1}$$

式中, α 为任意常数, λ 为整数. 例如对于一维谐振子, 势能 $U=kx^2/2$, 这里 k 和 x 分别为弹簧劲度系数和压缩量, 则 $\lambda=2$; 对于重力作用下的自由落体, 由于重力

势能为 $U = mgh$, 这里 mg 和 h 分别为物体的重量和落差, 则 $\lambda = 1$; 对于万有引力作用下行星的运动和库仑势, 势能和距离的关系为 $U \sim r^{-1}$, 则 $\lambda = -1$.

引入如下变换, 使所有坐标都变化 α 倍, 时间变为 β 倍:

$$\boldsymbol{r}_i \to \alpha \boldsymbol{r}_i, \quad t \to \beta t \tag{36-2}$$

上述变换的结果是: 所有速度矢量 $\boldsymbol{v}_i = \mathrm{d}\boldsymbol{r}_i/\mathrm{d}t$ 变为原来的 α/β 倍, 在质量不变的情况下, 动能 $K = \dfrac{1}{2}\sum\limits_i m_i(\boldsymbol{v}_i = \mathrm{d}\boldsymbol{r}_i/\mathrm{d}t)^2$ 变为原来的 α^2/β^2 倍, 势能 U 变为原来的 α^λ 倍. 如果 α 和 β 满足条件:

$$\frac{\alpha^2}{\beta^2} = \alpha^\lambda \quad \text{或者} \quad \beta = \alpha^{1-\lambda/2} \tag{36-3}$$

则上述变换的结果是动能和势能变换的倍数相同, 则拉格朗日量 $L = K - U$ 乘以常数 α^λ, 拉格朗日方程 $\dfrac{\mathrm{d}}{\mathrm{d}t}\dfrac{\partial L}{\partial \dot{q}} - \dfrac{\partial L}{\partial q} = 0$ 保持不变. 所有质点的坐标改变相同倍数, 意味着变换前后的运动在轨迹上几何相似, 仅仅是尺寸不同. 则可得出结论: 若势能是坐标的 λ 阶齐次函数, 则运动方程可以有几何相似的不同轨迹, 而且在不同轨迹上的相应点的运动时间满足如下标度 (scaling) 关系:

$$\frac{t'}{t} = \left(\frac{l'}{l}\right)^{1-\lambda/2} \tag{36-4}$$

式中 l'/l 是两个轨迹特征尺寸之比. 上述标度关系的一个重要应用是, 对于万有引力作用下的行星运动, $\lambda = -1$, 可非常直观地由式 (36-4) 获得开普勒第三定律:

$$\frac{t'}{t} = \left(\frac{l'}{l}\right)^{3/2} \tag{36-5}$$

也就是: 轨道运动周期的平方和轨道尺寸的立方成正比.

对于一维谐振子, 由于 $\lambda = 2$, 由式 (36-4) 得到 $t' = t$, 也就是说, 谐振子的振动周期为和振幅无关的常数, 这是一从高中物理就早已熟知的基本常识. 对于自由落体问题, $\lambda = 1$, 式 (36-4) 退化为自由落体时间和落差 h 之间的经典关系式: $t'/t = \sqrt{h'/h}$.

除了时间以外, 在相应时刻不同运动轨迹上相应点的任何力学量之间的关系, 均可用 l'/l 表示, 对于速度 v、能量 E、动量矩 M 有如下标度关系:

$$\frac{v'}{v} = \left(\frac{l'}{l}\right)^{\lambda/2}, \quad \frac{E'}{E} = \left(\frac{l'}{l}\right)^{\lambda}, \quad \frac{M'}{M} = \left(\frac{l'}{l}\right)^{1+\lambda/2} \tag{36-6}$$

§37. 弦的振动与音乐的和谐

如图 37.1 所示, 设弦单位长度的质量 (线密度) 为 μ, 其振动位移为 $u(x,t)$, 则弦振动的动能为

$$E_{\mathrm{k}}=\int_a^b \frac{1}{2}\mu\left(\frac{\partial u}{\partial t}\right)^2 \mathrm{d}x \tag{37-1}$$

式中, a 和 b 为弦的两个端点.

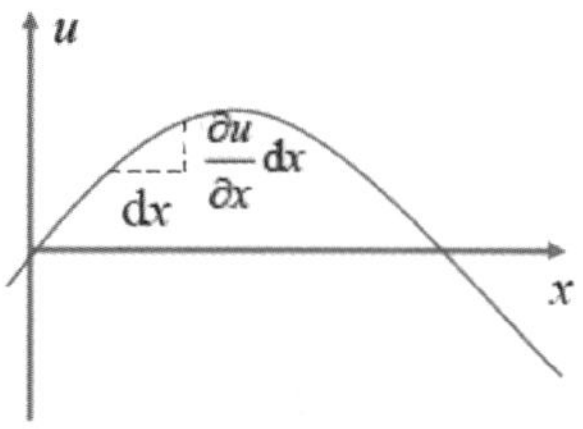

图 37.1　弦的振动示意图

弦在振动中的伸长为

$$\begin{aligned}\mathrm{d}l&=\sqrt{(\mathrm{d}x)^2+\left(\frac{\partial u}{\partial x}\mathrm{d}x\right)^2}-\mathrm{d}x\\&=\mathrm{d}x\left(\sqrt{1+\left(\frac{\partial u}{\partial x}\right)^2}-1\right)\approx\frac{1}{2}\left(\frac{\partial u}{\partial x}\right)^2\mathrm{d}x\end{aligned} \tag{37-2}$$

设弦中的张力为 T, 则弦中的势能为

$$E_{\mathrm{p}}=\int_a^b T\mathrm{d}l=\int_a^b \frac{T}{2}\left(\frac{\partial u}{\partial x}\right)^2\mathrm{d}x \tag{37-3}$$

在获得了弦振动的动能和势能后, 其作用量可由式 (37-1) 和式 (37-3) 获得

$$I(u)=\frac{1}{2}\iint_D\left[\mu\left(\frac{\partial u}{\partial t}\right)^2-T\left(\frac{\partial u}{\partial x}\right)^2\right]\mathrm{d}x\mathrm{d}t \tag{37-4}$$

参阅附录的诸式 (D-2)~(D-10), 引入一个小参量 ε 使得

$$I(u+\varepsilon v)=\frac{1}{2}\iint_D\left[\mu\left(\frac{\partial u}{\partial t}+\varepsilon\frac{\partial v}{\partial t}\right)^2-T\left(\frac{\partial u}{\partial x}+\varepsilon\frac{\partial v}{\partial x}\right)^2\right]\mathrm{d}x\mathrm{d}t \tag{37-5}$$

式 (37-5) 对小参量 ε 求导, 有

$$\frac{\mathrm{d}I}{\mathrm{d}\varepsilon}=\iint_D\left[\mu\left(\frac{\partial u}{\partial t}+\varepsilon\frac{\partial v}{\partial t}\right)\frac{\partial v}{\partial t}-T\left(\frac{\partial u}{\partial x}+\varepsilon\frac{\partial v}{\partial x}\right)\frac{\partial v}{\partial x}\right]\mathrm{d}x\mathrm{d}t \tag{37-6}$$

本问题的目标函数为

$$\left.\frac{\mathrm{d}I}{\mathrm{d}\varepsilon}\right|_{\varepsilon=0}=\iint_D\left[\mu\frac{\partial u}{\partial t}\frac{\partial v}{\partial t}-T\frac{\partial u}{\partial x}\frac{\partial v}{\partial x}\right]\mathrm{d}x\mathrm{d}t=0 \tag{37-7}$$

对式 (37-7) 进行分部积分, 并利用初始–边界条件:

$$v(a,t)=v(b,t)=v(x,t_1)=v(x,t_2)=0 \tag{37-8}$$

则有

$$
\begin{aligned}
\left.\frac{\mathrm{d}I}{\mathrm{d}\varepsilon}\right|_{\varepsilon=0} &= \iint_D \left[\mu\frac{\partial u}{\partial t}\frac{\partial v}{\partial t} - T\frac{\partial u}{\partial x}\frac{\partial v}{\partial x}\right]\mathrm{d}x\mathrm{d}t \\
&= \iint_D \mu\frac{\partial u}{\partial t}\frac{\partial v}{\partial t}\mathrm{d}x\mathrm{d}t - \iint_D T\frac{\partial u}{\partial x}\frac{\partial v}{\partial x}\mathrm{d}x\mathrm{d}t \\
&= \int\left(\mu\frac{\partial u}{\partial t}v\Big|_{t_1}^{t_2} - \int\mu\frac{\partial^2 u}{\partial t^2}v\mathrm{d}t\right)\mathrm{d}x - \int\left(T\frac{\partial u}{\partial x}v\Big|_a^b - \int T\frac{\partial^2 u}{\partial x^2}v\mathrm{d}x\right)\mathrm{d}t \\
&= -\iint_D \mu\frac{\partial^2 u}{\partial t^2}v\mathrm{d}x\mathrm{d}t + \iint_D T\frac{\partial^2 u}{\partial x^2}v\mathrm{d}x\mathrm{d}t \\
&= -\iint_D \left(\mu\frac{\partial^2 u}{\partial t^2} - T\frac{\partial^2 u}{\partial x^2}\right)v\mathrm{d}x\mathrm{d}t = 0
\end{aligned}
\tag{37-9}
$$

由于 v 的任意性, 则得到弦的振动方程:

$$\frac{1}{c^2}\frac{\partial^2 u}{\partial t^2} = \frac{\partial^2 u}{\partial x^2} \tag{37-10}$$

式 (37-10) 为标准的双曲型偏微分方程, 弦中的横波波速为

$$c = \sqrt{\frac{T}{\mu}} \tag{37-11}$$

可见弦的波速只有弦中的线张力和弦的线密度有关.

1747 年, 达朗贝尔在研究弦的振动的基础上发表了题为《张紧的弦振动时形成的曲线研究》[3.7] 的论文, 这是现代偏微分方程的经典文献. 迄今大部分偏微分方程的教程都是由弦振动方程开篇的. 所有弦乐器的理论基础是达朗贝尔提出的弦振动理论.

让我们再仔细地分析式 (37-4) 给出的作用量表达式, 它可改写为

$$S = \int\mathrm{d}t\int L(u,\dot{u},u';x,t)\mathrm{d}x = \frac{1}{2}\int\mathrm{d}t\int(\mu\dot{u}^2 - Tu'^2)\mathrm{d}x \tag{37-12}$$

式中, $L(u,\dot{u},u';x,t)$ 是拉格朗日量密度, 它是一个单函数 (u) 双变量 (x,t) 问题, 此时需要将单函数、单变量的欧拉–拉格朗日方程 (D-13) 推广为

$$\frac{\partial}{\partial t}\frac{\partial L}{\partial \dot{u}} + \frac{\partial}{\partial x}\frac{\partial L}{\partial u'} - \frac{\partial L}{\partial u} = 0 \tag{37-13}$$

从而对于拉格朗日量密度: $L = \dfrac{1}{2}(\mu\dot{u}^2 - Tu'^2)$ 则有如下关系式:

$$\because\ \frac{\partial L}{\partial \dot{u}} = \mu\dot{u}, \quad \frac{\partial}{\partial t}\frac{\partial L}{\partial \dot{u}} = \mu\ddot{u}, \quad \frac{\partial L}{\partial u'} = -Tu', \quad \frac{\partial}{\partial x}\frac{\partial L}{\partial u'} = -Tu'',$$

$$\frac{\partial L}{\partial u}=0,\quad u：循环坐标$$

$$\Rightarrow \mu\ddot{u}-Tu''=0$$

$$\therefore\ \frac{1}{c^2}\frac{\partial^2 u}{\partial t^2}=\frac{\partial^2 u}{\partial x^2},\quad c=\sqrt{\frac{T}{\mu}}$$

下面讨论有关弦振动和音乐关系的一些历史.

伽利略之父 (1520~1591)

伽利略的父亲文森西奥 (Vincenzo Galilei, 1520~1591) 是一位技艺高超的琉特琴手 (lutenist)、小提琴手和作曲家. 他不但十分熟悉古希腊音乐理论, 并且为复兴古希腊戏剧做出了巨大的贡献. 仅仅就琉特琴音乐的创作而言, 他也是一位拓展性人物, 他开创了琉特琴伴奏歌曲中单声部独唱的先河. 他曾给出有关小提琴弦频率的如下结论: 为了使小提琴弦的频率加倍, 则需要使弦的张力为原来的四倍.

梅森 (1588~1648)

马林 · 梅森 (Marin Mersenne, 1588~1648) 是十七世纪法国著名的数学家和修道士, 入选 100 位在世界科学史上有重要地位的科学家. 有一段时间, 和梅森同期的笛卡儿 (1596~1650)、费马 (1601~1665) 等科学家每周在梅森住所聚会, 讨论数学、物理问题. 这种自发性的组织, 被人誉为 "梅森学院", 后来演变成了法国科学院.

梅森于 1627 年 10 月出版的《论宇宙的和谐》(*Traite de l'Harmonie Universelle*)[3.8] 是最早关于声音、音乐和乐器的著作. 他在《论宇宙的和谐》里编制了 "梅森音阶表" (Mersenne's gamut). 音阶表除区别高低不一的四种不同的音乐类型之外, 还用四个栏目把世界秩序、相应的数字、各种神怪以及动物植物界的灵性同第一栏目中由低到高的音阶、音符分别平列起来. 这些理论都承认音乐与宇宙秩序相一致.

驻波 (standing wave) 是两列振幅相同的相干波在同一直线上沿相反方向传播时互相叠加而成的波.

波节 (node) 是驻波场中的振幅为零的点.

波腹 (antinode) 是一维驻波中振幅最大的位置.

驻波亦可表述为: 仅波腹上、下振动, 波节不移动的波.

产生驻波的条件: 弦长 L 为半波长的正整数倍: $L=n\lambda/2$.

麦尔德 (1832~1901)

法拉第 (Michael Faraday, 1791~1867) 于 1831 年通过观察振动容器中液体的表面, 第一次注意到驻波现象. 德国物理学家麦尔德 (Franz Melde, 1832~1901) 于 1859 年进行了驻波实验, 被广泛地称为 "麦尔德实验 (Melde's experiment)", 如图 37.2 所示. 德文术语 "驻波 (stehende Welle)" 由麦尔德于 1860 年左右创造[3.9,3.10].

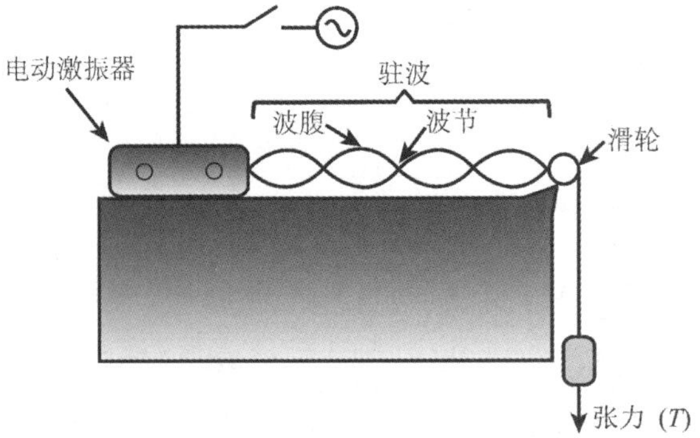

图 37.2　驻波的麦尔德实验示意图 (1859 年)

驻波与乐器: 各种乐器, 包括弦乐器、管乐器和打击乐器, 都是由于产生驻波而发声. 为得到最强的驻波, 弦或管内空气柱的长度 L 必须等于半波长 $(\lambda/2)$ 的整数倍.

十八世纪末, 德国科学家、音乐家恩斯特 · 克拉德尼 (Ernst Chladni, 1756~1827) 发现, 刚性板块的振动能被可视化, 其方法是用一层薄沙将板块覆盖, 然后在它的边缘拉弓. 如图 37.3 所示, 随着弓在移动, 沙子被弹起、移动, 并且沿着振动节点线 (nodal lines) 积聚. 这样, 薄板上便出现了独特的沙子图形, 被称为 “克拉德尼图形 (Chladni figures)” (如图 37.4 所示), 由此能作出有关振动的许多推断. 克拉德尼也因此赢得了 “声学之父 (father of acoustics)” 的称号. 他的发现至今仍被广泛地应用于吉他、小提琴和声学仪器的设计和制造.

图 37.3　克拉德尼图的产生机理

亥姆霍兹 (1821~1894)

亥姆霍兹 (Hermann von Helmholtz, 1821~1894) 在 1862 年出版了《关于作为音乐理论生理基础的音调感觉》(*On the Sensations of Tone as a Physiological Basis for the Theory of Music*)[3.11], 这本书是现代音乐心理学的奠基之作. 在该书中, 他描述了弓子在弦上拉动时, 弦被拉的地方形成一个折角, 这个折角以一定的速度向

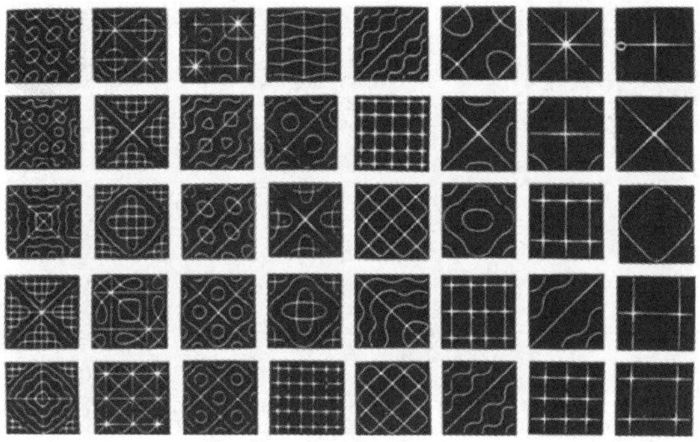

图 37.4　一些典型的克拉德尼图

弦的一端运动, 然后再返回的现象, 后人把它称为“亥姆霍兹运动”.

§38. 膜 的 振 动

设膜振动的位移为 $u(x,y)$, 膜中单位长度的张力为 T, 膜单位面积的密度为 $\Lambda=\rho h$, 这里 ρ 和 h 分别为膜的体密度和厚度. 振动膜的动能为

$$E_{\mathrm{K}}=\frac{1}{2}\Lambda\iint\left(\frac{\partial u}{\partial t}\right)^2\mathrm{d}x\mathrm{d}y=\frac{1}{2}\Lambda\iint\dot{u}^2\mathrm{d}x\mathrm{d}y \tag{38-1}$$

在张力 T 的作用下, 膜面积微元的改变为

$$\begin{aligned}\mathrm{d}A-\mathrm{d}a&=\sqrt{1+\left(\frac{\partial u}{\partial x}\right)^2+\left(\frac{\partial u}{\partial y}\right)^2}\mathrm{d}a-\mathrm{d}a\approx\left\{1+\frac{1}{2}\left[\left(\frac{\partial u}{\partial x}\right)^2+\left(\frac{\partial u}{\partial y}\right)^2\right]\right\}\mathrm{d}a-\mathrm{d}a\\&=\frac{1}{2}\left[\left(\frac{\partial u}{\partial x}\right)^2+\left(\frac{\partial u}{\partial y}\right)^2\right]\mathrm{d}a\end{aligned} \tag{38-2}$$

膜的势能为

$$\begin{aligned}E_{\mathrm{P}}&=\int T(\mathrm{d}A-\mathrm{d}a)=\frac{T}{2}\iint\left[\left(\frac{\partial u}{\partial x}\right)^2+\left(\frac{\partial u}{\partial y}\right)^2\right]\mathrm{d}x\mathrm{d}y\\&=\frac{T}{2}\iint(u_x'^2+u_y'^2)\mathrm{d}x\mathrm{d}y\end{aligned} \tag{38-3}$$

由式 (38-1) 和式 (38-3) 可知, 膜振动的作用量为

$$\begin{aligned}S&=\int\mathrm{d}t\iint L(u,\dot{u},u_x',u_y';x,y,t)\mathrm{d}x\mathrm{d}y\\&=\frac{1}{2}\int\mathrm{d}t\iint[\rho h\dot{u}^2-T(u_x'^2+u_y'^2)]\mathrm{d}x\mathrm{d}y\end{aligned} \tag{38-4}$$

式中, 拉格朗日量密度 $L(u,\dot{u},u'_x,u'_y;x,y,t)$ 是一个单函数 (u) 三参量 (x,y,t) 问题. 相应的欧拉–拉格朗日方程写为

$$\frac{\partial}{\partial t}\frac{\partial L}{\partial \dot{u}}+\frac{\partial}{\partial x}\frac{\partial L}{\partial u'_x}+\frac{\partial}{\partial y}\frac{\partial L}{\partial u'_y}-\frac{\partial L}{\partial u}=0 \tag{38-5}$$

针对拉格朗日量密度: $L=\frac{1}{2}[\rho h\dot{u}^2-T(u_x'^2+u_y'^2)]$, 由下列关系式:

$$\therefore\ \frac{\partial L}{\partial \dot{u}}=\rho h\dot{u},\quad \frac{\partial}{\partial t}\frac{\partial L}{\partial \dot{u}}=\rho h\ddot{u},\quad \frac{\partial L}{\partial u'_i}=-Tu'_i,\quad \frac{\partial}{\partial x}\frac{\partial L}{\partial u'_i}=-Tu''_i,\quad (i=x,y)$$

$$\frac{\partial L}{\partial u}=0,\quad u: \text{循环坐标}$$

$$\Rightarrow \rho h\ddot{u}-T(u''_x+u''_y)=0$$

膜的振动方程为

$$\frac{1}{c^2}\frac{\partial^2 u}{\partial t^2}=\frac{\partial^2 u}{\partial x^2}+\frac{\partial^2 u}{\partial y^2}=\nabla^2 u \tag{38-6}$$

式中,

$$c=\sqrt{\frac{T}{\varLambda}} \tag{38-7}$$

为膜振动的横波波速. 可见膜的波速只和膜张力和膜的面密度有关.

膜振动的典型应用是鼓. 物理学家费曼是邦戈鼓 (Bongo drum) 的演奏高手. 如图 38.1 所示. 在敲鼓时, 他能够一只手敲 10 下, 同时另一只手敲 11 下.

图 38.1 邦戈鼓演奏高手费曼

§39. 狭义相对论的拉格朗日量

在前言中, 提及过爱因斯坦在 16 岁上的追光思想实验 (thought experiment of chasing a light beam). 事情还得从他小时的家庭教师 Max Talmud (塔木德) 说起.

爱因斯坦 1879 年出生在一个不信犹太教 (Judaism) 的犹太家庭里. 犹太人有个传统, 就是每周邀请穷困的宗教学者共进安息日晚餐 (Sabbath dinner). 爱因斯坦的

家庭依然保持这一传统, 只不过作了些修改. 他们邀请一名医学院的学生星期四来家吃晚餐. 该学生就是来自于波兰的 Max Talmud (又名: Max Talmey, 1869~1941, 见图 39.1), 当时只有 21 岁, 爱因斯坦当时 10 岁.

当爱因斯坦十二三岁时 (居住在慕尼黑), Talmud 常给带来科学书籍, 其中就有一本当时非常流行的拜恩斯坦 (Aaron Bernstein, 1812~1884) 的系列丛书 *Naturwissenschaftliche Volksbücher* (*Popular Books on Natural Science*). 书中强调生物和物理学之间的内在关系, 详细报告了当时在此领域所作的大量实验. 爱因斯坦爱不释手. 正是书中的内容启发了爱因斯坦在 16 岁上的追光思想实验.

图 39.1　科普书的作者拜恩斯坦、爱因斯坦的启蒙老师 Talmud 和 14 岁的爱因斯坦

Talmud 也在数学上帮助爱因斯坦, 开发了其数学天赋. 每周四爱因斯坦将过去一周做的数学题给 Talmud 检查, 一本几何书几个月就都做完了. 很快, 爱因斯坦的数学能力就超过了 Talmud. 可以说, Max Talmud 是爱因斯坦当之无愧的启蒙老师!

拜恩斯坦在系列丛书的第十六卷描述了天空的奇迹, 然后每个行星都用一章的篇幅进行了描写. 最后, 拜恩斯坦邀请读者和他一起进行一次太空的幻想之旅: 设想你想开展一次太空旅行, 你需要一张通行证, 和一些补给品, 食物, 一个手提箱. 我们将以极快的速度旅行到深空. 在我们的手提箱里 "装下" 我们的思想, "我们靠水旅行? 骑在马背上旅行? 乘坐火车? 都不是! 我们将在电报机的帮助下在太空旅行."

1955 年, 爱因斯坦在他去世前一个月还回忆道, 在他 16 岁时, 就曾在头脑中设想过一个追光实验: "如果我以速度为真空中的光速追随一条光线运动, 那么我就应当看到, 这样一条光线就好像一个在空间中震荡着而停滞不前的电磁场." 在经典物理学理论体系中, 这是一个悖论 (佯谬) 现象. 因为无论是牛顿的经典力学理论, 还是麦克斯韦方程, 都不允许这样一个在空间中震荡, 却又处于停滞状态而不前行的电磁场存在. 事实上, 悖论现象的产生根源于牛顿的绝对时空观. 爱因斯坦指出: "只要时间的绝对性或同时性的绝对性这条公理不知不觉地留在潜意识里, 那么任何想要令人满意地澄清这个悖论的尝试, 都是注定要失败的." 问题的解决必须抛弃经典物理学的绝对时空观, 因为追光实验中的那个追随光线运动的 "我" 所看到的一切, 应当像一个相对于地球是静止的观察者所看到的一样, 都按照同样的自然规律进行. 这个思想实验中孕育着狭义相对论的萌芽.

39.1 协变的概念

一个物理定律以某种方程式表达时, 若在不同的坐标系中, 该方程式的形式一律不变, 则称该方程为 "协变的 (covariant)".

狭义相对论[1.17] (special relativity) 原理: 一切物理定律在惯性参考系中保持相同的形式. 换句话说, 狭义相对论只对惯性参考系是协变的;

广义相对论[1.18] (generalized relativity) 原理: 一切物理定律在一切参考系中保持相同的形式. 亦即, 广义相对论对一切参考系是协变的.

由 §13 的内容知, 牛顿力学对于伽利略时空变换是协变的; 而麦克斯韦电磁学理论对洛伦兹变换则是协变的.

39.2 闵可夫斯基四维力 (Minkowski four-force)

在闵可夫斯基时空 (Minkowski space, Minkowski spacetime) 内的任何一点, 都可以用四维矢量表示:

$$\boldsymbol{r} = (ct, x, y, z) \tag{39-1}$$

式中, c 是光速, t 是观测者所在惯性参考系的时间, 如在孪生子佯谬 (双生子佯谬, twin paradox) 中地球上的时间, (x, y, z) 是此惯性参考系位置的三维直角坐标, 使用思考题 3.12 中给出的洛仑兹逆变换可以获得运动物体所在惯性参考系的四维矢量 $\boldsymbol{r}_i'$ 向观测者所在惯性参考系的四维矢量 $\boldsymbol{r}_i$:

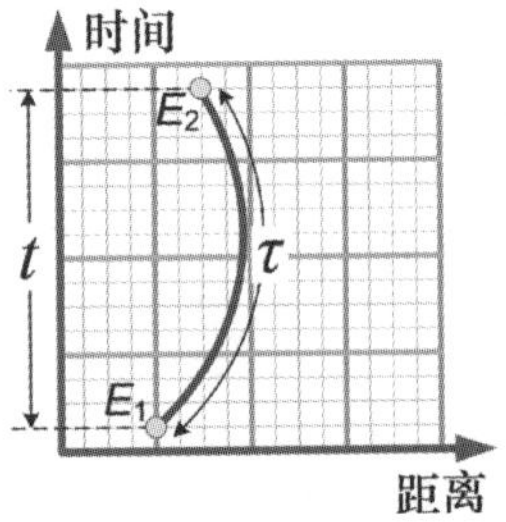

图 39.2 观察者在地球上的时间 t 和飞船上的固有时 τ 示意图

$$\begin{cases} x = \dfrac{x' + v\tau}{\sqrt{1 - v^2/c^2}} \\ y = y' \\ z = z' \\ t = \dfrac{\tau + x'v/c^2}{\sqrt{1 - v^2/c^2}} \end{cases} \tag{39-2}$$

式中, τ 是原时 (固有时, proper time), 它是运动物体所在惯性参考系的时间, 例如在孪生子佯谬中飞船上的时间, 如图 39.2 所示.

在闵可夫斯基时空内的任何一点, 都代表一个事件, 可以用四维矢量表示. 应用洛伦兹变换, 而不是伽利略变换 (见本书 §2, §13 和 §29 三节), 我们可以使对于某惯性参考系的四维矢量, 经过平移 (translations), 旋转 (rotations), 或递升 (boosts, 相对速度为常数的洛伦兹变换), 变换到对于另一个惯性参考系的四维矢量. 所有这些平移, 旋转, 或递升的集合形成了庞加莱群 (Poincaré group). 而所有的旋转, 或递升的集合则形成了洛伦兹群 (Lorentz group).

洛伦兹 (1853~1928)
将洛伦兹变换下的所有不变的性质称为相对论力学

为方便起见, 令洛伦兹因子 (Lorentz factor) 为

$$\gamma=\frac{1}{\sqrt{1-v^2/c^2}} \tag{39-3}$$

则有

$$\gamma \mathrm{d}\tau=\mathrm{d}t \quad 或 \quad \frac{\mathrm{d}t}{\mathrm{d}\tau}=\gamma \tag{39-4}$$

在洛伦兹变换中

$$\begin{cases} x'=\gamma(x-vt)\\ y'=y\\ z'=z\\ t'=\gamma\left(t-\dfrac{vx}{c^2}\right)\end{cases}$$

当 $\dfrac{v}{c}\ll 1$ 亦即 $\gamma\simeq 1$ 时洛伦兹变换将退化为伽利略变换式 (13-1)

一个物体运动于闵可夫斯基时空, 其四维速度和加速度定义为

$$\begin{cases} \boldsymbol{v}=\dfrac{\mathrm{d}\boldsymbol{r}}{\mathrm{d}\tau}=\dfrac{\mathrm{d}\boldsymbol{r}}{\mathrm{d}t}\dfrac{\mathrm{d}t}{\mathrm{d}\tau}=\gamma\dfrac{\mathrm{d}\boldsymbol{r}}{\mathrm{d}t}=\gamma\times(c,\dot{x},\dot{y},\dot{z})\\ \boldsymbol{a}=\dfrac{\mathrm{d}\boldsymbol{v}}{\mathrm{d}\tau}=\dfrac{\mathrm{d}\boldsymbol{v}}{\mathrm{d}t}\dfrac{\mathrm{d}t}{\mathrm{d}\tau}=\gamma\dfrac{\mathrm{d}\boldsymbol{v}}{\mathrm{d}t}=\gamma\dfrac{\mathrm{d}}{\mathrm{d}t}[\gamma\times(c,\dot{x},\dot{y},\dot{z})]\\ \quad=\gamma\dot{\gamma}\times(c,\dot{x},\dot{y},\dot{z})+\gamma^2\times(0,\ddot{x},\ddot{y},\ddot{z})\\ \quad=\dfrac{1}{c^2}\gamma^4(\dot{x}\ddot{x}+\dot{y}\ddot{y}+\dot{z}\ddot{z})(c,\dot{x},\dot{y},\dot{z})+\gamma^2(0,\ddot{x},\ddot{y},\ddot{z})\end{cases} \tag{39-5}$$

式 (39-5) 在计算中, 已经应用到:

$$\begin{aligned}\dot{\gamma}&=\frac{\mathrm{d}}{\mathrm{d}t}\frac{1}{\sqrt{1-(\dot{x}^2+\dot{y}^2+\dot{z}^2)/c^2}}=\frac{\mathrm{d}}{\mathrm{d}t}[1-(\dot{x}^2+\dot{y}^2+\dot{z}^2)/c^2]^{-\frac{1}{2}}\\ &=-\frac{1}{2}\left[1-(\dot{x}^2+\dot{y}^2+\dot{z}^2)/c^2\right]^{-\frac{3}{2}}\cdot\left(-\frac{1}{c^2}\right)(2\dot{x}\ddot{x}+2\dot{y}\ddot{y}+2\dot{z}\ddot{z})\\ &=\frac{1}{c^2}\gamma^3(\dot{x}\ddot{x}+\dot{y}\ddot{y}+\dot{z}\ddot{z})\end{aligned} \tag{39-6}$$

闵可夫斯基四维力可通过四维动量对原时的变化率或者四维加速度获得

$$\begin{aligned}\boldsymbol{F}&=\frac{\mathrm{d}\boldsymbol{p}}{\mathrm{d}\tau}=m\frac{\mathrm{d}\boldsymbol{v}}{\mathrm{d}\tau}\\ &=\frac{m}{c^2}\gamma^4(\dot{x}\ddot{x}+\dot{y}\ddot{y}+\dot{z}\ddot{z})(c,\dot{x},\dot{y},\dot{z})+\gamma^2 m(0,\ddot{x},\ddot{y},\ddot{z})\end{aligned} \tag{39-7}$$

39.3 相对论拉格朗日量 (relativistic Lagrangian)

在本小节中, 仍用 q_i 和 $\dot{q}_i$ 表示广义坐标和广义速度, 则洛伦兹变换因子可表示为

$$\gamma=\frac{1}{\sqrt{1-\dot{q}^2/c^2}}=\frac{1}{\sqrt{1-\beta^2}} \tag{39-8}$$

为简单计, 采用笛卡儿坐标系, $\dot{q}^2=\dot{q}_1^2+\dot{q}_2^2+\dot{q}_3^2$, $\beta^2=(\dot{q}_1^2+\dot{q}_2^2+\dot{q}_3^2)/c^2$.

由式 (39-5), 广义动量矢量为

$$\begin{aligned}\boldsymbol{p}&=m\frac{\mathrm{d}\boldsymbol{q}}{\mathrm{d}\tau}=m\frac{\mathrm{d}\boldsymbol{q}}{\mathrm{d}t}\frac{\mathrm{d}t}{\mathrm{d}\tau}=\gamma m\dot{\boldsymbol{q}}\\&=\frac{m\dot{\boldsymbol{q}}}{\sqrt{1-\beta^2}}\end{aligned}\tag{39-9}$$

下面开始构造相对论拉格朗日量 L, 从而使得广义动量满足其和拉格朗日量和广义速度间的基本定义:

$$\boldsymbol{p}\equiv\frac{\partial L}{\partial\dot{\boldsymbol{q}}}\equiv\frac{m\dot{\boldsymbol{q}}}{\sqrt{1-\beta^2}}\tag{39-10}$$

再加之拉格朗日量中的势能部分 $V=V(q_1,q_2,q_3)$ 只依赖于广义坐标而不依赖于广义速度 $\dot{\boldsymbol{q}}$, 则, 我们需要构造的相对论拉格朗日量:

$$L=T^*-V\tag{39-11}$$

使得其满足式 (39-10), 从而有

$$\boldsymbol{p}\equiv\frac{\partial(T^*-V)}{\partial\dot{\boldsymbol{q}}}\equiv\frac{\partial T^*}{\partial\dot{\boldsymbol{q}}}\equiv\frac{m\dot{\boldsymbol{q}}}{\sqrt{1-\beta^2}}\tag{39-12}$$

式 (39-12) 的解为

$$T^*\equiv-mc^2\sqrt{1-\beta^2}=-mc^2\gamma^{-1}\tag{39-13}$$

从而, 相对论拉格朗日量为

$$\begin{aligned}L&\equiv T^*-V\equiv-mc^2\sqrt{1-\beta^2}-V\\&=-mc^2\sqrt{1-\frac{\dot{q}_1^2+\dot{q}_2^2+\dot{q}_3^2}{c^2}}-V\end{aligned}\tag{39-14}$$

相对论拉格朗日方程形式上不变:

$$\frac{\mathrm{d}}{\mathrm{d}t}\left(\frac{\partial L}{\partial\dot{q}_i}\right)-\frac{\partial L}{\partial q_i}=0,\quad(i=1,2,3)\tag{39-15}$$

由式 (30-10), 可知和相对论拉格朗日量相关的能量为

$$\begin{aligned}E&=\dot{q}_i\frac{\partial L}{\partial\dot{q}_i}-L=\frac{m\dot{q}^2}{\sqrt{1-(\dot{q}/c)^2}}-(-mc^2\sqrt{1-(\dot{q}/c)^2}-V)\\&=\frac{mc^2}{\sqrt{1-(\dot{q}/c)^2}}+V=\gamma mc^2+V\end{aligned}\tag{39-16}$$

例 39.1　给出从式 (39-12) 到式 (39-13) 的详细步骤, 亦即, 由等式 $\dfrac{\partial T^*}{\partial \dot{\boldsymbol{q}}} \equiv \dfrac{m\dot{\boldsymbol{q}}}{\sqrt{1-\beta^2}}$, 证明: $T^* \equiv -mc^2\sqrt{1-\beta^2}$.

解: 由于广义速度为 $\dot{q} = \sqrt{\dot{q}_1^2 + \dot{q}_2^2 + \dot{q}_3^2}$, 故, 其关于各分量的偏导数为

$$\begin{cases} \dfrac{\partial \dot{q}}{\partial \dot{q}_1} = \dfrac{\partial}{\partial \dot{q}_1}\sqrt{\dot{q}_1^2 + \dot{q}_2^2 + \dot{q}_3^2} = \dfrac{\dot{q}_1}{\dot{q}} \\ \dfrac{\partial \dot{q}}{\partial \dot{q}_2} = \dfrac{\partial}{\partial \dot{q}_2}\sqrt{\dot{q}_1^2 + \dot{q}_2^2 + \dot{q}_3^2} = \dfrac{\dot{q}_2}{\dot{q}} \\ \dfrac{\partial \dot{q}}{\partial \dot{q}_3} = \dfrac{\partial}{\partial \dot{q}_3}\sqrt{\dot{q}_1^2 + \dot{q}_2^2 + \dot{q}_3^2} = \dfrac{\dot{q}_3}{\dot{q}} \end{cases} \tag{39-17}$$

广义速度的全微分为

$$\mathrm{d}\dot{q} = \frac{\partial \dot{q}}{\partial \dot{q}_1}\mathrm{d}\dot{q}_1 + \frac{\partial \dot{q}}{\partial \dot{q}_2}\mathrm{d}\dot{q}_2 + \frac{\partial \dot{q}}{\partial \dot{q}_3}\mathrm{d}\dot{q}_3 = \frac{1}{\dot{q}}(\dot{q}_1\mathrm{d}\dot{q}_1 + \dot{q}_2\mathrm{d}\dot{q}_2 + \dot{q}_3\mathrm{d}\dot{q}_3)$$

从而有

$$\dot{q}\mathrm{d}\dot{q} = \dot{q}_1\mathrm{d}\dot{q}_1 + \dot{q}_2\mathrm{d}\dot{q}_2 + \dot{q}_3\mathrm{d}\dot{q}_3 \tag{39-18}$$

由 $\dfrac{\partial T^*}{\partial \dot{\boldsymbol{q}}} \equiv \dfrac{m\dot{\boldsymbol{q}}}{\sqrt{1-\beta^2}}$, 应用式 (39-18), 得到:

$$\begin{aligned} \mathrm{d}T^* &= \frac{m}{\sqrt{1-(\dot{q}/c)^2}}(\dot{q}_1\mathrm{d}\dot{q}_1 + \dot{q}_2\mathrm{d}\dot{q}_2 + \dot{q}_3\mathrm{d}\dot{q}_3) = \frac{m\dot{q}\mathrm{d}\dot{q}}{\sqrt{1-(\dot{q}/c)^2}} \\ &= -\frac{mc^2}{2}\frac{\mathrm{d}(1-(\dot{q}/c)^2)}{\sqrt{1-(\dot{q}/c)^2}} \end{aligned}$$

积分上式, 便得到式 (39-13).

例 39.2　给出自由粒子 (free particle) 相对论作用量的表达式.

解: 对于不考虑场作用的自由粒子, 势能 $V=0$, 由式 (39-14), 可给出相对论作用量的表达式:

$$S = \int L\mathrm{d}t = -mc^2\int\sqrt{1-\beta^2}\mathrm{d}t = -mc^2\int\sqrt{1-\frac{\dot{q}_1^2+\dot{q}_2^2+\dot{q}_3^2}{c^2}}\mathrm{d}t \tag{39-19}$$

另外, 式 (39-19) 还可通过闵可夫斯基时空的基本关系式来构造:

$$c\mathrm{d}\tau = \sqrt{(c\mathrm{d}t)^2 - (\mathrm{d}q)^2} \tag{39-20}$$

从而有

$$S = -mc\int c\mathrm{d}\tau = -mc\int\sqrt{(c\mathrm{d}t)^2-(\mathrm{d}q)^2} = -mc^2\int\sqrt{1-\frac{\dot{q}_1^2+\dot{q}_2^2+\dot{q}_3^2}{c^2}}\mathrm{d}t \tag{39-21}$$

例 39.3　相对论一维简谐振子 (relativistic 1D simple harmonic oscillator) 模型的建立和分析.

解: 谐振子的相对论拉格朗日量为

$$L = -mc^2\sqrt{1-\beta^2} - \frac{1}{2}kx^2 \tag{39-22}$$

式中, 对于一维谐振子有

$$\beta = \frac{\dot{x}}{c} = \frac{1}{c}\frac{\mathrm{d}x}{\mathrm{d}t} \tag{39-23}$$

由式 (39-16), 相对论总能量需要守恒:

$$\begin{aligned} E &= T + V \\ &= \frac{mc^2}{\sqrt{1-\beta^2}} + \frac{1}{2}kx^2 = \text{const} \end{aligned} \tag{39-24}$$

从式 (39-24) 中可容易得到:

$$\beta^2 = \left(\frac{\dot{x}}{c}\right)^2 = \frac{1}{c^2}\left(\frac{\mathrm{d}x}{\mathrm{d}t}\right)^2 = 1 - \frac{m^2c^4}{(E-V)^2} \tag{39-25}$$

从式 (39-25) 得出:

$$\mathrm{d}t = \frac{\mathrm{d}x}{c\sqrt{1-\dfrac{m^2c^4}{(E-V)^2}}} \tag{39-26}$$

设一维谐振子的位移转折点为: $x \equiv \pm b$, 在转折点处有: $E = V(\pm b)$. 从而, 一维谐振子的振动周期为

$$\mathcal{T} = \frac{4}{c}\int_0^b \frac{\mathrm{d}x}{\sqrt{1-m^2c^4/(E-V)^2}} \tag{39-27}$$

设谐振子的速度远小于光速: $\dot{x} \ll c$, 此时 β 是小量, 应用泰勒展开, 可做如下近似分析:

$$\begin{aligned} \gamma &= \frac{1}{\sqrt{1-\beta^2}} \\ &\cong 1 + \frac{1}{2}\beta^2 = 1 + \frac{1}{2}\left(\frac{\dot{x}}{c}\right)^2 = 1 + \varepsilon(\dot{x}) \end{aligned} \tag{39-28}$$

式中, $\varepsilon(\dot{x}) = \dfrac{1}{2}(\dot{x}/c)^2$.

在谐振子的位移转折点 $(x = b)$ 处, 速度为零: $\dot{x} = 0$, 在该点处有

$$\frac{T(b)}{mc^2} = \frac{E - V(b)}{mc^2} = 1 + 0 - \kappa b^2 = 1 - \kappa b^2 \tag{39-29}$$

式中, $\kappa \equiv k/(2mc^2)$.

而在静态平衡点处 $(x=0)$, 有

$$\frac{T(0)+V(0)}{mc^2}=1+\varepsilon \tag{39-30}$$

从能量守恒条件:

$$T(0)+V(0)=T(b)+V(b) \tag{39-31}$$

得出小参数 ε 的表达式:

$$\varepsilon=\kappa b^2=\frac{kb^2}{2mc^2}=\frac{\text{弹簧中储存的弹性能}}{\text{静止能量}} \tag{39-32}$$

从而有

$$\frac{E-V(x)}{mc^2}=1+\kappa(b^2-x^2) \tag{39-33}$$

将式 (39-33) 代入式 (39-27), 积分可得到相对论一维谐振子的振动周期:

$$\begin{aligned}\mathcal{T} &\cong \frac{4}{c}\int_0^b \frac{[1+3(b^2-x^2)/4]\mathrm{d}x}{\sqrt{2\kappa(b^2-x^2)}}=\frac{2\pi}{c\sqrt{2\kappa}}\left(1+\frac{3\kappa b^2}{8}\right)\\ &=2\pi\sqrt{\frac{m}{k}}\left(1+\frac{3kb^2}{16mc^2}\right)\end{aligned} \tag{39-34}$$

考虑到非相对论的一维谐振子的振动周期为: $\mathcal{T}_0=2\pi\sqrt{\dfrac{m}{k}}$, 则式 (39-34) 改写为

$$\begin{aligned}\mathcal{T} &\cong \mathcal{T}_0\left(1+\frac{3kb^2}{16mc^2}\right)=\mathcal{T}_0\left(1+\frac{3}{8}\frac{kb^2}{2mc^2}\right)\\ &=\mathcal{T}_0\left(1+\frac{3}{8}\varepsilon\right)\end{aligned} \tag{39-35}$$

相对论效应对最低阶 (lowest order) 的周期和频率修正分别为

$$\begin{cases}\dfrac{\Delta\mathcal{T}}{\mathcal{T}_0}\equiv\dfrac{\mathcal{T}}{\mathcal{T}_0}-1=\dfrac{3}{8}\varepsilon\\[2ex] \dfrac{\Delta\nu}{\nu_0}\equiv-\dfrac{\Delta\mathcal{T}}{\mathcal{T}_0}=-\dfrac{3kb^2}{16mc^2}=-\dfrac{3}{8}\varepsilon\end{cases} \tag{39-36}$$

思考题和补充材料

3.1　水平面内一质量为 m 的滑块套接在无摩擦力的光滑杆件上, 滑块距离转轴的距离为 ρ, 外力偶矩为 T_θ, 杆的转角为 θ, 不计杆的质量, 如下图所示. 试建立其动力学方程.

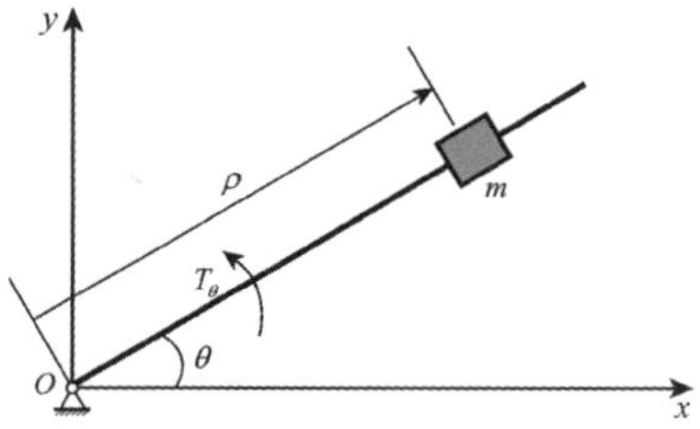

题图 3.1

解法一: 运动学分析法

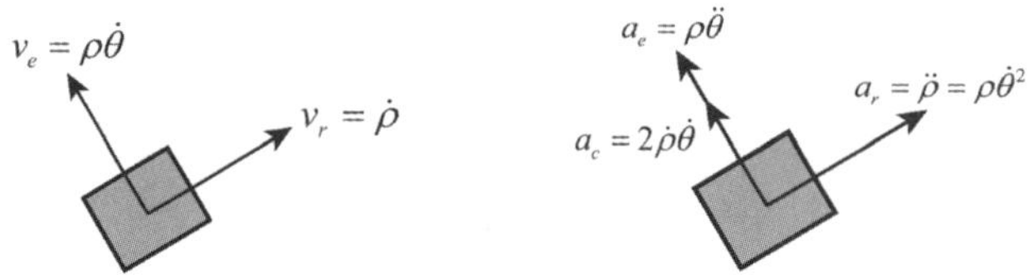

以滑块为动点, 杆为参考系, 杆绕 O 轴转动的角速度 $\dot{\theta}$, 角加速度 $\ddot{\theta}$, 则有:

牵连速度: $v_e = \rho\dot{\theta}$, 相对速度: $v_r = \dot{\rho}$; 牵连加速度: $a_e = \rho\ddot{\theta}$

相对加速度: $a_r = \ddot{\rho} = \rho\dot{\theta}^2$, 科里奥利加速度 (科氏加速度): $a_c = 2\omega v_r = 2\dot{\theta}\dot{\rho}$

有如下动力学方程组:

$$\begin{cases} \ddot{\rho} = \rho\dot{\theta}^2, & \text{沿杆方向} \\ \dfrac{T_\theta}{\rho} = m(a_c + a_e) = m(\rho\ddot{\theta} + 2\dot{\rho}\dot{\theta}), & \text{沿垂线方向} \end{cases}$$

解法二: 应用动量矩定理: $T_\theta \mathrm{d}t = \mathrm{d}L_O$

有 ρ、θ 两个自由度, 对滑块儿分析, 沿 θ 方向速度大小为: $v_\theta = \rho\dot{\theta}$

对系统分析, 滑块对 O 轴的动量矩为: $L_O = mv_\theta\rho = m\rho^2\dot{\theta}$, 主矩为: T_θ

由动量矩定理: $T_\theta = \dfrac{\mathrm{d}}{\mathrm{d}t}(L_O) = \dfrac{\mathrm{d}}{\mathrm{d}t}(m\dot{\theta}\rho^2) = 2m\rho\dot{\rho}\dot{\theta} + m\rho^2\ddot{\theta}$

再考虑向心力: $m\ddot{\rho} = m\omega^2\rho = m\dot{\theta}^2\rho$, 则整理后得到该问题的动力学方程组为

$$\begin{cases} \ddot{\rho} - \rho\dot{\theta}^2 = 0 \\ m\rho(\rho\ddot{\theta} + 2\dot{\rho}\dot{\theta}) = T_\theta \end{cases}$$

解法三: 应用拉格朗日方程: $\dfrac{\mathrm{d}}{\mathrm{d}t}\dfrac{\partial L}{\partial \dot{q}_i} - \dfrac{\partial L}{\partial q_i} = Q_i$

有 ρ、θ 两个广义坐标 (自由度). 为方便和不失一般性, 令滑块运动面的势能为零. 则, 该问题的拉格朗日量 (Lagrangian) 为: $L = T - V = \dfrac{1}{2}m\dot{\rho}^2 + \dfrac{1}{2}m(\rho\dot{\theta})^2$, 并有

$$\frac{\partial L}{\partial \rho} = m\rho\dot{\theta}^2, \quad \frac{\partial L}{\partial \dot{\rho}} = m\dot{\rho}, \quad \frac{\mathrm{d}}{\mathrm{d}t}\frac{\partial L}{\partial \dot{\rho}} = m\ddot{\rho}$$
$$\frac{\partial L}{\partial \theta} = 0, \quad \frac{\partial L}{\partial \dot{\theta}} = m\rho^2\dot{\theta}, \quad \frac{\mathrm{d}}{\mathrm{d}t}\frac{\partial L}{\partial \dot{\theta}} = m\rho(2\dot{\rho}\dot{\theta} + \rho\ddot{\theta})$$

将其代入如下拉格朗日方程,

$$\begin{cases}\dfrac{\mathrm{d}}{\mathrm{d}t}\dfrac{\partial L}{\partial \dot{\rho}}-\dfrac{\partial L}{\partial \rho}=0\\ \dfrac{\mathrm{d}}{\mathrm{d}t}\dfrac{\partial L}{\partial \dot{\theta}}-\dfrac{\partial L}{\partial \theta}=T_\theta\end{cases}$$

整理则可得到系统的动力学方程组为

$$\begin{cases}\ddot{\rho}-\rho\dot{\theta}^2=0\\ m\rho(\rho\ddot{\theta}+2\dot{\rho}\dot{\theta})=T_\theta\end{cases}$$

可见, 由上述不同方法所得到的问题的解是完全相同的.

3.2　杆在光滑表面的自由下落问题. 如下图所示一长为 L、质量为 m 的均匀杆在 P 点和一光滑表面相接触并自由下落. 试建立其动力学方程.

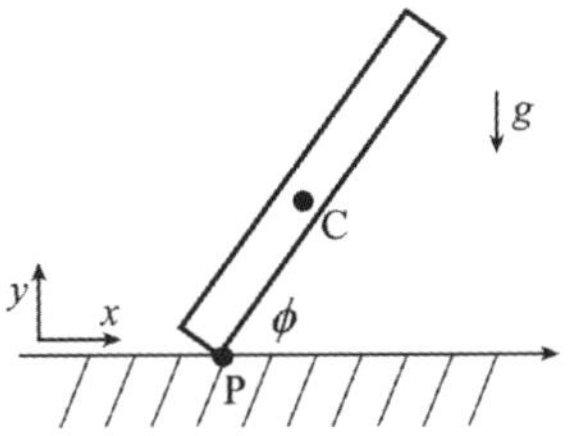

题图 3.2

解法一: 牛顿力学

由于和杆相接触的表面光滑, 故如下图所示, 表面在 P 点对杆的约束力为垂直于表面的法向力 N, 显然该约束力不做功, P 点为完整约束 (holonomic constraint).

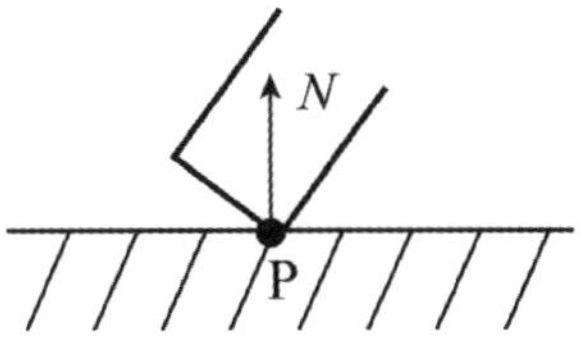

建立如图所示的坐标系, 选均匀杆中心的水平位置 x_{C} 和转角 ϕ 为广义坐标. 则杆质心的位矢 (position vector)、速度和加速度分别为

$$\begin{cases}\boldsymbol{r}_{\mathrm{C}}=x_{\mathrm{C}}\mathbf{i}+\dfrac{L}{2}\sin\phi\mathbf{j}\\ \dot{\boldsymbol{r}}_{\mathrm{C}}=\dot{x}_{\mathrm{C}}\mathbf{i}+\dfrac{L}{2}\dot{\phi}\cos\phi\mathbf{j}\\ \ddot{\boldsymbol{r}}_{\mathrm{C}}=\ddot{x}_{\mathrm{C}}\mathbf{i}+\dfrac{L}{2}(\ddot{\phi}\cos\phi-\dot{\phi}^2\sin\phi)\mathbf{j}\end{cases}$$

按照如图给出的杆的受力分析, 有 x 和 y 方向的运动方程组:

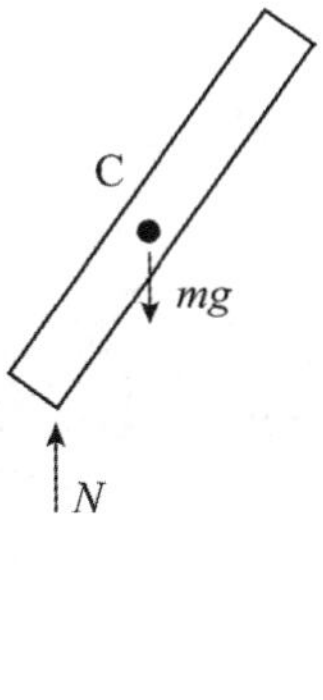

$$\begin{cases}m\ddot{x}_{\mathrm{C}}=0, & x\text{ 方向}\\ N-mg=m\dfrac{L}{2}(\ddot{\phi}\cos\phi-\dot{\phi}^2\sin\phi), & y\text{ 方向}\end{cases}$$

对 C 点应用动量矩定理, 则有

$$-N\frac{L}{2}\cos\phi=I_{\mathrm{C}}\ddot{\phi}$$

上两式消去约束力 N, 则有杆的如下运动方程组:

$$\begin{cases} \ddot{x}_{\mathrm{C}}=0, & x \text{ 方向} \\ \left(I_{\mathrm{C}}+\dfrac{mL^2}{4}\cos^2\phi\right)\ddot{\phi}-\dfrac{mL^2}{4}\dot{\phi}^2\sin\phi\cos\phi+mg\dfrac{L}{2}\cos\phi=0, & y \text{ 方向} \end{cases}$$

解法二: 拉格朗日方程

杆的动能为: $T=\dfrac{1}{2}m\dot{r}_{\mathrm{C}}^2+\dfrac{1}{2}I_{\mathrm{C}}\dot{\phi}^2=\dfrac{1}{2}m\left(\dot{x}_{\mathrm{C}}^2+\dfrac{L^2}{4}\dot{\phi}^2\cos^2\phi\right)+\dfrac{1}{2}I_{\mathrm{C}}\dot{\phi}^2$

杆的势能为: $V=mg\dfrac{L}{2}\sin\phi$

则拉格朗日量为: $L=T-V=\dfrac{1}{2}m\left(\dot{x}_{\mathrm{C}}^2+\dfrac{L^2}{4}\dot{\phi}^2\cos^2\phi\right)+\dfrac{1}{2}I_{\mathrm{C}}\dot{\phi}^2-mg\dfrac{L}{2}\sin\phi$

$$\frac{\partial L}{\partial \dot{x}_{\mathrm{C}}}=m\dot{x}_{\mathrm{C}},\quad \frac{\mathrm{d}}{\mathrm{d}t}\frac{\partial L}{\partial \dot{x}_{\mathrm{C}}}=m\ddot{x}_{\mathrm{C}},\quad \frac{\partial L}{\partial x_{\mathrm{C}}}=0$$

$$\frac{\partial L}{\partial \dot{\phi}}=\frac{mL^2}{4}\dot{\phi}\cos^2\phi+I_{\mathrm{C}}\dot{\phi},\quad \frac{\mathrm{d}}{\mathrm{d}t}\frac{\partial L}{\partial \dot{\phi}}=I_{\mathrm{C}}\ddot{\phi}+\frac{mL^2}{4}\ddot{\phi}\cos^2\phi-\frac{mL^2}{2}\dot{\phi}^2\cos\phi\sin\phi$$

$$\frac{\partial L}{\partial \phi}=-\frac{mL^2}{4}\dot{\phi}^2\cos\phi\sin\phi-\frac{mgL}{2}\cos\phi$$

将上式代入广义坐标为 x_{C} 和转角 ϕ 的拉格朗日方程:

$$\begin{cases} \dfrac{\mathrm{d}}{\mathrm{d}t}\dfrac{\partial L}{\partial \dot{x}_{\mathrm{C}}}-\dfrac{\partial L}{\partial x_{\mathrm{C}}}=0 \\ \dfrac{\mathrm{d}}{\mathrm{d}t}\dfrac{\partial L}{\partial \dot{\phi}}-\dfrac{\partial L}{\partial \phi}=0 \end{cases}$$

稍加整理则可得到杆的动力学方程组为

$$\begin{cases} \ddot{x}_{\mathrm{C}}=0 \\ \left(I_{\mathrm{C}}+\dfrac{mL^2}{4}\cos^2\phi\right)\ddot{\phi}-\dfrac{mL^2}{4}\dot{\phi}^2\cos\phi\sin\phi+\dfrac{mgL}{2}\cos\phi=0 \end{cases}$$

3.3 在例题 49.2 中用微元体和胡克定律, 建立了一维弹性直杆的波动方程, 请再用变分方法建立之, 并比较两种方法的优缺点.

3.4 结合图 38.1 的费曼的邦戈鼓, 有一幅著名的题为 “WWRFD?” 的求解算法 (solving algorithm) 图. 通过该图可深入了解这一杰出物理学家的鲜明个性.

闵可夫斯基 (1864~1909)

3.5 爱因斯坦 1896 年进入苏黎世联邦工学院 (ETH Zürich) 开始本科学习, 由于经常逃课 (skipping lectures), 被其数学教授闵可夫斯基 (Hermann Minkowski, 1864~1909, 年仅 44 岁) 称为 “lazy dog”. 在 1905 年爱因斯坦取得巨大的成就后, 闵可夫斯基教授评价道: “噢, 那个爱因斯坦, 经常逃课 …… 我当然永远也想不到他能干那么大的事情 (Oh, that Einstein, always skipping lectures, ··· I certainly never would have thought he could do it).”

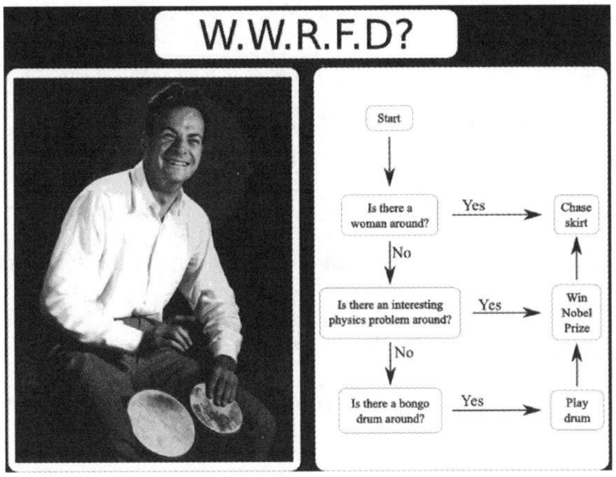

题图 3.4 What Would Richard Feynman Do?

3.6 著名数学家闵可夫斯基教授还对他的学生爱因斯坦有如下评价: "这位年轻物理学家 (爱因斯坦) 的数学教育不是很扎实, 他以前是在苏黎世跟着我学的数学, 所以我有资格对他给出中肯的评价 (The mathematical education of the young scientist [Albert Einstein] was not very solid, which I am in a good position to evaluate since he obtained from me in Zurich some time ago)."

3.7 爱因斯坦在苏黎世上大学时的数学老师 —— 闵可夫斯基教授的大部分工作都是在纯数学领域, 但他也从事一些物理方面的研究. 在 1908 年, 闵可夫斯基用四维时空的观点揭示了理解爱因斯坦狭义相对论的正确方式. 狭义相对论只考虑惯性参考系, 即所有的物体都以恒定的速度运动, 没有加速度. 爱因斯坦对此起初是怀疑的, 但随后他在此基础上建立了广义相对论.

闵可夫斯基也早已意识到了构建广义相对论的重要性. 他认为匀速运动的物体在时空中的轨迹是一条直线, 而加速物体的轨迹是曲线的. 在三维空间中, 月亮受引力作用围绕着地球做运动的轨迹大致是环形的. 而在四维空间中, 这个轨迹更像是一个螺旋, 它在空间中不断地旋转, 在不同的时间回到空间的同一个位置. 当然广义相对论不仅仅包含这些, 还包含质量. 爱因斯坦认为, 是质量使得时空变成了这种弯曲的、非欧几何的形状. 关于非欧几何时空的观点是闵可夫斯基提出的, 因此, 由闵可夫斯基本人, 或者他与哥廷根大学的数学家大卫 · 希尔伯特 (David Hilbert, 1862~1943) 合作, 将这个观点完善成成熟的引力理论也完全是可能的.

从 1907 年闵可夫斯基在哥廷根大学做的讲座来看, 那时他已经开始用相对论和时空的观点来思考引力. 但是他距离得出最终的理论还有多久, 人们不得而知: 他在 1909 年因为一个简单的阑尾手术 (a simple appendix operation) 而骤然离世, 年仅 44 岁.

3.8 爱因斯坦的实验物理教授 Jean Pernet 曾劝说爱因斯坦道: "你尽管对物理学有热情, 但在物理上你没有希望. 为了你好, 你还是转学去学点别的东西, 例如药学、文学或者法律 (You're enthusiastic, but hopeless at physics. For your own good you should switch to something else, medicine maybe, literature or law)."

3.9 爱因斯坦在 ETH Zürich 的物理教授韦伯 (Heinrich Friedrich Weber, 1843~1912) 很讨厌爱因斯坦, 曾对他说: "你是个聪明的家伙, 但有个缺点, 你听不进别人的话, 你听不进别人的话 (You're a clever fellow! But you have one fault. You won't let anyone tell you a thing. You won't let anyone tell you a thing)."

3.10 韦伯教授讨厌爱因斯坦的原因之一是, 爱因斯坦坚持称呼他 "韦伯先生 (Herr Weber)", 而不是更为尊敬的 "教授先生 (Herr Professor)".

韦伯 (1843~1912)

3.11 爱因斯坦不听韦伯教授物理课的重要原因是, 韦伯课的内容有些过时 (old-fashioned), 没有介绍当时很前沿的麦克斯韦的电磁理论. 爱因斯坦在大学的逃课期间花了大量的时间用于研读麦克斯韦的电磁理论, 可以用 "罕见的精通 (rare mastery)" 来形容爱因斯坦对麦克斯韦电磁理论的掌握程度. 正如本书图 1.3(b) 中所示, 爱因斯坦坚持说, 他是站在了麦克斯韦的肩膀上.

3.12 使用几何的方法, 从四维间隔不变性推导两惯性系之间的洛伦兹变换. 引入虚数 $w = \mathrm{i}ct$, w 为长度量纲, 使用四维坐标 (x, y, z, w) 描述闵可夫斯基四维时空:

$$\mathrm{d}s^2 = -c^2\mathrm{d}t^2 + \mathrm{d}x^2 + \mathrm{d}y^2 + \mathrm{d}z^2 = \mathrm{d}w^2 + \mathrm{d}x^2 + \mathrm{d}y^2 + \mathrm{d}z^2$$

由于光速不变性, 得到四维时空空间间隔不变性:

$$\mathrm{d}s^2 = \mathrm{d}w^2 + \mathrm{d}x^2 + \mathrm{d}y^2 + \mathrm{d}z^2 = \mathrm{d}w'^2 + \mathrm{d}x'^2 + \mathrm{d}y'^2 + \mathrm{d}z'^2 = \mathrm{d}s'^2$$

满足四维空间间隔不变的变换只有坐标的平移和转动, 平移只改变时间参考点, 不能满足相对论的要求, 故研究四维坐标系统的旋转. 假定参考系 K' 以速度 v 沿 x 轴相对于 K 惯性系运动. 这时空间坐标中 $y' = y$, $z' = z$, 只有 x 与 w 发生变化, 在四维空间 (x, y, z, w) 中表现为 xw 平面内的转动, 则推导洛伦兹变换简化为求解 xw 平面内旋转角的问题, 如题图 3.12 所示, 图中 φ 为旋转角.

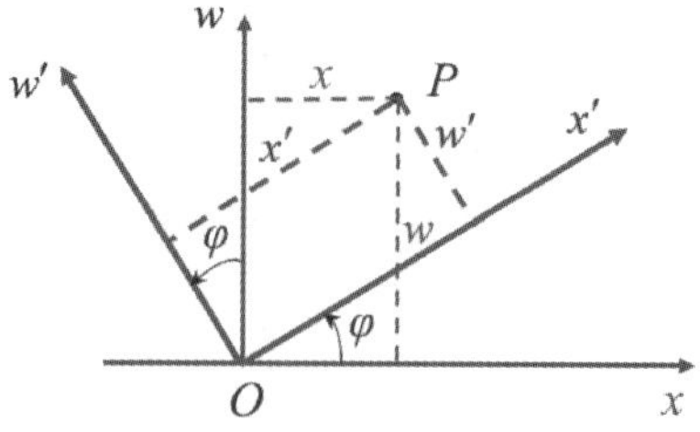

题图 3.12　xw 平面转动

则新旧两个坐标之间的几何关系为

$$\begin{cases} x = x'\cos\varphi - w'\sin\varphi \\ w = x'\sin\varphi + w'\cos\varphi \end{cases} \tag{39-37}$$

由于参考系以速度 v 相对运动, 则 φ 仅与相对速度 v 有关. 研究参考系 K' 的原点在 K 内的运动, 有 $x' = 0$, 此时式 (39-37) 简化为

$$\begin{cases} x = -w'\sin\varphi \\ w = w'\cos\varphi \end{cases} \tag{39-38}$$

式 (39-38) 中 x 和 w 相除得到

$$\frac{x}{w} = -\tan\varphi \tag{39-39}$$

由于 $w = \mathrm{i}ct$, 显然 x/t 是 K' 对 K 的速度 v. 因此, 由式 (39-39) 可得

$$\tan\varphi = -\frac{x}{w} = -\frac{x}{\mathrm{i}ct} = \mathrm{i}\frac{v}{c} \tag{39-40}$$

结合三角函数基本性质, 联立:

$$\begin{cases} \sin^2\varphi + \cos^2\varphi = 1 \\ \tan\varphi = \dfrac{\sin\varphi}{\cos\varphi} = \mathrm{i}\dfrac{v}{c} \end{cases} \tag{39-41}$$

求解可得

$$\begin{cases} \sin\varphi = \dfrac{\mathrm{i}v/c}{\sqrt{1-v^2/c^2}} \\ \cos\varphi = \dfrac{1}{\sqrt{1-v^2/c^2}} \end{cases} \tag{39-42}$$

将式 (39-42) 代入式 (39-37) 得到

$$\begin{cases} x = \dfrac{x'}{\sqrt{1-v^2/c^2}} - w'\dfrac{\mathrm{i}v/c}{\sqrt{1-v^2/c^2}} = \dfrac{x' - \mathrm{i}vw'/c}{\sqrt{1-v^2/c^2}} \\ w = x'\dfrac{\mathrm{i}v/c}{\sqrt{1-v^2/c^2}} + \dfrac{w'}{\sqrt{1-v^2/c^2}} = \dfrac{\mathrm{i}vx'/c + w'}{\sqrt{1-v^2/c^2}} \end{cases} \tag{39-43}$$

将 $w = \mathrm{i}ct$、$w' = \mathrm{i}ct'$ 代入式 (39-43), 最后求得

$$\begin{cases} x = \dfrac{x' + vt'}{\sqrt{1-v^2/c^2}} \\ t = \dfrac{vx'/c^2 + t'}{\sqrt{1-v^2/c^2}} \end{cases} \tag{39-44}$$

则洛伦兹变换为

$$\begin{cases} x = \dfrac{x' + vt'}{\sqrt{1-v^2/c^2}} \\ y = y' \\ z = z' \\ t = \dfrac{vx'/c^2 + t'}{\sqrt{1-v^2/c^2}} \end{cases} \tag{39-45}$$

式中, t' 为 "固有时 (proper time)", 是相对于观察者运动的坐标系的时间; 而 t 则为坐标时间 (coordinate time). 因为 K 以速度 $-v$ 相对 K' 运动, 用 x, y, z, t 来表示 x', y', z', t' 的逆公式只需以 $-v$ 代替 v 便得.

参 考 文 献

[3.1] Strutt J W. Some general theorems relating to vibrations. Proceedings of the London Mathematical Society, 1871, 1: 357–368.

[3.2] D'Alembert J. Traité de Dynamique. Paris: David, 1743.

[3.3] Jourdain P E B. Addition to papers on the equations of mechanics. Quarterly Journal of Pure and Applied Mathematics, 1908, 39: 241–250.

[3.4] Zeidler E. Quantum Field Theory III: Gauge Theory: A Bridge between Mathematicians and Physicists. Springer Science & Business Media, 2011.

[3.5] Gauss C F. Über ein neues allgemeines Grundgesetz der Mechanik. Journal fur die reine und angewandte Mathematik ("Crelle's Journal"), 1829, 4: 232–235.

[3.6] Gauss C F. Theoria Motus Corporum Coelestium. Hamburg: Perthes & Besser, 1809.

[3.7] D'Alembert J. Recherches sur la courbe que forme une corde tendue mise en vibrations (Researches on the curve that a tense cord forms [when] set into vibration). Histoire de l'Académie Royale des Sciences et Belles Lettres (Année 1747), 3: 214–249.

[3.8] Mersenne M. Traité de l'Harmonie Universelle. Paris, 1627.

[3.9] Melde F. Über die Erregung stehender Wellen eines fadenförmigen Körpers. Annalen der Physik 1860, 185: 193–215.

[3.10] Melde F. Über Erregung stehender Wellen eines fadenförmigen Körpers (On the excitation of standing waves on a string). Annalen der Physik und Chemie (Ser. 2), 1859, 109: 193–215.

[3.11] von Helmholtz H. Die Lehre von den Tonempfindungen als physiologische Grundlage für die Theorie der Musik. Heidelberg, 1862.

第四篇　哈密顿力学

"While these discoveries (Quaternions, etc.) would suffice to secure Hamilton in the annals of both mathematics and physics a highly honourable place, such pious memorials can in his case easily be dispensed with. For Hamilton is virtually not dead, he himself is alive, so to speak, not his memory. I daresay not a day passes—and seldom an hour—without somebody, somewhere on this globe, pronouncing or reading or writing or printing Hamilton's name. That is due to his fundamental discoveries in general dynamics. The Hamiltonian principle has become the cornerstone of modern physics, the thing with which a physicist expects every physical phenomenon to be in conformity ···

The modern development of physics is continually enhancing Hamilton's name. His famous analogy between mechanics and optics virtually anticipated wave-mechanics, which did not have to add much to his ideas, only had to take them seriously—a little more seriously than he was able to take them, with the experimental knowledge of a century ago. The central conception of all modern theory in physics is 'the Hamiltonian.' If you wish to apply modern theory to any particular problem, you must start with putting the problem 'in Hamiltonian form.' Thus Hamilton is one of the greatest men of science the world has produced."

—— Erwin Schrödinger in 1945

"虽然诸如四元数一类的伟大发现, 足以确立哈密顿在数学和物理界的崇高地位以及我们对他的真挚缅怀. 但哈密顿实际并未逝去, 他还活着, 而且不仅仅是活在那些了解他伟大工作的人的记忆里. 我敢说在这个世界上, 每天甚至每小时不仅有大量了解他伟大工作的人在颂扬他, 还有更多的原先不知道他的人在开始了解这位伟人. 这是因为他在整个动力学领域里做出的基础发现. 哈密顿原理已是现代物理学的基石, 也是物理学家们预期一切物理现象所要遵循的法则.

现代物理学的发展让哈密顿声誉日隆. 他著名的力学–光学类比实际上催生了波动力学. 波动力学本身对哈密顿众多科学思想并未有多大的拓展, 它只是结合一个世纪前的实验结果将哈密顿囿于其时代所不能拓展的, 做了小小的拓展. 现代物理学所有理论的核心概念就是哈密顿量. 如果你要运用现代理论去研究任何一个特定问题的话, 你要做的第一步就是把该问题写成哈密顿形式. 所以, 哈密顿是有史以来科学界最伟大的人物之一."

—— 埃尔温 · 薛定谔 (1945)

§40. 勒让德变换

勒让德 (1752~1833)

黑板的力量 —— 1979 年, 李政道 (1926~) 在玉泉路讲授勒让德变换

勒让德变换 (Legendre transformation or transform) 是把一个物理不变量变为其对偶坐标下的不变量, 该变换之所以用法国数学家勒让德 (Adrien-Marie Legendre, 1752~1833) 的姓氏命名, 主要是因为勒让德在法国几何学家蒙日 (Gaspard Monge, 1746~1818) 关于最小曲面研究的启发下, 于 1787 年给出了该变换.

在勒让德的诸多贡献中, 勒让德变换开始并没有引起人们普遍的关注, 而且, 开始只是对于几何问题的讨论引进的. 不过随着科学的发展, 它在无论是数学还是力学与物理中都显示了其重要性, 经过科学家们对它的推广, 被广泛应用于许多方面. 例如, 在经典力学中, 哈密顿量 (Hamiltonian) 往往通过对拉格朗日量 (Lagrangian) 做勒让德变换得到, 以至于可以说, 哈密顿力学和拉格朗日力学之间是勒让德变换的关系; 热力学中不同函数间的转化恰恰就是勒让德变换, 等.

事实上, 勒让德变换的核心就是针对 "对偶变量对 (dual variable pair)" 或 "共轭变量对 (conjugate variable pair)" 换变量 (switching variable). 例如, 在经典力学中, 最为典型的共轭变量对就是广义力和广义位移. 对于函数 $f(x,y)$, 其全微分为

$$\mathrm{d}f=\frac{\partial f}{\partial x}\mathrm{d}x+\frac{\partial f}{\partial y}\mathrm{d}y=u\mathrm{d}x+v\mathrm{d}y \tag{40-1}$$

式中的独立自变量为 (x,y). 在实际应用中, 如果我们需要将自变量从 (x,y) 换为 (u,y) 的话, 可通过引入如下变换:

$$g=ux-f \tag{40-2}$$

从而有

$$\begin{aligned}\mathrm{d}g&=u\mathrm{d}x+x\mathrm{d}u-\mathrm{d}f=u\mathrm{d}x+x\mathrm{d}u-u\mathrm{d}x-v\mathrm{d}y\\&=x\mathrm{d}u-v\mathrm{d}y=\underbrace{\frac{\partial g}{\partial u}}_{x}\mathrm{d}u-\underbrace{\left(-\frac{\partial g}{\partial y}\right)}_{v}\mathrm{d}y\end{aligned} \tag{40-3}$$

如果想将自变量从 (x,y) 换为 (x,v) 的话, 所做的相应勒让德变换为: $g=vy-f$.

在热力学中, 有很多勒让德变换广泛应用的例子:

$$\begin{cases}\text{Helmholtz 自由能: } F=U-TS\\ \text{焓: } H=U+pV\\ \text{Gibbs 自由能: } G=U-TS+pV\end{cases} \tag{40-4}$$

式中, U 为内能, T 为绝对温度, S 为熵, p 为压强, V 为体积.

考虑一个凸函数 $E=E(x)$, 它可以是能量, 如图 40.1 所示, 函数的斜率为: $E'(x)=-F(x)$, 则有: $\mathrm{d}E=-F\cdot\mathrm{d}x$, 这里 F 和 x 分别为 "力" 和 "位移", 则 F 和 x 为共轭变量对 (conjugate variable pair). 经典力学上其它常用的功的共轭变量对还有: 力矩和角度, 动量和速度, 等.

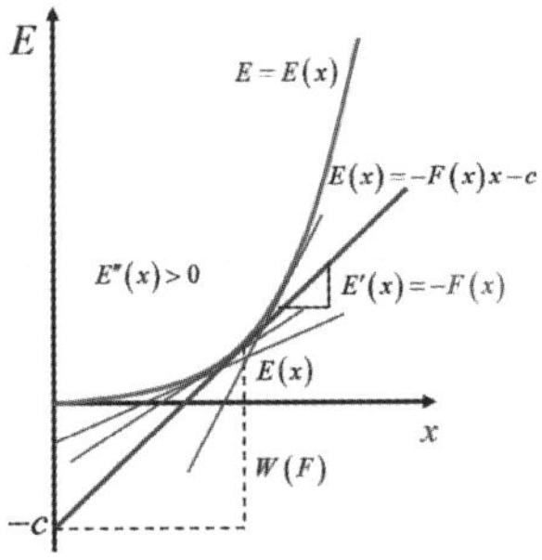

图 40.1　勒让德变换示意图

一条切线有两个特征参量: 斜率 $E'(x)=-F(x)$ 和截距 (intercept) c:

$$E(x)=-F(x)x-c \tag{40-5}$$

勒让德变换是对共轭变量对位置进行变换 $(x\to F)$:

$$W(F)=-Fx(F)-E[x(F)] \tag{40-6}$$

式 (40-6) 的逆为

$$E(x)=-F(x)x-W[F(x)] \tag{40-7}$$

类似地, 对于多变量情形, 考虑一凸函数 $E=E(\boldsymbol{x})$, 这里: $\boldsymbol{x}=(x_1,x_2,\cdots,x_n)$, 其共轭变量对为: $\boldsymbol{F}=(F_1,F_2,\cdots,F_n)$, 事实上有

$$\begin{aligned}\mathrm{d}E&=\sum_{i=1}^{n}\frac{\partial E}{\partial x_i}\mathrm{d}x_i=-\sum_{i=1}^{n}F_i\mathrm{d}x_i\\&=-\boldsymbol{F}\cdot\mathrm{d}\boldsymbol{x}\end{aligned} \tag{40-8}$$

多变量情况下的勒让德变换将

$$E(\boldsymbol{x})=-\boldsymbol{F}(\boldsymbol{x})\cdot\boldsymbol{x}-W[\boldsymbol{F}(\boldsymbol{x})] \tag{40-9}$$

中的共轭变量对进行置换, 得到

$$W(\boldsymbol{F})=-\boldsymbol{x}(\boldsymbol{F})\cdot\boldsymbol{F}-E[\boldsymbol{x}(\boldsymbol{F})] \tag{40-10}$$

例 40.1　线性弹簧变形中的勒让德变换.

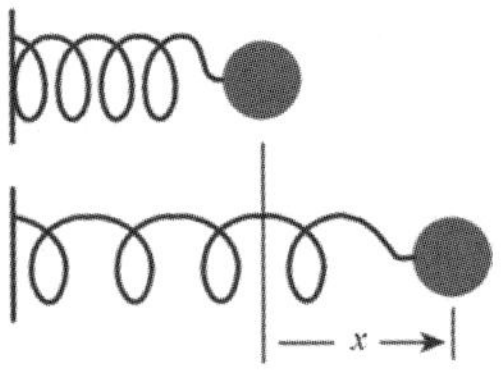

图 40.2　弹簧的变形

解: 如图 40.2 所示, 所谓线性弹簧 (linear spring) 是指: $F=-kx$, 弹簧的劲度系数 k 为常数, 和弹簧的变形无关.

弹簧的弹性变形势能为: $\mathrm{d}E=-F\cdot\mathrm{d}x=-kx\mathrm{d}x, F$ 和 x 为共轭变量对. 进行勒让德变换, 引入一个新的势能, 它是力的函数: $W=W(F)$, 有: $\mathrm{d}W=-x\cdot\mathrm{d}F$, $W=W(F)$ 被称为 "余能 (complementary energy)".

由上面关系式: $\mathrm{d}E=-F\cdot\mathrm{d}x=-kx\mathrm{d}x$, 积分得到: $E=-\displaystyle\int_0^{x_1}F\cdot\mathrm{d}x=\frac{kx_1^2}{2}$,

通过勒让德变换式 (40-6), 便可方便地得到余能为

$$
\begin{aligned}
W &= -F\cdot x(F) - E[x(F)] \\
&= \frac{F_1^2}{2k} = \frac{kx_1^2}{2}
\end{aligned}
\tag{40-11}
$$

图 40.3 清楚地给出了勒让德变换的过程.

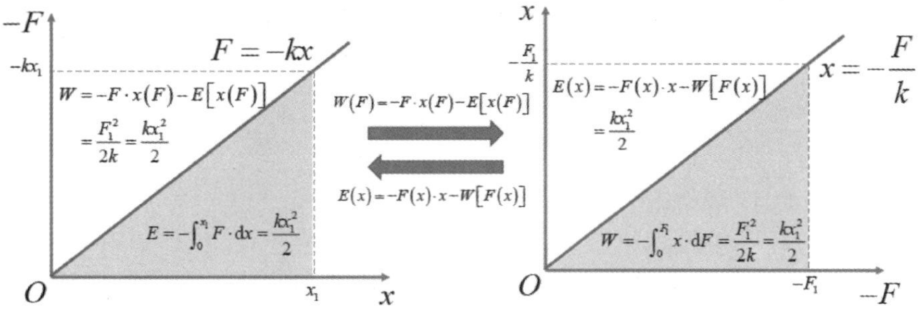

图 40.3　线性弹簧的变形势能和余能之间的勒让德变换

例 40.2　非线性弹簧变形中的勒让德变换.

解: 所谓非线性弹簧 (nonlinear spring) 是指: $F=-k(x)x$, 弹簧的劲度系数 $k(x)$ 不再为常数, 而是和变形 x 有关. 对于非线性弹簧而言, 其变形势能和余能之间的变换关系如图 40.4 所示, 此不再赘述.

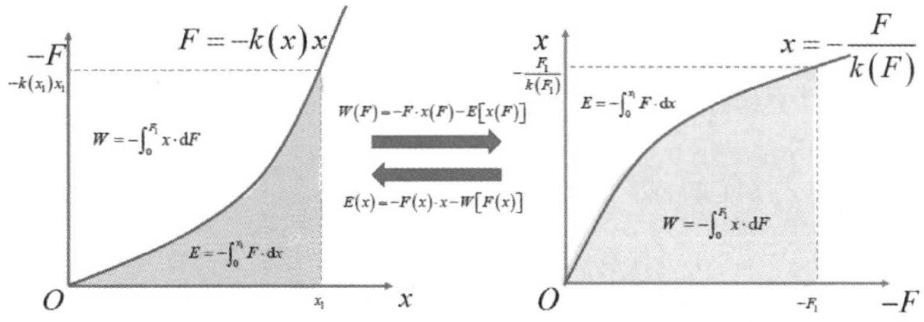

图 40.4　非线性弹簧的变形势能和余能之间的勒让德变换

§41. 哈密顿正则方程

由 §26 知, 拉格朗日量 $L(q,\dot{q},t)$ 中的变量, 广义坐标 q 和广义速度 $\dot{q}$ 的地位不对称. 由于 “广义动量 p” 和广义速度 $\dot{q}$ 为功的共轭变量对, 则可通过如下勒让德

变换:

$$H(q_\alpha, p_\alpha, t) = \sum_{\alpha=1}^{s} \dot{q}_\alpha p_\alpha - L(q_\alpha, \dot{q}_\alpha, t) \tag{41-1}$$

获得哈密顿量 (Hamiltonian) H, 它是广义坐标 q_α、广义动量 p_α 和时间的函数, 其优点之一就是广义坐标 q_α 和广义动量 p_α 处于平等的地位.

拉格朗日量 $L(q, \dot{q}, t)$ 的全微分为

$$\begin{aligned} \mathrm{d}L(q_\alpha, \dot{q}_\alpha, t) &= \sum_{\alpha=1}^{s} \left(\frac{\partial L}{\partial q_\alpha} \mathrm{d}q_\alpha + \frac{\partial L}{\partial \dot{q}_\alpha} \mathrm{d}\dot{q}_\alpha \right) + \frac{\partial L}{\partial t} \mathrm{d}t \\ &= \sum_{\alpha=1}^{s} (\dot{p}_\alpha \mathrm{d}q_\alpha + p_\alpha \mathrm{d}\dot{q}_\alpha) + \frac{\partial L}{\partial t} \mathrm{d}t \end{aligned} \tag{41-2}$$

下面计算式 (41-1) 的全微分:

$$\mathrm{d}H = \sum_{\alpha=1}^{s} (p_\alpha \mathrm{d}\dot{q}_\alpha + \dot{q}_\alpha \mathrm{d}p_\alpha) - \mathrm{d}L \tag{41-3}$$

将式 (41-2) 代入式 (41-3), 得到

$$\begin{aligned} \mathrm{d}H &= \sum_{\alpha=1}^{s} (p_\alpha \mathrm{d}\dot{q}_\alpha + \dot{q}_\alpha \mathrm{d}p_\alpha) - \left[\sum_{\alpha=1}^{s} (\dot{p}_\alpha \mathrm{d}q_\alpha + p_\alpha \mathrm{d}\dot{q}_\alpha) + \frac{\partial L}{\partial t} \mathrm{d}t \right] \\ &= \sum_{\alpha=1}^{s} (-\dot{p}_\alpha \mathrm{d}q_\alpha + \dot{q}_\alpha \mathrm{d}p_\alpha) - \frac{\partial L}{\partial t} \mathrm{d}t \end{aligned} \tag{41-4}$$

再由于哈密顿量 $H(q_\alpha, p_\alpha, t)$ 是广义坐标 q_α、广义动量 p_α 和时间的函数, 则其全微分可写为

$$\mathrm{d}H(q_\alpha, p_\alpha, t) = \sum_{\alpha=1}^{s} \left(\frac{\partial H}{\partial q_\alpha} \mathrm{d}q_\alpha + \frac{\partial H}{\partial p_\alpha} \mathrm{d}p_\alpha \right) + \frac{\partial H}{\partial t} \mathrm{d}t \tag{41-5}$$

综合式 (41-4) 和式 (41-5), 有

$$\mathrm{d}H = \begin{cases} \displaystyle\sum_{\alpha=1}^{s} (-\dot{p}_\alpha \mathrm{d}q_\alpha + \dot{q}_\alpha \mathrm{d}p_\alpha) - \frac{\partial L}{\partial t} \mathrm{d}t \\ \displaystyle\sum_{\alpha=1}^{s} \left(\frac{\partial H}{\partial q_\alpha} \mathrm{d}q_\alpha + \frac{\partial H}{\partial p_\alpha} \mathrm{d}p_\alpha \right) + \frac{\partial H}{\partial t} \mathrm{d}t \end{cases} \tag{41-6}$$

由式 (41-6), 令两个表达式中 $\mathrm{d}q_\alpha$、$\mathrm{d}p_\alpha$ 和 $\mathrm{d}t$ 所对应的系数相等, 则可获得哈密顿正则方程 (Hamilton canonical equations)[1.3~1.5]:

$$\begin{cases} \dot{p}_\alpha = -\dfrac{\partial H}{\partial q_\alpha} \\ \dot{q}_\alpha = \dfrac{\partial H}{\partial p_\alpha} \end{cases} \tag{41-7}$$

和

$$\frac{\partial H}{\partial t} = -\frac{\partial L}{\partial t} \tag{41-8}$$

由式 (41-6), 哈密顿量的全微分可表示为

$$\mathrm{d}H = \sum_{\alpha=1}^{s}(-\dot{p}_\alpha \mathrm{d}q_\alpha + \dot{q}_\alpha \mathrm{d}p_\alpha) + \frac{\partial H}{\partial t}\mathrm{d}t \tag{41-9}$$

则有

$$\frac{\mathrm{d}H}{\mathrm{d}t} = \sum_{\alpha=1}^{s}\underbrace{(-\dot{p}_\alpha \dot{q}_\alpha + \dot{q}_\alpha \dot{p}_\alpha)}_{=0} + \frac{\partial H}{\partial t} \tag{41-10}$$

由式 (41-10), 得到如下重要结论

$$\frac{\mathrm{d}H}{\mathrm{d}t} = \frac{\partial H}{\partial t} \tag{41-10$'$}$$

如果哈密顿量 H 中不显含时间, $\frac{\partial H}{\partial t} = 0$, 则: $\frac{\mathrm{d}H}{\mathrm{d}t} = 0$, 哈密顿量 H 为一运动常数, 亦即守恒律, 也称为正则方程的广义能量积分.

由式 (41-8) 和式 (41-10)$'$, 得到:

$$\frac{\mathrm{d}H}{\mathrm{d}t} = -\frac{\partial L}{\partial t} \tag{41-11}$$

式 (41-11) 表明, 如果拉格朗日量 L 不显含时间, 则哈密顿量 H 就不显含时间, 就是守恒量.

将广义动量的定义 $p_\alpha = \frac{\partial L}{\partial \dot{q}_\alpha}$ 代入式 (41-1) 得到

$$H = \sum_{\alpha=1}^{s}\frac{\partial L}{\partial \dot{q}_\alpha}\dot{q}_\alpha - L \tag{41-12}$$

由于势能和广义速度 $\dot{q}_\alpha$ 无关, 则: $\frac{\partial L}{\partial \dot{q}_\alpha} = \frac{\partial (T-V)}{\partial \dot{q}_\alpha} = \frac{\partial T}{\partial \dot{q}_\alpha}$, 再由于动能为关于 $\dot{q}_\alpha$ 的二次齐次函数, 根据附录 E 中的欧拉齐次函数定理, 可得

$$\begin{aligned} H &= \sum_{\alpha=1}^{s}\frac{\partial T}{\partial \dot{q}_\alpha}\dot{q}_\alpha - L = 2T - (T-V) \\ &= T + V = E \end{aligned} \tag{41-13}$$

式 (41-13) 表明, 哈密顿量在势能不依赖于速度的前提下就是系统的机械能, 是一守恒量或运动常数.

例 41.1 哈密顿量是否可写为: $H=T+V=\dfrac{1}{2}mv^2+V$?

答: 不可以. 拉格朗日量为广义坐标和广义速度的函数, 故拉格朗日量可表示为: $L=T-V=\dfrac{1}{2}mv^2-V$. 但由于哈密顿量是广义坐标和广义动量的函数, 故, 哈密顿量需表达为: $H=T+V=\dfrac{1}{2}\dfrac{p^2}{m}+V$.

例 41.2 质点在非有心力场势 $V(r,\theta)$ 作用下的运动方程的建立.

解: 该问题已经应用拉格朗日方程作为例 27.1 求解过, 其拉格朗日量和广义动量已经分别由式 (27-11) 和式 (27-15) 分别给出. 因此, 该质点的哈密顿量可表示为

$$\begin{aligned}H(r,p_r,\theta,p_\theta)&=p_r\dot{r}+p_\theta\dot{\theta}-L(r,\dot{r},\theta,\dot{\theta})\\&=T_r+T_\theta+V(r,\theta)\\&=\frac{p_r^2}{2m}+\frac{p_\theta^2}{2mr^2}+V(r,\theta)\end{aligned}\tag{41-14}$$

值得注意的是, 之所以和角度相关的动能表示为 $T_\theta=\dfrac{p_\theta^2}{2mr^2}$, 是由于 p_θ 具有角动量或动量矩的量纲. 由式 (27-15) 中的广义动量的表达式, 将其代入到哈密顿正则方程中的 $\dot{q}_\alpha=\dfrac{\partial H}{\partial p_\alpha}$, 则得到: $\dfrac{\partial H}{\partial p_r}=\dot{r}$ 和 $\dfrac{\partial H}{\partial p_\theta}=\dot{\theta}$, 这没有提供任何新的信息.

再应用哈密顿正则方程中的 $\dot{p}_\alpha=-\dfrac{\partial H}{\partial q_\alpha}$, 也就是

$$\begin{cases}\dot{p}_r=-\dfrac{\partial H}{\partial r}\\ \dot{p}_\theta=-\dfrac{\partial H}{\partial \theta}\end{cases}$$

则有

$$\begin{cases}\dot{p}_r=\dfrac{p_\theta^2}{mr^3}-\dfrac{\partial V}{\partial r}\\ \dot{p}_\theta=-\dfrac{\partial V}{\partial \theta}\end{cases}\tag{41-15}$$

将式 (27-15) 中的广义动量代入式 (41-15), 进一步整理可得到质点的运动方程式 (27-13), 说明了拉格朗日形式 (Lagrangian formalism) 和哈密顿形式 (Hamiltonian formalism) 的等价性, 所得到的运动方程就是牛顿第二定律的结果.

例 41.3 质点在有心力场势 $V(r)$ 作用下的运动方程的建立.

解: 已在例 27.2 中用拉格朗日方程求解过该问题. 对于中心力场, 该问题的拉

格朗日量可由式 (27-11) 退化为

$$L(r,\dot{r},\dot{\theta})=\frac{m}{2}(\dot{r}^2+r^2\dot{\theta}^2)-V(r) \tag{41-16}$$

可以看出, 拉格朗日量中并不显含角度 θ. 该问题的哈密顿量也从式 (41-14) 退化为

$$H(r,p_r,p_\theta)=\frac{p_r^2}{2m}+\frac{p_\theta^2}{2mr^2}+V(r) \tag{41-17}$$

同样可以看出, 哈密顿量中也不显含角度 θ. 从而, 该问题的自由度个数从 2 降为 1, 角度 θ 称为"循环坐标 (cyclic coordinate)"或"可遗坐标 (ignorable coordinate)".

正则方程中的 $\dot{q}_\alpha=\dfrac{\partial H}{\partial p_\alpha}$, 也就是: $\dfrac{\partial H}{\partial p_r}=\dot{r}$ 和 $\dfrac{\partial H}{\partial p_\theta}=\dot{\theta}$, 事实上没有提供任何新的信息. 再由正则方程中的 $\dot{p}_\alpha=-\dfrac{\partial H}{\partial q_\alpha}$, 也就是

$$\begin{cases}\dot{p}_r=-\dfrac{\partial H}{\partial r} & \Rightarrow \quad \dot{p}_r=\dfrac{p_\theta^2}{mr^3}-\dfrac{\mathrm{d}V}{\mathrm{d}r}\\ \dot{p}_\theta=-\dfrac{\partial H}{\partial \theta} & \Rightarrow \quad \dot{p}_\theta=0\end{cases} \tag{41-18}$$

进一步可得

$$\begin{cases}\dot{p}_r=\dfrac{p_\theta^2}{mr^3}-\dfrac{\mathrm{d}V}{\mathrm{d}r}\\ p_\theta=\mathrm{const}\end{cases} \tag{41-19}$$

上面的求解过程清晰地表明, 循环坐标对应着守恒量, 换句话说, 循环坐标的共轭广义动量守恒, 针对于本例的具体问题, 是角动量守恒. 因而, 循环坐标不但能够帮助我们识别守恒量, 而且还将问题的自由度由两个降为一个, 此时应用哈密顿正则方程可简化求解过程.

再让我们返回例 27.2, 用拉格朗日方程来求解同样问题的过程, 由式 (41-16) 给出的拉格朗日量中显含两个广义速度 $(\dot{r},\dot{\theta})$, 则用拉格朗日方程求解时, 必须写出两个方程, 因而求解过程并没有循环坐标的存在而得到简化.

例 41.4 表 2.1 已说明, 哈密顿力学相应于辛几何, 如何理解?

答: 观察哈密顿正则方程式 (41-7), 对于单自由度, 有

$$\begin{bmatrix}\dot{q}\\ \dot{p}\end{bmatrix}=\begin{bmatrix}0 & 1\\ -1 & 0\end{bmatrix}\begin{bmatrix}\dfrac{\partial H}{\partial q}\\ \dfrac{\partial H}{\partial p}\end{bmatrix} \tag{41-20}$$

亦即

$$\begin{bmatrix} \dot{q}_1 \\ \dot{p}_1 \end{bmatrix} = \begin{bmatrix} 0_1 & \mathrm{I}_1 \\ -\mathrm{I}_1 & 0_1 \end{bmatrix} \begin{bmatrix} \dfrac{\partial H}{\partial q_1} \\ \dfrac{\partial H}{\partial p_1} \end{bmatrix} \tag{41-20$'$}$$

对于双自由度, 有

$$\begin{bmatrix} \dot{q}_1 \\ \dot{q}_2 \\ \dot{p}_1 \\ \dot{p}_2 \end{bmatrix} = \begin{bmatrix} 0 & 0 & 1 & 0 \\ 0 & 0 & 0 & 1 \\ -1 & 0 & 0 & 0 \\ 0 & -1 & 0 & 0 \end{bmatrix} \begin{bmatrix} \dfrac{\partial H}{\partial q_1} \\ \dfrac{\partial H}{\partial q_2} \\ \dfrac{\partial H}{\partial p_1} \\ \dfrac{\partial H}{\partial p_2} \end{bmatrix} \tag{41-21}$$

亦即

$$\begin{bmatrix} \dot{q}_1 \\ \dot{q}_2 \\ \dot{p}_1 \\ \dot{p}_2 \end{bmatrix} = \begin{bmatrix} 0_2 & \mathrm{I}_2 \\ -\mathrm{I}_2 & 0_2 \end{bmatrix} \begin{bmatrix} \dfrac{\partial H}{\partial q_1} \\ \dfrac{\partial H}{\partial q_2} \\ \dfrac{\partial H}{\partial p_1} \\ \dfrac{\partial H}{\partial p_2} \end{bmatrix} \tag{41-21$'$}$$

式中, 0_2 为 2×2 零矩阵, I_2 为 2×2 单位矩阵.

对于三自由度, 有

$$\begin{bmatrix} \dot{q}_1 \\ \dot{q}_2 \\ \dot{q}_3 \\ \dot{p}_1 \\ \dot{p}_2 \\ \dot{p}_3 \end{bmatrix} = \begin{bmatrix} 0 & 0 & 0 & 1 & 0 & 0 \\ 0 & 0 & 0 & 0 & 1 & 0 \\ 0 & 0 & 0 & 0 & 0 & 1 \\ -1 & 0 & 0 & 0 & 0 & 0 \\ 0 & -1 & 0 & 0 & 0 & 0 \\ 0 & 0 & -1 & 0 & 0 & 0 \end{bmatrix} \begin{bmatrix} \dfrac{\partial H}{\partial q_1} \\ \dfrac{\partial H}{\partial q_2} \\ \dfrac{\partial H}{\partial q_3} \\ \dfrac{\partial H}{\partial p_1} \\ \dfrac{\partial H}{\partial p_2} \\ \dfrac{\partial H}{\partial p_3} \end{bmatrix} \tag{41-22}$$

亦即

$$\begin{bmatrix} \dot{q}_1 \\ \dot{q}_2 \\ \dot{q}_3 \\ \dot{p}_1 \\ \dot{p}_2 \\ \dot{p}_3 \end{bmatrix} = \begin{bmatrix} 0_3 & \mathrm{I}_3 \\ -\mathrm{I}_3 & 0_3 \end{bmatrix} \begin{bmatrix} \dfrac{\partial H}{\partial q_1} \\ \dfrac{\partial H}{\partial q_2} \\ \dfrac{\partial H}{\partial q_3} \\ \dfrac{\partial H}{\partial p_1} \\ \dfrac{\partial H}{\partial p_2} \\ \dfrac{\partial H}{\partial p_3} \end{bmatrix} \tag{41-22$'$}$$

式中, 0_3 为 3×3 零矩阵, I_3 为 3×3 单位矩阵.

推而广之, 对于 n 个自由度问题, 哈密顿正则方程可表示为

$$\begin{bmatrix} \dot{q}_1 \\ \dot{q}_2 \\ \vdots \\ \dot{q}_n \\ \dot{p}_1 \\ \dot{p}_2 \\ \vdots \\ \dot{p}_n \end{bmatrix} = \begin{bmatrix} 0_n & \mathrm{I}_n \\ -\mathrm{I}_n & 0_n \end{bmatrix} \begin{bmatrix} \dfrac{\partial H}{\partial q_1} \\ \dfrac{\partial H}{\partial q_2} \\ \vdots \\ \dfrac{\partial H}{\partial q_n} \\ \dfrac{\partial H}{\partial p_1} \\ \dfrac{\partial H}{\partial p_2} \\ \vdots \\ \dfrac{\partial H}{\partial p_n} \end{bmatrix} \tag{41-23}$$

式中, 0_n 为 $n\times n$ 零矩阵, I_n 为 $n\times n$ 单位矩阵. 而

$$J_n = \begin{bmatrix} 0_n & \mathrm{I}_n \\ -\mathrm{I}_n & 0_n \end{bmatrix} \tag{41-24}$$

为 n 阶辛矩阵 (symplectic matrix), 它具有如下反对称性质:

$$J_n = -J_n^{\mathrm{T}} \tag{41-25}$$

大数学家外尔在其 1939 年由普林斯顿大学出版社出版的名著 *The Classical Groups: Their Invariants and Representations* 的第 165 页中指出, 他一开始论及具有反对称双线性形式的 “line complexes (线簇)” 时, 用的是 “complex group (复

外尔和妻子 Hella
1922 年在西班牙

群)”. 外尔在书中特别指出的是, 由于 complex group 越来越尴尬地 (more and more embarrassing) 被认为其隐含着同 complex number (复数) 之间的冲突 (collision). 因此, 外尔才依据希腊文的形容词 (Greek adjective) 自创了 symplectic 一词以示区别.

华罗庚于 1946 年 9 月底前, 抵达普林斯顿高等研究院访问, 在外尔处得知了该概念, 根据 “sym” 的谐音, 将其定名为中文的 “辛”.

读者自然关心哈密顿方程为什么被称为 “正则方程 (canonical equations)”? “Canonical” 一词首先是由大数学家 C. G. J. Jacobi 于 1837 年应用在科学上. 英文中的 “canon” 一词有 “正经” 的含义, 例如, 犹太人的 “正经” 就是 “希伯来圣经”. 所以, “canonical” 一词对于西方人而言, 带有一丝神圣感. 开尔文勋爵 (William Thomson, Lord Kelvin, 1824~1907) 和泰特 (Peter Guthrie Tait, 1831~1901) 被 “canonical (正则的)” 这个形容词感动得尖叫道: “为什么用 canonical 来称呼真是美不可言呀 (Thomas (Lord Kelvin) and Tait were moved by the adjective ‘canonical’ to exclaim: ‘Why it has been so called would be hard to say.’)”.

§42. 相　空　间

阿诺尔德 (1937~2010)

弗拉基米尔 · 阿诺尔德 (Vladimir Igorevich Arnold, 1937~2010), 这位二十世纪最伟大的数学家之一, 动力系统和经典力学大师, 于 1978 年精辟地指出: “哈密顿力学是相空间的几何学 (Hamiltonian mechanics is geometry in phase space)”.

在物理学中, 相空间是一个无处不在的基本概念[4.1]. 相空间的概念被称为 “现代科学中最为强大的发明之一 (one of the most powerful inventions of modern science)”.

所谓相空间 (phase space) 就是以体系的 s 个广义坐标 q_k 和 s 个广义动量 p_k 为坐标轴的 $2s$ 维假想的空间. 一般情况下, 相空间为一高维空间. 图 42.1 是一个最为简单的二维相空间的例子, 就是一个相平面 (phase plane).

相点 (phase point) 代表了体系在某一时刻状态的相空间中的点.

类似地, 相轨迹 (phase trajectory) 系指体系运动时, 其相点在相空间所刻划出的线.

相空间体积和相速度等可在上述概念的基础上很方便地引申出. 对于图 42.1 所示的相平面而言, 其相面积为: $\mathrm{d}\varGamma = \mathrm{d}p_x\mathrm{d}x$. 对于 n 维的相空间而言, 其体积单元可表示为

$$\mathrm{d}\varGamma = \mathrm{d}q_1\mathrm{d}q_2\cdots\mathrm{d}q_n\mathrm{d}p_1\mathrm{d}p_2\cdots\mathrm{d}p_n \tag{42-1}$$

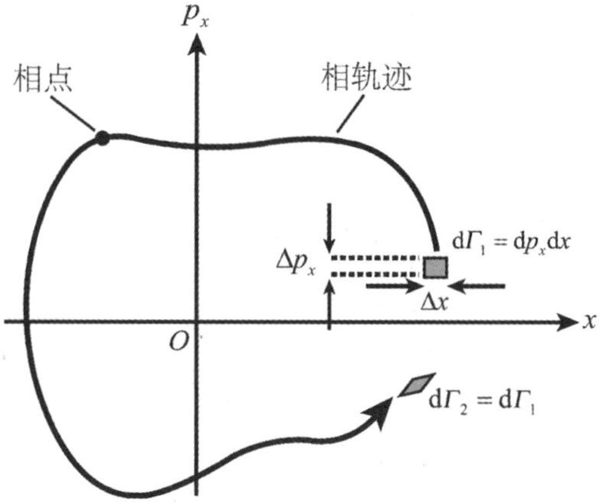

图 42.1 相平面、相点、相轨迹和刘维尔定理示意图

如果质点所受到的是保守力场, 则该系统的机械能守恒. 最典型的保守系统是本书 §41 中所讲的哈密顿系统. 1838 年由法国数学家刘维尔 (Joseph Liouville, 1809~1882) 所建立的后来被广泛地称为 “刘维尔定理” 可陈述为[4.2]: 对于保守系统, 相空间体积是守恒的, 即相体积永远不变. 对于二维问题, 则是相面积保持不变. 该性质有时也被称为 “庞加莱相空间体积不变性”. 下面给出刘维尔定理的证明.

刘维尔 (1809~1882)

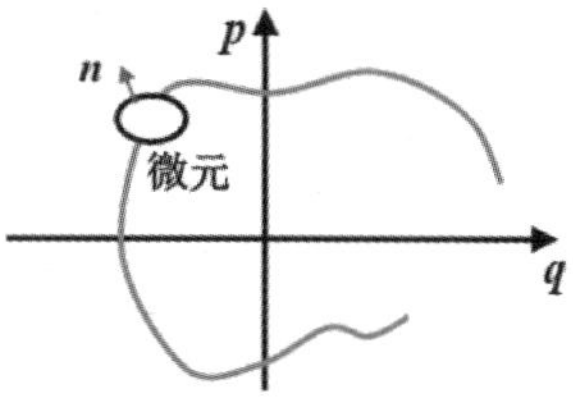

图 42.2 相平面中的微元

对于如图 42.2 相平面中的微元, 对于一任意的相点 $x=(q,p)$, 由哈密顿正则方程式 (41-7), 有: $\dot{q}=\dfrac{\partial H}{\partial p}$ 和 $\dot{p}=-\dfrac{\partial H}{\partial q}$, 则相速度为

$$\frac{\mathrm{d}x}{\mathrm{d}t}=f(x)=\left(\frac{\partial H}{\partial p},-\frac{\partial H}{\partial q}\right) \tag{42-2}$$

刘维尔定理是说, 在相体积保持不变情况下, 单位时间流入微元的流量和所选的特定体积单元无关, 满足通量 Flux = 0. 通量的表达式为

$$\mathrm{Flux}=\oint\frac{\mathrm{d}x}{\mathrm{d}t}\cdot\mathrm{d}A=\iint\left(\mathrm{div}\,\frac{\mathrm{d}x}{\mathrm{d}t}\right)\mathrm{d}q\mathrm{d}p \tag{42-3}$$

式中 $\mathrm{d}A$ 为相面积微元, 则相速度的散度为

$$\begin{aligned}\mathrm{div}\,\frac{\mathrm{d}x}{\mathrm{d}t}&=\frac{\partial}{\partial q}\frac{\mathrm{d}q}{\mathrm{d}t}+\frac{\partial}{\partial p}\frac{\mathrm{d}p}{\mathrm{d}t}=\frac{\partial}{\partial q}\frac{\partial H}{\partial p}-\frac{\partial}{\partial p}\frac{\partial H}{\partial q}\\&=\frac{\partial^2 H}{\partial q\partial p}-\frac{\partial^2 H}{\partial p\partial q}=0\end{aligned} \tag{42-4}$$

式 (42-4) 表明, 相速度的散度为零, 也就是微元的体积增量为 0, 故相空间体积守恒.

推而广之, 对于 n 维系统, 相空间的维度为 $2n$, 对于任意相点 $x=(q_1,p_1;q_2,p_2;$

$\cdots; q_n, p_n)$, 由哈密顿正则方程 $\dot{q}_k = \dfrac{\partial H}{\partial p_k}$ 和 $\dot{p}_k = -\dfrac{\partial H}{\partial q_k}$, 则相速度可表示为

$$\frac{\mathrm{d}x}{\mathrm{d}t} = f(x) = \left(\frac{\partial H}{\partial p_1}, -\frac{\partial H}{\partial q_1}; \frac{\partial H}{\partial p_2}, -\frac{\partial H}{\partial q_2}; \cdots; \frac{\partial H}{\partial p_n}, -\frac{\partial H}{\partial q_n}\right) \tag{42-5}$$

类似于相平面的情形, 由于上述相速度的散度满足:

$$\begin{aligned}
\mathrm{div}\,\frac{\mathrm{d}x}{\mathrm{d}t} &= \frac{\partial}{\partial q_1}\frac{\mathrm{d}q_1}{\mathrm{d}t} + \frac{\partial}{\partial p_1}\frac{\mathrm{d}p_1}{\mathrm{d}t} + \frac{\partial}{\partial q_2}\frac{\mathrm{d}q_2}{\mathrm{d}t} + \frac{\partial}{\partial p_2}\frac{\mathrm{d}p_2}{\mathrm{d}t} + \cdots + \frac{\partial}{\partial q_n}\frac{\mathrm{d}q_n}{\mathrm{d}t} + \frac{\partial}{\partial p_n}\frac{\mathrm{d}p_n}{\mathrm{d}t} \\
&= \frac{\partial}{\partial q_1}\frac{\partial H}{\partial p_1} - \frac{\partial}{\partial p_1}\frac{\partial H}{\partial q_1} + \frac{\partial}{\partial q_2}\frac{\partial H}{\partial p_2} - \frac{\partial}{\partial p_2}\frac{\partial H}{\partial q_2} + \cdots + \frac{\partial}{\partial q_n}\frac{\partial H}{\partial p_n} - \frac{\partial}{\partial p_n}\frac{\partial H}{\partial q_n} \\
&= \left(\frac{\partial^2 H}{\partial q_1 \partial p_1} - \frac{\partial^2 H}{\partial p_1 \partial q_1}\right) + \left(\frac{\partial^2 H}{\partial q_2 \partial p_2} - \frac{\partial^2 H}{\partial p_2 \partial q_2}\right) + \cdots + \left(\frac{\partial^2 H}{\partial q_n \partial p_n} - \frac{\partial^2 H}{\partial p_n \partial q_n}\right) \\
&= 0
\end{aligned} \tag{42-6}$$

由于相速度的散度为零, 故微元的体积增量为 0, 故相空间体积守恒, 刘维尔定理得证.

埃伦费斯特夫妇

相空间是一个 “纠结的故事”[4.1]. 尽管从刘维尔的 1838 年开始, 到后来的雅可比、玻尔兹曼和庞加莱等学术大师的进一步发展, 但作为一个专用的学术词汇, 德文的相空间 “Phasenraum” 直到 1911 年才在 Paul Ehrenfest (埃伦费斯特, 1880~1933) 和 Tatyana Ehrenfest (1876~1964) 夫妇所发表的综述中[4.3] 出现, 这是在印刷品中第一次使用“相空间” 这一专业词汇. Ehrenfest 夫妇还用 “Γ− 空间 (Γ−space)” 来表示相空间, 用 “Γ− 点 (Γ−point)” 来表示相点.

§43. 罗斯方法 —— 混合的哈密顿–拉格朗日方法

罗斯 (1831~1907)

爱德华 · 罗斯 (Edward John Routh, 1831~1907) 是十九世纪英国一位杰出的数学家, 他以数学学位优等生考试第一名的身份 (Senior Wrangler in the Mathematical Tripos examinations), 于 1854 年 1 月在剑桥大学获得本科学位, 大物理学家麦克斯韦则获得了第二名. 麦克斯韦屈居优等生第二名的原因是, 在所有的同学中, 在考试前只有麦克斯韦没有进行任何的应付和准备, 其成绩完全是靠真才实学取得的. 罗斯和麦克斯韦平分了 “史密斯奖 (Smith's prize)”.

通过例 41.3, 可以看出当存在可遗坐标时, 不但能够帮助我们识别守恒量, 而且能使哈密顿方程的自由度减少, 从而使方程组的个数减少 (降阶). 按照罗斯本人于 1906 年《自然》短文[4.4] 的回忆, 他于 1876 年 12 月提出了求解此类问题的新方法, 并于 1877 年的 8 月发表[4.5].

罗斯的方法 (Routh's procedure) 是充分利用了循环坐标的出现使哈密顿方程的求解得以简化以及拉格朗日方程处理动力学方程的方便, 是一种混合的哈密顿–拉格朗日方法 (a mixed or hybrid Hamiltonian-Lagrangian procedure).

对于一个具有 n 个自由度的完整力学系统, 设有 s 个非循环坐标 (non-cyclic coordinates) $(q_1, q_2, \cdots, q_s)$, 循环坐标的个数为 $(n-s)$ 个 $(q_{s+1}, q_{s+2}, \cdots, q_n)$. 针对循环坐标使用哈密顿方法, 而对非循环坐标则使用拉格朗日方法. 定义一个新的函数 —— 称为 "罗斯函数" 或 "罗斯量 (Routhian)":

$$\begin{aligned} R &\equiv R(q_1, \cdots q_n; \dot{q}_1, \cdots, \dot{q}_s; p_{s+1}, \cdots, p_n; t) \\ &= \sum_{i=s+1}^{n} p_i \dot{q}_i - L(q_1, \cdots q_n; \dot{q}_1, \cdots \dot{q}_s; \underbrace{\dot{q}_{s+1}, \cdots \dot{q}_n}_{\text{通过勒让德变换将这些广义速度置换}}; t) \end{aligned} \tag{43-1}$$

这等价于:

$$\begin{aligned} R &\equiv R(q_1, \cdots q_n; \dot{q}_1, \cdots, \dot{q}_s; p_{s+1}, \cdots, p_n; t) \\ &= H_{\text{cyclic}}(q_{s+1}, \cdots q_n; p_{s+1}, \cdots, p_n; t) \\ &\quad - L_{\text{non-cyclic}}(q_1, \cdots q_s; \dot{q}_1, \cdots, \dot{q}_s; t) \end{aligned} \tag{43-2}$$

从而, 针对非循环坐标, 运动方程用拉格朗日方程描述:

$$\frac{\mathrm{d}}{\mathrm{d}t}\left(\frac{\partial R}{\partial \dot{q}_i}\right) - \frac{\partial R}{\partial q_i} = 0, \qquad (i = 1, 2, \cdots, s) \tag{43-3}$$

而对于循环坐标而言, 运动方程则用哈密顿正则方程来描述:

$$\begin{cases} \dfrac{\partial R}{\partial p_i} = \dot{q}_i \\ \dfrac{\partial R}{\partial q_i} = -\dot{p}_i \end{cases}, \quad (i = s+1, \cdots, n) \tag{43-4}$$

罗斯方法的最大优点是使方程个数的减少.

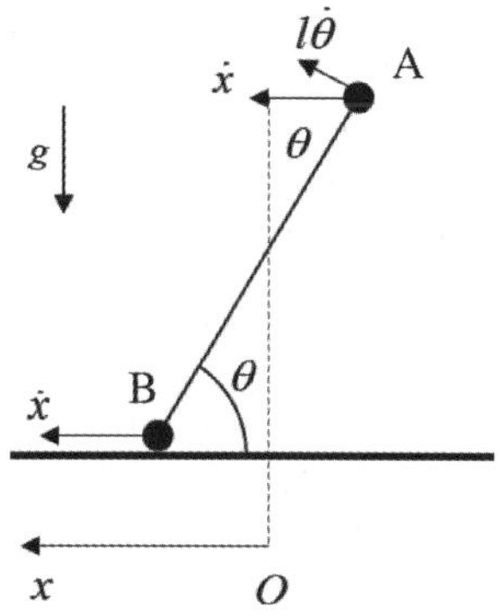

图 43.1 通过无质量直杆相连的两质点, 质点 B 只能沿平面光滑地移动

例 43.1 如图 43.1 所示, 质量为 m 的质点 A 和 B 用一无质量的长为 l 的直杆相连, 质点 B 只能沿平面光滑地移动, 试建立系统的运动方程.

解: 如图 43.1 所示, 系统有两个自由度 (x, θ), 两个质点的速度分别为

$$\begin{cases} v_A = \sqrt{(\dot{x}\sin\theta + l\dot{\theta})^2 + (\dot{x}\cos\theta)^2} = \sqrt{\dot{x}^2 + l^2\dot{\theta}^2 + 2\dot{x}\dot{\theta}l\sin\theta} \\ v_B = \dot{x} \end{cases} \tag{43-5}$$

则系统的动能和势能分别为

$$\begin{cases} T = \dfrac{1}{2}m\dot{x}^2 + \dfrac{1}{2}m(\dot{x}^2 + l^2\dot{\theta}^2 + 2\dot{x}l\dot{\theta}\sin\theta) \\ V = mgl\sin\theta \end{cases}$$

系统的拉格朗日量为

$$L(\dot{x}, \theta, \dot{\theta}) = m\dot{x}^2 + m\dot{x}l\dot{\theta}\sin\theta + \frac{1}{2}ml^2\dot{\theta}^2 - mgl\sin\theta \tag{43-6}$$

式中不显含 x, 因此, x 为循环坐标. 该循环坐标的共轭动量为

$$p_x = \frac{\partial L}{\partial \dot{x}} = 2m\dot{x} + ml\dot{\theta}\sin\theta \tag{43-7}$$

显然, p_x 为守恒量, 亦即: $\dot{p}_x = 0$:

$$\ddot{x} + \frac{l}{2}(\ddot{\theta}\sin\theta + \dot{\theta}^2\cos\theta) = 0 \tag{43-8}$$

由式 (43-1) 可定义罗斯量为

$$\begin{aligned} R &= \dot{x}p_x - L = m\dot{x}^2 - \frac{1}{2}ml^2\dot{\theta}^2 + mgl\sin\theta \\ &= \frac{1}{2}\left(\frac{p_x^2}{2m} - p_x l\dot{\theta}\sin\theta\right) - \frac{m}{2}l^2\dot{\theta}^2\left(1 - \frac{1}{2}\sin^2\theta\right) + mgl\sin\theta \end{aligned} \tag{43-9}$$

针对非循环坐标 θ, 应用拉格朗日方程:

$$\frac{\mathrm{d}}{\mathrm{d}t}\frac{\partial R}{\partial \dot{\theta}} - \frac{\partial R}{\partial \theta} = 0 \tag{43-10}$$

得到运动微分方程:

$$\ddot{\theta}\left(1 - \frac{1}{2}\sin^2\theta\right) + \frac{g}{l}\cos\theta = 0 \tag{43-11}$$

式 (43-11) 为一关于非循环坐标 θ 的二阶非线性常微分方程. 对于循环坐标 x, 应用哈密顿正则方程,

$$\begin{cases} \dot{x} = \dfrac{\partial R}{\partial p_x} \\ \dot{p}_x = -\dfrac{\partial R}{\partial x} \quad \Rightarrow \quad \dot{p}_x = 0 \end{cases}$$

可以看出, 上式并未给出新的信息.

例 43.2 建立在中心力场势 $V(r) = -kr^{-n}$ 作用下的开普勒问题的运动方程.

解: 建立极坐标系 (r, θ), 将势能 $V(r) = -kr^{-n}$ 代入式 (41-16), 便可获得质点的拉格朗日量:

$$L(r, \dot{r}, \dot{\theta}) = \frac{1}{2}m(\dot{r}^2 + r^2\dot{\theta}^2) + kr^{-n} \tag{43-12}$$

式中不显含 θ, 故 θ 为循环坐标, 与其共轭的广义动量

$$p_\theta = \frac{\partial L}{\partial \dot{\theta}} = mr^2\dot{\theta} \tag{43-13}$$

为一守恒量. 事实上, 前面已经多次论述过, 式 (43-13) 中的广义动量的实际量纲为角动量.

将势能 $V(r) = -kr^{-n}$ 代入式 (41-17), 可获得质点的哈密顿量为

$$H(r, p_r, p_\theta) = \frac{p_r^2}{2m} + \frac{p_\theta^2}{2mr^2} - kr^{-n} \tag{43-14}$$

运动质点的罗斯量为

$$\begin{aligned} R(r, \dot{r}, p_\theta) &= \dot{\theta} p_\theta - L \\ &= \frac{p_\theta^2}{2mr^2} - \frac{1}{2}m\dot{r}^2 - kr^{-n} \end{aligned} \tag{43-15}$$

对于非循环坐标 r 应用拉格朗日方程, 可获得质点的运动方程:

$$\frac{\mathrm{d}}{\mathrm{d}t}\left(\frac{\partial R}{\partial \dot{r}}\right) - \frac{\partial R}{\partial r} = 0 \quad \Rightarrow \quad m(\ddot{r} - r\dot{\theta}^2) + nkr^{-(n+1)} = 0 \tag{43-16}$$

对于循环坐标 θ 应用哈密顿正则方程, 则有

$$\begin{cases} \dot{\theta} = \dfrac{\partial R}{\partial p_\theta} = \dfrac{p_\theta}{mr^2} \quad \Rightarrow \quad p_\theta = mr^2\dot{\theta} \\ \dot{p}_\theta = -\dfrac{\partial R}{\partial \theta} = 0 \quad \Rightarrow \quad p_\theta = \mathrm{const} \end{cases} \tag{43-17}$$

通过本例题, 进一步加强了我们对罗斯方法的体会, 那就是通过拉格朗日方程得到的是运动方程; 通过哈密顿正则方程得到的是守恒量.

例 43.3 利用多种方法建立质量为 m 的质点在有心力势 $V(r)$ 作用下在如图 43.2 所示的球坐标系 (r, θ, φ) 下的运动方程.

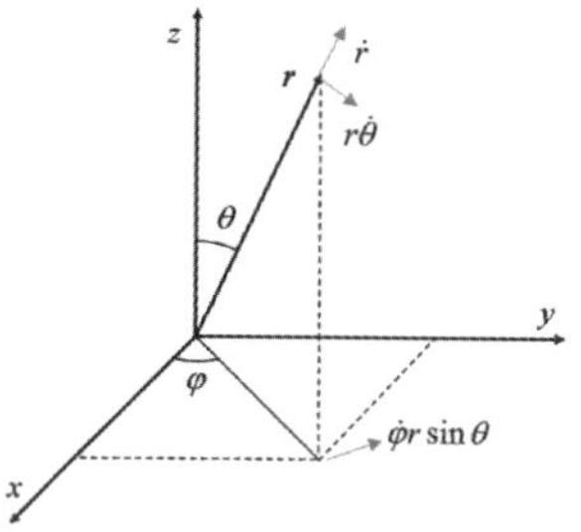

图 43.2 球坐标系中质点的速度分量示意图

解法一: 拉格朗日方法 (Lagrangian procedure)

按照图 43.2 给出的三个速度分量, 质点的拉格朗日量为

$$L = \frac{m}{2}(\dot{r}^2 + r^2\dot{\theta}^2 + r^2\dot{\varphi}^2\sin^2\theta) - V(r) \tag{43-18}$$

由于式 (43-18) 中不显含 φ, 则 φ 为循环坐标.

球坐标下的拉格朗日方程组为

$$\begin{cases} \dfrac{\mathrm{d}}{\mathrm{d}t}\dfrac{\partial L}{\partial \dot{r}} - \dfrac{\partial L}{\partial r} = 0 \\ \dfrac{\mathrm{d}}{\mathrm{d}t}\dfrac{\partial L}{\partial \dot{\theta}} - \dfrac{\partial L}{\partial \theta} = 0 \\ \dfrac{\mathrm{d}}{\mathrm{d}t}\dfrac{\partial L}{\partial \dot{\varphi}} - \dfrac{\partial L}{\partial \varphi} = 0 \end{cases} \tag{43-19}$$

将式 (43-18) 代入式 (43-19), 便得到质点的运动方程为

$$\begin{cases} m\ddot{r} = mr\dot{\theta}^2 + mr\dot{\varphi}^2\sin^2\theta - \dfrac{\partial V}{\partial r} \\ 2\dot{r}\dot{\theta} + r\ddot{\theta} = r\dot{\varphi}^2\sin\theta\cos\theta \\ 2\dot{r}\dot{\varphi}\sin^2\theta + 2r\dot{\varphi}\dot{\theta}\sin\theta\cos\theta + r\ddot{\varphi}\sin^2\theta = 0 \end{cases} \tag{43-20}$$

解法二：哈密顿方法 (Hamiltonian procedure)

由拉格朗日量的表达式 (43-18), 三个相应的广义动量为

$$\begin{cases} p_r = \dfrac{\partial L}{\partial \dot{r}} = m\dot{r} \\ p_\theta = \dfrac{\partial L}{\partial \dot{\theta}} = mr^2\dot{\theta} \\ p_\varphi = \dfrac{\partial L}{\partial \dot{\varphi}} = mr^2\dot{\varphi}\sin^2\theta \end{cases} \tag{43-21}$$

由于 φ 为循环坐标, 则与其共轭的广义动量 p_φ 为一守恒量.

通过勒让德变换, 可获得质点的哈密顿量为

$$H = p_r\dot{r} + p_\theta\dot{\theta} + p_\varphi\dot{\varphi} - L = \frac{1}{2m}\left(p_r^2 + \frac{p_\theta^2}{r^2} + \frac{p_\varphi^2}{r^2\sin^2\theta}\right) + V(r) \tag{43-22}$$

哈密顿正则方程:

$$\frac{\partial H}{\partial p_r} = \dot{r}, \quad \frac{\partial H}{\partial p_\theta} = \dot{\theta}, \quad \frac{\partial H}{\partial p_\varphi} = \dot{\varphi} \tag{43-23}$$

未给出新的信息. 而从另一组哈密顿正则方程得到

$$\begin{cases} \dot{p}_r = -\dfrac{\partial H}{\partial r} \quad \Rightarrow \quad \dot{p}_r = \dfrac{1}{mr^3}\left(p_\theta^2 + \dfrac{p_\varphi^2}{\sin^2\theta}\right) - \dfrac{\mathrm{d}V}{\mathrm{d}r} \\ \dot{p}_\theta = -\dfrac{\partial H}{\partial \theta} \quad \Rightarrow \quad \dot{p}_\theta = \dfrac{p_\varphi^2}{mr^2}\cot\theta\csc^2\theta \\ \dot{p}_\varphi = -\dfrac{\partial H}{\partial \varphi} \quad \Rightarrow \quad \dot{p}_\varphi = 0 \end{cases} \tag{43-24}$$

将式 (43-21) 代入式 (43-24), 便可得到质点的运动方程式 (43-20).

解法三：罗斯方法 (Routhian procedure)

由上面的解法已知, φ 为循环坐标, 与其共轭的广义动量 p_φ 为一守恒量, 则质点的罗斯量 (Routhian) 为

$$\begin{aligned} R = p_\varphi\dot{\varphi} - L &= -\frac{m}{2}(\dot{r}^2 + r^2\dot{\theta}^2 - r^2\dot{\varphi}^2\sin^2\theta) + V(r) \\ &= -\frac{m}{2}\left(p_r^2 + \frac{p_\theta^2}{r^2} - \frac{p_\varphi^2}{r^2\sin^2\theta}\right) + V(r) \end{aligned} \tag{43-25}$$

对于非循环坐标 r 和 θ, 应用拉格朗日方程:

$$\begin{cases} \dfrac{\mathrm{d}}{\mathrm{d}t}\dfrac{\partial R}{\partial \dot{r}} - \dfrac{\partial R}{\partial r} = 0 \\ \dfrac{\mathrm{d}}{\mathrm{d}t}\dfrac{\partial R}{\partial \dot{\theta}} - \dfrac{\partial R}{\partial \theta} = 0 \end{cases} \tag{43-26}$$

将式 (43-25) 代入式 (43-26), 便可得到质点运动方程 (43-20) 中前两个式子.

对于循环坐标 φ, 应用哈密顿正则方程 $\dot{\varphi} = \dfrac{\partial R}{\partial p_\varphi}$ 未提供新的信息; 而应用另一哈密顿正则方法 $\dot{p}_\varphi = -\dfrac{\partial R}{\partial \varphi}$ 得到: $\dot{p}_\varphi = 0$, 也就是前面已经得到的信息: 广义动量 p_φ 为一守恒量, 由式 (43-21) 中第三式, 便可得到式 (43-20) 中第三式.

§44. 泊松括号

1907 年 5 岁时的狄拉克

狄拉克本来就是一个孤僻寡言的人 (taciturn nature), 在大学里最喜欢的事情就是在沉思默想. 他基本上没有别的爱好, 这和量子力学的其他建立者大有不同. 不用说人人皆知的爱因斯坦的小提琴, 玻尔生来就是个运动健将, 海森堡的钢琴更是出神入化, 泡利虽为人滑稽, 但是对歌德的作品极有研究, 德布罗意本身就有文学硕士学位, 薛定谔不仅善于作诗, 而且在生物学上也造诣颇深. 而狄拉克只能对着书本和公式发呆. 他在学校里唯一参加过的协会名字叫做 "ψ 协会", 是由物理爱好者组成的, 但是他也没想到物理终究会成为一生的职业. 狄拉克的名言之一是: "科学的目的是用更简单的方法使困难的事情变得容易理解; 诗歌的目的是用一种难以理解的方式来表述简单的事物. 这两者是不相容的 (The aim of science is to make difficult things understandable in a simpler way; the aim of poetry is to state simple things in an incomprehensible way. The two are incompatible)."

狄拉克和海森堡 1929 年在芝加哥

1925 年秋天, 当海森堡在赫尔格兰岛作出了他的突破后, 他获得玻恩的批准来到剑桥讲学. 当时海森堡对自己的发现心中还没有底, 所以没有在公开场合提到自己这方面的工作. 后来海森堡把他的论文寄给了狄拉克的导师福勒, 福勒给了狄拉克一个复印本. 这一开始没有引起狄拉克的重视, 不过大概一个礼拜后, 他重新审视海森堡的论文, 这下他把握住了其中的精髓: 别的都是细枝末节, 只有一件事是重要的, 那就是那奇怪的矩阵乘法规则: $p \times q \neq q \times p$. 顺序的重要性就好比是, 早晨出家时的先穿袜子再穿鞋, 回家后先脱鞋再脱袜子.

如果说狄拉克比别人天才在什么地方, 那就是他可以一眼就看出这才是海森堡体系的精髓. 他轻易地透过海森堡的表格, 把握住了这种代数的实质. 不遵守交换

泊松 (1781~1840)

率, 这让他想起了什么? 狄拉克的脑海里闪过一个名词, 他以前在上某一门动力学课的时候, 似乎听说过一种运算, 同样不符合乘法交换率. 但他还不是十分确定, 他甚至连那种运算的定义都给忘了. 那天是星期天, 所有的图书馆都关门了, 这让狄拉克急得像热锅上的蚂蚁, "熬" 过了一夜. 第二天一早, 图书馆刚刚开门, 他就冲了进去, 果然, 在 Edmund Taylor Whittaker (1873~1956) 的经典名著 *A Treatise on the Analytical Dynamics of Particles and Rigid Bodies*[4.6] 中, 找到了他所要的东西——"泊松括号".

对于任意量 f 和 g, 引入泊松括号 (1809)[4.7]:

$$[f,g]=\sum_k\left(\frac{\partial f}{\partial q_k}\frac{\partial g}{\partial p_k}-\frac{\partial f}{\partial p_k}\frac{\partial g}{\partial q_k}\right) \tag{44-1}$$

设 $f(q,p,t)$ 是任意函数, q 和 p 分别为广义坐标和广义动量, 由链式法则, 有

$$\frac{\mathrm{d}f}{\mathrm{d}t}=\frac{\partial f}{\partial t}+\sum_k\left(\frac{\partial f}{\partial q_k}\dot{q}_k+\frac{\partial f}{\partial p_k}\dot{p}_k\right) \tag{44-2}$$

将正则方程 $\dot{q}_k=\dfrac{\partial H}{\partial p_k}$ 和 $\dot{p}_k=-\dfrac{\partial H}{\partial q_k}$ 代入式 (44-2), 则式 (44-2) 可用泊松括号表示为

$$\frac{\mathrm{d}f}{\mathrm{d}t}=\frac{\partial f}{\partial t}+\sum_k\left(\frac{\partial f}{\partial q_k}\frac{\partial H}{\partial p_k}-\frac{\partial f}{\partial p_k}\frac{\partial H}{\partial q_k}\right)=\frac{\partial f}{\partial t}+[f,H] \tag{44-3}$$

式中, $[f,H]=\sum\limits_k\left(\dfrac{\partial f}{\partial q_k}\dfrac{\partial H}{\partial p_k}-\dfrac{\partial f}{\partial p_k}\dfrac{\partial H}{\partial q_k}\right)$. 从式 (44-2) 和式 (44-3) 十分清楚地看出, 泊松括号是一种求导的方式, 或者说是偏导数的一个特定组合, 这个特定组合是满足正则方程的, 所以是 "物理的", 即不会因为一些保持正则方程的非物理变换 (如坐标变换) 而改变的求导方式.

若 $f(q,p,t)$ 是运动积分, 意味着: $\dfrac{\mathrm{d}f}{\mathrm{d}t}=0$; 再若 f 不显含时间: $\dfrac{\partial f}{\partial t}=0$, 则运动积分可表示为

$$\frac{\mathrm{d}f}{\mathrm{d}t}=[f,H]=0 \tag{44-4}$$

式 (44-4) 表明, 如果一个运动 f 和哈密顿量 H 所组成的泊松括号为零, 那这个运动就是运动积分.

利用泊松括号, 哈密顿正则方程式 (41-7) 可表示为 $\begin{cases}\dot{p}_\alpha=[p_\alpha,H]\\ \dot{q}_\alpha=[q_\alpha,H]\end{cases}$

泊松括号的主要性质由表 44.1 给出.

表 44.1　泊松括号的基本性质

名称	公式	公式编号
反对称性	$[f,g]=-[g,f]$	(44-5)
	$[f,f]=0;\quad [f,C]=0,\quad C=\text{const}$	(44-6)
双线性	$[f_1+f_2,g]=[f_1,g]+[f_2,g]$ $[f,cg]=c[f,g]$	(44-7)
莱布尼兹链式法则	$[f_1f_2,g]=f_1[f_2,g]+f_2[f_1,g]$	(44-8)
时间变化率	$\dfrac{\partial}{\partial t}[f,g]=\left[\dfrac{\partial f}{\partial t},g\right]+\left[f,\dfrac{\partial g}{\partial t}\right]$	(44-9)
雅可比恒等式	$[f,[g,h]]+[g,[h,f]]+[h,[f,g]]=0$	(44-10)
	$[q_k,f]=\dfrac{\partial f}{\partial p_k};\quad [p_k,f]=-\dfrac{\partial f}{\partial q_k}$	(44-11)
	$[q_\alpha,q_\beta]=0;\quad [p_\alpha,p_\beta]=0;\quad [q_\alpha,p_\beta]=\delta_{\alpha\beta}=\begin{cases}0, & \alpha\neq\beta\\ 1, & \alpha=\beta\end{cases}$	(44-12)

例 44.1　证明 (44-12) 式.

证明: 由泊松括号的定义, 有

$$[q_\alpha,q_\beta]=\sum_k\left(\frac{\partial q_\alpha}{\partial q_k}\frac{\partial q_\beta}{\partial p_k}-\frac{\partial q_\alpha}{\partial p_k}\frac{\partial q_\beta}{\partial q_k}\right)=\sum_k(\delta_{\alpha k}\times 0-0\times\delta_{\beta k})=0$$

$$[p_\alpha,p_\beta]=\sum_k\left(\frac{\partial p_\alpha}{\partial q_k}\frac{\partial p_\beta}{\partial p_k}-\frac{\partial p_\alpha}{\partial p_k}\frac{\partial p_\beta}{\partial q_k}\right)=\sum_k(0\times\delta_{\beta k}-\delta_{\alpha k}\times 0)=0$$

$$[q_\alpha,p_\beta]=\sum_k\left(\frac{\partial q_\alpha}{\partial q_k}\frac{\partial p_\beta}{\partial p_k}-\frac{\partial q_\alpha}{\partial p_k}\frac{\partial p_\beta}{\partial q_k}\right)=\sum_k(\delta_{\alpha k}\delta_{\beta k}-0)=\sum_k\delta_{\alpha k}\delta_{\beta k}=\delta_{\alpha\beta}$$

值得注意的是, 在上式的证明中用到了如下关系式:

$$\begin{aligned}\sum_{k=1}^{n}\delta_{\alpha k}\delta_{\beta k}&=\delta_{\alpha 1}\delta_{\beta 1}+\delta_{\alpha 2}\delta_{\beta 2}+\cdots+\delta_{\alpha k}\delta_{\beta k}+\cdots+\delta_{\alpha n}\delta_{\beta n}\\&=\quad 0\quad+\quad 0\quad+\cdots+\underbrace{1\cdot\delta_{\beta k}}_{k=\alpha}+\cdots+\quad 0\\&=\delta_{\alpha\beta}\end{aligned}$$

例 44.2　泊松括号在泰勒展开中的应用. 本例题的目的是通过本例熟悉泊松括号运算中括号套括号的用法.

解: 如果力学量 f 和哈密顿量 H 都不显含时间 t, 那么有

$$\frac{\mathrm{d}f}{\mathrm{d}t}=\frac{\partial f}{\partial t}+[f,H]=[f,H],\quad \frac{\mathrm{d}^2f}{\mathrm{d}t^2}=\left[\frac{\mathrm{d}f}{\mathrm{d}t},H\right]=[[f,H],H],\quad\cdots\tag{44-13}$$

在时刻 $t=0$ 对力学量 f 进行泰勒级数展开 (见附录 C), 有

$$f=f_0+\left.\frac{\mathrm{d}f}{\mathrm{d}t}\right|_0 t+\frac{1}{2!}\left.\frac{\mathrm{d}^2f}{\mathrm{d}t^2}\right|_0 t^2+\cdots \tag{44-14}$$

利用泊松括号, 替换泰勒级数式 (44-14) 中的导数, 即

$$f=f_0+[f,H]\big|_0 t+\frac{1}{2!}[[f,H],H]\big|_0 t^2+\cdots \tag{44-15}$$

由于力学量 f 不显含时间, 则利用符号:

$$D_g f=[g,f] \tag{44-16}$$

则 f 关于时间的各阶导数可表示为

$$\begin{cases}\dfrac{\mathrm{d}f}{\mathrm{d}t}=[f,H]=-D_H f\\ \dfrac{\mathrm{d}^2f}{\mathrm{d}t^2}=[[f,H],H]=D_H^2 f\\ \dfrac{\mathrm{d}^n f}{\mathrm{d}t^n}=(-1)^n D_H^n f\end{cases} \tag{44-17}$$

如果力学量 f 是运动积分, 则式 (44-17) 中第一式的解在形式上可写为

$$f(t)=\exp(-D_H t)f\big|_0 \tag{44-18}$$

最后, 在时刻 $t=0$ 对力学量 f 的泰勒级数展开为

$$f(t)=\sum_{n=0}^{\infty}(-1)^n\left.\frac{D_H^n f}{n!}\right|_0 t^n \tag{44-19}$$

例 44.3 通过泊松括号的运算, 建立粒子在重力场中一维运动的方程.

解: 设地面为势能零点, 粒子在重力场中进行一维运动的哈密顿量为

$$H=\frac{p_x^2}{2m}+mgx \tag{44-20}$$

式中, x 为质量为 m 的粒子距离地面的距离, p_x 为粒子在位置 x 处的动量, 设粒子的初始动量 p_{x0} 已知. 取力学量 $f=x$, 利用式 (44-7) 和式 (44-6):

$$\begin{aligned}[x,H]&=\left[x,\frac{p_x^2}{2m}+mgx\right]=\left[x,\frac{p_x^2}{2m}\right]+[x,mgx]=\left[x,\frac{p_x^2}{2m}\right]+0\\ &=\frac{\partial x}{\partial x}\frac{\partial}{\partial p_x}\left(\frac{p_x^2}{2m}\right)-\frac{\partial x}{\partial p_x}\frac{\partial}{\partial x}\left(\frac{p_x^2}{2m}\right)=\frac{p_x}{m}\end{aligned} \tag{44-21}$$

再者:

$$
\begin{aligned}
[[x,H],H] &= \left[\frac{p_x}{m}, \frac{p_x^2}{2m}+mgx\right] \\
&= \frac{\partial}{\partial x}\left(\frac{p_x}{m}\right)\frac{\partial}{\partial p_x}\left(\frac{p_x^2}{2m}+mgx\right) - \frac{\partial}{\partial p_x}\left(\frac{p_x}{m}\right)\frac{\partial}{\partial x}\left(\frac{p_x^2}{2m}+mgx\right) \\
&= -g
\end{aligned}
\tag{44-22}
$$

由于重力加速度 g 为常量, 由式 (44-14) 可知, 其余的泊松括号均为零, 则:

$$
\begin{aligned}
x(t) &= x_0 + [x,H]_0 t + \frac{1}{2}[[x,H],H]_0 t^2 \\
&= x_0 + \frac{p_{x0}}{m}t - \frac{1}{2}gt^2
\end{aligned}
\tag{44-23}
$$

上面通过泊松括号方法获得的结果和初等力学的结果完全相同, 该例子的目的是进一步熟练掌握泊松括号的运算方法. 事实上, 在式 (44-22) 的运算中, 还很容易地证明下式 (进一步拓展了例 44.1 的结论):

$$
\begin{aligned}
[[x,H],H] = \left[\frac{p_x}{m}, \frac{p_x^2}{2m}+mgx\right] &= \frac{1}{2m^2}[p_x, p_x^2] + g[p_x, x] \\
&= 0 + g[p_x, x] = -g
\end{aligned}
\tag{44-24}
$$

例 44.4　通过泊松括号的运算, 建立一维谐振子的运动方程.

解: 一维谐振子的哈密顿量为

$$
H = \frac{p_x^2}{2m} + \frac{1}{2}kx^2 \tag{44-25}
$$

式中, x 为质量为 m、弹簧劲度系数为 k 的谐振子距离平衡位置的距离, p_x 为谐振子在位置 x 处的动量, 设谐振子的初始位置 x_0 和初始动量 p_{x0} 已知. 取力学量 $f = x$, 和上例类似, 有

$$
\begin{cases}
D_H^0 x = x \\
D_H^1 x = [H,x] = \left[\dfrac{p_x^2}{2m}+\dfrac{1}{2}kx^2, x\right] = \left[\dfrac{p_x^2}{2m}, x\right] = -\dfrac{p_x}{m} \\
D_H^2 x = [H, D_H^1 x] = \left[\dfrac{p_x^2}{2m}+\dfrac{1}{2}kx^2, -\dfrac{p_x}{m}\right] = -\left[\dfrac{1}{2}kx^2, \dfrac{p_x}{m}\right] = -\omega^2 x \\
D_H^3 x = [H, D_H^2 x] = -\omega^2 D_H^1 x \\
D_H^4 x = [H, D_H^3 x] = -\omega^2 [H, D_H^1 x] = \omega^4 x
\end{cases}
\tag{44-26}
$$

式中, $\omega^2 \equiv k/m$. 可从式 (44-26) 中总结出如下规律:

$$
\begin{cases}
D_H^{2n} x = (-1)^n \omega^{2n} x \\
D_H^{2n+1} x = (-1)^{n+1} \omega^{2n} \dfrac{p_x}{m}
\end{cases}, \quad (n = 0, 1, 2, \cdots)
\tag{44-27}
$$

由于 $f = x$ 和 H 都不显含时间, 由式 (44-19), 有

$$
\begin{aligned}
x(t) &= \sum_{n=0}^{\infty} (-1)^n \frac{(D_H^n x)_0}{n!} t^n \\
&= \sum_{n=0}^{\infty} (-1)^{2n} \frac{(D_H^{2n} x)_0}{(2n)!} t^{2n} + \sum_{n=0}^{\infty} (-1)^{2n+1} \frac{(D_H^{2n+1} x)_0}{(2n+1)!} t^{2n+1} \\
&= x_0 \sum_{n=0}^{\infty} \frac{(-1)^n (\omega t)^{2n}}{(2n)!} + \frac{p_{x0}}{m\omega} \sum_{n=0}^{\infty} \frac{(-1)^n (\omega t)^{2n+1}}{(2n+1)!} \\
&= x_0 \cos(\omega t) + \frac{p_{x0}}{m\omega} \sin(\omega t)
\end{aligned} \tag{44-28}
$$

例 44.5 证明三个矢量间的雅可比恒等式 (Jacobi's identity):

$$
\boldsymbol{u} \times (\boldsymbol{v} \times \boldsymbol{w}) + \boldsymbol{v} \times (\boldsymbol{w} \times \boldsymbol{u}) + \boldsymbol{w} \times (\boldsymbol{u} \times \boldsymbol{v}) = \mathbf{0} \tag{44-29}
$$

证明: 该证明过程初等但费力且冗长 (繁琐) (elementary but laborious and tedious). 设三个矢量在笛卡儿坐标系中分别表示为

$$
\begin{cases}
\boldsymbol{u} = u_1 \mathbf{i} + u_2 \mathbf{j} + u_3 \mathbf{k} \\
\boldsymbol{v} = v_1 \mathbf{i} + v_2 \mathbf{j} + v_3 \mathbf{k} \\
\boldsymbol{w} = w_1 \mathbf{i} + w_2 \mathbf{j} + w_3 \mathbf{k}
\end{cases} \tag{44-30}
$$

第一步, 首先计算叉积 $\boldsymbol{v} \times \boldsymbol{w}$:

$$
\boldsymbol{v} \times \boldsymbol{w} = \begin{vmatrix} \mathbf{i} & \mathbf{j} & \mathbf{k} \\ v_1 & v_2 & v_3 \\ w_1 & w_2 & w_3 \end{vmatrix} = (v_2 w_3 - v_3 w_2)\mathbf{i} + (v_3 w_1 - v_1 w_3)\mathbf{j} + (v_1 w_2 - v_2 w_1)\mathbf{k}
$$

然后再计算式 (44-29) 中左端第一项 $\boldsymbol{u} \times (\boldsymbol{v} \times \boldsymbol{w})$:

$$
\begin{aligned}
\boldsymbol{u} \times (\boldsymbol{v} \times \boldsymbol{w}) &= \begin{vmatrix} \mathbf{i} & \mathbf{j} & \mathbf{k} \\ u_1 & u_2 & u_3 \\ v_2 w_3 - v_3 w_2 & v_3 w_1 - v_1 w_3 & v_1 w_2 - v_2 w_1 \end{vmatrix} \\
&= [u_2(v_1 w_2 - v_2 w_1) - u_3(v_3 w_1 - v_1 w_3)]\mathbf{i} \\
&\quad + [u_3(v_2 w_3 - v_3 w_2) - u_1(v_1 w_2 - v_2 w_1)]\mathbf{j} \\
&\quad + [u_1(v_3 w_1 - v_1 w_3) - u_2(v_2 w_3 - v_3 w_2)]\mathbf{k}
\end{aligned} \tag{44-31}
$$

第二步, 首先计算叉积 $\boldsymbol{w} \times \boldsymbol{u}$:

$$
\boldsymbol{w} \times \boldsymbol{u} = \begin{vmatrix} \mathbf{i} & \mathbf{j} & \mathbf{k} \\ w_1 & w_2 & w_3 \\ u_1 & u_2 & u_3 \end{vmatrix} = (w_2 u_3 - w_3 u_2)\mathbf{i} + (w_3 u_1 - w_1 u_3)\mathbf{j} + (w_1 u_2 - w_2 u_1)\mathbf{k}
$$

然后再计算式 (44-29) 中左端第二项 $\boldsymbol{v}\times(\boldsymbol{w}\times\boldsymbol{u})$:

$$\begin{aligned}\boldsymbol{v}\times(\boldsymbol{w}\times\boldsymbol{u})&=\begin{vmatrix}\mathbf{i}&\mathbf{j}&\mathbf{k}\\v_1&v_2&v_3\\w_2u_3-w_3u_2&w_3u_1-w_1u_3&w_1u_2-w_2u_1\end{vmatrix}\\&=[v_2(w_1u_2-w_2u_1)-v_3(w_3u_1-w_1u_3)]\mathbf{i}\\&\quad+[v_3(w_1u_2-w_2u_1)-v_1(w_1u_2-w_2u_1)]\mathbf{j}\\&\quad+[v_1(w_3u_1-w_1u_3)-v_2(w_2u_3-w_3u_2)]\mathbf{k}\end{aligned}\tag{44-32}$$

第三步, 首先计算叉积 $\boldsymbol{u}\times\boldsymbol{v}$:

$$\boldsymbol{u}\times\boldsymbol{v}=\begin{vmatrix}\mathbf{i}&\mathbf{j}&\mathbf{k}\\u_1&u_2&u_3\\v_1&v_2&v_3\end{vmatrix}=(u_2v_3-u_3v_2)\mathbf{i}+(u_3v_1-u_1v_3)\mathbf{j}+(u_1v_2-u_2v_1)\mathbf{k}$$

然后再计算式 (44-29) 中左端第三项 $\boldsymbol{w}\times(\boldsymbol{u}\times\boldsymbol{v})$:

$$\begin{aligned}\boldsymbol{w}\times(\boldsymbol{u}\times\boldsymbol{v})&=\begin{vmatrix}\mathbf{i}&\mathbf{j}&\mathbf{k}\\w_1&w_2&w_3\\u_2v_3-u_3v_2&u_3v_1-u_1v_3&u_1v_2-u_2v_1\end{vmatrix}\\&=[w_2(u_1v_2-u_2v_1)-w_3(u_3v_1-u_1v_3)]\mathbf{i}\\&\quad+[w_3(u_2v_3-u_3v_2)-w_1(u_1v_2-u_2v_1)]\mathbf{j}\\&\quad+[w_1(u_3v_1-u_1v_3)-w_2(u_2v_3-u_3v_2)]\mathbf{k}\end{aligned}\tag{44-33}$$

最后一步, 式 (44-31)~式 (44-33) 矢量相加, 式 (44-29) 得证.

例 44.6 证明雅可比恒等式式 (44-10).

证明: 有影响的经典力学教程一般都会提及泊松括号满足雅可比恒等式. 但是, 鲜有提及满足雅可比恒等式有什么具体理论或实际意义的. 2005 年, 数学家阿诺尔德给出的雅可比恒等式的一个几何意义[4.8], 那就是: 罗巴切夫斯基 (非欧几何) 三角形的三条高交于一点 (如图 44.1 所示). 这是李代数 (Lie algebra) 的基本性质之一.

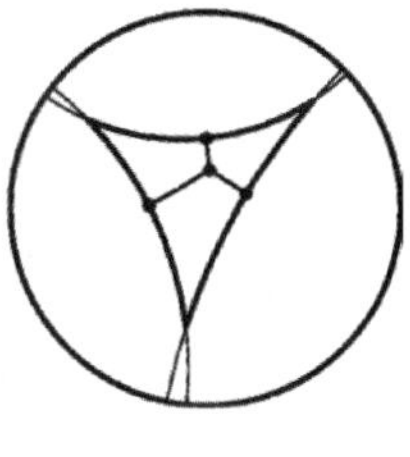

图 44.1 可用雅可比恒等式证明非欧几何中三角形的三条高交于一点

按照式 (44-1) 的泊松括号的定义, 我们知道, $[f,g]=\sum_k\left(\dfrac{\partial f}{\partial q_k}\dfrac{\partial g}{\partial p_k}-\dfrac{\partial f}{\partial p_k}\dfrac{\partial g}{\partial q_k}\right)$ 是 f 和 g 的一阶导数的双线性齐次函数 (bilinear homogeneous function), 故 $[h,[f,g]]$ 则是 f 和 g 的二阶导数的线性齐次函数. 容易理解, 式 (44-10) 左边的三项之和

$[f,[g,h]]+[g,[h,f]]+[h,[f,g]]$ 是所有三个函数 f、g 和 h 的二阶导数的线性齐次函数.

式 (44-10) 中左端第一项 $[f,[g,h]]$ 只包含有 f 的一阶导数, 而后两项之和 $[g,[h,f]]+[h,[f,g]]$ 则包含了 f 的二阶导数, 可以预想: 后两项和中的 f 的二阶导数必须相互抵消, 否则雅可比恒等式无法成立. 我们首先来讨论后两项之和, 为此, 引入线性微分算子:

$$D_1(*)=[g,*],\quad D_2(*)=[h,*] \tag{44-34}$$

式中, $*$ 表示任意函数. 上述线性微分算子的一般形式为

$$\begin{cases} D_1=\sum\limits_k\left(\dfrac{\partial g}{\partial q_k}\dfrac{\partial}{\partial p_k}-\dfrac{\partial g}{\partial p_k}\dfrac{\partial}{\partial q_k}\right) \xrightarrow{\text{general form}} \sum\limits_k\xi_k\dfrac{\partial}{\partial x_k} \\ D_2=\sum\limits_k\left(\dfrac{\partial h}{\partial q_k}\dfrac{\partial}{\partial p_k}-\dfrac{\partial h}{\partial p_k}\dfrac{\partial}{\partial q_k}\right) \xrightarrow{\text{general form}} \sum\limits_k\eta_k\dfrac{\partial}{\partial x_k} \end{cases} \tag{44-35}$$

式中,

$$\begin{cases} \xi=\left\{\dfrac{\partial g}{\partial q_1},\dfrac{\partial g}{\partial q_2},\cdots;-\dfrac{\partial g}{\partial p_1},-\dfrac{\partial g}{\partial p_2},\cdots\right\} \\ \eta=\left\{\dfrac{\partial h}{\partial q_1},\dfrac{\partial h}{\partial q_2},\cdots;-\dfrac{\partial h}{\partial p_1},-\dfrac{\partial h}{\partial p_2},\cdots\right\} \\ \dfrac{\partial}{\partial x}=\left\{\dfrac{\partial}{\partial p_1},\dfrac{\partial}{\partial p_2},\cdots;\dfrac{\partial}{\partial q_1},\dfrac{\partial}{\partial q_2},\cdots\right\} \end{cases} \tag{44-36}$$

应用引入的两个线性微分算子式 (44-34), 雅可比恒等式左端后两项和表示为

$$\begin{aligned} [g,[h,f]]+[h,[f,g]]&=[g,[h,f]]-[h,[g,f]] \\ &=D_1[D_2(f)]-D_2[D_1(f)]=(D_1D_2-D_2D_1)f \end{aligned} \tag{44-37}$$

式中,

$$\begin{cases} D_1D_2=\sum\limits_k\xi_k\dfrac{\partial}{\partial x_k}\left(\sum\limits_k\eta_k\dfrac{\partial}{\partial x_k}\right)=\sum\limits_k\xi_k\dfrac{\partial}{\partial x_k}\underbrace{\left(\sum\limits_l\eta_l\dfrac{\partial}{\partial x_l}\right)}_{\text{指标 } k \text{ 替换为 } l} \\ \qquad\quad=\sum\limits_{k,l}\left(\xi_k\eta_l\dfrac{\partial^2}{\partial x_k\partial x_l}+\xi_k\dfrac{\partial\eta_l}{\partial x_k}\dfrac{\partial}{\partial x_l}\right) \\ D_2D_1=\sum\limits_k\eta_k\dfrac{\partial}{\partial x_k}\left(\sum\limits_k\xi_k\dfrac{\partial}{\partial x_k}\right)=\sum\limits_k\eta_k\dfrac{\partial}{\partial x_k}\underbrace{\left(\sum\limits_l\xi_l\dfrac{\partial}{\partial x_l}\right)}_{\text{指标 } k \text{ 替换为 } l} \\ \qquad\quad=\sum\limits_{k,l}\left(\eta_k\xi_l\dfrac{\partial^2}{\partial x_k\partial x_l}+\eta_k\dfrac{\partial\xi_l}{\partial x_k}\dfrac{\partial}{\partial x_l}\right) \end{cases} \tag{44-38}$$

值得注意的是, 为避免歧义, 式 (44-38) 中两个算子乘积的第一行末的求和指标 k 替换为 l. 式 (44-38) 中两个算子乘积之差为

$$\begin{aligned}D_1D_2 - D_2D_1 &= \sum_{k,l}\left(\xi_k\eta_l\frac{\partial^2}{\partial x_k\partial x_l} + \xi_k\frac{\partial \eta_l}{\partial x_k}\frac{\partial}{\partial x_l}\right) - \sum_{k,l}\left(\eta_k\xi_l\frac{\partial^2}{\partial x_k\partial x_l} + \eta_k\frac{\partial \xi_l}{\partial x_k}\frac{\partial}{\partial x_l}\right)\\ &= \sum_{k,l}\left(\xi_k\eta_l\frac{\partial^2}{\partial x_k\partial x_l} + \xi_k\frac{\partial \eta_l}{\partial x_k}\frac{\partial}{\partial x_l}\right) - \sum_{k,l}\left(\underbrace{\eta_l\xi_k\frac{\partial^2}{\partial x_l\partial x_k}}_{\substack{\text{求和指标互换}\\ \text{和第一项可消去}}} + \eta_k\frac{\partial \xi_l}{\partial x_k}\frac{\partial}{\partial x_l}\right)\\ &= \sum_{k,l}\left(\xi_k\frac{\partial \eta_l}{\partial x_k} - \eta_k\frac{\partial \xi_l}{\partial x_k}\right)\frac{\partial}{\partial x_l}\end{aligned} \tag{44-39}$$

注意到式中, $\dfrac{\partial \eta_l}{\partial x_k}$ 和 $\dfrac{\partial \xi_l}{\partial x_k}$ 分别为 h 和 g 的二阶偏导数项, 则有

$$\begin{aligned}[g,[h,f]] + [h,[f,g]] &= (D_1D_2 - D_2D_1)f\\ &= [[g,h],f] = -[f,[g,h]]\end{aligned} \tag{44-40}$$

亦即, 雅可比恒等式 (44-10) 中左端的后两项之和等于第一项的负值, 故雅可比恒等式得证.

例 44.7 利用雅可比恒等式证明泊松定理: 如果 f 和 g 是两个运动积分, 则它们构成的泊松括号也是运动积分

$$[f,g] = \text{const} \tag{44-41}$$

证明: 如果 f 和 g 不显含时间, 在雅可比恒等式 (44-10) 中令: $h = H$, 有: $[f,[g,H]] + [g,[H,f]] + [H,[f,g]] = 0$, 再由 (44-4) 式: $[g,H] = [H,f] = 0$, 因此: $[H,[f,g]] = 0$, 泊松定理得证.

例 44.8 一个粒子对 x_1 和 x_2 轴的角动量分别为 L_1 和 L_2, 证明: (1) 粒子对 x_3 轴的角动量 L_3 为 L_1 和 L_2 构成的泊松括号: $L_3 = [L_1, L_2]$; (2) 如果 L_1 和 L_2 是守恒量, 则 L_3 自然也是守恒量.

证明: 设粒子的动量为 (p_1, p_2, p_3), 在笛卡儿坐标系 (x_1, x_2, x_3) 中, 角动量或动量矩为

$$\begin{aligned}(L_1, L_2, L_3) = (x_1, x_2, x_3) \times (p_1, p_2, p_3) &= \begin{vmatrix}\mathbf{i} & \mathbf{j} & \mathbf{k}\\ x_1 & x_2 & x_3\\ p_1 & p_2 & p_3\end{vmatrix}\\ &= (x_2p_3 - x_3p_2, x_3p_1 - x_1p_3, x_1p_2 - x_2p_1)\end{aligned} \tag{44-42}$$

下面计算由 L_1 和 L_2 所构成的泊松括号:

$$\begin{aligned}
[L_1,L_2] &= [x_2p_3-x_3p_2,x_3p_1-x_1p_3]\\
&= \frac{\partial}{\partial x_1}(x_2p_3-x_3p_2)\frac{\partial}{\partial p_1}(x_3p_1-x_1p_3)-\frac{\partial}{\partial p_1}(x_2p_3-x_3p_2)\frac{\partial}{\partial x_1}(x_3p_1-x_1p_3)\\
&\quad+\frac{\partial}{\partial x_2}(x_2p_3-x_3p_2)\frac{\partial}{\partial p_2}(x_3p_1-x_1p_3)-\frac{\partial}{\partial p_2}(x_2p_3-x_3p_2)\frac{\partial}{\partial x_2}(x_3p_1-x_1p_3)\\
&\quad+\frac{\partial}{\partial x_3}(x_2p_3-x_3p_2)\frac{\partial}{\partial p_3}(x_3p_1-x_1p_3)-\frac{\partial}{\partial p_3}(x_2p_3-x_3p_2)\frac{\partial}{\partial x_3}(x_3p_1-x_1p_3)\\
&= 0+0+p_2x_1-x_2p_1\\
&= L_3
\end{aligned} \tag{44-43}$$

上面的运算表明, 粒子对 x_3 轴的角动量 L_3 为 L_1 和 L_2 构成的泊松括号: $L_3=[L_1,L_2]$. 再由泊松定理, 如果 L_1 和 L_2 是守恒量, 则 $L_3=[L_1,L_2]$ 也一定是守恒量.

例 44.9 刘维尔定理的两种等价表述:

1. 相空间体积不变 (见 §42);
2. 代表点的密度不变: $\dfrac{\mathrm{d}\rho}{\mathrm{d}t}=0$.

解: 类比于流体力学的质量守恒方程:

$$\frac{\partial\rho}{\partial t}+\boldsymbol{\nabla}\cdot(\rho\boldsymbol{v})=0 \tag{44-44}$$

对于相空间代表点的密度 $\rho(q,p,t)$, 有

$$\frac{\partial\rho}{\partial t}+\sum\left[\frac{\partial}{\partial q}(\rho\dot{q})+\frac{\partial}{\partial p}(\rho\dot{p})\right]=0$$

展开上式, 有

$$\frac{\partial\rho}{\partial t}+\sum\left(\frac{\partial\rho}{\partial q}\dot{q}+\frac{\partial\rho}{\partial p}\dot{p}\right)+\rho\sum\left(\frac{\partial\dot{q}}{\partial q}+\frac{\partial\dot{p}}{\partial p}\right)=0$$

将哈密顿正则方程: $\dot{q}=\partial H/\partial p$, $\dot{p}=-\partial H/\partial q$ 代入上式, 有

$$\frac{\partial\rho}{\partial t}+\underbrace{\sum\left(\frac{\partial\rho}{\partial q}\frac{\partial H}{\partial p}-\frac{\partial\rho}{\partial p}\frac{\partial H}{\partial q}\right)}_{[\rho,H]}+\rho\underbrace{\sum\left(\frac{\partial^2H}{\partial q\partial p}-\frac{\partial^2H}{\partial p\partial q}\right)}_{\text{求导顺序可交换, 为零}}=0$$

上式可进一步简化为

$$\frac{\partial\rho}{\partial t}+[\rho,H]=0 \tag{44-45}$$

式 (44-45) 等价于:

$$\frac{\mathrm{d}\rho}{\mathrm{d}t}=0 \tag{44-46}$$

说明: 如果一个代表点沿着正则方程所确定的轨道在相空间中运动, 其邻域的代表点密度是不随时间改变的常数.

例 44.10　泊松括号和辛几何的联系.

答: 讨论此问题前, 请先复习例 41.4 所给出的哈密顿正则方程和辛几何的基本联系, 并熟悉由式 (41-24) 给出的辛矩阵.

设 $F=F(q,p)$ 和 $G=G(q,p)$, 两个函数所组成的泊松括号和辛矩阵 J 满足如下关系:

$$[F,G]=\mathbf{d}\boldsymbol{F}\cdot J\boldsymbol{\nabla}G \tag{44-47}$$

式中, $\mathbf{d}\boldsymbol{F}=\begin{bmatrix}\dfrac{\partial F}{\partial q} & \dfrac{\partial F}{\partial p}\end{bmatrix}$ 定义为行向量, $\boldsymbol{\nabla}G=\begin{bmatrix}\dfrac{\partial G}{\partial q}\\ \dfrac{\partial G}{\partial p}\end{bmatrix}$ 则定义为列向量.

对于单自由度问题, (44-47) 式为

$$\begin{aligned}[F,G]&=\mathbf{d}\boldsymbol{F}\cdot J_1\boldsymbol{\nabla}G\\
&=\begin{bmatrix}\dfrac{\partial F}{\partial q} & \dfrac{\partial F}{\partial p}\end{bmatrix}\begin{bmatrix}0 & 1\\ -1 & 0\end{bmatrix}\begin{bmatrix}\dfrac{\partial G}{\partial q}\\ \dfrac{\partial G}{\partial p}\end{bmatrix}\\
&=\begin{bmatrix}-\dfrac{\partial F}{\partial p} & \dfrac{\partial F}{\partial q}\end{bmatrix}\begin{bmatrix}\dfrac{\partial G}{\partial q}\\ \dfrac{\partial G}{\partial p}\end{bmatrix}\\
&=\frac{\partial F}{\partial q}\frac{\partial G}{\partial p}-\frac{\partial F}{\partial p}\frac{\partial G}{\partial q}\end{aligned} \tag{44-48}$$

容易看出, 式 (44-48) 的运算结果完全满足由式 (44-1) 所给出的泊松括号的定义.

再看双自由度情况, 此时, 有: $F=F(q_1,q_2;p_1,p_2)$ 和 $G=G(q_1,q_2;p_1,p_2)$. 由式 (44-47), 有

$$\begin{aligned}[F,G]&=\mathbf{d}\boldsymbol{F}\cdot J_2\boldsymbol{\nabla}G\\
&=\begin{bmatrix}\dfrac{\partial F}{\partial q_1} & \dfrac{\partial F}{\partial q_2} & \dfrac{\partial F}{\partial p_1} & \dfrac{\partial F}{\partial p_2}\end{bmatrix}\begin{bmatrix}0 & 0 & 1 & 0\\ 0 & 0 & 0 & 1\\ -1 & 0 & 0 & 0\\ 0 & -1 & 0 & 0\end{bmatrix}\begin{bmatrix}\dfrac{\partial G}{\partial q_1}\\ \dfrac{\partial G}{\partial q_2}\\ \dfrac{\partial G}{\partial p_1}\\ \dfrac{\partial G}{\partial p_2}\end{bmatrix}\end{aligned}$$

$$
= \begin{bmatrix} -\frac{\partial F}{\partial p_1} & -\frac{\partial F}{\partial p_2} & \frac{\partial F}{\partial q_1} & \frac{\partial F}{\partial q_2} \end{bmatrix} \begin{bmatrix} \frac{\partial G}{\partial q_1} \\ \frac{\partial G}{\partial q_2} \\ \frac{\partial G}{\partial p_1} \\ \frac{\partial G}{\partial p_2} \end{bmatrix}
$$

$$
= \frac{\partial F}{\partial q_1}\frac{\partial G}{\partial p_1} + \frac{\partial F}{\partial q_2}\frac{\partial G}{\partial p_2} - \frac{\partial F}{\partial p_1}\frac{\partial G}{\partial q_1} - \frac{\partial F}{\partial p_2}\frac{\partial G}{\partial q_2} \tag{44-49}
$$

同理可写出自由度为 n 的情形, 此留作习题.

通过例 41.4 和例 44.10 说明, 由哈密顿正则方程进而通过泊松括号, 便可建立起哈密顿力学和辛几何之间的关系.

§45. 哈密顿–雅可比方程

本节的主要内容主要基于哈密顿 (William Rowan Hamilton, 1805~1865) 于 1834 年、1835 年[1.3~1.5] 和雅可比 (Carl Gustav Jacob Jacobi, 1804~1851) 于 1836 年、1837 年[4.9~4.12] 的杰出工作. 雅可比在 1842~1843 年的讲义中对该部分内容有更清晰的阐述, 该讲义作为遗著在其去世 15 年后的 1866 年被整理出版[4.13].

雅可比 (1804~1851)

哈密顿和雅可比是同时期的科学家, 但前者比后者寿命长约 15 年. 毫无疑问, 哈密顿是伟大的创造者 (great creator). 雅可比作为著名数学家, 他和哈密顿相比有着更为扎实的变分法、微分方程的分析基础[4.14]. 因此, 雅可比的天赋在于, 他可将哈密顿的巨大创造变为数学家更容易接受的语言使其得到更广泛学者的重视和进一步应用. 1842 年 6 月, 雅可比和哈密顿在曼彻斯特举行的英国科学促进会的会议上会晤, 能继续开展哈密顿在动力学方面的工作是雅可比莫大的荣誉之一.

由哈密顿关于作用量的定义 $S = \int L\mathrm{d}t$ 和莫培督关于作用量的定义 $S = \int \boldsymbol{p}\cdot\mathrm{d}\boldsymbol{q}$, 容易知道: 关于作用量有两对共轭量, 分别为拉格朗日量 (能量) 和时间、广义动量和广义坐标, 这就意味着:

$$
\begin{cases} L = \dfrac{\mathrm{d}S}{\mathrm{d}t} \\ \dfrac{\partial S}{\partial q_k} = p_k \end{cases} \tag{45-1}
$$

由式 (45-1), 则拉格朗日量可表示为

$$
\begin{aligned}
L = \frac{\mathrm{d}S}{\mathrm{d}t} &= \frac{\partial S}{\partial t} + \sum_{k=1}^{n} \frac{\partial S}{\partial q_k} \frac{\mathrm{d}q_k}{\mathrm{d}t} \\
&= \frac{\partial S}{\partial t} + \sum_{\alpha=1}^{n} p_k \dot{q}_k
\end{aligned} \tag{45-2}
$$

再由哈密顿量和拉格朗日量之间的勒让德变换: $H = \sum_{\alpha=1}^{n} p_k \dot{q}_k - L$, 代入式 (45-2) 则得

$$
\frac{\partial S}{\partial t} + H = 0
$$

则上式为哈密顿–雅可比方程 (Hamilton-Jacobi equation, 简称: H-J 方程). 由于哈密顿量为广义坐标 q_k、广义动量 p_k 和时间 t 的函数 (泛函), 注意到式 (45-1) 中第二式, 则一般形式的哈密顿–雅可比方程表示为如下形式:

$$
\frac{\partial S}{\partial t} + H\left(q_1, q_2, \cdots, q_s; \frac{\partial S}{\partial q_1}, \frac{\partial S}{\partial q_2}, \cdots, \frac{\partial S}{\partial q_s}; t\right) = 0 \tag{45-3}
$$

式中 s 为自由度数. 可以看出, 哈密顿–雅可比方程为一阶偏微分方程 (the 1st order partial differential equation, PDE), 对式 (45-3) 进行分析, 可得如下结论:

(1) 由于体系的哈密顿量在非相对论情况下都是广义动量的二次式, 如哈密顿量中的动能项为

$$
\sum_{k=1}^{s} \frac{p_k^2}{2m} = \sum_{k=1}^{s} \frac{1}{2m} \left(\frac{\partial S}{\partial q_k}\right)^2 \tag{45-4}
$$

因此 H-J 方程是一个一阶二次非线性偏微分方程;

(2) 由于在 H-J 方程中, 独立变量仅仅是 q_k 和 t, 因此方程的解中应含有 $(s+1)$ 个积分常数: $S = S(q_k, t, \alpha_k, E) + C$; 其中 $q_k = q_1, \cdots, q_s$; $\alpha_k = \alpha_2, \cdots, \alpha_s$ (E 是第一个积分常数); C 是任意常数, 由于 S 以偏导数的形式出现, 故 C 经常省略;

(3) H-J 理论将求解 $2s$ 个常微分方程的哈密顿正则方程转化为解一个 H-J 偏微分方程, 在理论上指出了另外一条可行、可靠的途径.

若所研究的力学体系的哈密顿量 H 不显含时间 t, 即体系的能量守恒: $H = T + V = E =$ 常数. 由于式 (45-3) 中 S 对 t 求偏导数, 而非全导数, 同时考虑到由于 H-J 方程的解应含有 $(s+1)$ 个积分常数 $S = S(q_k, t, \alpha_k, E)$, 因此积分后应该是

$$
S = -Et + S_0(q_k, \alpha_k, E) \tag{45-5}
$$

式中, S_0 被称为简约作用量 (abbreviated action), 或哈密顿特征函数. 在式 (45-5) 中, 由于右端第一项不依赖于广义坐标, 则式 (45-1) 中第二式可以表示为

$$p_k = \frac{\partial S}{\partial q_k} = \frac{\partial S_0}{\partial q_k} \tag{45-6}$$

则不显含时间 t 的力学体系的 H-J 方程可表示为

$$H\left(q_k, \frac{\partial S_0}{\partial q_k}\right) = E \tag{45-7}$$

若哈密顿量不显含时间 t, 并且 H-J 方程可以分量变量的情况下:

$$H_1\left(q_1, \frac{\partial S_0}{\partial q_1}\right) + H_2\left(q_2, \frac{\partial S_0}{\partial q_2}\right) + \cdots + H_s\left(q_s, \frac{\partial S_0}{\partial q_s}\right) = E \tag{45-8}$$

因左端各项仅与广义坐标 q_k 有关, 故可将方程分解为 s 个方程的线性叠加:

$$\begin{cases} S_0 = S_{01} + S_{02} + \cdots + S_{0s} \\ H_1\left(q_1, \dfrac{\partial S_{01}}{\partial q_1}\right) + H_2\left(q_2, \dfrac{\partial S_{02}}{\partial q_2}\right) + \cdots + H_s\left(q_s, \dfrac{\partial S_{0s}}{\partial q_s}\right) = E \end{cases} \tag{45-9}$$

求解每个方程, 通过线性叠加获得简约作用量, 也就是式 (45-9) 中第一式, 即

$$\begin{cases} E = E_1 + E_2 + \cdots + E_s \\ H_k\left(q_k, \dfrac{\partial S_{0k}}{\partial q_k}\right) = E_k \end{cases} \tag{45-10}$$

在获得 H-J 方程的解 S_0 后, 可以得到由式 (45-6) 给出的广义动量, 轨迹方程和运动方程分别为

$$\frac{\partial S}{\partial \alpha_k} = \frac{\partial S_0}{\partial \alpha_k} = \beta_k \tag{45-11}$$

和

$$\frac{\partial S_0}{\partial E} = \frac{\partial S}{\partial E} + t = t - \tau \tag{45-12}$$

在轨道方程的式 (45-11) 中, α_k 为求解 H-J 方程的常数, β_k 则为确定轨道方程的常数. 在运动方程式 (45-12) 中, τ 则为初始时刻.

例 45.1 用 H-J 方程求解哈密顿量为 $H(q,p) = p + aq^2$ 系统的一维运动.

解法一: 将哈密顿量 $H(q,p) = p + aq^2$ 和广义动量式 (45-6) 代入不显含时间的 H-J 方程式 (45-7), 对于一维运动可得

$$\frac{\mathrm{d}S_0}{\mathrm{d}q} + aq^2 = E \tag{45-13}$$

对式 (45-13) 进行积分, 并考虑适当的边界条件, 得到:

$$S_0 = \int (E - aq^2)\mathrm{d}q = Eq - \frac{1}{3}aq^3 \tag{45-14}$$

由式 (45-5), 得到哈密顿量的表达式为

$$S = -Et + S_0 = -Et + Eq - \frac{1}{3}aq^3 \tag{45-15}$$

再由式 (45-12) 中 $\dfrac{\partial S_0}{\partial E} = t - \tau$ 和式 (45-6) 中 $p = \dfrac{\partial S_0}{\partial q}$, 将式 (45-14) 代入可得

$$\begin{cases} q = t - \tau \\ p = E - a(t-\tau)^2 \end{cases} \tag{45-16}$$

解法二: 应用哈密顿正则方程求解. 将哈密顿量 $H(q,p) = p + aq^2$ 代入正则方程, 则得

$$\begin{cases} \dot{q} = \dfrac{\partial H}{\partial p} = 1 \\ \dot{p} = -\dfrac{\partial H}{\partial q} = -2aq \end{cases}$$

对上式中第一式进行积分, 并考虑到时间的初值 τ, 可得式 (45-16) 中第一式. 再将 $q = t - \tau$ 代入到上式中第二式, 并令积分常数为系统能量 E, 则上式中第二式的积分可得式 (45-16) 中第二式. 可见, 两种解法完全等效.

例 45.2 已知: 质量为 m、电荷为 e 的电子在原子序数为 Z 的核所产生的库仑场中运动, 其哈密顿量为

$$H = \frac{1}{2m}\left(p_r^2 + \frac{1}{r^2}p_\theta^2\right) - \frac{Ze^2}{r} \tag{45-17}$$

求: (1) 系统的哈密顿作用量 S; (2) 电子的轨道方程.

解: 由式 (45-6) 可知, 式 (45-17) 中的两个广义动量为

$$p_r = \frac{\partial S_0}{\partial r}, \quad p_\theta = \frac{\partial S_0}{\partial \theta} \tag{45-18}$$

将式 (45-18) 式代入式 (45-17), 再由于哈密顿量不显含时间, 则由式 (45-7) 有

$$\underbrace{\frac{1}{2m}\left(\frac{\partial S_0}{\partial r}\right)^2 - \frac{Ze^2}{r} + \frac{1}{2mr^2}}_{\text{只有 } r \text{ 有关}}\underbrace{\left(\frac{\partial S_0}{\partial \theta}\right)^2}_{\text{只有 } \theta \text{ 有关}} = E \tag{45-19}$$

简约作用量对广义坐标可做如下分解: $S_0 = S_{0r} + S_{0\theta}$, 则式 (45-19) 可以相应地分解为如下两个式子:

$$\begin{cases} \dfrac{\mathrm{d}S_{0\theta}}{\mathrm{d}\theta} = \alpha \\ \dfrac{\mathrm{d}S_{0r}}{\mathrm{d}r} = \sqrt{2m\left(E + \dfrac{Ze^2}{r}\right) - \left(\dfrac{\alpha}{r}\right)^2} \end{cases} \tag{45-20}$$

分别对式 (45-20) 进行积分, 可得简约作用量的表达式如下:

$$S_0 = S_{0r} + S_{0\theta} = \int \sqrt{2m\left(E + \frac{Ze^2}{r}\right) - \left(\frac{\alpha}{r}\right)^2}\mathrm{d}r + \alpha\theta \tag{45-21}$$

由式 (45-5), 可得系统的哈密顿作用量为

$$S = -Et + S_0 = -Et + \int \sqrt{2m\left(E + \frac{Ze^2}{r}\right) - \left(\frac{\alpha}{r}\right)^2}\mathrm{d}r + \alpha\theta \tag{45-22}$$

电子的轨道方程可由式 (45-11) 中的 $\dfrac{\partial S_0}{\partial \alpha} = \beta$ 获得

$$\begin{aligned} \beta &= \frac{\partial}{\partial \alpha}\left[\int \sqrt{2mE + \frac{2mZe^2}{r} - \left(\frac{\alpha}{r}\right)^2}\mathrm{d}r + \alpha\theta\right] \\ &= \frac{\partial}{\partial \alpha}\int \frac{1}{r}\sqrt{2mEr^2 + 2mZe^2r - \alpha^2}\mathrm{d}r + \theta \\ &= -\int \frac{\alpha\mathrm{d}r}{r\sqrt{2mEr^2 + 2mZe^2r - \alpha^2}} + \theta \\ &= -\arcsin\left(\frac{mZe^2r^2 - \alpha^2}{r\sqrt{m^2e^4Z^2 + 2mE\alpha^2}}\right) + \theta \end{aligned}$$

或者, 电子的轨道方程可更为精炼地表示为

$$\frac{1}{r} = \frac{mZe^2}{\alpha^2}\left(1 - \sqrt{1 + \frac{2E\alpha^2}{mZ^2e^4}}\right)\sin(\theta - \beta) \tag{45-23}$$

例 45.3　质点在有心力场中的运动. 已知: 质量为 m 的物体受到向心力 $(-kr)$ 的作用, 其哈密顿量可表示为

$$H = \frac{1}{2m}\left(p_r^2 + \frac{1}{r^2}p_\theta^2\right) + \frac{kr^2}{2} \tag{45-24}$$

求: (1) 系统的哈密顿作用量; (2) 质点的运动方程 $r(t)$.

解: 式 (45-18) 对本例题依然成立. 由于哈密顿量式 (45-24) 不显含时间, 则该体系的 H-J 方程 (45-7) 可表示为

$$\underbrace{\frac{1}{2m}\left(\frac{\partial S_0}{\partial r}\right)^2 + \frac{kr^2}{2} + \frac{1}{2mr^2}}_{\text{只有 } r \text{ 有关}}\underbrace{\left(\frac{\partial S_0}{\partial \theta}\right)^2}_{\text{只和 } \theta \text{ 有关}} = E \tag{45-25}$$

同例 45.2 类似, 式 (45-25) 表明方程可分离变量为: $S_0 = S_{0r} + S_{0\theta}$, 亦即:

$$\begin{cases} \dfrac{\mathrm{d}S_{0\theta}}{\mathrm{d}\theta} = \alpha \\ \dfrac{\mathrm{d}S_{0r}}{\mathrm{d}r} = \sqrt{2m\left(E - \dfrac{kr^2}{2}\right) - \left(\dfrac{\alpha}{r}\right)^2} \end{cases} \tag{45-26}$$

相应地, 系统的哈密顿作用量为

$$S = -Et + S_0 = -Et + \int \sqrt{m(2E - kr^2) - \left(\frac{\alpha}{r}\right)^2}\mathrm{d}r + \alpha\theta \tag{45-27}$$

质点的运动方程可由式 (45-12) 中 $\dfrac{\partial S_0}{\partial E} = t - \tau$ 来确定:

$$\begin{aligned} t - \tau &= \frac{\partial}{\partial E}\left[\int \sqrt{m(2E - kr^2) - \left(\frac{\alpha}{r}\right)^2}\mathrm{d}r + \alpha\theta\right] \\ &= \int \frac{m\mathrm{d}r}{\sqrt{m(2E - kr^2) - \left(\dfrac{\alpha}{r}\right)^2}} \end{aligned} \tag{45-28}$$

例 45.4 一抛射体在重力场中被斜抛的情况. 设 z 轴向上为正, 则哈密顿量可写成:

$$H = \frac{1}{2m}(p_x^2 + p_y^2 + p_z^2) + mgz = E \tag{45-29}$$

简约作用量可进行如下分解:

$$S_0(x, y, z, E, \alpha_2, \alpha_3) = S_{0x} + S_{0y} + S_{0z} \tag{45-30}$$

由于: $p_x = \mathrm{d}S_{0x}/\mathrm{d}x$, $p_y = \mathrm{d}S_{0y}/\mathrm{d}y$, $p_z = \mathrm{d}S_{0z}/\mathrm{d}z$, 这样, 式 (45-29) 变为

$$\frac{1}{2m}\left[\left(\frac{\mathrm{d}S_{0x}}{\mathrm{d}x}\right)^2 + \left(\frac{\mathrm{d}S_{0y}}{\mathrm{d}y}\right)^2 + \left(\frac{\mathrm{d}S_{0z}}{\mathrm{d}z}\right)^2\right] + mgz = E$$

为方便起见, 上式可改写为

$$\left(\frac{\mathrm{d}S_{0x}}{\mathrm{d}x}\right)^2 + \left(\frac{\mathrm{d}S_{0y}}{\mathrm{d}y}\right)^2 + \left(\frac{\mathrm{d}S_{0z}}{\mathrm{d}z}\right)^2 + 2m(mgz - E) = 0 \tag{45-31}$$

从式 (45-31) 明显可以看出, x, y 为循环坐标, 故在这两个方向有守恒量, 则有

$$\begin{cases} \left(\dfrac{\mathrm{d}S_{0x}}{\mathrm{d}x}\right)^2 = 2m\alpha_x^2 \\ \left(\dfrac{\mathrm{d}S_{0y}}{\mathrm{d}y}\right)^2 = 2m\alpha_y^2 \\ \left(\dfrac{\mathrm{d}S_{0z}}{\mathrm{d}z}\right)^2 = 2m(E - \alpha_x^2 - \alpha_y^2 - mgz) \end{cases} \tag{45-32}$$

由式 (45-32) 再考虑到实际的物理意义, 有简约作用量对相应坐标的导数为

$$\begin{cases} \dfrac{\mathrm{d}S_{0x}}{\mathrm{d}x} = \sqrt{2m}\alpha_x \\ \dfrac{\mathrm{d}S_{0y}}{\mathrm{d}y} = \sqrt{2m}\alpha_y \\ \dfrac{\mathrm{d}S_{0z}}{\mathrm{d}z} = \sqrt{2m(E-\alpha_x^2-\alpha_y^2-mgz)} \end{cases} \tag{45-33}$$

由运动方程式 (45-12) 和式 (45-33), 有

$$\begin{aligned} t-\tau &= \frac{\partial}{\partial E}(S_{0x}+S_{0y}+S_{0z}) = 0+0+\frac{\partial}{\partial E}\int_{z_0}^{z}\sqrt{2m(E-\alpha_x^2-\alpha_y^2-mgz)}\mathrm{d}z \\ &= \int_{z_0}^{z}\frac{m\mathrm{d}z}{\sqrt{2m(E-\alpha_x^2-\alpha_y^2-mgz)}} = \frac{-1}{g\sqrt{2m}}\int_{z_0}^{z}\frac{\mathrm{d}(E-\alpha_x^2-\alpha_y^2-mgz)}{\sqrt{E-\alpha_x^2-\alpha_y^2-mgz}} \\ &= \frac{\sqrt{2}}{g\sqrt{m}}\left[\sqrt{E-\alpha_x^2-\alpha_y^2-mgz_0}-\sqrt{E-\alpha_x^2-\alpha_y^2-mgz}\right] \end{aligned} \tag{45-34}$$

设在 $t=t_0$ 的初始时刻, 抛射体沿着 z 轴向上的速度分量为 v_{0z}, 则在式 (45-29) 中代入初始时刻的值: $p_{0x}^2=\left(\dfrac{\mathrm{d}S_{0x}}{\mathrm{d}x}\right)^2=2m\alpha_x^2$, $p_{0y}^2=\left(\dfrac{\mathrm{d}S_{0y}}{\mathrm{d}x}\right)^2=2m\alpha_y^2$, $p_{0z}^2=(mv_{0z})^2$, 并将 mgz 项用 mgz_0 替换, 则初始时刻式 (45-29) 变为

$$E-\alpha_x^2-\alpha_y^2=\frac{1}{2}mv_{0z}^2+mgz_0 \tag{45-35}$$

将式 (45-35) 代入式 (45-34), 并将 τ 替换为 t_0, 整理可得

$$t-t_0=\frac{v_{0z}}{g}\left[1-\sqrt{1-\frac{2g(z-z_0)}{v_{0z}^2}}\right]$$

对上式进一步整理可得抛射体沿着 z 轴的运动方程为

$$z=z_0+v_{0z}(t-t_0)-\frac{1}{2}g(t-t_0)^2 \tag{45-36}$$

式 (45-36) 和通常用牛顿力学所得的结果完全一致.

下面将用式 (45-11) 确定抛射体沿 x 轴的运动方程. 沿 x 轴有

$$\begin{aligned} \beta_x &= \frac{\partial S_0}{\partial \alpha_x} = \frac{\partial}{\partial \alpha_x}\left[\sqrt{2m}(\alpha_x x+\alpha_y y)+\int_{z_0}^{z}\sqrt{2m(E-\alpha_x^2-\alpha_y^2-mgz)}\mathrm{d}z\right] \\ &= \sqrt{2m}x-2m\alpha_x\int_{z_0}^{z}\frac{\mathrm{d}z}{\sqrt{2m(E-\alpha_x^2-\alpha_y^2-mgz)}} \\ &= \sqrt{2m}x-2\alpha_x(t-\tau) \end{aligned} \tag{45-37}$$

设在初始时刻 ($t=\tau=t_0$), 抛射体处于 $x=x_0$, 则式 (45-37) 给出沿 x 轴的初始条件:

$$\beta_x=\sqrt{2m}x_0, \tag{45-38}$$

将式 (45-38) 和 $\tau=t_0$ 代入式 (45-37), 整理则可得到抛射体沿 x 轴的运动方程:

$$x=x_0+\sqrt{\frac{2}{m}}\alpha_x(t-t_0) \tag{45-39}$$

同理, 可得抛射体沿 y 轴的运动方程

$$y=y_0+\sqrt{\frac{2}{m}}\alpha_y(t-t_0) \tag{45-40}$$

例 45.4 的体会是, 针对这样一个高中物理的题目应用 H-J 方程来求解, 虽然给读者的感觉是将一个简单的问题用一个更为复杂的方法来求解, 一方面说明了 H-J 方程方法的有效性, 另一方面是通过该问题也对该方法本身有了一个更为深入的理解, 为应用该方法解决更为复杂的问题奠定了基础.

例 45.5 玻尔公式的详细推导过程. 一个原子核电荷为 Ze 的拟氢原子, 在 (r,θ,ψ) 坐标系中, 其哈密顿量为

$$\begin{aligned}H&=\frac{1}{2\mu}\left(p_r^2+\frac{1}{r^2}p_\theta^2+\frac{1}{r^2\sin^2\theta}p_\psi^2\right)-\frac{Ze^2}{r}\\&=\frac{\mu}{2}(\dot{r}^2+r^2\dot{\theta}^2+r^2\sin^2\theta\dot{\psi}^2)-\frac{Ze^2}{r}\end{aligned} \tag{45-41}$$

式中, μ 为电子与原子核的约化质量, 沿球坐标 (r,θ,ψ) 三个方向的广义动量分别为

$$\begin{cases}p_r=\mu\dot{r}\\p_\theta=I_\theta\dot{\theta}=\mu r^2\dot{\theta}\\p_\psi=I_\psi\dot{\psi}=\mu r^2\sin^2\theta\dot{\psi}\end{cases} \tag{45-42}$$

从式 (45-42) 可以清晰地看出, p_r 为线动量, 而 $p_\theta=I_\theta\dot{\theta}$ 和 $p_\psi=I_\psi\dot{\psi}$ 为角动量.

由于在式 (45-41) 中不显含 ψ, 故 ψ 为循环坐标, 从而: $p_\psi=I_\psi\dot{\psi}$ 这一围绕 z 轴的角动量守恒. 将式 (45-18) 代入式 (45-41), 有如下 H-J 方程:

$$\frac{1}{2\mu}\left[\left(\frac{\partial S_0}{\partial r}\right)^2+\frac{1}{r^2}\left(\frac{\partial S_0}{\partial\theta}\right)^2+\frac{1}{r^2\sin^2\theta}p_\psi^2\right]-\frac{Ze^2}{r}=E \tag{45-43}$$

再进一步假设可进行如下分离变量:

$$S_0(r,\theta)=S_{0r}(r)+S_{0\theta}(\theta) \tag{45-44}$$

将式 (45-44) 代入式 (45-43), 相应的偏导数变为微分, 则得到

$$\frac{1}{2\mu}\left\{\left(\frac{\mathrm{d}S_{0r}}{\mathrm{d}r}\right)^2+\frac{1}{r^2}\underbrace{\left[\left(\frac{\mathrm{d}S_{0\theta}}{\mathrm{d}\theta}\right)^2+\frac{1}{\sin^2\theta}p_\psi^2\right]}_{C^2}\right\}-\frac{Ze^2}{r}=E \tag{45-45}$$

则式 (45-45) 可分解为如下两个微分方程组:

$$\begin{cases}\left(\dfrac{\mathrm{d}S_{0\theta}}{\mathrm{d}\theta}\right)^2+\dfrac{1}{\sin^2\theta}p_\psi^2=C^2\\\left(\dfrac{\mathrm{d}S_{0r}}{\mathrm{d}r}\right)^2+\dfrac{C^2}{r^2}=2\mu\left(E+\dfrac{Ze^2}{r}\right)\end{cases} \tag{45-46}$$

其作用量变数为: $J=\sum\limits_k\oint p_k\mathrm{d}q_k=J_r+J_\theta+J_\psi$, 分量表达式和量子化条件为

$$\begin{cases}J_r=\oint p_r\mathrm{d}r\\J_\theta=\oint p_\theta\mathrm{d}\theta\\J_\psi=\oint p_\psi\mathrm{d}\psi\end{cases}\quad\text{满足量子化条件}\quad\begin{cases}J_r=n_rh\\J_\theta=n_\theta h\\J_\psi=n_\psi h\end{cases} \tag{45-47}$$

式中, h 为普朗克常数, 而且,

$$n=n_r+n_\theta+n_\psi \tag{45-48}$$

为整数.

在 (r,ϕ) 坐标系中, 其哈密顿量式 (45-41) 改写为

$$H=\frac{1}{2\mu}\left(p_r^2+\frac{1}{r^2}p_\phi^2\right)-\frac{Ze^2}{r}=\frac{\mu}{2}(\dot{r}^2+r^2\dot{\phi}^2)-\frac{Ze^2}{r} \tag{45-49}$$

相应的 H-J 方程为

$$\frac{1}{2\mu}\left[\left(\frac{\partial S_0}{\partial r}\right)^2+\frac{1}{r^2}\left(\frac{\partial S_0}{\partial\phi}\right)^2\right]-\frac{Ze^2}{r}=E \tag{45-50}$$

由于在式 (45-49) 中不显含 ϕ, 故 ϕ 为循环坐标, 从而: $p_\phi=I_\phi\dot{\phi}$ 这一围绕 z 轴的角动量守恒.

类似地进行如下分离变量:

$$S_0(r,\phi)=S_{0r}(r)+S_{0\phi}(\phi) \tag{45-51}$$

则式 (45-50) 变为

$$\frac{1}{2\mu}\left[\left(\frac{\mathrm{d}S_{0r}}{\mathrm{d}r}\right)^2-\frac{2\mu Ze^2}{r}+\frac{1}{r^2}\underbrace{\left(\frac{\mathrm{d}S_0}{\mathrm{d}\phi}\right)^2}_{C^2}\right]=E \tag{45-52}$$

类似地, 式 (45-52) 可分解为如下两个微分方程组:

$$\begin{cases}\left(\dfrac{\mathrm{d}S_{0\phi}}{\mathrm{d}\phi}\right)^2=C^2\\ \left(\dfrac{\mathrm{d}S_{0r}}{\mathrm{d}r}\right)^2+\dfrac{C^2}{r^2}=2\mu\left(E+\dfrac{Ze^2}{r}\right)\end{cases} \tag{45-53}$$

其作用量变数为: $J=\sum\limits_k\oint p_k\mathrm{d}q_k=J_r+J_\phi$, 分量表达式和量子化条件为

$$\begin{cases}J_r=\oint p_r\mathrm{d}r\\ J_\phi=\oint p_\phi\mathrm{d}\phi\end{cases}\quad \text{满足量子化条件}\quad \begin{cases}J_r=n_rh\\ J_\phi=n_\phi h\end{cases} \tag{45-54}$$

对比式 (45-46) 中第一式和式 (45-53) 中第一式, 易知:

$$\left(\frac{\mathrm{d}S_{0\theta}}{\mathrm{d}\theta}\right)^2+\frac{1}{\sin^2\theta}p_\psi^2=C^2=\left(\frac{\mathrm{d}S_{0\phi}}{\mathrm{d}\phi}\right)^2=p_\phi^2 \tag{45-55}$$

对比 $J=\sum\limits_k\oint p_k\mathrm{d}q_k=J_r+J_\theta+J_\psi$ 和 $J=\sum\limits_k\oint p_k\mathrm{d}q_k=J_r+J_\phi$, 可知:

$$J_\phi=J_\theta+J_\psi \tag{45-56}$$

另外, 式 (45-56) 可由 $p_\phi\mathrm{d}\phi=p_\theta\mathrm{d}\theta+p_\psi\mathrm{d}\psi$ 获得, 再者 p_ϕ 为守恒量, 则:

$$J_\phi=\oint p_\phi\mathrm{d}\phi=p_\phi\int_0^{2\pi}\mathrm{d}\phi=2\pi p_\phi \tag{45-57}$$

由式 (45-55)~式 (45-57) 可得

$$C^2=p_\phi^2=\left(\frac{J_\phi}{2\pi}\right)^2=\frac{(J_\theta+J_\psi)^2}{4\pi^2} \tag{45-58}$$

将式 (45-58) 代入式 (45-46) 中第二式, 有

$$\left(\frac{\mathrm{d}S_{0r}}{\mathrm{d}r}\right)^2+\frac{(J_\theta+J_\psi)^2}{4\pi^2r^2}=2\mu\left(E+\frac{Ze^2}{r}\right)$$

从上式得到

$$p_r = \frac{\mathrm{d}S_{0r}}{\mathrm{d}r} = \sqrt{2\mu\left(E + \frac{Ze^2}{r}\right) - \frac{(J_\theta + J_\psi)^2}{4\pi^2 r^2}} \tag{45-59}$$

则有

$$\begin{aligned} J_r &= \oint p_r \mathrm{d}r = \oint \sqrt{2\mu\left(E + \frac{Ze^2}{r}\right) - \frac{(J_\theta + J_\psi)^2}{4\pi^2 r^2}}\mathrm{d}r \\ &= \int_{r_{\min}}^{r_{\max}} \sqrt{2\mu\left(E + \frac{Ze^2}{r}\right) - \frac{(J_\theta + J_\psi)^2}{4\pi^2 r^2}}\mathrm{d}r \\ &\quad + \int_{r_{\max}}^{r_{\min}} \sqrt{2\mu\left(E + \frac{Ze^2}{r}\right) - \frac{(J_\theta + J_\psi)^2}{4\pi^2 r^2}}\mathrm{d}r \end{aligned} \tag{45-60}$$

韦达 (1540~1603)

式中, $r_{\max}$ 和 $r_{\min}$ 为 $2\mu\left(E + \frac{Ze^2}{r}\right) - \frac{(J_\theta + J_\psi)^2}{4\pi^2 r^2} = 0$ 的两个根, 满足韦达 (François Viète) 定理:

$$\begin{cases} r_{\max} + r_{\min} = \dfrac{Ze^2}{E} \\ r_{\max} \cdot r_{\min} = -\dfrac{(J_\theta + J_\psi)^2}{8\pi^2 \mu E} \end{cases} \tag{45-61}$$

由于 $\int_{r_{\min}}^{r_{\max}} \sqrt{2\mu\left(E + \frac{Ze^2}{r}\right) - \frac{(J_\theta + J_\psi)^2}{4\pi^2 r^2}}\mathrm{d}r$ 和 $\int_{r_{\max}}^{r_{\min}} \sqrt{2\mu\left(E + \frac{Ze^2}{r}\right) - \frac{(J_\theta + J_\psi)^2}{4\pi^2 r^2}}\mathrm{d}r$ 两段积分相等, 则式 (45-60) 可表示为

$$\begin{aligned} J_r &= 2\sqrt{-2\mu E}\int_{r_{\min}}^{r_{\max}} \sqrt{-r^2 - \frac{Ze^2}{E}r + \frac{(J_\theta + J_\psi)^2}{8\pi^2 \mu E}}\frac{\mathrm{d}r}{r} \\ &= 2\sqrt{-2\mu E}\int_{r_{\min}}^{r_{\max}} \sqrt{(r_{\max} - r)(r - r_{\min})}\frac{\mathrm{d}r}{r} \\ &= 2\sqrt{-2\mu E} \cdot \frac{\pi}{2}(r_{\max} + r_{\min} - 2\sqrt{r_{\max} \cdot r_{\min}}) \end{aligned} \tag{45-62}$$

将韦达定理式 (45-61) 代入式 (45-62), 整理可得

$$\begin{aligned} J_r &= 2\sqrt{-2\mu E} \cdot \frac{\pi}{2}(r_{\max} + r_{\min} - 2\sqrt{r_{\max} \cdot r_{\min}}) \\ &= \pi\sqrt{-2\mu E}\left(\frac{Ze^2}{E} - 2\frac{J_\theta + J_\psi}{\pi\sqrt{-8\mu E}}\right) \\ &= \pi Z e^2\sqrt{\frac{2\mu}{-E}} - (J_\theta + J_\psi) \end{aligned} \tag{45-63}$$

对式 (45-63) 进行移项, 应用 $J = \sum_k \oint p_k \mathrm{d}q_k = J_r + J_\theta + J_\psi$ 和式 (45-48), 得到

$$J = J_r + J_\theta + J_\psi = nh = \pi Z e^2\sqrt{\frac{2\mu}{-E}}$$

由上式可得

$$E = -2\mu \left(\frac{\pi Z e^2}{nh} \right)^2 \tag{45-64}$$

式 (45-64) 即为 1913 年由玻尔 (Niels Bohr, 1885~1962) 所建立的单电子原子公式. 玻尔 1913 年的三篇论文[4.15~4.17] 在英国的《哲学杂志》上发表, 引用了普朗克和爱因斯坦的量子概念来阐述卢瑟福的 "卫星原子模型", 为量子力学打出了一片广阔的新天地. 这三篇论文后被称为 "伟大的三部曲 (great trilogy)", 玻尔的思想被酷爱音乐的爱因斯坦誉为 "思想领域中最高的音乐神韵", 这个年龄不足 30 岁的大男孩一时间竟成为全世界科学界的灵魂.

尼尔斯 · 玻尔于 1922 年获得诺贝尔物理学奖, 爱因斯坦所获得的 1921 年诺贝尔物理学奖也是 1922 年宣布补发的. 1962 年 11 月 18 日, 尼尔斯 · 玻尔因心脏病突发在丹麦的卡尔斯堡寓所逝世, 享年 77 岁. 去世前一天, 他还在工作室的黑板上画了当年爱因斯坦那个光子盒的草图.

如图 45.1 所示, 其中一幅著名的图片, 是玻尔祖孙三代共同演算的感人场景. 图中的尼尔斯 · 玻尔之子 —— 奥格 · 玻尔 (Aage Bohr, 1922~2009) 在其父获得诺贝尔物理学奖之年出生, 是核子物理学家, 1975 年获诺贝尔物理学奖. 图中在黑板上演算的尼尔斯 · 玻尔之孙 —— Tomas Bohr 在家庭的耳濡目染熏陶下也成为丹麦技术大学物理系的教授. Tomas 对他儿时爷爷和父亲在黑板上的演算场景记忆尤深, 他深情地回忆道: "我爷爷和父亲在黑板上所写的和讨论的神秘符号对我而言具有一种神奇的魅力, 像是来自于一个神秘和安全的世界, 或许有一天我们能获得通行证 (The mystical symbols that he and my father wrote and discussed on the blackboard were strangely captivating, as coming from a secret and safe world, to which one might some day gain entrance)." 确实, Tomas 也获得成为物理学家的

图 45.1 黑板的力量 —— 玻尔祖孙三代在家里的黑板上演算

通行证. 这就是本书所数次强调的黑板的巨大力量!

§46. 用哈密顿–雅可比方程推导定态和含时薛定谔方程

46.1　定态薛定谔方程的推导

1925~1926 年, 薛定谔从经典力学的哈密顿–雅可比方程 (Hamilton-Jacobi equation) 出发, 利用变分法和德布罗意物质波理论, 将电子看成德布罗意波, 用一个波动方程表示, 最后得到一个非相对论的波动方程, 即著名的薛定谔方程, 方程中的波函数用来描述微观粒子的状态, 薛定谔的这套理论就是后来所谓的波动力学.

当忽略普朗克常数时, 薛定谔方程就退化为哈密顿–雅可比方程. 古老的经典力学本身也是薛定谔建立的波动力学的一种特殊形式, 薛定谔方程关上了看似完美的经典力学的大门, 掀开了概率波黑暗的一角.

薛定谔方程一经出台, 全世界的物理学家为之欢呼. 普朗克称其为 "划时代的工作", 爱因斯坦说: "…… 您的想法源自于真正的天才." "您的量子方程已经迈出了决定性的一步."

以不显含时间 t 的单粒子力学体系为例, 其哈密顿量为

$$H=\frac{\boldsymbol{p}^2}{2m}+V(\boldsymbol{r})=\frac{1}{2m}(p_x^2+p_y^2+p_z^2)+V(\boldsymbol{r}) \tag{46-1}$$

不显含时间意味着能量守恒, 再考虑到:

$$p_x=\frac{\partial S_0}{\partial x},\quad p_y=\frac{\partial S_0}{\partial y},\quad p_z=\frac{\partial S_0}{\partial z} \tag{46-2}$$

则相应的哈密顿–雅可比方程式 (45-7) 变为

$$\frac{1}{2m}\left[\left(\frac{\partial S_0}{\partial x}\right)^2+\left(\frac{\partial S_0}{\partial y}\right)^2+\left(\frac{\partial S_0}{\partial z}\right)^2\right]+V(\boldsymbol{r})-E=0 \tag{46-3}$$

薛定谔的关键假设之一如下:

$$S_0=\hbar\ln\psi \tag{46-4}$$

式中, ψ 是无量纲量, $\hbar=h/2\pi$ 为约化普朗克常数 (reduced Planck constant), 它是与哈密顿特性量 S_0 同量纲的一比例常数. 由于:

$$\frac{\partial S_0}{\partial x}=\frac{\hbar}{\psi}\frac{\partial\psi}{\partial x},\quad \frac{\partial S_0}{\partial y}=\frac{\hbar}{\psi}\frac{\partial\psi}{\partial y},\quad \frac{\partial S_0}{\partial z}=\frac{\hbar}{\psi}\frac{\partial\psi}{\partial z} \tag{46-5}$$

将式 (46-5) 代入式 (46-3), 略为整理便可得到

$$\frac{\hbar^2}{2m}\left[\left(\frac{\partial\psi}{\partial x}\right)^2+\left(\frac{\partial\psi}{\partial y}\right)^2+\left(\frac{\partial\psi}{\partial z}\right)^2\right]+[V(\boldsymbol{r})-E]\psi^2=0 \tag{46-6}$$

薛定谔的关键假设之二为: 方程 (46-6) 左端对起点和终点的空间积分后, 其变分为零:

$$\delta\iiint\limits_{1\to2}\left\{\frac{\hbar^2}{2m}\left[\left(\frac{\partial\psi}{\partial x}\right)^2+\left(\frac{\partial\psi}{\partial y}\right)^2+\left(\frac{\partial\psi}{\partial z}\right)^2\right]+[V(\boldsymbol{r})-E]\psi^2\right\}\mathrm{d}x\mathrm{d}y\mathrm{d}z=0 \tag{46-7}$$

将变分算符作用到被积函数, 两端再除以 2, 可得

$$\iiint\limits_{1\to2}\left\{\frac{\hbar^2}{2m}\left[\frac{\partial\psi}{\partial x}\frac{\partial\delta\psi}{\partial x}+\frac{\partial\psi}{\partial y}\frac{\partial\delta\psi}{\partial y}+\frac{\partial\psi}{\partial z}\frac{\partial\delta\psi}{\partial z}\right]+[V(\boldsymbol{r})-E]\psi\delta\psi\right\}\mathrm{d}x\mathrm{d}y\mathrm{d}z=0 \tag{46-8}$$

对式 (46-8) 中左端第一项进行分部积分, 再考虑到两端固定的边界条件:

$$\begin{cases}\delta\psi\big|_{x_1}=\delta\psi\big|_{x_2}=0\\ \delta\psi\big|_{y_1}=\delta\psi\big|_{y_2}=0\\ \delta\psi\big|_{z_1}=\delta\psi\big|_{z_2}=0\end{cases} \tag{46-9}$$

得到

$$\begin{cases}\displaystyle\iiint\limits_{1\to2}\frac{\partial\psi}{\partial x}\frac{\partial\delta\psi}{\partial x}\mathrm{d}x\mathrm{d}y\mathrm{d}z=\iint\limits_{1\to2}\frac{\partial\psi}{\partial x}\delta\psi\mathrm{d}y\mathrm{d}z\Big|_{x_1}^{x_2}-\iiint\limits_{1\to2}\frac{\partial^2\psi}{\partial x^2}\delta\psi\mathrm{d}x\mathrm{d}y\mathrm{d}z\\ \displaystyle\qquad=-\iiint\limits_{1\to2}\frac{\partial^2\psi}{\partial x^2}\delta\psi\mathrm{d}x\mathrm{d}y\mathrm{d}z\\ \displaystyle\iiint\limits_{1\to2}\frac{\partial\psi}{\partial y}\frac{\partial\delta\psi}{\partial y}\mathrm{d}x\mathrm{d}y\mathrm{d}z=\iint\limits_{1\to2}\frac{\partial\psi}{\partial y}\delta\psi\mathrm{d}x\mathrm{d}z\Big|_{y_1}^{y_2}-\iiint\limits_{1\to2}\frac{\partial^2\psi}{\partial y^2}\delta\psi\mathrm{d}x\mathrm{d}y\mathrm{d}z\\ \displaystyle\qquad=-\iiint\limits_{1\to2}\frac{\partial^2\psi}{\partial y^2}\delta\psi\mathrm{d}x\mathrm{d}y\mathrm{d}z\\ \displaystyle\iiint\limits_{1\to2}\frac{\partial\psi}{\partial z}\frac{\partial\delta\psi}{\partial z}\mathrm{d}x\mathrm{d}y\mathrm{d}z=\iint\limits_{1\to2}\frac{\partial\psi}{\partial z}\delta\psi\mathrm{d}x\mathrm{d}y\Big|_{z_1}^{z_2}-\iiint\limits_{1\to2}\frac{\partial^2\psi}{\partial z^2}\delta\psi\mathrm{d}x\mathrm{d}y\mathrm{d}z\\ \displaystyle\qquad=-\iiint\limits_{1\to2}\frac{\partial^2\psi}{\partial z^2}\delta\psi\mathrm{d}x\mathrm{d}y\mathrm{d}z\end{cases} \tag{46-10}$$

将式 (46-10) 代回式 (46-8), 则方程可以化简为

$$\iiint\limits_{1\to2}\left\{-\frac{\hbar^2}{2m}\left(\frac{\partial^2\psi}{\partial x^2}+\frac{\partial^2\psi}{\partial y^2}+\frac{\partial^2\psi}{\partial z^2}\right)+[V(\boldsymbol{r})-E]\psi\right\}\delta\psi\mathrm{d}x\mathrm{d}y\mathrm{d}z=0 \tag{46-11}$$

由于 $\delta\psi$ 的任意性, 最终可得

$$-\frac{\hbar^2}{2m}\left(\frac{\partial^2\psi}{\partial x^2}+\frac{\partial^2\psi}{\partial y^2}+\frac{\partial^2\psi}{\partial z^2}\right)+[V(\boldsymbol{r})-E]\psi=0 \tag{46-12}$$

这就是体系的哈密顿函数不显含时间 t 时微观粒子所满足的基本方程, 即稳态的薛定谔方程 (stationary Schrödinger equation).

46.2 含时薛定谔方程的推导

薛定谔将作用量 $S(\boldsymbol{r},t)$ 和波函数 ψ 之间的关系定义为

$$\psi(\boldsymbol{r},t)=\exp\left[\frac{\mathrm{i}}{\hbar}S(\boldsymbol{r},t)\right] \quad 或 \quad S(\boldsymbol{r},t)=-\mathrm{i}\hbar\ln\psi \tag{46-13}$$

式中, $\boldsymbol{r}=(x,y,z)$. 则有

$$\begin{cases} p_x=\dfrac{\partial S}{\partial x}=-\dfrac{\mathrm{i}\hbar}{\psi}\dfrac{\partial\psi}{\partial x}\\ p_y=\dfrac{\partial S}{\partial y}=-\dfrac{\mathrm{i}\hbar}{\psi}\dfrac{\partial\psi}{\partial y}\\ p_z=\dfrac{\partial S}{\partial z}=-\dfrac{\mathrm{i}\hbar}{\psi}\dfrac{\partial\psi}{\partial z}\\ \dfrac{\partial S}{\partial t}=-\dfrac{\mathrm{i}\hbar}{\psi}\dfrac{\partial\psi}{\partial t} \end{cases} \tag{46-14}$$

考虑到广义坐标和广义动量的相互独立性, 由式 (46-14) 可得

$$\begin{cases} \dfrac{\partial p_x}{\partial x}=\dfrac{\partial^2 S}{\partial x^2}=\dfrac{\mathrm{i}\hbar}{\psi^2}\left(\dfrac{\partial\psi}{\partial x}\right)^2-\dfrac{\mathrm{i}\hbar}{\psi}\dfrac{\partial^2\psi}{\partial x^2}=0\\ \dfrac{\partial p_y}{\partial y}=\dfrac{\partial^2 S}{\partial y^2}=\dfrac{\mathrm{i}\hbar}{\psi^2}\left(\dfrac{\partial\psi}{\partial y}\right)^2-\dfrac{\mathrm{i}\hbar}{\psi}\dfrac{\partial^2\psi}{\partial y^2}=0\\ \dfrac{\partial p_z}{\partial z}=\dfrac{\partial^2 S}{\partial z^2}=\dfrac{\mathrm{i}\hbar}{\psi^2}\left(\dfrac{\partial\psi}{\partial z}\right)^2-\dfrac{\mathrm{i}\hbar}{\psi}\dfrac{\partial^2\psi}{\partial z^2}=0 \end{cases} \tag{46-15}$$

由式 (46-15) 易得

$$\begin{cases} \left(\dfrac{\partial\psi}{\partial x}\right)^2=\psi\dfrac{\partial^2\psi}{\partial x^2}\\ \left(\dfrac{\partial\psi}{\partial y}\right)^2=\psi\dfrac{\partial^2\psi}{\partial y^2}\\ \left(\dfrac{\partial\psi}{\partial z}\right)^2=\psi\dfrac{\partial^2\psi}{\partial z^2} \end{cases} \tag{46-16}$$

再由式 (46-2) 可以得到:

$$\begin{cases} p_x^2 = \left(\dfrac{\partial S}{\partial x}\right)^2 = \left(-\dfrac{\mathrm{i}\hbar}{\psi}\dfrac{\partial \psi}{\partial x}\right)^2 = -\dfrac{\hbar^2}{\psi}\dfrac{\partial^2 \psi}{\partial x^2} \\ p_y^2 = \left(\dfrac{\partial S}{\partial y}\right)^2 = \left(-\dfrac{\mathrm{i}\hbar}{\psi}\dfrac{\partial \psi}{\partial y}\right)^2 = -\dfrac{\hbar^2}{\psi}\dfrac{\partial^2 \psi}{\partial y^2} \\ p_z^2 = \left(\dfrac{\partial S}{\partial z}\right)^2 = \left(-\dfrac{\mathrm{i}\hbar}{\psi}\dfrac{\partial \psi}{\partial z}\right)^2 = -\dfrac{\hbar^2}{\psi}\dfrac{\partial^2 \psi}{\partial z^2} \end{cases} \tag{46-17}$$

对于一个运动在不依赖于时间的势能场中的非相对论粒子 (non-relativistic particle) 而言, 其哈密顿–雅可比方程为

$$\frac{\partial S}{\partial t} + \frac{1}{2m}\left[\left(\frac{\partial S}{\partial x}\right)^2 + \left(\frac{\partial S}{\partial y}\right)^2 + \left(\frac{\partial S}{\partial z}\right)^2\right] + V = 0 \tag{46-18}$$

将式 (46-17) 和式 (46-14) 中第四式代入式 (46-18), 则可得到含时的薛定谔方程 (time-dependent Schrödinger equation)[4.18]:

$$-\frac{\hbar^2}{2m}\nabla^2\psi(\boldsymbol{r},t) + V(\boldsymbol{r})\psi(\boldsymbol{r},t) = \mathrm{i}\hbar\frac{\partial \psi(\boldsymbol{r},t)}{\partial t} \tag{46-19}$$

考虑相对论效应的波动方程于 1926 年由瑞典物理学家克莱因 (Oskar Benjamin Klein, 1894~1977)[4.19] 和德国物理学家戈登 (Walter Gordon, 1893~1939)[4.20] 推导出, 并简称 "克莱因–戈登方程 (Klein-Gordon equation)", 见思考题 4.2. 有关克莱因–戈登方程的发展历程可参阅文献 [4.21] 的深入调研和讨论.

§47. 狭义相对论的哈密顿量

在式 (39-14) 中的相对论拉格朗日量 $L \equiv T^* - V'$ 的构造中, 我们已经明确, $L \neq T - V$, 这里 T 为相对论动能 (relativistic kinetic energy), 原因是

$$T = E_{\mathrm{T}} - E_{\mathrm{T0}} = (1/\sqrt{1-\beta^2} - 1)mc^2 = (\gamma - 1)mc^2 \neq T^* \tag{47-1}$$

式中, 总能量 (total energy) E_{T} 和静止能量 (rest energy) E_{T0} 分别为

$$\begin{cases} E_{\mathrm{T}} = \gamma mc^2 \\ E_{\mathrm{T0}} = mc^2 \end{cases} \tag{47-2}$$

注意到相对论动量的定义式: $\boldsymbol{p} = \gamma m\dot{\boldsymbol{q}}$, 则总能量可表示为

$$\begin{aligned} E_{\mathrm{T}}^2 &= (\gamma mc^2)^2 = \frac{m^2c^4}{1-\dot{q}^2/c^2} = \frac{m^2c^4(\dot{q}^2/c^2 + 1 - \dot{q}^2/c^2)}{1-\dot{q}^2/c^2} \\ &= \gamma^2m^2\dot{q}^2c^2 + m^2c^4 = p^2c^2 + m^2c^4 \end{aligned} \tag{47-3}$$

黑板的力量 —— 费米 (Enrico Fermi, 1901~1954) 在讲解和式 (47-4) 相关的方程

所以, 相对论哈密顿量为

$$H = E_{\mathrm{T}} + V = \sqrt{p^2c^2 + m^2c^4} + V \tag{47-4}$$

由于相对论哈密顿量可进一步表示为

$$H = \sqrt{(p_1^2 + p_2^2 + p_3^2)c^2 + m^2c^4} + V(q_1, q_2, q_3) \tag{47-5}$$

故, 相对论形式的哈密顿正则方程可表示为

$$\begin{cases} \dot{q}_i = \dfrac{\partial H}{\partial p_i} \\ \dot{p}_i = -\dfrac{\partial H}{\partial q_i} \end{cases}, \quad (i = 1, 2, 3) \tag{47-6}$$

将式 (47-5) 代入式 (47-6), 得到

$$\begin{cases} \dot{q}_i = \dfrac{p_i c^2}{\sqrt{p^2c^2 + m^2c^4}} \\ \dot{p}_i = -\dfrac{\mathrm{d}V}{\mathrm{d}x_i} \end{cases}, \quad (i = 1, 2, 3) \tag{47-7}$$

思考题和补充材料

4.1 验证薛定谔方程式 (46-12) 和式 (46-19) 为线性方程.

4.2 应用相对论能量–动量关系式: $p^2c^2 + m^2c^4 = E^2$, 证明克莱因–戈登方程:

$$\frac{1}{c^2}\frac{\partial^2 \psi}{\partial t^2} - \nabla^2\psi + \frac{m^2c^2}{\hbar^2}\psi = 0. \tag{47-8}$$

4.3 应用如下动量算子 (momentum operator) $\widehat{\boldsymbol{p}}$ 和能量算子 (energy operator) $\widehat{E}$ 来证明薛定谔方程和克莱因–戈登方程:

$$\begin{cases} \widehat{\boldsymbol{p}} = -\mathrm{i}\hbar\boldsymbol{\nabla} \\ \widehat{E} = \mathrm{i}\hbar\dfrac{\partial}{\partial t} \end{cases} \tag{47-9}$$

此举例说明, 将相对论能量–动量关系式 $p^2c^2 + m^2c^4 = E^2$ 中的动量和能量分别用式 (47-9) 中的动量和能量算符来代替, 得

$$[(-\mathrm{i}\hbar\boldsymbol{\nabla})^2c^2 + m^2c^4]\psi = \left(\mathrm{i}\hbar\frac{\partial}{\partial t}\right)^2\psi$$

将上式展开, 并注意到: $(\boldsymbol{\nabla})^2 = \nabla^2$ 和 $\left(\dfrac{\partial}{\partial t}\right)^2 = \dfrac{\partial^2}{\partial t^2}$, 则由上式得到

$$-\hbar^2c^2\nabla^2\psi + m^2c^4\psi = -\hbar^2\frac{\partial^2\psi}{\partial t^2}$$

对上式略为整理则可获得克莱因–戈登方程式 (47-8).

4.4　下图为薛定谔的手稿, 题目是: 波动方程和哈密顿方程之间的联系.

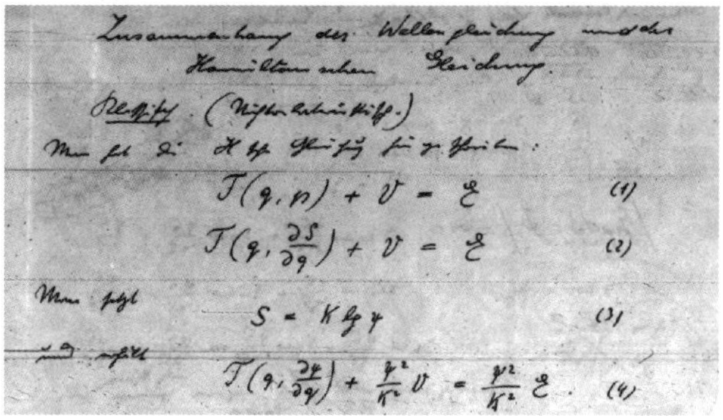

题图 4.4

4.5　引入如下达朗贝尔算子 (d'Alembert operator, d'Alembertian) 或称波动算子 (wave operator):

$$\square=\frac{1}{c^2}\frac{\partial^2}{\partial t^2}-\nabla^2=\frac{1}{c^2}\frac{\partial^2}{\partial t^2}-\frac{\partial^2}{\partial x^2}-\frac{\partial^2}{\partial y^2}-\frac{\partial^2}{\partial z^2} \tag{47-10}$$

证明: 克莱因–戈登方程 (47-8) 式可简写为

$$(\square+\mu^2)\psi=0 \tag{47-11}$$

式中, $\mu=\dfrac{mc}{\hbar}$. 下图中, 汤川秀树 (Hideki Yukawa, 1907~1981, 1949 年诺贝尔物理学奖获得者) 在演讲中正在使用达朗贝尔算子进行演算.

题图 4.5　黑板的力量 —— 汤川秀树的板书中出现了达朗贝尔算子

4.6　微观可逆性原理 (principle of microscopic reversibility). 由卡西米尔 (Hendrik Brugt Gerhand Casimir, 1909~2000) 所阐明[4.22]. 不论是以牛顿运动方程、拉格朗日方程、哈密顿正则方程或变分原理等, 等效形式表示的经典动力学的基本定律, 均具有 “时间逆转不变性”, 即方程形式不经时间 t 的逆转 $t\to -t$ 而改变. 微观的可逆性原理是指, 当具有时间逆转不变性的经典动力学方程应用于原子层次时, 如将一个系统中所有质点的速度方向逆转, 则在此微观系统中, 每一个过程的时间顺序均被逆转. Onsager 倒易关系从宏观角度反映了微观运动规律对时间反演的不变性, 该关系是整个非平衡热力学的基础.

卡西米尔 (1909~2000)

问题: 验证牛顿运动方程、拉格朗日方程、哈密顿正则方程的时间逆转不变性.

4.7　CPT 对称是指物理定律在电荷共轭 (C, charge conjugation, 把粒子换成反粒子)、宇称 (P, parity, 镜像中的世界)、时间反演 (T, time reversal) 的联合变换下保持不变.

4.8　由库仑定律式 (16-2) 说明其满足 (1) 空间平移对称性; (2) 电荷共轭对称性.

证明: 库仑定律可写为: $F=-k\dfrac{q_1q_2}{|\boldsymbol{r}_1-\boldsymbol{r}_2|^2}$, 设两个电荷均有一个平移矢量 $\boldsymbol{a}$, 此时库仑定律: $F=-k\dfrac{q_1q_2}{|(\boldsymbol{r}_1+\boldsymbol{a})-(\boldsymbol{r}_2+\boldsymbol{a})|^2}=-k\dfrac{q_1q_2}{|\boldsymbol{r}_1-\boldsymbol{r}_2|^2}$ 保持了不变性, 因而具有平移不变性; 另外, 将如下变换: $q_1\to-q_1, q_2\to-q_2$ 代入库仑定律, 其形式完全不变, 则说明库仑定律满足电荷共轭对称性.

4.9　证明简谐振动的微分方程 $\ddot{x}+\omega^2x=0$ 具有下列变换的不变性: (a) 时间反演; (b) 时间平移; (c) 空间反射; (d) 空间膨胀.

提示: 简谐振动微分方程的通解为: $x=x_0\sin(\omega t+\varphi)$. 为验证通解具有相关的变换不变性, 即相当于证明, 在该变换下, 只需将任意常数 x_0 和 φ 换个写法, 即可使通解的形式保持不变. 进行的相应变换如下: (a) 时间反演: $t\to-t$ 时, 令: $\varphi'=\pi-\varphi$; (b) 时间平移: $t\to t+\Delta t$ 时, 令: $\varphi'=\varphi+\omega\Delta t$; (c) 空间反射: $x\to-x$ 时, 令: $\varphi'=\pi+\varphi$; (d) 空间膨胀: $x\to\alpha x$ 时, 令: $x_0'=\alpha x_0$. 则通解的形式保持不变.

4.10　带电运动粒子的洛伦兹力为: $\boldsymbol{F}=q\boldsymbol{E}+q(\boldsymbol{v}\times\boldsymbol{B}(t))$, 证明: 带电粒子的运动方程 $m\ddot{\boldsymbol{r}}=q\boldsymbol{E}+q(\boldsymbol{v}\times\boldsymbol{B}(t))$ 具有时间反演对称性.

提示: 主要是证明 $\boldsymbol{v}\times\boldsymbol{B}(t)$ 部分具有时间反演不变性. 一方面, $\boldsymbol{v}=\dot{\boldsymbol{r}}$, $\dfrac{\mathrm{d}\boldsymbol{r}}{\mathrm{d}(-t)}=-\boldsymbol{v}$; 另一方面, $\boldsymbol{B}(t)\propto i=\dfrac{\mathrm{d}q}{\mathrm{d}t}$, 也就是 $\boldsymbol{B}(-t)\propto\dfrac{\mathrm{d}q}{\mathrm{d}(-t)}=-\dfrac{\mathrm{d}q}{\mathrm{d}t}$, 所以有: $\boldsymbol{B}(-t)=-\boldsymbol{B}(t)$. 最后可知: 洛伦兹力具有时间反演对称性:

$$\boldsymbol{F}(-t)=q\boldsymbol{E}+q(-\boldsymbol{v}\times\boldsymbol{B}(-t))=q\boldsymbol{E}+q(\boldsymbol{v}\times\boldsymbol{B}(t))=\boldsymbol{F}(t)$$

4.11　长久以来, 物理学家一直致力于以更高的精度验证粒子在电荷共轭、空间反射、时间反演之后, 物理定律不变的 CPT 对称性. 参与欧洲大型强子对撞机 (LHC) 中重离子探测器实验 (ALICE) 的科学家于 2015 年在《自然 · 物理学》上发表的文章称[4.23], 他们对粒子的质量和电荷做了迄今为止最精确测量, 结果显示 CPT 对称性依然成立.

4.12　反物质相互作用仍然满足 CPT 对称性. 由来自 12 个国家的 52 家科研单位组成的 STAR 合作组近日在美国布鲁克海文国立实验室的相对论重离子对撞机 (RHIC) 上, 首次测量到反质子–反质子间的相互作用力, 这对理解反物质的构成起到了至关重要的作用. 论文于 2015 年发表在《自然》期刊上[4.24]. 此次对反物质间相互作用的首次定量测量, 标志着人们对反物质的研究进入了新的篇章, 即从定性的观测到定量相互作用研究的跨越, 将对人们理解反物质的形成机制起到关键作用. 研究表明, 在实验精度内, 反物质间的相互作用与正物质并没有差别. 也就是说, 反质子–反质子之间的强相互作用存在着吸引, 它们可以克服由于同号 (负电荷) 的反质子–反质子之间的库仑排斥而结合成反物质原子核. 这项研究成为检测正反物质对称性的又一种新方式. 该项研究指出, 反物质之间的作用与正物质作用是对称的. 也就是说, 在相互作用的层次上, 反物质作用仍然满足 "电荷共轭–空间反射–时间反演 (CPT)" 对称性.

4.13 欧洲核子研究中心 (CERN) 的科学家于 2017 年 1 月在《自然》发表了一篇关于反氢原子的光谱测量的论文[4.25], 这是研究人员花费了 20 多年时间所追寻的成果. 该文的重要结论之一: 反氢原子和氢原子之间的相似性符合 CPT 对称的原理.

4.14 对称性破缺与美. 科学和艺术都是讲究对称性的, 对称性意味着某种规则, 很难想象像科学与艺术如此宏大而不断积累的人类文明会没有规则, 杂乱无章. 那么是否可以推论出, 科学与艺术只关注规则、对称性, 并且只有对称的东西才称得上科学与艺术呢? 答案是否定的. 李政道于 1996 年 5 月 23 日在中央工艺美术学院的演讲中, 曾指出: "艺术与科学, 都是对称与不对称的巧妙组合." 对称是美, 不对称也是美, 准确地说, 对称与对称破缺的某种组合才是美. "单纯对称和单纯不对称都是单调. 一个对称的建筑只有放在不对称的环境空间中才显得美, 反之亦然."

4.15 在量子力学中, 海森堡不确定性原理表明, 任何一个系统都不可能同时具有确定的动量和确定的位置坐标, 也不可能同时具有确定的能量和确定的时间. 1926 年 10 月 19 日, 泡利在一封写给海森堡的信中巧妙、风趣地总结道: "这就仿佛我们有两只眼睛, 一只眼睛可以观测动量, 另一只眼睛可以观测位置坐标, 但如果我们同时睁开两只眼, 那就该精神分裂了 (One can see the world with the p-eye, and one can see it with the q-eye, but if one opens both eyes, then one becomes crazy)." 在这种不确定现象的基础上, 玻尔提出了互补性原理 (complementarity principle): 动量能够反映物理系统的部分特征, 位置坐标能够反映物理系统的另一些特征, 两者是互补的; 但我们没法同时获知系统全部的特征, 具体得到什么样的结果, 将取决于我们的观测方式.

4.16 玻尔在晚年努力将互补性原理推广为更普适的哲学命题, 他最喜欢的互补对 (complementary pairs) 就是 "真实 (truth)" 与 "清晰 (clarity)". 或许, 数学的严谨 (mathematical rigor) 与物理的直觉 (physical intuition) 也可以构成科学研究中的两个相互排斥量的互补对. 我们可以用数学的眼睛来审视世界, 也可以用与其互补的物理的眼睛来看世界, 不过现在, 恐怕我们还没有足够的勇气把两只眼睛全部睁开.

4.17 玻尔还将互补性原理用于他所设计的盾形纹章 (coat of arms, 盾徽), 如图所示, 他还将阴阳太极图纳入其盾徽中. 图中, 拉丁文 "contraria sunt complementa" 的英文为 "Opposites are complementary (对手与你是互补的)".

题图 4.17 玻尔的盾徽

4.18 有学者断言说理论物理 75% 的天下不过就是谐振子模型! 结合题图 4.18 体会之.

4.19 单摆微小振动的一题多解.

解法一: 量纲分析方法.

如题图 4.19 所示, 单摆的振动周期 $\varGamma$ 所依赖的参数包括: 重力加速度 g、摆长 l、质量 m 和摆角 θ : $\varGamma = f(g, l, m, \theta)$. 各物理量的量纲为: $[\varGamma] = \mathrm{T}$、$[g] = \mathrm{LT}^{-2}$、$[l] =$

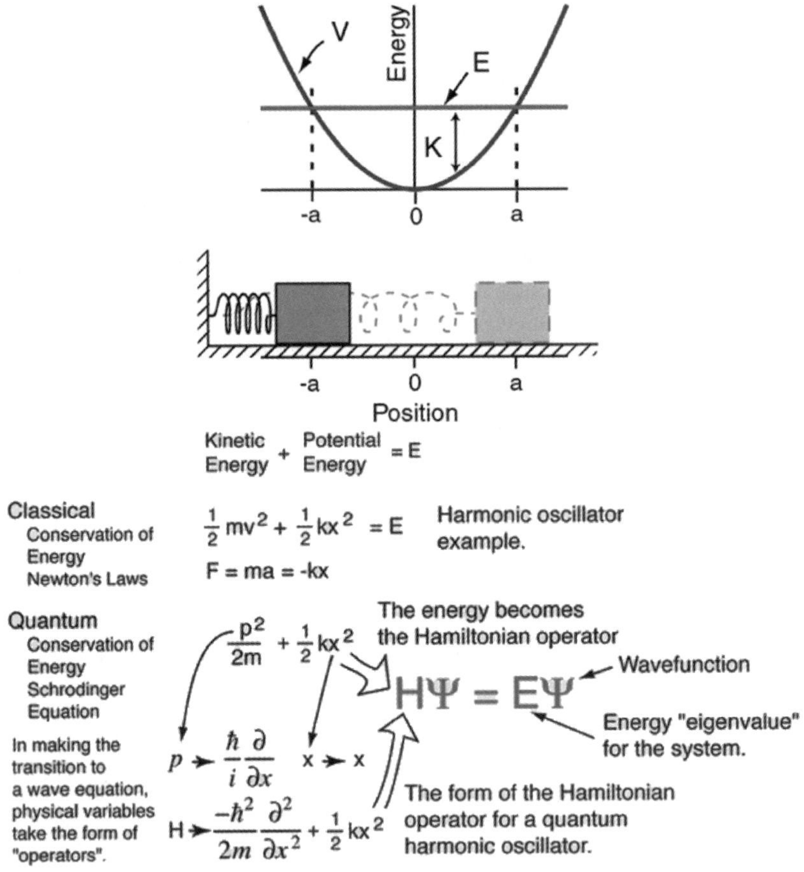

题图 4.18

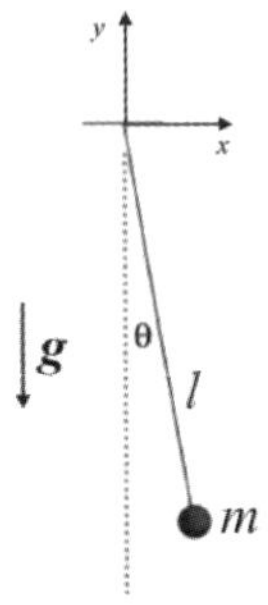

题图 4.19

L、$[m]$ = M、θ 为无量纲量. 则, 振动周期 Γ 不可能依赖于质量 m, 那么, 函数关系可进一步简化为: $\Gamma = f(g, l, \theta)$. 利用附录 G 的量纲分析的快速匹配法, 立即可得到: $\Gamma = \sqrt{\dfrac{l}{g}} f(\theta)$. 量纲分析只能进行到这一步, 和角度的依赖关系 $f(\theta)$ 需要由其他方法确定.

解法二: 牛顿力学方法. 见例 18.2, 认为引力质量和惯性质量相等: $m_g = m_i$, 则单摆质量的运动微分方程为

$$\ddot{\theta} + \frac{g}{l}\theta = 0 \quad 或 \quad \ddot{\theta} + \omega^2\theta = 0$$

则单摆的周期为: $\Gamma = 2\pi\sqrt{\dfrac{l}{g}}$.

解法三: 拉格朗日力学方法. 建立如图所示的坐标系, 系统只有一个自由度 θ. 拉格朗日量为

$$L = T - V = \frac{1}{2}ml^2\dot{\theta}^2 + mgl\cos\theta$$

由拉格朗日方程: $\dfrac{\mathrm{d}}{\mathrm{d}t}\dfrac{\partial L}{\partial\dot{\theta}}-\dfrac{\partial L}{\partial\theta}=0$, 再由微小振动条件: $\sin\theta\approx\theta$, 得到: $\ddot{\theta}+\dfrac{g}{l}\theta=0$.

解法四: 哈密顿力学方法. 由解法三中得到的拉格朗日量, 可得广义动量为

$$p=\frac{\partial L}{\partial\dot{\theta}}=ml^2\dot{\theta}$$

该广义动量实际的物理意义是动量矩. 由上式得到广义速度为: $\dot{\theta}=p/ml^2$. 通过勒让德变换可得到哈密顿量:

$$H=p\dot{\theta}-L=\frac{p^2}{2ml^2}-mgl\cos\theta$$

由哈密顿正则方程, 得到: $\begin{cases}\dot{\theta}=\dfrac{\partial H}{\partial p}=\dfrac{p}{ml^2} & (\text{未提供新的信息})\\ \dot{p}=-\dfrac{\partial H}{\partial\theta}=-mgl\sin\theta\end{cases}$, 由第二式和微小振动条件: $\sin\theta\approx\theta$, 最后可得到运动微分方程: $\ddot{\theta}+\dfrac{g}{l}\theta=0$.

4.20　双摆微小振动的一题多解.

解法一: 牛顿力学方法. 不失一般性, 设两长度均为 l 的摆杆 (pendulum rods) 质量可忽略, 两摆锤 (pendulum bobs) 有相同的质量 m. 建立如图 (b) 所示的坐标系, 作用在两摆锤上的力分别为

$$\begin{cases}F_{1x}=-T_1\sin\theta_1+T_2\sin\theta_2\\ F_{1y}=T_1\cos\theta_1-T_2\cos\theta_2-mg\end{cases}\quad\text{和}\quad\begin{cases}F_{2x}=-T_2\sin\theta_2\\ F_{2y}=T_2\cos\theta_2-mg\end{cases}$$

两摆锤的坐标和加速度分别为

$$\begin{cases}x_1=l\sin\theta_1\\ y_1=-l\cos\theta_1\end{cases}\Rightarrow\begin{cases}\ddot{x}_1=-l\dot{\theta}_1^2\sin\theta_1+l\ddot{\theta}_1\cos\theta_1\\ \ddot{y}_1=l\dot{\theta}_1^2\cos\theta_1+l\ddot{\theta}_1\sin\theta_1\end{cases}$$

$$\begin{cases}x_2=l\sin\theta_1+l\sin\theta_2\\ y_2=-l\cos\theta_1-l\cos\theta_2\end{cases}\Rightarrow\begin{cases}\ddot{x}_2=-l\dot{\theta}_1^2\sin\theta_1+l\ddot{\theta}_1\cos\theta_1-l\dot{\theta}_2^2\sin\theta_2+l\ddot{\theta}_2\cos\theta_2\\ \ddot{y}_2=l\dot{\theta}_1^2\cos\theta_1+l\ddot{\theta}_1\sin\theta_1+l\dot{\theta}_2^2\cos\theta_2+l\ddot{\theta}_2\sin\theta_2\end{cases}$$

应用牛顿第二定律, 两摆锤的动力学方程为: $\begin{cases}F_{1x}=m\ddot{x}_1\\ F_{1y}=m\ddot{y}_1\end{cases}$ 和 $\begin{cases}F_{2x}=m\ddot{x}_2\\ F_{2y}=m\ddot{y}_2\end{cases}$

将有关参数代入, 并消去两摆杆中的内力 T_1 和 T_2, 将获得双摆的运动微分方程组:

$$\begin{cases}\dot{\theta}_1^2=-\dfrac{l\ddot{\theta}_2}{\sin(\theta_2-\theta_1)}-\dfrac{\ddot{\theta}_1+(g/l)\sin\theta_1}{\sin(\theta_2-\theta_1)}\cos(\theta_2-\theta_1)-g\cos\theta_1\\ -\dot{\theta}_1^2\sin(\theta_2-\theta_1)=\ddot{\theta}_2+\ddot{\theta}_1\cos(\theta_2-\theta_1)+g\sin\theta_2\end{cases}$$

解法二: 拉格朗日力学方法. 该力学系统有两个自由度 (广义坐标): θ_1 和 θ_2. 由解法一所得到的两摆锤的坐标可得到其速度分量:

$$\begin{cases}x_1=l\sin\theta_1\\ y_1=-l\cos\theta_1\end{cases}\Rightarrow\begin{cases}\dot{x}_1=l\dot{\theta}_1\cos\theta_1\\ \dot{y}_1=l\dot{\theta}_1\sin\theta_1\end{cases}$$

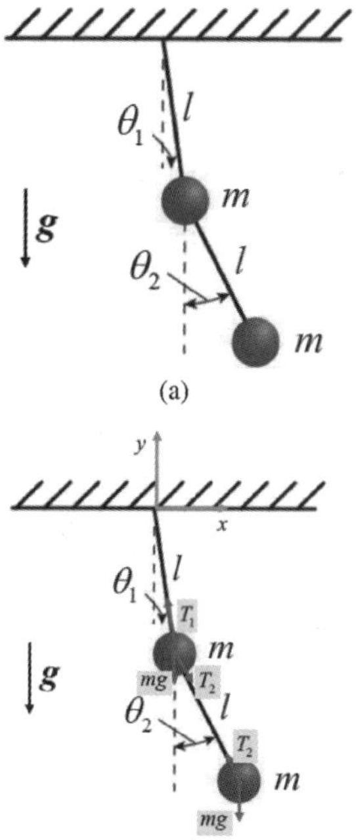

题图 4.20

黑板的力量 —— 洛伦兹正在讲解用拉格朗日力学求解双摆的微小振动问题

$$\begin{cases} x_2 = l\sin\theta_1 + l\sin\theta_2 \\ y_2 = -l\cos\theta_1 - l\cos\theta_2 \end{cases} \Rightarrow \begin{cases} \dot{x}_2 = l\dot{\theta}_1\cos\theta_1 + l\dot{\theta}_2\cos\theta_2 \\ \dot{y}_2 = l\dot{\theta}_1\sin\theta_1 + l\dot{\theta}_2\sin\theta_2 \end{cases}$$

系统的拉格朗日量为

$$\begin{aligned} L = T - V &= \frac{1}{2}m(\dot{x}_1^2 + \dot{y}_1^2) + \frac{1}{2}m(\dot{x}_2^2 + \dot{y}_2^2) - mg(y_1 + y_2) \\ &= \frac{1}{2}ml^2[2\dot{\theta}_1^2 + \dot{\theta}_2^2 + 2l^2\dot{\theta}_1\dot{\theta}_2\cos(\theta_1 - \theta_2)] + mgl(2\cos\theta_1 + \cos\theta_2) \end{aligned}$$

两个广义坐标所对应的拉格朗日方程分别为

$$\begin{cases} \dfrac{\mathrm{d}}{\mathrm{d}t}\dfrac{\partial L}{\partial\dot{\theta}_1} - \dfrac{\partial L}{\partial\theta_1} = 0 \\ \dfrac{\mathrm{d}}{\mathrm{d}t}\dfrac{\partial L}{\partial\dot{\theta}_2} - \dfrac{\partial L}{\partial\theta_2} = 0 \end{cases}$$

将拉格朗日量代入上式, 整理后, 即可获得和牛顿力学方法相同的运动微分方程组.

解法三: 哈密顿力学方法. 由解法二所获得的拉格朗日量, 广义动量为

$$\begin{cases} p_1 = \dfrac{\partial L}{\partial\dot{\theta}_1} = ml^2[2\dot{\theta}_1 + \dot{\theta}_2\cos(\theta_1 - \theta_2)] \\ p_2 = \dfrac{\partial L}{\partial\dot{\theta}_2} = ml^2[\dot{\theta}_2 + 2\dot{\theta}_1\cos(\theta_1 - \theta_2)] \end{cases}$$

从上式可获得广义速度为

$$\begin{cases} \dot{\theta}_1 = \dfrac{p_1 - p_2\cos(\theta_1 - \theta_2)}{2ml^2\sin^2(\theta_1 - \theta_2)} \\ \dot{\theta}_2 = \dfrac{p_2 - p_1\cos(\theta_1 - \theta_2)}{ml^2\sin^2(\theta_1 - \theta_2)} \end{cases}$$

由勒让德变换, 可获得双摆系统的哈密顿量为

$$\begin{aligned} H &= p_1\dot{\theta}_1 + p_2\dot{\theta}_2 - L \\ &= \frac{p_1^2 + 2p_2^2 - 2p_1p_2\cos(\theta_1 - \theta_2)}{2ml^2[1 + \sin^2(\theta_1 - \theta_2)]} - mgl(2\cos\theta_1 + \cos\theta_2) \end{aligned}$$

应用哈密顿正则方程, 其中广义速度项 $\dot{\theta}_1 = \dfrac{\partial H}{\partial p_1}$ 和 $\dot{\theta}_2 = \dfrac{\partial H}{\partial p_2}$ 是已知的结果, 并未提供新的信息, 而从下列正则方程中:

$$\begin{cases} \dot{p}_1 = -\dfrac{\partial H}{\partial\theta_1} = -2mgl\sin\theta_1 - C_1 + C_2 \\ \dot{p}_2 = -\dfrac{\partial H}{\partial\theta_2} = -mgl\sin\theta_2 + C_1 - C_2 \end{cases}$$

整理后, 便可获得和牛顿力学、拉格朗日力学方法完全相同的运动微分方程, 式中,

$$\begin{cases} C_1 = \dfrac{p_1p_2\sin(\theta_1 - \theta_2)}{ml^2[1 + \sin^2(\theta_1 - \theta_2)]} \\ C_2 = \dfrac{p_1^2 + 2p_2^2 - p_1p_2\cos(\theta_1 - \theta_2)}{2ml^2[1 + \sin^2(\theta_1 - \theta_2)]}\sin[2(\theta_1 - \theta_2)] \end{cases}$$

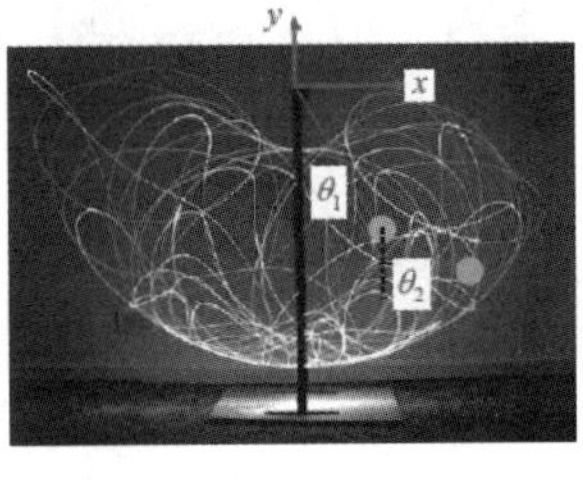

双摆运动轨迹图

双摆的运动轨迹由左侧图给出.

4.21　欧几里得几何 (欧氏几何) 和非欧几何的对比见题图 4.21 所示. 其中, 高斯曲率为两个主曲率的乘积.

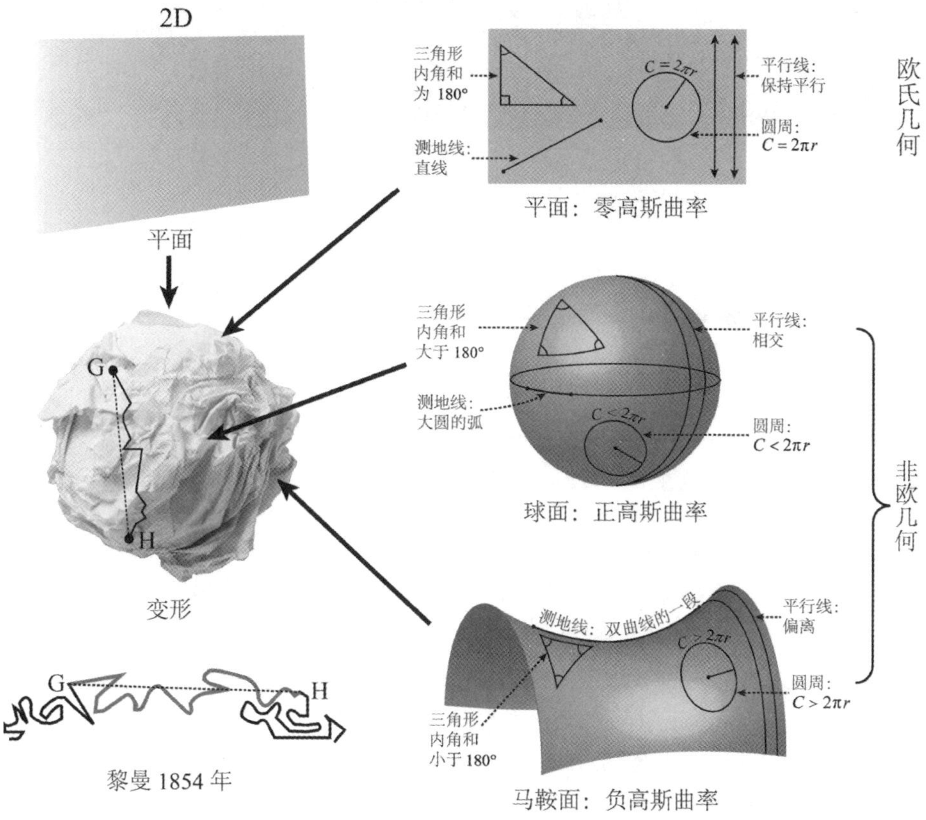

题图 4.21　欧氏几何和非欧几何的对比

4.22　非欧几何中又可区分为两类: (1) 双曲几何 (hyperbolic geometry) 或罗巴切夫斯基–波尔约–高斯几何; (2) 椭圆几何 (elliptic geometry) 或者黎曼几何.

问题: 结合思考题 4.21, 继续分析欧氏、双曲和椭圆三种几何的不同点. 欧氏几何和两种非欧几何的三种度量可统一地表示为

$$\mathrm{d}s^2 = \frac{\mathrm{d}x^2 + \mathrm{d}y^2}{\left[1 + \frac{\alpha}{4}\left(x^2 + y^2\right)\right]^2}$$

式中, $\alpha = \kappa_1\kappa_2$ 为高斯曲率, κ_1 和 κ_2 分别为两个主曲率. 这样, 可由高斯曲率 α 对三种几何进行如下划分:

$$\begin{cases} \alpha = 0, \text{ 欧氏几何} \\ \alpha > 0, \text{ 黎曼非欧氏几何} \\ \alpha < 0, \text{ 罗巴切夫斯基–波尔约–高斯几何} \end{cases}$$

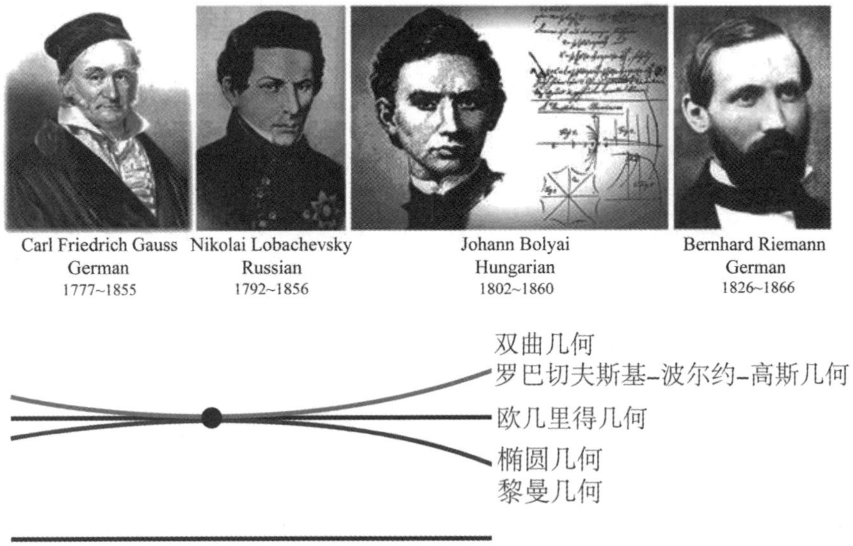

题图 4.22

4.23 如图所示, 埃舍尔 (Maurits Cornelis Escher, 1898~1972) 1960 年的木刻 (woodcut)《圆形极限 IV》(*Circle Limit IV*) 被认为是双曲几何的一个典型例子. 虽然图画边缘的蝙蝠, 貌似是在按照一定的指数不断变小, 但在双曲空间中, 它们的大小都是一样的. 之所以会呈现出大小不一的变化,在于双曲空间无法在二维平面中展开,只能够以这种扭曲、起伏的类似连绵山峦一样的形态出现.

问题: 结合思考题 2.15, 体会埃舍尔版画的 “多重镶嵌, 无限重复, 环环相扣” 的艺术境界和所蕴含的科学哲理.

题图 4.23

4.24 针对表 3.1 中的哈密顿的光学–力学类比, 还可给出如下更为具体的类比关系. 对于经典力学, 动量 $\boldsymbol{p}$ 和作用量 S 间满足: $\boldsymbol{p} = \boldsymbol{\nabla} S$, 作用量 S 和总能量 E 间满足: $\dfrac{\partial S}{\partial t} = -E$; 对于几何光学中的平面单色波, 波矢 $\boldsymbol{k}$、频率 ω、相位 $\varphi = -\omega t + \boldsymbol{k} \cdot \boldsymbol{r}$, 具有如下关系: $\boldsymbol{k} = \boldsymbol{\nabla}\varphi$, $\dfrac{\partial \varphi}{\partial t} = -\omega$. 在传播中粒子系统的等作用量作用面完全类似于光学中的同相位面. 波矢类比于动量 ($\boldsymbol{p} \leftrightarrow \boldsymbol{k}$), 而频率类比于粒子的能量 ($E \leftrightarrow \omega$).

4.25 分析薛定谔假设式 (46-4) 与式 (46-13) 和玻尔兹曼熵的微观解释 $S = k_{\mathrm{B}} \ln \Omega$ 之间的类比关系, 这里 S 为熵, k_{B} 为玻尔兹曼常数, Ω 为微观状态数. 当薛定谔于 1933 年被授予诺贝尔奖的时候, 他宣称: "玻尔兹曼的科学思考方法可以说是我科学上的初恋. 至今没有将来也不会有其它的任何方法能如此撩动我的了." (When Schrödinger was awarded the Nobel Prize in 1933, he declared that "his [Boltzmann's] line of thought may be called my first love in science. No other has ever thus enraptured me or will ever do so again.")

参 考 文 献

[4.1] Nolte D D. The tangled tale of phase space. Physics Today, 2010, 63(4): 33–38.

[4.2] Liouville J. Note sur la Théorie de la Variation des constantes arbitraires. Journal de Mathématiques Pures et Appliquées, 1838: 342–349.

[4.3] Ehrenfest P, Ehrenfest T. Begriffliche Grundlagen der statistischen Auffassung in der Mechanik (The conceptual Foundations of the Statistical Approach in Mechanics). In: Enzyklopäie der mathematischen Wissenschaften mit Einschluß ihrer Anwendungen. Band IV, 2. Teil (F. Klein and C. Müller (eds.). Leipzig: Teubner, pp. 3–90.

[4.4] Routh E J. The mixed transformation of Lagrange's equations. Nature, 1906, 74: 516.

[4.5] Routh E J. A Treatise on the Stability of a Given State of Motion, Particularly Steady Motion. London: Macmillan, 1877.

[4.6] Whittaker E T. A treatise on the analytical dynamics of particles and rigid bodies. Cambridge: Cambridge University Press, 1904.

[4.7] Poisson S D. Mémoire sur la variation des constantes arbitraires dans les questions de méchanique. Journal de l'École polytechnique, 1809, 8: 266–344.

[4.8] Arnold V. Lobachevsky triangle altitudes theorem as the Jacobi identity in the Lie algebra of quadratic forms on symplectic plane[J]. Journal of Geometry and Physics, 2005, 53(4): 421–427.

[4.9] Jacobi C. Über ein neues Integral für den Fall der drei Körper, wenn die Bahn des störenden Planeten kreisförmig angenommen und die Masse des gestörten vernachlässigt wird. Monthly Reports of the Berlin Academy, 1836.

[4.10] Jacobi C G J. Sur le mouvement d'un point et sur un cas particulier du probleme des trois corps. Compt. Rend, 1836, 3: 59–61.

[4.11] Jacobi C G J. Zur Theorie der Variations-Rechnung und der Differential-Gleichungen. Journal für die reine und angewandte Mathematik, 1837, 17: 68–82.

[4.12] Jacobi C G J. Über die Reduction der Integration der partiellen Differentialgleichungen erster Ordnung zwischen irgend einer Zahl Variablen auf die Integration eines einzigen Systemes gewöhnlicher Differentialgleichungen. Journal für die reine und angewandte Mathematik, 1837, 17: 97–162.

[4.13] Jacobi C G J. Vorlesungen über Dynamik, gehalten an der Universität Königsberg im Wintersemester 1842–1843. Berlin: Reimer, 1866.

[4.14] Nakane M, Fraser C G. The Early History of Hamilton-Jacobi Dynamics 1834-1837. Centaurus, 2002, 44: 161–227.

[4.15] Bohr N. On the constitution of atoms and molecules. Philosophical Magazine, 1913, 26: 1–25.

[4.16] Bohr N. On the constitution of atoms and molecules, Part II: Systems containing only a single nucleus. Philosophical Magazine 1913, 26: 476–502.

[4.17] Bohr N. On the constitution of atoms and molecules, Part III: Systems containing several nuclei. Philosophical Magazine 1913, 26: 857-875.

[4.18] Schrödinger E. Quantisierung als eigenwertproblem. Annalen der Physik, 1926, 385: 437–490.

[4.19] Klein O. Quantentheorie und fünfdimensionale Relativitätstheorie. Zeitschrift für Physik, 1926, 37: 895-906.

[4.20] Gordon W. Der comptoneffekt nach der schrödingerschen theorie. Zeitschrift für Physik, 1926, 40: 117–133.

[4.21] Kragh H. Equation with the many fathers. The Klein–Gordon equation in 1926. American Journal of Physics, 1984, 52: 1024–1033.

[4.22] Casimir H B G. On Onsager principle of microscopic reversibility. Reviews of Modern Physics, 1945, 17: 343–350.

[4.23] ALICE collaboration. Precision measurement of the mass difference between light nuclei and anti-nuclei. Nature Physics, 2015, 11: 811–814.

[4.24] STAR Collaboration. Measurement of interaction between antiprotons. Nature, 2015, 527: 345–348.

[4.25] Ahmadi M, Alves B X R, Baker C J, Bertsche W, Butler E, Capra A, Carruth C, Cesar C L, Charlton M, Cohen S, Collister R, Eriksson S, Evans A, Evetts N, Fajans J, Friesen T, Fujiwara M C, Gill D R, Gutierrez A, Hangst J S, Hardy W N, Hayden M E, Isaac C A, Ishida A, Johnson M A, Jones S A, Jonsell S, Kurchaninov L, Madsen N, Mathers M, Maxwell D, McKenna J T K, Menary S, Michan J M, Momose T, Munich J J, Nolan P, Olchanski K, Olin A, Pusa P, Rasmussen C Ø, Robicheaux F, Sacramento R L, Sameed M, Sarid E, Silveira D M, Stracka S, Stutter G, So C, Tharp T D, Thompson J E, Thompson R I, van der Werf D P, Wurtele J S. Observation of the 1S–2S transition in trapped antihydrogen. Nature, 2017, 541: 506–510.

第五篇　连续介质力学与非线性力学初步

1986 年 1 月, 费曼抱病担任了震惊世界的 “挑战者号” 太空飞船失事原因调查组成员. 他先期了解到 NASA 高层曾忽视一线工程师对飞船上一个橡皮垫圈 (O 形圈) 低温有效性的担忧, 并得知飞船发射前夜气温陡然降至摄氏零度以下这一极其重要的信息, 他很快发现 O 形圈在摄氏零度以下失去了弹性是导致事故的症结所在.

为了在听证会上向全世界电视观众阐明这个问题, 他亲手演示了一个实验, 把橡皮圈放入冰水中用手挤压它, 在几秒钟内橡皮圈拒绝恢复原形. 这使他一举成为公众心目中的英雄.

第二天的《华盛顿邮报》报道: “费曼用一个简单而优雅的实验, 让所有人明白了失事的原因.”

这是一个优美的实验, 除了一杯冰水以外其他什么也不需要.

这个实验被认为是近代科学最美妙的实验之一. 恐怕也只有费曼先生能把飞船事故以如此简单的方法诠释出来. 费曼, 是一个真正的天才中的魔术师!

图 V　在听证会上进行现场实验演示的费曼

在听证会上, 费曼的演讲原文如下:

“I took this stuff that I got out of your seal and I put it in ice water, and I discovered that when you put some pressure on it for a while and then undo it, it does not stretch back. It stays the same dimension. In other words, for a few seconds at least and more seconds than that, there is no resilience in this particular material when it is at a temperature of 32 degrees.”

“For a successful technology, reality must take precedance over public relations, for nature cannot be fooled.”

中文译文如下:

“我把你们提供的从密封圈中取出的材料放到冰水里, 我发现当你给它施加一段时间的压力, 然后撤消压力, 它不会伸展回来. 它还保持原来被压缩的状态. 换句话说, 当放在 32 华氏度 (0 摄氏度) 的温度下, 至多几秒, 这种特定的材料就没有弹性了.”

“想要在技术上成功, 实情要凌驾于公关之上, 因为大自然是不可欺骗的.”

§48. 流 变 力 学

赫拉克利特
(c. 530~c. 470 BC)

赫拉克利特 (Heraclitus, c.530~c.470 BC) 是一位富传奇色彩的、“不食人间烟火的” 哲学家. 他出生在伊奥尼亚地区的爱菲斯城邦的王族家庭里. 他本来应该继承王位, 但是他将王位让给了他的兄弟, 自己跑到女神阿尔迪美斯庙附近隐居起来. 据说, 波斯国王大流士曾经写信邀请他去波斯宫廷教导希腊文化. 著有《论自然》一书, 现有残篇留存.

赫拉克利特有一句名言 “人不能两次走进同一条河流 (You cannot step into the same river twice)”, 是说, 河里的水是不断流动的, 你赫拉克利特这次踏进河, 水流走了, 你下次踏进河时, 又流来的是新水. 河水川流不息, 所以你不能踏进同一条河流. 赫拉克利特主张 “万物皆流 (Everything flows)”, 这使他成为当时具有朴素辩证法思想的 “流动派” 的卓越代表.

几乎和赫拉克利特生活在同一时期的中国思想家孔子 (Confucius, 公元前 551~前 497) 也发出了 “逝者如斯夫, 不舍昼夜 (Everything flows like this, without ceasing, day and night)” 的类似感叹!

一般地, 将可变形体 (deformable body) 划分为固体 (solid) 和流体 (fluid), 流体又包括液体 (liquid) 和气体 (gas, vapor). 然而, 这种划分不是绝对的. 山, 显然按照经典的划分方式毫无疑问地属于固体, 但是, 圣经中又有女先知德博拉 (Prophetess Deborah) “山在上帝面前流动 (The mountains flowed before the Lord)” 的气动山河的歌唱!

流变学所考虑的对象 —— 流变体, 可以说介于固体和流体之间. 固体力学中考虑介质的变形, 流体力学则考虑介质的流动, 流变介质既有流动又有变形. 创立流变学的是美国的宾厄姆 (C. E. Bingham, 1878~1945, 宾汉), 他把流变学定义为 “流动和变形的学科”. 但是, 他为流变学起的名词 rheology 却是 “流 (rheo) 的学问 (logy)”, 他为流变学会的会徽上写上了希腊文 “万物皆流”.

流变学中有个无量纲数 —— 德博拉数 (Deborah number, De), 是以色列学者莱纳 (Markus Reiner, 1886~1976) 引进的[5.1], De 数定义为弛豫时间和观测时间之比:

$$De = \frac{\text{弛豫时间 } (\tau)}{\text{观察时间 } (T)} \tag{48-1}$$

基于 De 数, 介质可进行如下分类:

(1) 类固体 (solid-like): $De \gg 1$;

(2) 类流体 (fluid-like) 或类液体 (liquid-like): $De \ll 1$;

(3) 中间态 (intermediate): $De \sim 1$.

比如说, 一般情况下, 水的弛豫时间在皮秒 (10^{-12} s), 对于秒量级的观察时间而言, De 数极小, 此时的水当然是流体. 一般情况下, 钢材的弛豫时间在 10^{12} s 量级, 对于秒量级的观察时间而言, De 数极大, 此时, 钢当然是固体. 对于山而言, 由于其弛豫时间远远大于我们人的大约百年的观测时间, 故对人而言, 山当然可视为固体; 但是, 对于上帝而言, 由于其观察时间为 "永恒", 也就是无穷长时间尺度, 此时的山当然就可视作流体了 ($De \to 0$), 因此, 山不会在人面前流动, 但会在上帝面前流动.

生活中的流变体不胜枚举, 血液、牙膏、巧克力、牛奶、稀饭、冰激凌、化妆品、油漆、大部分高分子产品, 等.

最近的研究表明, 蚂蚁的聚集体也具有流变特性. 胡立德小组的实验表明[5.2], 火蚁的聚集体 (fire ant aggregation) 同时具有类固体 (solid-like) 和类液体 (liquid-like) 的行为, 亦即, 具有流变学的典型特征. 其中, 类固体行为的表现之一是其在水中的筑筏, 以群体之力通过水面, 如图 48.1(a) 所示; 其类液体行为的表现之一就是聚集在一起的火蚁甚至能像液体一样, 从茶壶里 "倒" 出来, 如图 48.1(b) 所示.

(a)

(b)

图 48.1 (a) 火蚁聚集体的类固体行为; (b) 火蚁聚集体的类液体行为

火蚁聚集体的类流体行为的表现之二, 就是如图 48.2 (a) 所示的聚集体的演化性, 只要观察时间足够长的话, 聚集体形状的 "流动" 性十分明显; 类固体行为的表现之二是, 如图 48.2 (b)~(d) 所示, 当聚集体的压缩量较小时, 表现出弹性的行为, 反映聚集体抵抗弹性变形能力的杨氏模量 (Young's modulus) 会随着聚集体的密度增加而增加, 这是因为随着聚集体密度的增加, 火蚁之间的桥联作用会更加明显.

(a)

(b)

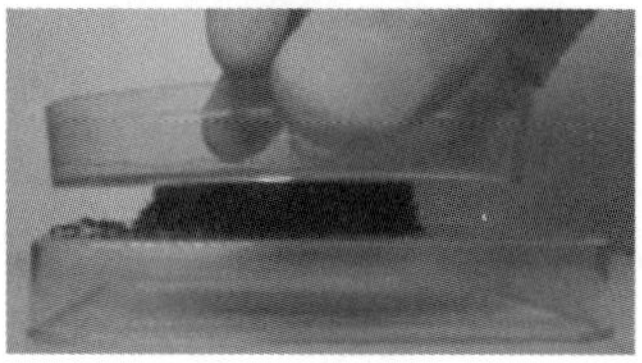

(c)

(d)

图 48.2 (a) 火蚁聚集体的类流体行为; (b)~(d) 火蚁聚集体的类固体行为

火蚁聚集体的典型的流变学特征是其剪切致稀 (shear-thinning), 也就是其黏度系数不再是常数, 而是随着剪切应变率 $\dot{\gamma}$ 的增加而降低, 如图 48.3 所示. 从图中可以看出, 当剪切应变率增加了 6 个数量级时, 黏度系数也几乎线性地降低了 6 个数量级.

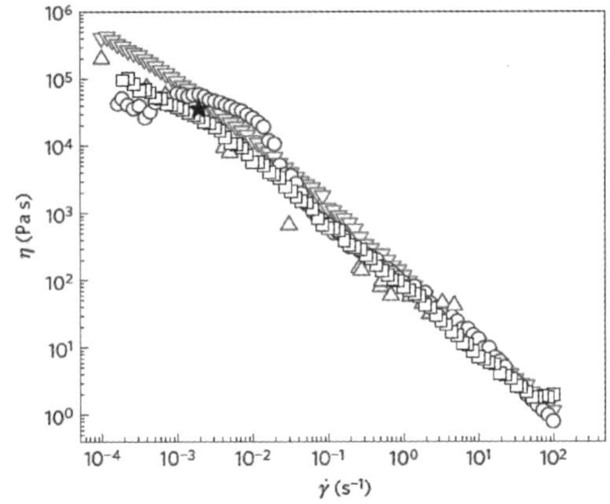

图 48.3　火蚁聚集体的剪切致稀

和剪切致稀相对应的是剪切致稠 (shear-thickening), 也就是, 其黏度系数随着剪切应变率的增加而增加, 如浆糊等则属于此类流变体.

对于自然界极其缓慢的流变现象的认识和理解始终充满着奥秘, 也具有重要的基础和应用研究价值. 虽然很难被我们感知, 大到地壳板块的运动, 小到微观原子排列无序的非晶态材料, 都发生着缓慢的流动. 通过长达亿万年的地质缓慢流动形成我们赖以生存的稳定的地壳环境. 这类极其缓慢的流变直接关系到重大工程的安全及地质灾害机理的认识和防治. 引起人们很大兴趣的是, 欧洲中世纪教堂的古老彩色窗户玻璃总是下部比上部厚, 其原因就是由玻璃在重力作用下的极其缓慢的流动所导致的, 该方面的研究最新研究进展见思考题 5.11. 已历时 90 年的沥青滴漏实验 (pitch drop experiment) 证明, 非晶态沥青看上去虽是固体, 但实际上是黏性极高的液体, 它在室温环境下流动极为缓慢.

§49. 胡克弹性、弹性力学初步

牛顿力学和其等价的分析力学主要研究质点、质点系和刚体的动力学行为. 所谓质点, 是一个抽象概念, 它只计及物体的质量而不计及其大小; 质点系, 如地球–月球、地球–太阳的两体问题, 或地球–月球–太阳的三体问题, 是由有相互作用的若干个质点组成的系统, 质点间的力为内力.

刚体是另外一种力学的抽象概念, 它在受力过程中既不改变形状也不改变体积. 刚体的运动由平动和转动组成.

本书在 §37 和 §38 讨论弦和膜的振动时, 事实上已经引入了连续介质 (continuous media, continua) 的概念. 连续介质是力学的另外一种抽象概念, 它不再考虑介质的微观结构, 而是假设介质连续地、无间隙地分布于介质所占有的整个空间, 与介质有关的物理量则是空间点和时间的连续函数.

1750 年, 欧拉明确指出: 连续介质力学的真正基础在于牛顿第二定律作用于物体的微元体 (the true basis of continuum mechanics was Newton's second law applied to the infinitesimal elements of bodies). "微元体" 又被称为 "单元体", 下面我们再次通过弦振动的例子来说明如何将牛顿第二定律作用于连续介质的微元体, 并通过一维直杆的弹性波的传播问题给出应力和应变等概念, 以及线弹性体的应力–应变间的本构关系 —— 胡克定律.

例 49.1　用牛顿第二定律建立弦的振动方程.

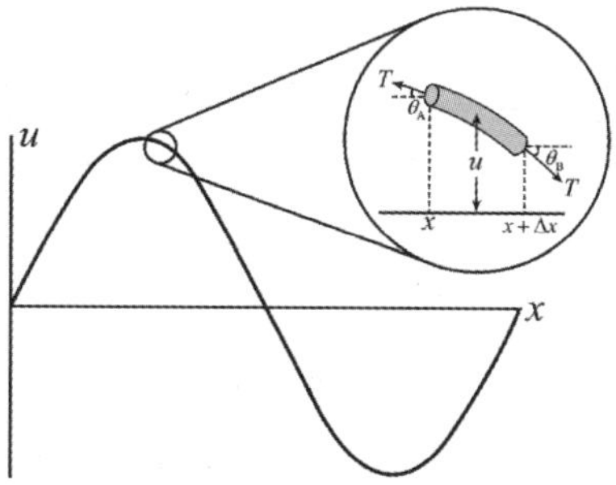

图 49.1　弦的振动

解法一: 如图 49.1 所示, 设弦中的张力为 T, 弦的线密度 (单位长度的质量) 为 μ, 弦振动的位移为 u, 沿纵轴方向的合力为: $\sum F_u = T(\sin\theta_{\rm B} - \sin\theta_{\rm A}) \approx T(\tan\theta_{\rm B} - \tan\theta_{\rm A})$, 上述近似是应用了小角度近似: $\sin\theta \approx \tan\theta$.

对微元应用牛顿第二定律, 有如下关系式:

$$T(\tan\theta_{\rm B} - \tan\theta_{\rm A}) = \mu \cdot \Delta x \frac{\partial^2 u}{\partial t^2}$$

亦即:

$$\mu \frac{\partial^2 u}{\partial t^2} = T\frac{(\partial u/\partial x)_{\rm B} - (\partial u/\partial x)_{\rm A}}{\Delta x}$$

对上式取极限 $\Delta x \to 0$, 应用偏导数的定义, 有

$$\frac{1}{c^2}\frac{\partial^2 u}{\partial t^2}=\frac{\partial^2 u}{\partial x^2}$$

式中 $c=\sqrt{T/\mu}$ 为弦振动的横波波速. 上式和式 (37–10) 完全相同, 它是一个典型的双曲型波动方程.

解法二: 我们亦可针对例 49.1 应用附录 G 所提出的快速匹配的量纲分析方法进行分析. 由于弦中的张力 T 和弦的线密度 μ 的量纲分别为: $[T]=\mathrm{MLT}^{-2}$, $[\mu]=\mathrm{ML}^{-1}$, 弦中的张力 T 中的质量量纲仅可通过和 μ 相除平衡掉, 从而有

$$\left[\frac{T}{\mu}\right]=\frac{\mathrm{MLT}^{-2}}{\mathrm{ML}^{-1}}=\left(\frac{\mathrm{L}}{\mathrm{T}}\right)^2$$

亦即, T/μ 具有速度平方的量纲, 则弦中波速有如下关系: $c\sim\sqrt{T/\mu}$.

例 49.2　用牛顿第二定律确定一维直杆的纵向弹性波动方程.

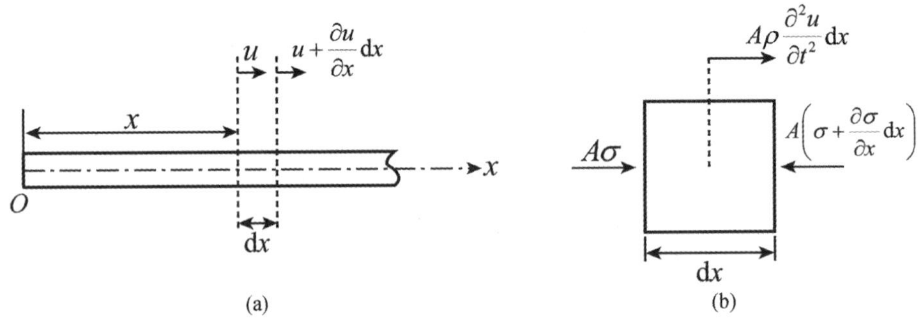

图 49.2　一维弹性杆的纵向波动

解法一: 如图 49.2 所示, 取一单元体 $\mathrm{d}x$, 上下两个 (upper and lower) 表面的位移分别为: $u(x,t)$ 和 $u(x+\mathrm{d}x,t)\approx u(x,t)+\frac{\partial u}{\partial x}\mathrm{d}x$, 这里对上表面的位移对 $\mathrm{d}x$ 做了泰勒一阶展开, 从而杆的应变为

$$\varepsilon=\frac{\partial u}{\partial x}\tag{49-1}$$

应变为一无量纲量. 设杆的弹性模量为 E, 根据胡克定律: 在线弹性范围内, 应力 (单位面积上的力) 和应变成正比, 考虑压缩情形, 杆中的应力为

$$\sigma=-E\varepsilon=-E\frac{\partial u}{\partial x}\tag{49-2}$$

再者, 上下两个表面的压应力分别为: $\sigma(x,t)$ 和 $\sigma(x+\mathrm{d}x,t)\approx\sigma(x,t)+\frac{\partial\sigma}{\partial x}\mathrm{d}x$, 这

里上表面的应力对 $\mathrm{d}x$ 做了泰勒一阶展开. 设直杆的截面积为 A, 微元体中的净力 (net force) 为: $-A\dfrac{\partial\sigma}{\partial x}\mathrm{d}x = EA\dfrac{\partial^2 u}{\partial x^2}\mathrm{d}x$, 微元体的惯性力为: $\rho A\dfrac{\partial^2 u}{\partial t^2}\mathrm{d}x$. 根据牛顿第二定律, 可以得到一维弹性直杆的波动方程为

$$\frac{1}{c^2}\frac{\partial^2 u}{\partial t^2} = \frac{\partial^2 u}{\partial x^2} \tag{49-3}$$

式中 $c = \sqrt{E/\rho}$ 为一维杆中的弹性纵波波速. 在量纲分析中, $\sqrt{E/\rho}$ 是对速度进行无量纲化的关键特征量.

胡克 (1635~1703)

罗伯特 · 胡克 (Robert Hooke, 1635~1703) 为了保证其发明的优先权, 于 1676 年以拉丁字谜 (Latin anagram) 的形式提出了弹性定律 “ceiiinosssttuv”, 1678 年[5.3], 他用拉丁语公布了该字谜的答案: “*ut tensio, sic vis*” (如图 49.3 所示), 该答案的英语为 “as the extension, so the force” 亦即 “伸长正比于拉力 (the extension is proportional to the force)”.

图 49.3　胡克于 1676 年有关弹性定律的拉丁字谜

托马斯 · 杨 (1773~1829)

式 (49-2) 中的 E 弹性模量又被广泛地称为杨氏模量, 其原因是英国科学家托马斯 · 杨 (Thomas Young, 1773~1829) 于 1807 年引入了该概念[5.4]. 杨氏模量和应力具有相同的量纲, 均为单位面积的力: $[\sigma] = [E] = \mathrm{FL^{-2}} = \mathrm{ML^{-1}T^{-2}}$.

解法二: 我们针对例 49.2 亦应用附录 G 所提出的快速匹配的量纲分析方法进行分析. 由于杆的杨氏模量的量纲为: $[E] = \mathrm{ML^{-1}T^{-2}}$, 杆材料密度的量纲为: $[\rho] = \mathrm{ML^{-3}}$, 杨氏模量的质量量纲仅可通过和 ρ 相除平衡掉, 从而有

$$\left[\frac{E}{\rho}\right] = \frac{\mathrm{ML^{-1}T^{-2}}}{\mathrm{ML^{-3}}} = \left(\frac{\mathrm{L}}{\mathrm{T}}\right)^2$$

亦即, E/ρ 具有速度平方的量纲, 故, 必有如下标度: $c \propto \sqrt{E/\rho}$.

解法三: 该问题的作用量为

$$S=\int_{t_1}^{t_2} L\mathrm{d}t=\int_{t_1}^{t_2}(T-V)\mathrm{d}t \tag{49-4}$$

其中, 动能为

$$T=\int_{x_1}^{x_2}\frac{\rho A}{2}\left(\frac{\partial u}{\partial t}\right)^2\mathrm{d}x \tag{49-5}$$

式中, A 为等截面直杆的截面面积, ρ 为材料密度, $\partial u/\partial t$ 为质点速度.

式 (49-4) 中势能的物理来源是弹性变形能 —— 应变能 (strain energy). 对于线弹性, 单位体积的应变能为: $w=\sigma\varepsilon/2$. 由胡克定律, 应力和应变成正比: $\sigma=E\varepsilon$, 而一维应变为: $\varepsilon=\partial u/\partial x$, 则总应变能为

$$V=\int_{x_1}^{x_2} wA\mathrm{d}x=\int_{x_1}^{x_2}\frac{AE}{2}\left(\frac{\partial u}{\partial x}\right)^2\mathrm{d}x \tag{49-6}$$

将式 (49-5) 和式 (49-6) 代入式 (49-4), 得到一维杆中弹性波动的作用量为

$$S=\frac{A}{2}\int_{t_1}^{t_2}\int_{x_1}^{x_2}\underbrace{\left[\rho\left(\frac{\partial u}{\partial t}\right)^2-E\left(\frac{\partial u}{\partial x}\right)^2\right]}_{F}\mathrm{d}x\mathrm{d}t \tag{49-7}$$

由于式 (49-7) 为两参量 (t,x) 变分问题, 由于 t 和 x 地位的对等性, 欧拉 – 拉格朗日方程为

$$\frac{\partial}{\partial t}\frac{\partial F}{\partial \dot{u}}+\frac{\partial}{\partial x}\frac{\partial F}{\partial u'_x}-\frac{\partial F}{\partial u}=0 \tag{49-8}$$

由于: $\dfrac{\partial F}{\partial \dot{u}}=2\rho\dfrac{\partial u}{\partial t}$, $\dfrac{\partial F}{\partial u'_x}=-2E\dfrac{\partial u}{\partial x}$, $\dfrac{\partial F}{\partial u}=0$, 代入式 (49-8), 则整理得到一维弹性杆的波动方程式 (49-3).

表 49.1 对比了弦、膜和一维杆杆的波动方程和波速表达式.

表 49.1 弦、膜、一维杆波动的对比

类型	波动方程 (双曲型偏微分方程)	波速
弦	$\dfrac{1}{c^2}\dfrac{\partial^2 u}{\partial t^2}=\dfrac{\partial^2 u}{\partial x^2}$	$c=\sqrt{\dfrac{T}{\mu}}$, T 为张力, μ 为线密度
膜	$\dfrac{1}{c^2}\dfrac{\partial^2 u}{\partial t^2}=\dfrac{\partial^2 u}{\partial x^2}+\dfrac{\partial^2 u}{\partial y^2}=\nabla^2 u$	$c=\sqrt{\dfrac{T}{\Lambda}}$, T 为单位长度张力, Λ 为面密度
一维杆	$\dfrac{1}{c^2}\dfrac{\partial^2 u}{\partial t^2}=\dfrac{\partial^2 u}{\partial x^2}$	$c=\sqrt{\dfrac{E}{\rho}}$, E 为弹性模量, ρ 为密度

例 49.3　用哈密顿最小作用量原理推导弹性动力学方程.

解: 弹性系统的拉格朗日量为

$$L=E_{\mathrm{k}}-(V_{\varepsilon}-W) \tag{49-9}$$

式中, 动能为 $E_{\mathrm{k}}=\dfrac{1}{2}\displaystyle\int_{V}\rho\dot{u}_i^2\mathrm{d}V$, 其变分为

$$\delta E_{\mathrm{k}}=\int_{V}\rho\dot{u}_i\delta\dot{u}_i\mathrm{d}V \tag{49-10}$$

式 (49-9) 中的应变能为: $V_{\varepsilon}=\displaystyle\int_{V}v_{\varepsilon}\mathrm{d}V=\dfrac{1}{2}\int_{V}\sigma_{ij}\varepsilon_{ij}\mathrm{d}V$, 其变分为

$$\delta V_{\varepsilon}=\frac{1}{2}\int_{V}\delta(\sigma_{ij}\varepsilon_{ij})\mathrm{d}V=\frac{1}{2}\int_{V}(\delta\sigma_{ij}\varepsilon_{ij}+\sigma_{ij}\delta\varepsilon_{ij})\mathrm{d}V=\int_{V}\sigma_{ij}\delta\varepsilon_{ij}\mathrm{d}V \tag{49-11}$$

在式 (49-11) 的推导中已经利用了关系式: $\delta\sigma_{ij}\varepsilon_{ij}=c_{ijkl}\delta\varepsilon_{kl}\varepsilon_{ij}=\sigma_{kl}\delta\varepsilon_{kl}=\sigma_{ij}\delta\varepsilon_{ij}$.

式 (49-9) 中的外力功: $W=\displaystyle\int_{V}b_iu_i\mathrm{d}V+\int_{A}\overline{f}_iu_i\mathrm{d}A$, 其变分为

$$\delta W=\int_{V}b_i\delta u_i\mathrm{d}V+\int_{A}\overline{f}_i\delta u_i\mathrm{d}A \tag{49-12}$$

将式 (49-10)~式 (49-12) 代入下式:

$$\delta S=\int_{t_1}^{t_2}\delta L\mathrm{d}t=\int_{t_1}^{t_2}\delta[E_{\mathrm{k}}-(V_{\varepsilon}-W)]\mathrm{d}t=0$$

有

$$\begin{aligned}
-\delta S=&\int_{t_1}^{t_2}\int_{V}\sigma_{ij}\delta\varepsilon_{ij}\mathrm{d}V\mathrm{d}t-\int_{t_1}^{t_2}\int_{V}\rho\frac{\partial u_i}{\partial t}\frac{\partial}{\partial t}(\delta u_i)\mathrm{d}V\mathrm{d}t\\
&-\int_{t_1}^{t_2}\left[\int_{V}b_i\delta u_i\mathrm{d}V+\int_{A}\overline{f}_i\delta u_i\mathrm{d}A\right]\mathrm{d}t\\
=&\int_{t_1}^{t_2}\int_{V}\sigma_{ij}\delta u_{i,j}\mathrm{d}V\mathrm{d}t-\int_{V}\int_{t_1}^{t_2}\rho\frac{\partial u_i}{\partial t}\mathrm{d}(\delta u_i)\mathrm{d}V\\
&-\int_{t_1}^{t_2}\left[\int_{V}b_i\delta u_i\mathrm{d}V+\int_{A}\overline{f}_i\delta u_i\mathrm{d}A\right]\mathrm{d}t\\
=&\int_{t_1}^{t_2}\left[\int_{A}\sigma_{ij}\delta u_in_j\mathrm{d}A-\int_{V}\sigma_{ij,j}\delta u_i\mathrm{d}V\right]\mathrm{d}t\\
&-\int_{V}\left[\rho\frac{\partial u_i}{\partial t}\delta u_i\right]_{t_1}^{t_2}\mathrm{d}V+\int_{V}\int_{t_1}^{t_2}\rho\delta u_i\frac{\partial^2u_i}{\partial t^2}\mathrm{d}t\mathrm{d}V
\end{aligned}$$

$$
\begin{aligned}
&-\int_{t_1}^{t_2}\left[\int_V b_i\delta u_i\mathrm{d}V+\int_A \overline{f}_i\delta u_i\mathrm{d}A\right]\mathrm{d}t\\
=&\int_{t_1}^{t_2}\left[\int_A \sigma_{ij}n_j\delta u_i\mathrm{d}A-\int_V \sigma_{ij,j}\delta u_i\mathrm{d}V+\int_V \rho\ddot{u}_i\delta u_i\mathrm{d}V\right.\\
&\left.-\int_V b_i\delta u_i\mathrm{d}V-\int_A \overline{f}_i\delta u_i\mathrm{d}A\right]\mathrm{d}t\\
=&\int_{t_1}^{t_2}\left[\int_A(\sigma_{ij}n_j-\overline{f}_i)\delta u_i\mathrm{d}A+\int_V(\rho\ddot{u}_i-\sigma_{ij,j}-b_i)\delta u_i\mathrm{d}V\right]\mathrm{d}t=0
\end{aligned}
$$

再由于 δu_i、$\mathrm{d}A$ 和 $\mathrm{d}V$ 的任意性, 由 $\int_A(\sigma_{ij}n_j-\overline{f}_i)\delta u_i\mathrm{d}A=0$ 可以得到

$$\sigma_{ij}n_j=\overline{f}_i \tag{49-13}$$

式 (49-13) 为 Cauchy 边界条件, 如果用张量形式表示的话, 该式表示的是, 二阶应力张量 $\boldsymbol{\sigma}$ 和单位外法线矢量 $\boldsymbol{n}$ 之间的点积为面力矢量 $\overline{\boldsymbol{f}}$, 亦即

$$\boldsymbol{\sigma}\cdot\boldsymbol{n}=\overline{\boldsymbol{f}} \tag{49-14}$$

再由: $\int_V(\rho\ddot{u}_i-\sigma_{ij,j}-b_i)\delta u_i\mathrm{d}V=0$, 则获得了系统的动力学方程:

$$\sigma_{ij,j}+b_i=\rho\ddot{u}_i \tag{49-15}$$

式中, $\sigma_{ij,j}$ 表示的是应力张量 $\boldsymbol{\sigma}$ 的散度, 可表示为: $\boldsymbol{\nabla}\cdot\boldsymbol{\sigma}$ 或者 $\mathrm{div}\,\boldsymbol{\sigma}$, 则动力学方程可表示为

$$\boldsymbol{\nabla}\cdot\boldsymbol{\sigma}+\boldsymbol{b}=\rho\ddot{\boldsymbol{u}}\quad 或者\quad \mathrm{div}\,\boldsymbol{\sigma}+\boldsymbol{b}=\rho\ddot{\boldsymbol{u}} \tag{49-16}$$

式中, $\boldsymbol{b}$ 为单位体积的体力矢量, $\rho\ddot{\boldsymbol{u}}$ 则为单位体积的惯性力.

对各向同性弹性体而言, 广义胡克定律可表示为

$$\sigma_{ij}=\lambda\varepsilon_{kk}\delta_{ij}+2\mu\varepsilon_{ij}\quad 或者\quad \boldsymbol{\sigma}=\lambda\mathrm{tr}(\boldsymbol{\varepsilon})\mathbf{I}+2\mu\boldsymbol{\varepsilon} \tag{49-17}$$

则可得到用位移分量 u_i 表示的动力学方程:

$$(\lambda+\mu)\nabla_i(\nabla_j u_j)+\mu\nabla^2 u_i+b_i=\rho\ddot{u}_i \tag{49-18}$$

动力学方程还可用矢量形式表示为

$$(\lambda+\mu)\boldsymbol{\nabla}(\boldsymbol{\nabla}\cdot\boldsymbol{u})+\mu\nabla^2\boldsymbol{u}+\boldsymbol{b}=\rho\ddot{\boldsymbol{u}} \tag{49-19}$$

式中, λ 和 μ 为拉梅常数 (Lamé constants), $\mathrm{tr}(\boldsymbol{\varepsilon})$ 为应变张量 $\boldsymbol{\varepsilon}$ 的迹 (trace):

$$\mathrm{tr}(\boldsymbol{\varepsilon})=\varepsilon_{xx}+\varepsilon_{yy}+\varepsilon_{zz}=\varepsilon_{kk} \tag{49-20}$$

而 δ_{ij} 为 Kronecker δ 函数:

$$\delta_{ij}=\begin{cases}1, & \text{当 } i=j\\ 0, & \text{当 } i\neq j\end{cases} \tag{49-21}$$

I 为二阶单位张量, 用矩阵表示为

$$\mathbf{I}=\begin{bmatrix}1 & 0\\ 0 & 1\end{bmatrix} \tag{49-22}$$

§50. 牛顿流体、流体力学初步

50.1　牛顿流体的定义

如图 50.1 所示, 1687 年, 牛顿在 *Principia* 中定义了线性黏性定律, 对于不可压缩和各向同性牛顿流体, 两层流体间的切应力 τ 与其速度梯度 (应变率, 单位 s^{-1}) $\dot{\gamma}=\dfrac{\partial u}{\partial y}$ 成正比:

$$\tau=\mu\dot{\gamma}=\mu\frac{\partial u}{\partial y} \tag{50-1}$$

式中, u 为流体沿水平方向的速度 (在 §49 中表示位移, 请注意区分), μ 为动力黏度系数 (dynamic viscosity), 由于切应力的单位为 Pa, 而速度梯度 (剪切率) $\dot{\gamma}=\dfrac{\partial u}{\partial y}$ 的单位为 s^{-1}, 故动力黏度系数的单位为: Pa·s.

可以和 §48 中的流变体做出如下对比, 如图 50.2 所示, 牛顿流体的黏性系数和剪切率无关, 而剪切致稀和剪切致稠流体的黏性系数则随着剪切率的增大而分别减小或增大; 再从切应力和剪切率的关系来看, 一般地, 流变体的行为可表示为如下

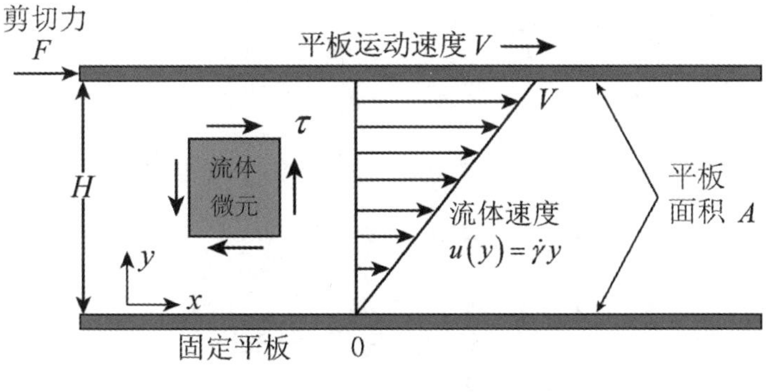

图 50.1　牛顿流体的定义

关系:

$$\tau = \mu\dot{\gamma}^n \tag{50-2}$$

式中, 表观黏度 (apparant viscosity) 可定义为

$$\mu_{\text{app}} = \frac{\tau}{\dot{\gamma}} = \mu|\dot{\gamma}|^{n-1} \tag{50-3}$$

可知, 可分为三种情形: (1) $n=1$ 为牛顿流体; (2) $n>1$, 剪切致稠流变体, 表观黏度系数将随着剪切率的增大而增大; (3) $0<n<1$, 剪切致稀流变体, 表观黏度系数将随着剪切率的增大而减小. 将 $n \neq 1$ 的流体统称为非牛顿流体.

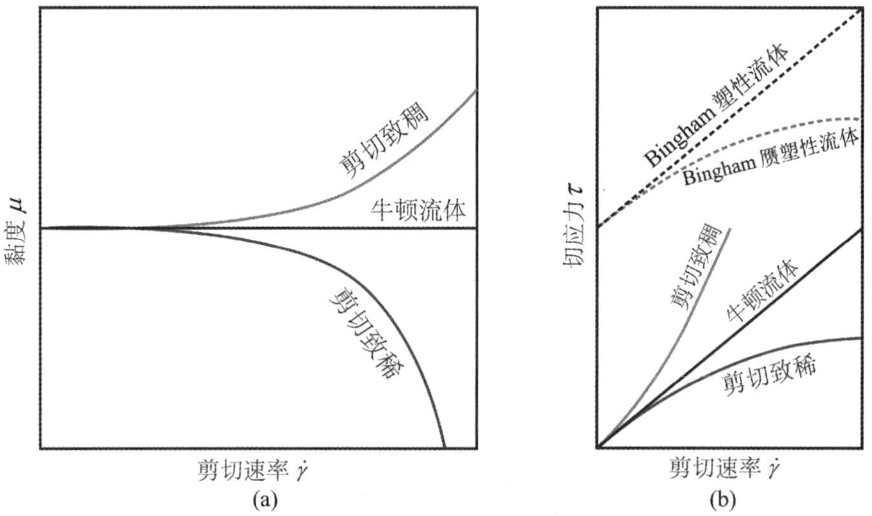

图 50.2　牛顿流体和剪切致稀、剪切致稠流变体的比较

50.2　牛顿流体的本构关系

设流体中一点处的速度 $\boldsymbol{v}$ 的三个分量为: (u, v, w), 在空间坐标 (x, y, z) 处取微元体 $(x+\delta x, y+\delta y, z+\delta z)$, 则速度 $\boldsymbol{v}$ 的增量 $\delta\boldsymbol{v}$ 可表示为

$$\begin{cases} \delta u = \dfrac{\partial u}{\partial x}\delta x + \dfrac{\partial u}{\partial y}\delta y + \dfrac{\partial u}{\partial z}\delta z \\ \delta v = \dfrac{\partial v}{\partial x}\delta x + \dfrac{\partial v}{\partial y}\delta y + \dfrac{\partial v}{\partial z}\delta z \\ \delta w = \dfrac{\partial w}{\partial x}\delta x + \dfrac{\partial w}{\partial y}\delta y + \dfrac{\partial w}{\partial z}\delta z \end{cases} \tag{50-4}$$

式中的速度梯度可用矩阵表示为

$$\nabla \boldsymbol{v} = \begin{bmatrix} \dfrac{\partial u}{\partial x} & \dfrac{\partial u}{\partial y} & \dfrac{\partial u}{\partial z} \\ \dfrac{\partial v}{\partial x} & \dfrac{\partial v}{\partial y} & \dfrac{\partial v}{\partial z} \\ \dfrac{\partial w}{\partial x} & \dfrac{\partial w}{\partial y} & \dfrac{\partial w}{\partial z} \end{bmatrix} = \boldsymbol{S} + \boldsymbol{\Omega} \tag{50-5}$$

式中, 对称矩阵 (symmetrical matrix) 为

$$\boldsymbol{S} = \boldsymbol{S}^{\mathrm{T}} = \frac{\nabla \boldsymbol{v} + (\nabla \boldsymbol{v})^{\mathrm{T}}}{2} = \begin{bmatrix} \dfrac{\partial u}{\partial x} & \dfrac{1}{2}\left(\dfrac{\partial u}{\partial y} + \dfrac{\partial v}{\partial x}\right) & \dfrac{1}{2}\left(\dfrac{\partial u}{\partial z} + \dfrac{\partial w}{\partial x}\right) \\ \dfrac{1}{2}\left(\dfrac{\partial u}{\partial y} + \dfrac{\partial v}{\partial x}\right) & \dfrac{\partial v}{\partial y} & \dfrac{1}{2}\left(\dfrac{\partial v}{\partial z} + \dfrac{\partial w}{\partial y}\right) \\ \dfrac{1}{2}\left(\dfrac{\partial u}{\partial z} + \dfrac{\partial w}{\partial x}\right) & \dfrac{1}{2}\left(\dfrac{\partial v}{\partial z} + \dfrac{\partial w}{\partial y}\right) & \dfrac{\partial w}{\partial z} \end{bmatrix} \tag{50-6}$$

式中, T 表示 “转置 (Transpose)”. 二阶对称张量

$$\boldsymbol{S} = \frac{1}{2}(\nabla \boldsymbol{v} + \boldsymbol{v}\nabla) = \frac{1}{2}[\nabla \boldsymbol{v} + (\nabla \boldsymbol{v})^{\mathrm{T}}] \tag{50-7}$$

称为应变率张量, 它只有六个独立分量. 对角线上的分量 (diagonal components) 表示的是体元的伸缩变形率, 而非对角分量则表示体元的剪切变形率. $\boldsymbol{S}$ 的分量形式为

$$S_{ij} = \frac{1}{2}\left(\frac{\partial v_i}{\partial x_j} + \frac{\partial v_j}{\partial x_i}\right), \quad (i, j = 1, 2, 3) \tag{50-8}$$

式中, v_i 为速度的三个分量 (u, v, w), x_i 为空间位置的三个分量 (x, y, z).

式 (50-5) 中的反对称 (antisymmetrical) 矩阵为

$$\boldsymbol{\Omega} = -\boldsymbol{\Omega}^{\mathrm{T}} = \frac{\nabla \boldsymbol{v} - (\nabla \boldsymbol{v})^{\mathrm{T}}}{2} = \begin{bmatrix} 0 & \dfrac{1}{2}\left(\dfrac{\partial u}{\partial y} - \dfrac{\partial v}{\partial x}\right) & \dfrac{1}{2}\left(\dfrac{\partial u}{\partial z} - \dfrac{\partial w}{\partial x}\right) \\ -\dfrac{1}{2}\left(\dfrac{\partial u}{\partial y} - \dfrac{\partial v}{\partial x}\right) & 0 & \dfrac{1}{2}\left(\dfrac{\partial v}{\partial z} - \dfrac{\partial w}{\partial y}\right) \\ -\dfrac{1}{2}\left(\dfrac{\partial u}{\partial z} - \dfrac{\partial w}{\partial x}\right) & -\dfrac{1}{2}\left(\dfrac{\partial v}{\partial z} - \dfrac{\partial w}{\partial y}\right) & 0 \end{bmatrix} \tag{50-9}$$

作为二阶反对称张量 $\boldsymbol{\Omega}$ 只有三个独立的分量, 其非对角分量表示体元的旋转.

对于不可压缩流体, 牛顿流体的定义式 (50-1) 可改写为如下张量形式:

$$\boldsymbol{\tau} = 2\mu \boldsymbol{S} \quad 或 \quad \tau_{ij} = \mu\left(\frac{\partial v_i}{\partial x_j} + \frac{\partial v_j}{\partial x_i}\right) \tag{50-10}$$

如果用全应力 $\boldsymbol{\sigma}$ 来表示的话, 则不可压缩牛顿流体的本构关系为

$$\boldsymbol{\sigma}=-p\mathbf{I}+2\mu\boldsymbol{S} \quad \text{或} \quad \sigma_{ij}=-p\delta_{ij}+\mu\left(\frac{\partial v_i}{\partial x_j}+\frac{\partial v_j}{\partial x_i}\right) \tag{50-11}$$

式中, p 为静水压强.

50.3 达朗贝尔佯谬

1749 年, 柏林科学院设立了有关流体阻力 (flow drag) 问题的有奖竞赛. 达朗贝尔开展了对该问题的研究, 得出的结论是: “我承认, 我看不出人们如何能够用令人满意的方法在理论上来解释流体的阻力. 据我看来恰好相反: 从这个经过深刻研究的理论中, 至少在绝大多数的情况下, 我们只能得出阻力绝对等于零的结论. 这是一个谜, 只好让几何学家们 (数学家们) 来解答 (It seems to me that the theory (potential flow), developed in all possible rigor, gives, at least in several cases, a strictly vanishing resistance, a singular paradox which I leave to future Geometers [i.e. mathematicians — the two terms were used interchangeably at that time] to elucidate).”

普朗特 (1875~1953)

普朗特 (Ludwig Prandtl, 1875~1953) 的边界层理论不仅解决了这个疑难, 而且给出了计算物体在流体中运动时阻力的近似方法. 在计算机出现以前, 人们尚无计算黏性流体绕流的途径, 所以边界层理论极大地促进了航空、航天工业的发展. 实际上, 小黏性的作用是无黏方程的奇异摄动, 所以它也是后来发展起来的匹配渐近展开法的原型和物理基础.

1904 年, 普朗特在第三次世界数学大会上发表了 “über die Flüssig-bewegung bei sehr kleiner Reibung” 的论文. 他根据实验观测, 提出了大雷诺数 (小黏性) 的流体运动边界层的概念, 即黏性仅在固壁附近的薄边界层内起作用, 故层内黏性流体运动方程可以简化, 称为边界层方程, 该层以外可以用理想无黏流体来处理, 从而解决了平板边界层问题. 他还研究了在逆压梯度下的边界层的分离, 注意到流动一旦分离, 边界层便会形成包住尾流的涡面, 改变流动的拓扑结构. 普朗特的这一理论可以应用到所有大雷诺数 (小黏性) 的流体运动上.

50.4 用拉格朗日方程推导纳维–斯托克斯方程

纳维–斯托克斯方程 (Navier-Stokes equations, 简称 N-S 方程), 是描述黏性不可压缩流体动量守恒的运动方程. 黏性流体的运动方程首先由纳维 (Claude-Louis Navier, 1785~1836) 于 1821 年提出, 只考虑了不可压缩流体的流动. 泊松 (Siméon

Denis Poisson, 1781～1840) 在 1831 年提出可压缩流体的运动方程. 圣维南 (Barré de Saint-Venant, 1797～1886) 在 1843 年、斯托克斯 (George Gabriel Stokes, 1819～1903) 在 1845 年独立地提出了黏性系数为一常数的形式, 现在统称为纳维–斯托克斯方程.

取流体微元 τ, 为了得到系统的拉格朗日量, 首先需要给出动能 K、压强势能 U_p 和体积力势能 U_F 的表达式:

$$\begin{cases} K = \int\limits_\tau \frac{1}{2}\rho\dot{\boldsymbol{u}}^2\mathrm{d}\tau = \int\limits_\tau \frac{1}{2}\rho\left(\frac{\mathrm{d}\boldsymbol{u}}{\mathrm{d}t}\right)^2\mathrm{d}\tau \\ U_p = \iint\limits_A p\mathrm{d}\boldsymbol{u}\cdot\mathrm{d}\boldsymbol{A} = \int\limits_\tau \mathrm{div}\left(\int p\mathrm{d}\boldsymbol{u}\right)\mathrm{d}\tau \\ U_F = -\int\limits_\tau \mathrm{d}\tau\int\rho\boldsymbol{f}\cdot\mathrm{d}\boldsymbol{u} \end{cases} \tag{50-12}$$

式中, p 为流体压强, $\boldsymbol{u}$ 为位移矢量. 在式 (50-12) 中第二式中, 存在关系式:

$$\mathrm{div}\left(\int p\mathrm{d}\boldsymbol{u}\right) = \int p\mathrm{d}(\mathrm{div}\,\boldsymbol{u}) + \int \mathrm{grad}\,p\cdot\mathrm{d}\boldsymbol{u} \tag{50-13}$$

由于总势能为: $U = U_p + U_F$, 则拉格朗日量为

$$\begin{aligned} L = K - U &= \int\limits_\tau \frac{1}{2}\rho\dot{\boldsymbol{u}}^2\mathrm{d}\tau - \int\limits_\tau \mathrm{div}\left(\int p\mathrm{d}\boldsymbol{u}\right)\mathrm{d}\tau + \int\limits_\tau \mathrm{d}\tau\int\rho\boldsymbol{f}\cdot\mathrm{d}\boldsymbol{u} \\ &= \int\limits_\tau \mathrm{d}\tau\left[\frac{1}{2}\rho\dot{\boldsymbol{u}}^2 - \mathrm{div}\left(\int p\mathrm{d}\boldsymbol{u}\right) + \int\rho\boldsymbol{f}\cdot\mathrm{d}\boldsymbol{u}\right] \\ &= \int\limits_\tau \mathrm{d}\tau\left[\frac{1}{2}\rho\dot{\boldsymbol{u}}^2 - \int p\mathrm{d}(\mathrm{div}\,\boldsymbol{u}) - \int\mathrm{grad}\,p\cdot\mathrm{d}\boldsymbol{u} + \int\rho\boldsymbol{f}\cdot\mathrm{d}\boldsymbol{u}\right] \end{aligned} \tag{50-14}$$

应力张量 $\boldsymbol{P}$ 写成各项同性部分 $-p\mathbf{I}$ 和各项异性部分 (偏量) $\boldsymbol{P}'$ 之和:

$$\boldsymbol{P} = -p\mathbf{I} + \boldsymbol{P}', \quad P_{ij} = -p\delta_{ij} + P'_{ij} \tag{50-15}$$

为了得到流体的本构关系, 首先需要给出变形速度 (速度梯度) 张量:

$$S_{ij} = \frac{1}{2}\left(\frac{\partial\dot{u}_i}{\partial x_j} + \frac{\partial\dot{u}_j}{\partial x_i}\right) \tag{50-16}$$

对于各项同性牛顿流体, 应力偏量可表示为

$$P'_{ij} = \lambda S_{kk}\delta_{ij} + 2\mu S_{ij}$$

由式 (50-15), 则应力张量的分量形式为

$$\begin{aligned}P_{ij} &= (-p+\lambda S_{kk})\delta_{ij}+2\mu S_{ij}\\ &= \left[-p+\left(\lambda+\frac{2}{3}\mu\right)S_{kk}\right]\delta_{ij}+2\mu\left(S_{ij}-\frac{1}{3}S_{kk}\delta_{ij}\right)\end{aligned}$$

式中, 令 $\mu'=\lambda+\dfrac{2}{3}\mu$, 有

$$P_{ij}=(-p+\mu' S_{kk})\delta_{ij}+2\mu\left(S_{ij}-\frac{1}{3}S_{kk}\delta_{ij}\right) \tag{50-17}$$

式中, P_{ij} 为应力张量, p 为流体压强函数, μ 为剪切黏性系数, μ' 为膨胀黏性系数. 由于体积改变引起的黏性力相对于剪切黏性力可忽略不计, 斯托克斯假设: 膨胀黏性系数 $\mu'=0$. 应用斯托克斯假设后有: $\boldsymbol{P}=-p\mathbf{I}+\boldsymbol{P}'$, $p=-\dfrac{1}{3}P_{ii}$, 即平均法应力. 式 (50-17) 中的偏应力张量 $\boldsymbol{P}'$ 的分量显然为

$$P'_{ij}=2\mu\left(S_{ij}-\frac{1}{3}S_{kk}\delta_{ij}\right)$$

从而应力张量的广义牛顿公式可表示为

$$P_{ij}=-p\delta_{ij}+2\mu\left(S_{ij}-\frac{1}{3}S_{kk}\delta_{ij}\right) \tag{50-18}$$

应用拉格朗日方程推导流体的运动方程, 需要考虑流体的黏性耗散. 由于黏性力仅与偏应力张量有关, 则黏性力为: $\boldsymbol{F}=\int_\tau(\operatorname{div}\boldsymbol{P}')\mathrm{d}\tau$, 其中, 积分核为

$$\begin{aligned}\operatorname{div}\boldsymbol{P}' &= 2\mu\frac{\partial}{\partial x_j}\left(S_{ij}-\frac{1}{3}S_{kk}\delta_{ij}\right)\\ &= \mu\left(\frac{\partial^2\dot{u}_i}{\partial x_j\partial x_j}+\frac{\partial^2\dot{u}_j}{\partial x_i\partial x_j}-\frac{2}{3}\frac{\partial S_{kk}}{\partial x_i}\right)\\ &= \mu\left(\frac{\partial^2\dot{u}_i}{\partial x_j\partial x_j}+\frac{1}{3}\frac{\partial S_{kk}}{\partial x_i}\right)\\ &= \mu\left[\frac{\partial^2 v_i}{\partial x_j\partial x_j}+\frac{1}{3}\frac{\partial}{\partial x_i}\left(\frac{\partial v_j}{\partial x_j}\right)\right]\end{aligned}$$

则黏性力可表示为

$$F_i=\int_\tau \mathrm{d}\tau\left\{\mu\left[\frac{\partial^2 v_i}{\partial x_j\partial x_j}+\frac{1}{3}\frac{\partial}{\partial x_i}\left(\frac{\partial v_j}{\partial x_j}\right)\right]\right\} \tag{50-19}$$

将拉格朗日量式 (50-14) 和黏性力的式 (50-19) 代入第一类拉格朗日方程: $\dfrac{\mathrm{d}}{\mathrm{d}t}\left(\dfrac{\partial L}{\partial \dot{u}_i}\right)-\dfrac{\partial L}{\partial u_i}=F_i$, 由于该方程左端的两项分别为

$$\frac{\mathrm{d}}{\mathrm{d}t}\left(\frac{\partial L}{\partial \dot{u}_i}\right) = \frac{\mathrm{d}}{\mathrm{d}t}\frac{\partial}{\partial \dot{u}_i}\int_\tau \mathrm{d}\tau\left[\frac{1}{2}\rho\dot{\boldsymbol{u}}^2 - \int p\mathrm{d}(\mathrm{div}\,\boldsymbol{u}) - \int \mathrm{grad}\,p\cdot\mathrm{d}\boldsymbol{u} + \int \rho f\cdot\mathrm{d}\boldsymbol{u}\right]$$

$$= \int_\tau \mathrm{d}\tau\frac{\mathrm{d}}{\mathrm{d}t}(\rho\dot{u}_i) = \int_\tau \mathrm{d}\tau\frac{\mathrm{d}}{\mathrm{d}t}(\rho v_i)$$

$$\frac{\partial L}{\partial u_i} = \frac{\partial}{\partial u_i}\int_\tau \mathrm{d}\tau\left[\frac{1}{2}\rho\dot{\boldsymbol{u}}^2 - \int p\mathrm{d}(\mathrm{div}\,\boldsymbol{u}) - \int \mathrm{grad}\,p\cdot\mathrm{d}\boldsymbol{u} + \int \rho\boldsymbol{f}\cdot\mathrm{d}\boldsymbol{u}\right]$$

$$= \int_\tau \mathrm{d}\tau\left[-(\mathrm{grad}\,p)_i + \rho f_i\right]$$

由考虑黏性力的拉格朗日方程整理可得

$$\int_\tau \mathrm{d}\tau\frac{\mathrm{d}}{\mathrm{d}t}(\rho v_i) - \int_\tau \mathrm{d}\tau[-(\mathrm{grad}\,p)_i + \rho f_i] = \int_\tau \mathrm{d}\tau\left\{\mu\left[\frac{\partial^2 v_i}{\partial x_j\partial x_j} + \frac{1}{3}\frac{\partial}{\partial x_i}\left(\frac{\partial v_j}{\partial x_j}\right)\right]\right\}$$

即

$$\int_\tau \mathrm{d}\tau\left\{\frac{\mathrm{d}}{\mathrm{d}t}(\rho v_i) + (\mathrm{grad}\,p)_i - \rho f_i - \mu\left[\frac{\partial^2 v_i}{\partial x_j\partial x_j} + \frac{1}{3}\frac{\partial}{\partial x_i}\left(\frac{\partial v_j}{\partial x_j}\right)\right]\right\} = 0$$

并由 $\mathrm{d}\tau$ 的任意性可由上式得到微分形式的纳维–斯托克斯方程:

$$\frac{\mathrm{d}}{\mathrm{d}t}(\rho v_i) + (\mathrm{grad}\,p)_i - \rho f_i - \mu\left[\frac{\partial^2 v_i}{\partial x_j\partial x_j} + \frac{1}{3}\frac{\partial}{\partial x_i}\left(\frac{\partial v_j}{\partial x_j}\right)\right] = 0$$

亦即:

$$\frac{\mathrm{d}}{\mathrm{d}t}(\rho v_i) = -\frac{\partial p}{\partial x_i} + \mu\left[\frac{\partial^2 v_i}{\partial x_j\partial x_j} + \frac{1}{3}\frac{\partial}{\partial x_i}\left(\frac{\partial v_j}{\partial x_j}\right)\right] + \rho f_i$$

纳维 (1785~1836)

为了使读者更为方便地理解纳维–斯托克斯方程, 分别给出标注各项物理意义的矢量和分量形式:

$$\frac{\mathrm{d}}{\mathrm{d}t}(\rho\boldsymbol{v}) = \underset{\text{单位质量流体压强梯度}}{-\boldsymbol{\nabla} p} + \underset{\text{剪切黏性项}}{\mu\nabla^2\boldsymbol{v}} + \underbrace{\frac{1}{3}\mu\boldsymbol{\nabla}(\boldsymbol{\nabla}\cdot\boldsymbol{v})}_{\text{膨胀或压缩的黏性项，不可压缩时此项为零}} + \underset{\text{单位质量体积力}}{\rho\boldsymbol{f}}$$

$$\frac{\mathrm{d}}{\mathrm{d}t}(\rho v_i) = -\frac{\partial p}{\partial x_i} + \mu\frac{\partial^2 v_i}{\partial x_j\partial x_j} + \frac{1}{3}\frac{\partial}{\partial x_i}\left(\frac{\partial v_j}{\partial x_j}\right) + \rho f_i \tag{50-20}$$

斯托克斯 (1829~1903)

注意到方程含有速度 $\boldsymbol{v}$ (三个分量), 压强 p, 密度 ρ 等五个变量, 需结合连续性方程和压强与密度的本构方程求解.

纳维–斯托克斯方程存在如下三种简化情况:

(1) 对于不可压缩流体 $\rho = \text{const}$, 且 $\boldsymbol{\nabla} \cdot \boldsymbol{v} = 0$

$$\rho\frac{\mathrm{d}\boldsymbol{v}}{\mathrm{d}t} = \underset{\substack{\text{单位质量流}\\\text{体压强梯度}}}{-\boldsymbol{\nabla} p} + \underset{\text{剪切黏性质}}{\mu\nabla^2\boldsymbol{v}} + \underset{\substack{\text{单位质量}\\\text{体积力}}}{\rho\boldsymbol{f}}$$

$$\rho\frac{\mathrm{d}v_i}{\mathrm{d}t} = -\frac{\partial p}{\partial x_i} + \mu\frac{\partial^2 v_i}{\partial x_j \partial x_j} + \rho f_i \tag{50-21}$$

(2) 对于不可压缩理想流体 $\rho = \text{const}, \boldsymbol{\nabla} \cdot \boldsymbol{v} = 0$ 且 $\mu = 0$ (欧拉方程)

$$\rho\frac{\mathrm{d}\boldsymbol{v}}{\mathrm{d}t} = \underset{\substack{\text{单位质量流}\\\text{体压强梯度}}}{-\boldsymbol{\nabla} p} + \underset{\substack{\text{单位质量}\\\text{体积力}}}{\rho\boldsymbol{f}}$$

$$\rho\frac{\mathrm{d}v_i}{\mathrm{d}t} = -\frac{\partial p}{\partial x_i} + \rho f_i \tag{50-22}$$

阿基米德 (287~212 BC)

(3) 对于静止的流体, $\boldsymbol{v} = \boldsymbol{0}$ (阿基米德原理)

$$\boldsymbol{0} = \underset{\substack{\text{单位质量流}\\\text{体压强梯度}}}{-\boldsymbol{\nabla} p} + \underset{\substack{\text{单位质量}\\\text{体积力}}}{\rho\boldsymbol{f}}$$

$$0 = -\frac{\partial p}{\partial x_i} + \rho f_i \tag{50-23}$$

对不可压缩流体积分可得

$$p - p_0 = \rho\boldsymbol{f} \cdot (\boldsymbol{x} - \boldsymbol{x}_0) \tag{50-24}$$

50.5 伯努利方程

➢ **推导方法一: 能量守恒**

考虑管道内理想流体 (不可压缩, 无黏性) 的一维流动. 取如图 50.3 所示的一段流体分析. 两截面压力对该段流体做功的功率分别为

$$p_1V_1A_1, \quad -p_2V_2A_2$$

单位时间动能改变量:

$$\frac{1}{2}\rho V_2A_2 \cdot V_2^2 - \frac{1}{2}\rho V_1A_1 \cdot V_1^2$$

单位时间重力势能的改变量:

$$\rho gV_2A_2z_2 - \rho V_1A_1z_1$$

由能量守恒可得

$$p_1V_1A_1 - p_2V_2A_2 = \frac{1}{2}\rho V_2A_2 \cdot V_2^2 - \frac{1}{2}\rho V_1A_1 \cdot V_1^2 + \rho gV_2A_2z_2 - \rho gV_1A_1z_1$$

由两截面流量相同:

$$V_2A_2 = V_1A_1$$

由以上两式得:

$$p_1 + \rho g z_1 + \frac{1}{2}\rho V_1^2 = p_2 + \rho g z_2 + \frac{1}{2}\rho V_2^2$$

由于截面 1、2 是任意取的, 故上式也可写成:

$$\frac{p}{\rho} + gz + \frac{u^2}{2} = \text{const} \tag{50-25}$$

丹尼尔 · 伯努利

(1700~1782)

式 (50-25) 即为伯努利方程 (Bernoulli's equation).

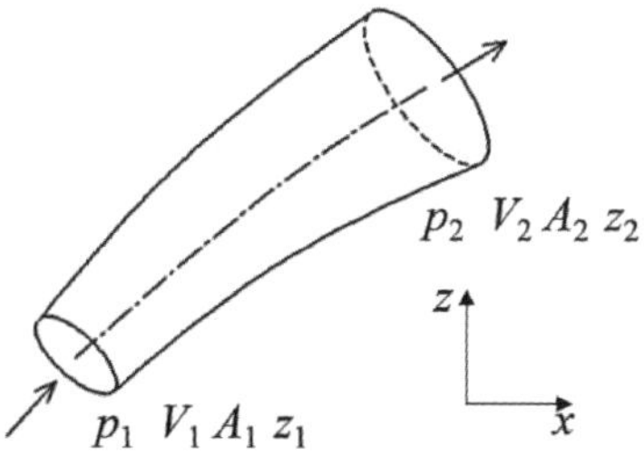

图 50.3　管道内一维流动示意图

➢ **推导方法二:** 由理想流体微分形式运动方程推导伯努利方程

$$\rho\frac{\mathrm{d}\boldsymbol{v}}{\mathrm{d}t} = -\boldsymbol{\nabla}p + \rho\boldsymbol{f}$$

由场论中的公式, 对于任意矢量 $\boldsymbol{a}$ 有

$$\boldsymbol{a}\cdot\boldsymbol{\nabla}\boldsymbol{a} = \mathbf{grad}\,\frac{\boldsymbol{a}^2}{2} + \mathbf{rot}\boldsymbol{a}\times\boldsymbol{a}$$

于是有

$$\frac{\mathrm{d}\boldsymbol{v}}{\mathrm{d}t} = \frac{\partial\boldsymbol{v}}{\partial t} + \boldsymbol{v}\cdot\boldsymbol{\nabla}\boldsymbol{v} = \frac{\partial\boldsymbol{v}}{\partial t} + \mathbf{grad}\,\frac{\boldsymbol{v}^2}{2} + \mathbf{rot}\boldsymbol{v}\times\boldsymbol{v}$$

运动方程可改写为

$$\frac{\partial\boldsymbol{v}}{\partial t} + \mathbf{grad}\,\frac{\boldsymbol{v}^2}{2} + \mathbf{rot}\boldsymbol{v}\times\boldsymbol{v} = -\frac{1}{\rho}\mathbf{grad}\,p + \boldsymbol{f}$$

此即为理想流体兰勃–葛罗米柯形式的运动方程.

对于重力作用下的不可压缩流体, 则

$$\frac{1}{\rho}\mathbf{grad}\,p = \mathbf{grad}\,\frac{p}{\rho}$$

$$\boldsymbol{f} = -\mathbf{grad}\,(gz)$$

于是运动方程具有下列形式

$$\frac{\partial \boldsymbol{v}}{\partial t}+\mathbf{grad}\left(\frac{\boldsymbol{v}^2}{2}+\frac{p}{\rho}+gz\right)+\mathbf{rot}\boldsymbol{v}\times\boldsymbol{v}=\mathbf{0}$$

只考虑定常运动, 有

$$\frac{\partial \boldsymbol{v}}{\partial t}=\mathbf{0}$$

于是运动方程变为

$$\mathbf{grad}\left(\frac{\boldsymbol{v}^2}{2}+\frac{p}{\rho}+gz\right)+\mathbf{rot}\boldsymbol{v}\times\boldsymbol{v}=\mathbf{0}$$

上式两边点乘流线的切线单位向量 $\boldsymbol{s}=\dfrac{\boldsymbol{v}}{v}$ 得

$$\boldsymbol{s}\cdot\mathbf{grad}\left(\frac{\boldsymbol{v}^2}{2}+\frac{p}{\rho}+gz\right)+\frac{\boldsymbol{v}}{v}\cdot(\mathbf{rot}\boldsymbol{v}\times\boldsymbol{v})=0$$

上式中第二项利用三重积的性质有

$$\boldsymbol{s}\cdot\mathbf{grad}\left(\frac{\boldsymbol{v}^2}{2}+\frac{p}{\rho}+gz\right)=0$$

也即

$$\frac{\partial}{\partial s}\left(\frac{\boldsymbol{v}^2}{2}+\frac{p}{\rho}+gz\right)=0$$

沿流线积分得

$$\frac{\boldsymbol{v}^2}{2}+\frac{p}{\rho}+gz=C$$

其中 C 是积分常数, 沿同一条流线取同一常数值, 不同流线可以取不同的值. 此即伯努利方程 (50-25). 其意义为, 重力作用下的不可压缩理想流体做定常运动, 总能量在流线上守恒. 左端各项分别代表单位质量内的动能, 势能和压力能.

§51. 分 形 几 何

曼德博 (1924~2010)

1967 年, 曼德博 (Benoît B. Mandelbrot, 1924~2010) 在美国《科学》期刊发表了题为《英国的海岸线有多长? 统计自相似和分数维》的论文[5.5], 讨论了维数介于 $1\sim2$ 之间的统计自相似曲线. 虽然 Mandelbrot 没有用 “分形 (fractal)” 这个词汇, 但这些曲线都是分形的 (如图 51.1 所示).

在论文的第一部分, 曼德博讨论了理查森 (Lewis Fry Richardson, 1881~1953) 对海岸线与其他自然地理边界的测量出来的长度如何依赖测量尺度的研究. 理查森观察到, 不同国家边界测量出来的长度 $L(G)$ 是测量尺度 G 的一个幂律函数:

$L(G) = M \times G^{1-D}$, 其中 M 为正的常数. 曼德博将此结果诠释成显示海岸线和其他地理边界可有统计自相似的性质, 而指数 D 则计算边界的豪斯多夫维数, 例如从南非海岸线的 $D = 1.02$ 到英国西岸的 $D = 1.25$. 在论文的第二部分, 曼德博描述了不同的关于科赫雪花 (Koch snowflake) 的曲线, 它们都是标准的自相似图形. 曼德博利用豪斯多夫维数方法得到它们的维数均介于 $1 \sim 2$ 之间. 图 51.2 给出的是经过三次迭代后所得到的科赫分形曲线, 其分形维数约为 1.26.

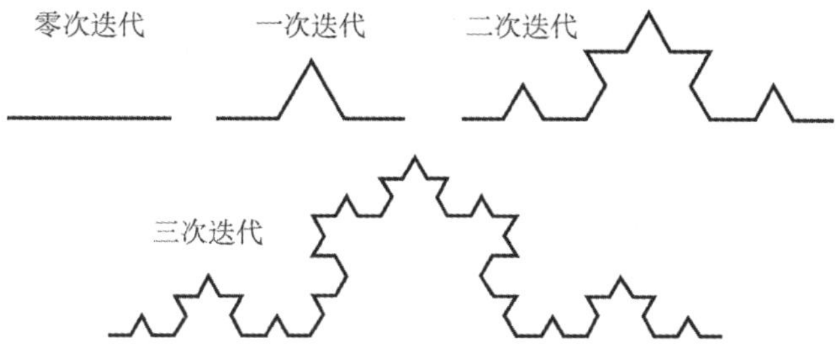

图 51.2　科赫曲线

1975 年, 曼德博提出了 "Fractal (分形)" 一词用于描述上述自相似结构, 并在其法文著作[5.6] 和随后于 1977 年出版的英文版[5.7] 中予以详细阐述. Fractal 一词是由拉丁文的形容词 frāctus 转化而来, 原意为不规则的、分数的、支离破碎的物体. 通常分形是指一类极其不规则的、复杂的、具有自相似性或自仿射[5.8] 的体系. 分形理论已被广泛地应用于自然科学和社会科学的许多领域[5.9,5.10].

图 51.1　英国的海岸线 —— 分形结构

分形事物都具有几个重要的共同特征: (1) 第一个特征是具有自相似性, 或膨胀 (dilation) 对称性. 满足严格自相似性的分形通常被称之为有规分形, 而更多的则是满足统计意义上自相似性的分形, 通常则被称之为无规分形. (2) 第二个特征是它的维数不为整数.

描述分形的豪斯多夫维数

1919 年, 现代拓扑学奠基人之一、德国波恩大学的豪斯多夫 (Felix Hausdorff, 1868~1942) 从测量的角度引进了适用于包括随机图形在内的任意图形的维数定义[5.11]:

$$D_{\mathrm{H}} = \lim_{r \to 0} \frac{\ln N(r)}{\ln(1/r)} \tag{51-1}$$

其中, r 为量度单元, $N(r)$ 为度量所得, D_{H} 亦被称作豪斯多夫–贝西科维奇 (Hausdorff-Besicovitch) 维数. 它既可以是整数, 亦可以是分数. 通常将豪斯多夫维数为分数的事物称作分形, 称 D_{H} 为该分形的分形维数或分数维数. 因此维数为分数是分形的第二个特征.

豪斯多夫 (1868~1942)

D_{H} 亦可在保持度量单元大小不变而改变宏观尺度 L (如回旋半径等) 的条件下的用如下公式定义,

$$D_{\mathrm{H}}=\lim_{L\to\infty}\frac{\ln N(L)}{\ln L} \tag{51-2}$$

在某些物理学的生长问题 (如胶体凝聚等) 中便是此类情况.

正常的几何体的豪斯多夫维数 D_{H} 与其欧氏维数相互一致. 但对分形对象, 两者则存在差别, 分形维数的大小体现了分形对象自身的不规则性, 反映了被测分形对象的广义体积 (长度、面积或体积) 随度量单元尺度或其自身尺度的改变而增减的快慢. 不论从局部或整体上来看, 分形对象都是极其不规则的, 一般不能用传统的几何语言来描述, 而要用一种简单的递归算法来产生. 对分形的描述最主要的参量是它的分形维数.

对应于精确自相似结构的规则分形具有严格的自相似性, 其维数的计算相对简单. 但无规分形只具有统计意义下的自相似性, 因而采用不同的近似方法得到的分形维数具有一定差异. 目前尚无各类无规分形都适用的近似计算方法, 现有的相关分形文献中存在诸多不同分形维数名称. 测定分形维数的方法主要有以下几类: (1) 基于度量单元尺度的变化确定豪斯多夫维数 D_{H}; (2) 基于测度关系确定容量维数 D_{B}; (3) 根据相关函数求分形维数 D_{C}. 除这几类分形维数的主要测定方法外, 还有其他一些确定分形维数的方法. 大部分维数的定义都基于用尺度 δ 进行量度的思想, 忽略尺寸小于 δ 时的不规则性, 考察 $\delta\to 0$ 时所测值的变化. 用第二类方法确定的维数是一种填充维数, 是修改的上盒维数 (upper box dimension). 计盒维数 (box counting dimension) 或称盒维数 (box dimension) 因其数学计算及经验估计相对容易, 因此它是应用最广泛的维数之一.

如图 51.3 所示, 人类大脑由于存在很多错综复杂的褶皱 (folds), 拥有巨大的固 — 液界面面积. 研究发现从人脑表面褶皱的分形结构模型出发, 估算出人脑表面的分形维数大约在 2.73~2.78 之间. 从欧几里德几何的观点来看, 任何平面或曲面的

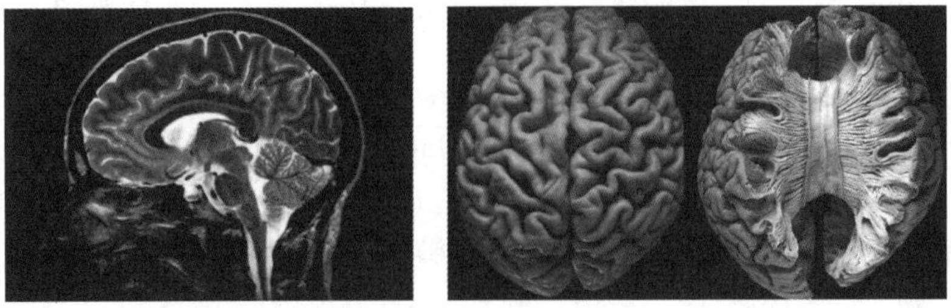

图 51.3　人脑示意图

维数都是 2. 但是从分形几何的角度来说, 大脑表面皱褶越多, 分形维数就越高, 就越是逼近于人类所处的 3 维空间的维数. 医学界认为, 这是进化过程中某种优化机制起作用的结果. 因为分形维数越高, 表明在同样有限的空间内, 大脑能占有更大的表面积, 就有可能具备更为复杂的思考能力.

例 51.1 受限扩散凝聚 (diffusion-limited aggregation, DLA) 模型, 是最典型的无规生长分形实例之一. 这个模型由 Witten 和 Sander 在 1981 年和 1983 年首次通过计算机模拟求得[5.12,5.13].

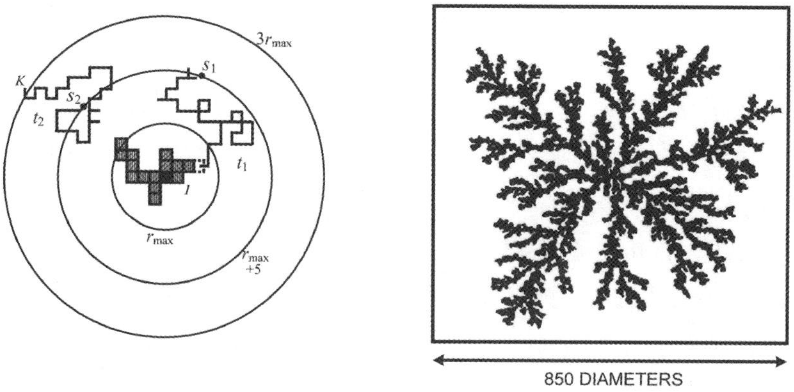

(a) DLA 模型生长示意图[5.14]　　(b) 计算机模拟的 DLA 集团[5.15]

图 51.4 DLA 模型

DLA 模型的生长规律是在二维方形点阵的中央放置一颗静止的种子微粒, 然后在距离非常远的边界处随机地释放一粒子, 并使它作无规行走 (random walk). 当粒子运动到种子微粒的近邻时就与它黏结成一个集团, 同时在边界处又释放一个新的粒子继续作无规行走, 直到黏结在集团表面为止. 如此不断重复进行, 即可在点阵的中央形成一个分形集团 (如图 51.4 所示). DLA 集团现已被证明具有统计自相似性. 其密度 $\rho(R)$ 随着集团尺度的增加而按幂指数规律下降. 若设 DLA 集团的特征长度为 R, 则凝聚粒子的数密度 $\rho(R)$ 为

$$\rho(R) = \frac{N(R)}{R^d} \sim R^{D-d} \tag{51-3}$$

其中 D 为集团分形维数, d 为相应的欧氏维数. 在实验中, 取不同的 R 值测出不同的 $N(R)$, 再利用双对数图即可求出 DLA 集团的分形维数.

对 DLA 集团生长机理的研究表明, DLA 模型具有稳定的结构, 它的生长过程所满足的动力学方程在数学上是可动边界的拉普拉斯方程, 可通过实验或计算机模拟来测定出 DLA 类分形的维数, 如图 51.4 所示.

在 DLA 集团形成时, 凝聚生长粒子在拉普拉斯浓度场中作扩散运动. DLA 集团的生长界面具有复杂的不规则形状和不稳定的性质. 该生长过程是一个远离平衡的动力学过程[5.14], 但 DLA 集团的结构却异常稳定, 并且具有确定的分形维数. 目前在自然界中已发现有大量物理、化学和生物过程所形成的结构是属于 DLA 类型的, 如电解电离、不同黏度流体间的黏性指进 (viscous fingering)、气体放电、雪花形成和细菌群落的生长等[5.16]. 但是能够描述如此众多实际现象的 DLA 模型却存在着极为简单的生长规则, 作为动力学生长的简单模型它在数学上与可动边界拉普拉斯方程相联系. 除凝聚生长之外, 在其他与 DLA 相关的实际问题中也都涉及到了可动边界拉普拉斯方程, 例如, 黏性指进问题中, 流体在各点处的压力满足: $\nabla^2 p = 0$, 而在电解沉淀问题中, 离子在各处所受的电场也满足 $\nabla^2\varphi = 0$. 因此, DLA 模型亦被称为是受拉普拉斯场控制的生长过程, 是具有普适性的一种生长模型[5.16].

DLA 集团具有开放型的树枝状结构和随机的自相似性质. 根据实验和计算机模拟的数据所求得的 DLA 集团分形维数只与所在的欧氏空间有关, 而与其他物理量无关. 其具体数值可表示为: 当 $d = 2$ 时, 分形维数约为 1.66~1.7, 而当 $d = 3$ 时, 分形维数约为 2.5~2.53.

DLA 在实际中得到了十分广泛的应用[5.17], 从河流的网络分布, 到石油回收和渗流[5.18], 再到电沉积的图案、弦理论、微器件的界面键合[5.19] 等.

例 51.2 球面上的受限扩散凝聚模型[5.20].

Choi, Crowdy 和 Bazant[5.20] 研究了曲面上的 DLA, 在椭圆型和双曲型曲面上的情形分别由图 51.5 (a) 和 (b) 给出.

矿物中的枝晶也呈现出曲面上的 DLA 形式, 如图 51.6 所示.

图 51.6 矿物枝晶呈现出曲面上的 DLA 形式

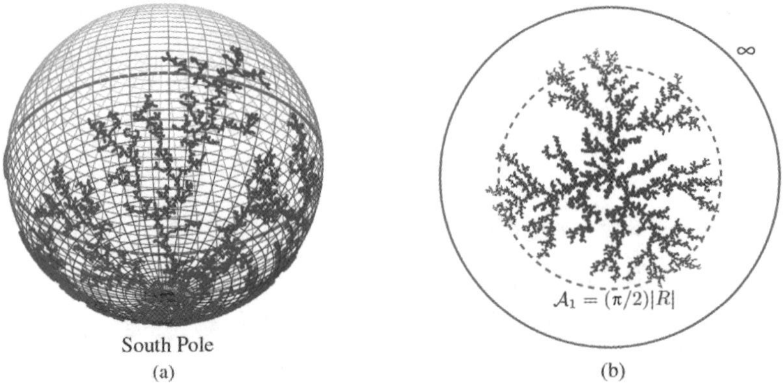

图 51.5 曲面上的 DLA 模型: (a) 球面 ($k = 1$); (b) 赝球面 ($k = -1$)

例 51.3 闪电 (lightening) 和介电质击穿 (dielectric breakdown) 中的分形图案. 在国际上该图案以德国第一个实验物理学家 Georg Christoph Lichtenberg (利希滕伯格, 1742～1799) 命名, 因而被称为 "利希滕伯格图 (Lichtenberg figure)".

介电质击穿的典型分形图案如图 51.7 所示; 闪电的典型分形图案如图 51.8 所示; 人体作为一种典型的介电质, 被雷电击伤后, 身体的一些部位也会留下利希滕伯格图, 如图 51.9 所示.

图 51.8 闪电的利希滕伯格图

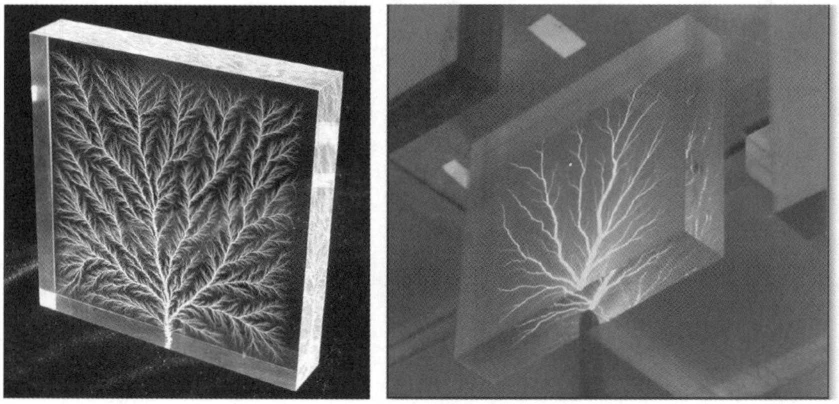

图 51.7 介电质击穿的利希滕伯格图

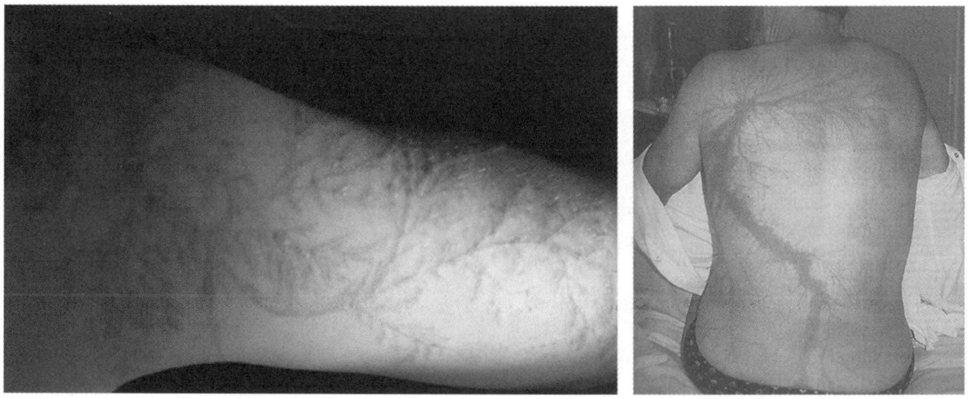

图 51.9 雷击在人体上所留下的利希滕伯格图

Niemeyer, Pietronero 和 Wiesmann 的研究表明[5.21], 介电质击穿的分形维数约为: $D = 1.75 \pm 0.02$.

§52. 分　岔

“Bifurcation” 这一法文单词最早是由法国数学家、物理学家、力学家、哲学家庞加莱 (Henri Poincaré, 1854~1912) 于 1885 年在研究液滴 (liquid droplet) 的旋转稳定性时提出的[5.22]. Bifurcation 的中文译文是 “分岔” 或 “分叉” 等. 从数学角度来讲, 分岔理论主要研究非线性方程 (微分方程、积分方程、差分方程等) 中的参数对解的定性性质的影响. 其中, 参数与解的稳定性、周期性、平衡位置等基本性质的关系是研究的重点.

根据所研究问题是否具有时间依赖性, 分岔可分为静态分岔和动态分岔:

(1) 静态分岔研究当参数发生变化时, 平衡点数目和稳定性如何发生变化, 如鞍结 (saddle-node) 分岔、跨临界 (transcritical) 分岔和叉形 (pitchfork) 分岔等. 本节中的例 52.1 和例 52.2 将分别给出鞍结和叉形分岔的典型例子.

(2) 动态分岔研究当参数发生变化时, 动力系统解的拓扑结构的定性性质如何发生变化, 如霍普夫分岔或庞加莱–安德罗诺夫–霍普夫 (Poincaré-Andronov-Hopf) 分岔, 倍周期 (period-doubling) 分岔, 拟周期 (quasi-period) 分岔, 同宿轨道 (homoclinic orbit) 分岔和异宿轨道 (heteroclinic orbit) 分岔等.

分岔也可划分为局部 (local) 分岔和全局 (global) 分岔: 局部分岔研究某个不动点附近动力系统的拓扑结构如何发生变化. 全局分岔则分析向量场的大范围的拓扑结构. 静态分岔和霍普夫分岔都属于局部分岔, 而其他的分岔则属于全局分岔. 局部分岔是全局分岔分析的一个重要内容. 一般来说, 完整的全局分岔分析是十分困难的, 甚至是不可能的, 所以对局部分岔的研究就显得尤为重要.

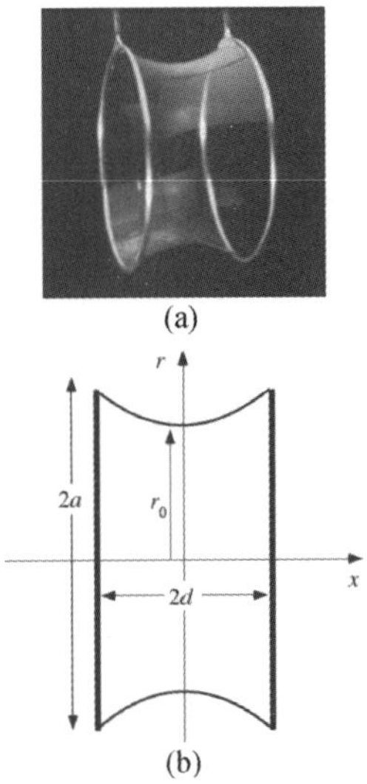

图 52.1　(a) 两个圆环之间的肥皂膜; (b) 肥皂悬膜的横截面图

例 52.1　两圆环间肥皂膜稳定性的鞍结分岔. 将两个半径均为 a、相距 $2d$ 的圆环放入肥皂水中取出, 在两圆环之间将有一肥皂悬链曲面 (catenoid), 如图 52.1 所示. Taylor 和 Michael 于 1973 年证明, 当 $d/a \approx 0.66$ 时, 肥皂悬膜将破裂[5.23,5.24].

界面的形状由杨–拉普拉斯方程 (Young-Laplace equation) 确定, 亦即界面两端的压力差 ΔP 满足:

$$\Delta P = \gamma \left(\frac{1}{R_1} + \frac{1}{R_2} \right) \tag{52-1}$$

式中, γ 为界面张力, R_1 和 R_2 为主曲率. 对于如图 52.1 所示的肥皂膜而言, 由于膜两面的压力相等, 即: $\Delta P = 0$, 故肥皂膜上任何一点满足 $R_1^{-1} + R_2^{-1} = 0$, 满足该条件的曲面为悬链曲面, 如图 52.1(b), 悬膜在圆柱坐标中的方程为 (参阅附录 D.4):

$$\frac{r}{r_0} = \cosh \frac{x}{r_0} \tag{52-2}$$

式中, r_0 为如图 52.1(b) 中所示悬膜鞍点的半径. 当 $x = d$ 时, $r = a$, 因此有

$$\frac{a}{r_0} = \cosh\frac{d}{r_0} \quad 或者 \quad \frac{a}{d}\frac{d}{r_0} = \cosh\frac{d}{r_0} \tag{52-3}$$

式 (52-3) 中第二个方程可由斜率为 a/d 的直线和双曲余弦函数的相切点获得其解, 如图 52.2(a) 所示, 可求得: $d/r_0 = \coth(d/r_0) = 1.2$, 从而获得悬膜稳定的临界条件为: $d/a = 0.663$. 当 $d/a < 0.663$ 时, 存在两个解, 如图 52.2(a) 所示; 当 $d/a > 0.663$ 时, 问题无解, 悬膜将破裂. r_0/a 与 d/a 的关系如图 52.2(b) 所示.

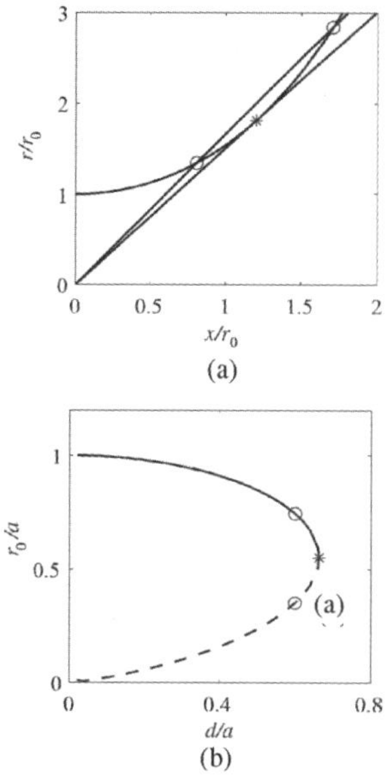

图 52.2　(a) 方程 (52-3) 的求解; (b) 鞍结分岔图

为了对悬膜进行稳定性分析, 首先看两个圆环之间的距离改变 δd 时, 圆环受到悬膜作用力的变化情况. 肥皂悬膜作用在圆环上的力为

$$F(d) = \frac{4\pi a\gamma}{\cosh\dfrac{d}{r_0}} \tag{52-4}$$

其导数为

$$F'(d) = \frac{4\pi\gamma}{\dfrac{d}{r_0} - \coth\dfrac{d}{r_0}} \tag{52-5}$$

式 (52-5) 表明, 对应于式 (52-3) 较小的解, $F'(d) < 0$, 所以此时悬膜处于稳定状态, 对应于图 52.2(b) 中的实线部分; 对于式 (52-3) 另外的解, 则由于 $F'(d) > 0$, 此时的悬膜处于失稳状态, 图 52.2(b) 中的虚线部分. 稳定支和失稳支交汇于 $d/a = 0.663$ 处, 因此, 肥皂悬膜的破裂问题为一典型的鞍结分岔.

例 52.2　叉形分岔的典型例子 —— 欧拉压杆稳定性问题. 1744 年, 欧拉基于伯努利梁理论, 在柏林科学院首先研究了如图 52.3(a) 所示的弹性压杆稳定性问题[5.25].

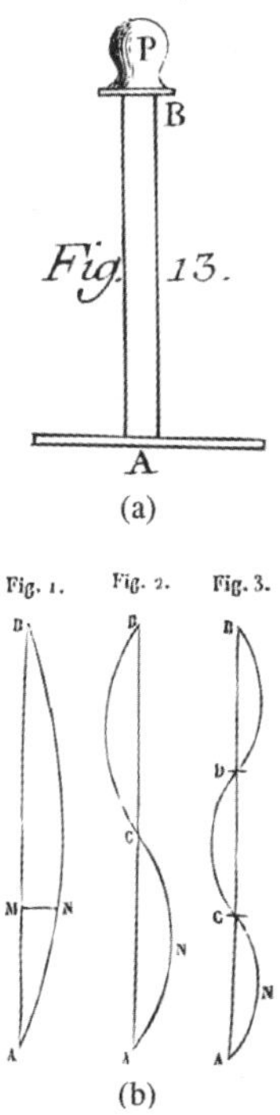

图 52.3　(a) 1744 年欧拉文章中的原图; (b) 1770 年拉格朗日文章中的原图

欧拉将杆假设为“弹性线 (elastica)”、不可伸缩且不考虑剪切效应, 考虑在轴压不变的情况下, 若直杆在受到一个小的扰动后, 能在一个相邻的位置上保持一个微弯曲的平衡形态, 则直杆在该轴压下的平衡是不稳定的. 所对应的最低载荷称为临界载荷或欧拉载荷[5.25,5.26]. 下面从量纲分析的角度出发, 分析压杆失稳的临界载荷 P_c. 该临界载荷是杆的弯曲刚度 EI 和杆长 l 的函数, 还可能依赖于材料的泊松比 ν 等, 故有

$$P_c = f(EI, l, \nu) \tag{52-6}$$

式中, 弯曲刚度的量纲为: $[EI] = \mathrm{FL^{-2}L^4} = \mathrm{FL^2}$, 杆长的量纲为: $[l] = \mathrm{L}$, 载荷的量纲为: $[P_c] = \mathrm{F}$, 泊松比 ν 为无量纲量. 由量纲分析, 式 (52-6) 变为

$$\frac{P_c l^2}{EI} = f(\nu) = \mathrm{const} \quad 或者 \quad P_c = \mathrm{const} \times \frac{EI}{l^2} \tag{52-7}$$

而通过建立二阶微分方程, 冗长的求解过程, 再利用边界条件, 所得到的精确解为: $P_c = \pi^2 EI/l^2$. 当外载小于临界载荷 P_c 时, 直杆处于稳定状态; 当外载达到 P_c 时, 直杆发生失稳或屈曲. 如图 52.3(b) 所示, 拉格朗日曾于 1770 年进一步精炼了该问题的解答[5.27,5.28].

用现在的观点来看, 欧拉压杆失稳问题属于典型的超临界叉形分岔 (supercritical pitchfork bifurcation). 如图 52.4 所示, 当 $P < P_c$ 时直杆处于稳定平衡状态; 当 $P \geqslant P_c$ 时直杆发生叉形分岔. 图 52.4 中的纵坐标表示直杆中线的位移, 横坐标表示载荷, 图中的实线表示稳定形态, 虚线则表示非稳定形态. 注意到该问题对于 $u \to -u$ 的对称性.

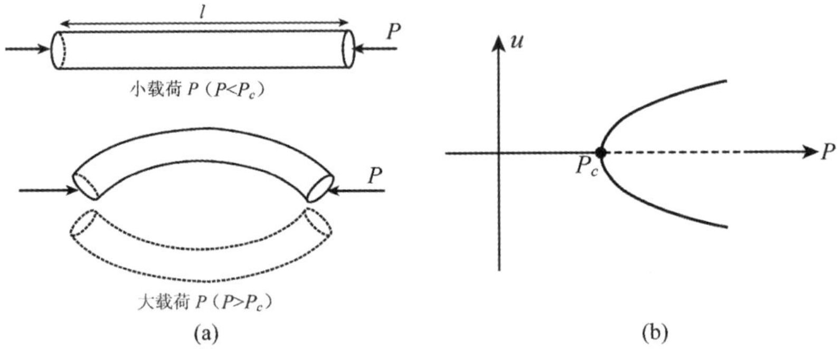

图 52.4　欧拉压杆的超临界叉形分岔

(a) 压杆稳定性示意图; (b) 分岔图

例 52.3　龙洗 (鱼洗) 中的霍普夫分岔.

“龙洗” 也称 “鱼洗” “聚宝盆”, 是我国古代一种青铜器皿, 如图 52.5(a) 所示, 它是一近似旋转薄壳, 如图 52.5(b) 所示, 靠近边缘处有两个供手搓动摩擦的耳. 盆沿图案由回纹和龙纹构成, 盆底有四条龙, 盆沿有两只盆耳, 盛上水后双手摩擦盆耳, 铜盆便会嗡嗡作响, 其中盛的水便会起雾、振荡、溅起层层浪花, 最奇妙的是由盆底四条龙嘴可喷出 20~50 多厘米的水花, 大有龙泉喷珠之妙. 溅起水花的源头, 恰巧在盆底刻有四条龙的龙口位置, 设计巧妙, 图形各异, 漂亮非常, 令人称奇叫绝, 且寓意为 “风升水起”, 代表好运和富贵.

推而广之, 霍普夫分岔在弓型和风型乐器 (bowed string and wind musical instruments) 中应用十分广泛. 以吹口琴这类风型乐器为例, 当吹得口风很小不足以使簧片振动; 而当口风达到一个临界的风速时, 簧片开始振荡, 发出周期性的运动, 开始发声, 这就是一个典型的霍普夫分岔. 事实上, 我们通常看到的风型乐器, 如风

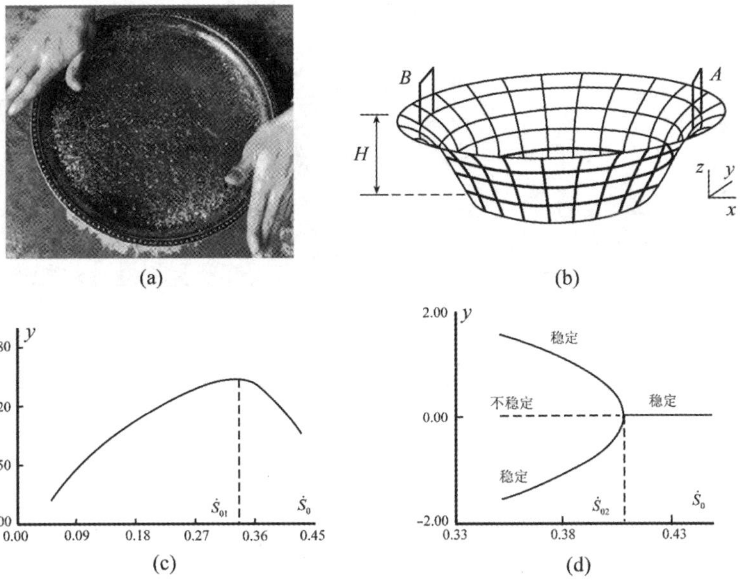

图 52.5　(a) 龙洗搓动水花溅起; (b) 龙洗示意图; (c) 搓动的临界速度; (d) 霍普夫分岔图

琴、唢呐、笙、单簧管、双簧管、号、笛等的发生机理就是霍普夫分岔. 都是从不发声到发声, 利用它发声的这样一个运动状态.

再进一步, 如果激发振动的不是风, 而是干摩擦, 那么拉提琴、二胡、马头琴等弓型乐器的弓和弦的发声机理也是一个典型的霍普夫分岔. 如果弓上没有或者松香很少, 那么弓和弦之间摩擦力很小, 乐器不发声; 为了增加摩擦力, 在弓上擦一些松香, 摩擦力作为弦类乐器的控制系统参数, 摩擦力增加到一定程度乐器就开始了发声.

例 52.4　1940 年美国华盛顿州塔科马窄桥颤振倒塌中的霍普夫分岔.

1940 年 7 月 1 日正式通车的位于美国华盛顿州的一座长 853.4 米的吊桥 —— 塔科马窄桥 (Tacoma Narrows Bridge) —— 只使用了四个月, 由于 11 月 7 日的一场 64 km/h (八级左右) 的风, 引起了振幅接近九米的颤振, 如图 52.6 (a) 所示. 正负九米相当于普通住房的三层楼高, 在这样大振幅的振荡之下, 很快该桥就塌毁了, 如图 52.6 (b) 所示.

关于该桥动力破坏的原因, 可见文献[5.29,5.30] 的详细分析和对多种不同观点的比较和澄清. 应该指出的是, 这种桥梁的颤振问题是一种典型的霍普夫分岔.

(a)

(b)

图 52.6 (a) 颤振中的塔科马窄桥; (b) 动态破坏过程中的塔科马窄桥

§53. 混 沌

有人说, 在科学上二十世纪将永远被铭记的只有三件事: (1) 相对论; (2) 量子力学; (3) 混沌 (chaos). 和前面两个科学革命相似, 混沌也冲破了牛顿力学的教规:

➢ 相对论消除了关于绝对空间与时间的牛顿幻想;

➢ 量子力学消除了关于可控测量过程的牛顿幻想;

➢ 混沌则消除了拉普拉斯关于决定式可预测性的幻想. 拉普拉斯曾豪迈地讲: "能有这样的智能, 它能把宇宙中最大的天体与最小的原子包容于一个公式之内; 对于这条公式来说, 没有任何不确定的东西. 未来与过去一样, 他都可以算的一清二楚." 拉普拉斯的上述论述已经归纳为 "拉普拉斯妖", 详见本书附录 F 中的论述.

在思考题 2.9 中, 已经详细地阐述了庞加莱第一次所揭示的自然界最广泛且最隐蔽的性质 —— 初始条件敏感依赖. 也就是, 即使是一个遵循牛顿力学的系统, 若初始条件作细微变化 —— "差若毫厘", 也会使得最终的结果有天壤之别 —— "缪以千里". 物理学在严格的牛顿力学框架下预测未来的信心受到了毁灭性打击. 大约 70 年后, 被庞加莱雪藏的发现有了一个通俗且时髦的新名字 —— 混沌 (chaos).

理查森 (1881~1953)

1922 年, 英国物理学家、心理学家、气象学家理查森 (Lewis Fry Richardson, 1881~1953) 出版的《用数值方法进行天气预报》的书中设想[5.31], 在遥远的将来, 有朝一日或许有可能发展出比天气变化还要快的计算手段, 从而使天气预报梦想成真. 同时, 理查森也是一位著名的湍流研究专家, 并对分形概念的提出做了重要的前期铺垫工作, 本节还会用到以他命名的无量纲数 —— Ri 数.

计算机之父冯 · 诺依曼 (John von Neumann, 1903~1957) 也认为气象模拟是计算机的理想的用武之地. 他甚至认为, 天气状况不仅可以预报, 而且是可以人工控制和改变的. 1950 年 3 月, 查尼 (J. G. Charney, 1917~1981) 等成功计算出了历史上第一张数值预报天气图, 成为数值预报天气发展史上的里程碑. 1960 年前后, 麻省理工学院的气象学家爱德华 · 罗伦兹 (Edward N. Lorenz, 1917~2008) 开始用计算机模拟天气变化. 罗伦兹被记者形容为: "面孔像饱经风霜的美国老农, 然而眼睛又是出奇地有神, 使他看起来好像总是在笑. 他很少谈论自己或自己的工作, 只是在倾听别人讲话."

为纪念混沌提出五十周年, Motter 和 Campbell 于 2013 年在期刊 *Physics Today* 撰文不但回忆了罗伦兹发现混沌并提出 "蝴蝶效应" 的有趣过程, 而且还讨论了 50 年来混沌理论对各学科的巨大冲击[5.32].

二十世纪六十年代初, 罗伦兹 (如图 53.1 (a) 所示) 购买了他的第一台 Royal McBee LGP-300 型的真空管计算机, 并决定用它来比较两种算法. 流体方程用 12 个变量的常微分方程描述, 罗伦兹在比较中寻找非周期解, 期待这类解对线性方程处理有更大挑战. 他的确验证了线性方法在这种非周期情况下预报结果不成功. 罗伦兹继续着他对非周期运动的好奇心. 有一次, 为了更详细地观察发生的现象, 他停下计算机, 打印下原有的计算数据, 再重新开机以重复一段已有的计算过程. 其间离开约一个小时喝咖啡的功夫再回到机房时, 计算机已算出了两个月的气象结果, 而新的计算结果与原有结果相比已面目全非. 罗伦兹回忆道, 他当时的第一个念头是 "计算机的电子管又出毛病了". 然而经仔细检查后罗伦兹发现, 新旧数据的离异不是在某一时刻突然发生的. 偏差大约以每四个气象日增加一倍的方式发散, 直至第二个月中两类数据变得毫无关联. 这个现象告诉他, 是两次计算舍去尾数的不同而偏差又被持续放大导致了问题 (他的计算机的存储器里存有 6 位小数, 0.506127. 他为了在打印时省些地方只打出了 3 位 0.506. 罗伦兹原本认为舍弃这只有千分之一大小的后几位数无关紧要; 但结果却表明, 小小的误差却带来了巨大的 "灾难"). 于是罗伦兹发现了模型中存在运动轨道对初始条件的敏感性行为, 而这正是混沌的精髓所在. 图 53.1(b) 是他发现这一敏感性现象的原始数据, 而图 53.1(a) 则是罗伦兹当时在分析这些数据的历史图片.

罗伦兹进一步将系统简化为仅含三个变量的一阶非线性常微分方程组:

$$
\begin{cases}
\dot{x}_1 = -Pr(x_1 + x_2) \\
\dot{x}_2 = Ra \cdot x_1 - x_2 - x_1 x_3 \\
\dot{x}_3 = x_1 x_2 - b x_3
\end{cases}
\tag{53-1}
$$

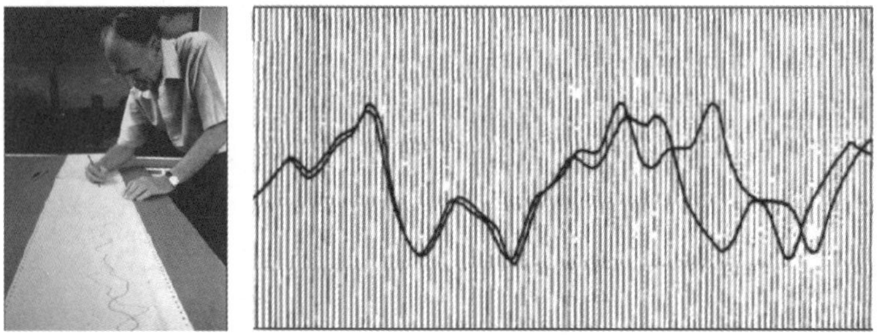

图 53.1 (a) 爱德华 · 罗伦兹正在研究模拟数据; (b) 发现蝴蝶效应的原始计算数据

式中, Pr 为普朗特 (Prandtl) 数, b 为大于零的参数, 而瑞利数为: $Ra = -Pr \cdot (Re)^2 \cdot Ri$, 其中, Re 为雷诺 (Reynolds) 数, Ri 为理查森数, 这 3 个无量纲数的定义分别为

$$Pr = \frac{c_p \mu}{\kappa}, \quad Re = \frac{\rho u L}{\mu}, \quad Ri = \frac{g}{\overline{\theta}} \frac{\partial \overline{\theta}/\partial x_3}{(\partial \overline{u}/\partial x_3)^2} \tag{53-2}$$

式中, c_p 为比热, μ 为黏度, κ 为热扩散系数, ρ 为密度, u 为流速, L 为特征尺度, g 为重力加速度, $\overline{\theta}$ 为位温, x_3 为高度. Pr 数表征的是动量传递及热量传递效果之比; Re 数表征的是惯性力与黏性力之比; 而 Ri 数则是描述位温 $\overline{\theta}$ 分层、速度 $\overline{u}$ 分层的分层流体湍流的无量纲数, 它表征浮力和惯性力之比; Ra 数是指自然对流和扩散热量、质量传递之比. 罗伦兹的模拟结果表明, 当 $Ra > 24.74$ 时, 确定性的方程组 (53-1) 出现了随机的输出, 他在 1963 年发表了题为《确定性非周期流》一文[5.33], 截止到 2018 年 4 月该文已被引用一万九千多次. 若把 $\dot{x}_1, \dot{x}_2, \dot{x}_3$ 看作是相空间速度 $\boldsymbol{v}(\dot{x}_1, \dot{x}_2, \dot{x}_3)$ 的三个分量, 由式 (53-1) 可得速度散度为

$$\operatorname{div} \boldsymbol{v} = \frac{\partial \dot{x}_1}{\partial x_1} + \frac{\partial \dot{x}_2}{\partial x_2} + \frac{\partial \dot{x}_3}{\partial x_3} = -1 - 1 - b < 0 \tag{53-3}$$

式 (53-3) 表明, 罗伦兹模型具有相空间体积收缩的特点, 因而是耗散系统, 不同轨道会演化到相空间中确定的集合, 并不再离开, 这样的集合被称为吸引子. 图 53.1(b) 的混沌吸引子被称为罗伦兹吸引子, 而产生它的罗伦兹方程是耗散系统混沌的典型代表. 罗伦兹方程 (53-1) 是非线性动力学中的三个典型方程之一.

系统运动对初值变化的敏感性是确定性混沌最根本的性质. 这种敏感性及无处不在的微扰使得混沌轨道的长期行为是不可预言或随机的, 这与掷骰子没有任何差别. 罗伦兹意识到, 如果大气表现出其模型的行为, 气象的长期预报则是不可能的. 1972 年, 罗伦兹要在美国科学促进会 (American Association for the Advancement of Science, AAAS) 的会议上做一报告, 却没有及时提供报告的标题. 于是会议组织者梅里利斯 (Philip Merilees) "擅作主张" 地替罗伦兹拟了一个题目《预见性: 巴西的蝴蝶扇动翅膀会引发德克萨斯州的龙卷风吗?》[5.34], 就这样, 美丽的蝴蝶随着梅里利斯的想象飞进了科学术语之中. 用蝴蝶隐喻一个看似不起眼的微小扰动, 它所引发混沌系统长期趋势的重大变化的现象称为蝴蝶效应 (butterfly effect).

蝴蝶效应对物理学和力学的最大启示是: 形式上简单的物理学定律有可能包含巨大的复杂性, 从而有可能解释比我们曾经以为的更为广阔的自然现象.

在混沌系统中, 初始条件十分微小的变化经过不断放大, 对其结果会造成极其巨大的差别. 这里可用西方流传的一首民谣对此作形象说明:

丢失一个钉子, 坏了一只蹄铁;
坏了一只蹄铁, 折了一匹战马;
折了一匹战马, 伤了一位骑士;
伤了一位骑士, 输了一场战斗;
输了一场战斗, 亡了一个帝国.

马蹄铁上一个钉子是否会丢失, 本是初始条件十分微小的变化, 但其结果却是一个帝国的存亡. 这就是在军事和政治领域中的蝴蝶效应.

多米诺效应和蝴蝶效应是近义的, 只不过多米诺效应所花费的时间要远远大于蝴蝶效应所需的时间, 其余含义皆一致.

图 53.2 的罗伦兹吸引子形似蝴蝶的双环结构也是蝴蝶故事的一个形象来源.

图 53.2　形似蝴蝶、分形维数为 2.06 的罗伦兹吸引子

初值敏感性是混沌吸引子的动力学特征, 而分形结构则是在相空间中混沌吸引子的典型几何特征. 相空间中的一个小流块在混沌运动中会由于初值敏感性在某些方向随时间指数拉伸, 由于耗散性又在其他方向上指数收缩形成细条结构. 运动的有界性导致细条流块的折叠, 这些类似面包师揉面的操作无限次反复就会导致吸引子的自相似分形结构. 如图 53.2 所示的吸引子的维数为 2.06.

罗伦兹的上述开创性工作的贡献可总结如下: 一是发现了耗散系统中有混沌运动; 二是揭示了确定性系统中的非周期性、对初始条件的敏感依赖性、长期行为不可预测性等混沌特征; 三是发现了第一个具有分数维的奇怪吸引子; 四是为非线性动力学研究提供了一个绝好的数学模型; 五是最先采用数学分析与计算机定理模拟相结合的方法研究混沌.

通向混沌的道路之一 —— 费根鲍姆普适常数与倍周期分岔

1963 年罗伦兹发表在气象学杂志上关于天气预测的论文[5.33], 近十年都没能引起学术界足够的注意. 1972 年, 美国马里兰大学气象学教授 Allen Feller 将罗伦兹的上述论文的复印件交给了数学系的约克 (James Alan Yorke, 1941～　) 教授. 1973 年 3 月的一天下午, 当博士生李天岩 (Tien-Yien Li, 1945～2020) 来到约克的办公室时, 约克对李天岩说: “我有一个好想法告诉你.” 李天岩用了两周时间, 就证明了约克的想法, 这就是著名的李–约克定理: 一维映射只要存在周期 3 轨道, 则由不同初值出发的两条轨道就会有时靠得极近, 有时又必定离得足够远, 即产生了混沌. 1975 年, 李天岩和约克发表了《周期三意味着混沌》的著名文章[5.35], 第一次应用了 “chaos” 这一专业术语, 深刻揭示了从有序到混沌的演变过程.

戴森 (1923～2020)

美国普林斯顿高等研究院弗里曼 · 戴森 (Freeman Dyson, 1923～2020) 教授在其美国数学会 2008 年度题为 “鸟与青蛙” 的 “爱因斯坦讲座” 讲演稿中提到[5.36]: “在混沌领域里, 我仅知一条有严格证明的定理, 是由李天岩和约克在 1975 年发表的一篇短文 ‘周期三意味着混沌’ 中证明的.” 戴森教授在该文中还评价道: “李–约克论文是数学文献中不朽的珍品之一 (The Li-Yorke paper is one of the immortal gems in the literature of mathematics).” 然而, 必须提及的是, 上述李–约克定理只是乌克兰数学家 Oleksandr Mykolaiovych Sharkovsky 于 1964 年建立的 “Sharkovsky 定理”[5.37] (亦被很多文献称为: Sarkovskii) 的一个特例.

混沌学中发现了与 “3” 有关的许多简单系统可以产生出混沌的复杂行为. 如: 日、月、地三体的相对运动, 三个独立运动产生湍流, 种群涨落的方程 $x_{n+1} = \mu x_n(1-x_n)$ 中 μ 超过 3 时, 就出现倍周期分岔混沌. 李天岩和约克在《周期三意味着混沌》的奇妙论文中证明: “任何一个系统也必然给出其他任意长的规则周期 3, 同一个系统也必然给出其他任意长的规则周期, 以及完全混沌的循环.” 茹厄勒 (David Ruelle, 1935～　) 和塔肯斯 (Floris Takens, 1940～2010) 也证明: “只要系统出现三个互不相关的频率耦合, 系统必然形成无穷多个频率的耦合, 走向混沌.”

1976 年, 从澳洲来到美国普林斯顿大学从事生态研究的罗伯特 · 梅 (Robert M. May, 1936～2020) 在英国《自然》期刊上发表了题为《具有极复杂的动力学的简单数学模型》的被广泛引用的文章[5.38], 在该文中用到了如下逻辑斯蒂 (logistic) 映射:

$$x_{n+1} = \mu x_n(1 - x_n) \tag{53-4}$$

式中, $x \in [0,1]$, 参数 μ 的界限为: $0 \leqslant \mu \leqslant 4$, 该映射为一开口向下的抛物型, 它是一种生态平衡方程, 可用来解释两种种群的繁殖现象. 罗伯特 · 梅在上述文章中展现了逻辑斯蒂映射如何描述动力系统从规则步入混沌运动的过程. 图 53.3 给出了逻辑斯蒂映射以 x_n 为纵坐标、参数 μ 为横坐标的分岔图.

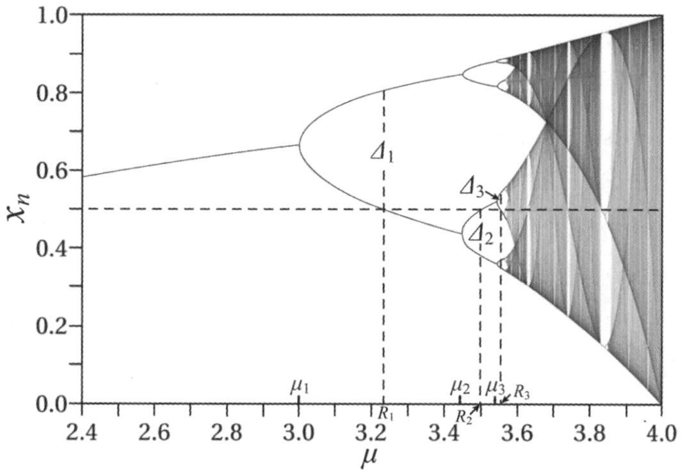

图 53.3　逻辑斯蒂映射倍周期分岔图

从图 53.3 可看出, $\mu_1 = 3.0$ 时出现第一次叉形分岔, 形成周期 2; 当 $\mu_2 = 1+\sqrt{6}$ 时, 周期 2 变成周期 4; 当 $\mu_3 = 3.544\,090$ 时, 由周期 4 变为周期 8; 在 $\mu_4 = 3.564\,407$ 时, 由周期 8 变为 16 周期; 在 $\mu = 3.569\,945\,672$ 后, 计算数值随机出现, 进入混沌状态. 该分岔被称为倍周期分岔 (period-doubling bifurcation).

在图 53.3 中画一条 $x = 1/2$ 的水平线, 可获得超临界不动点的位置: $R_1 = 1+\sqrt{5}$, $R_2 = 3.498\,56\cdots$, 等. 这样可计算出 2^n 周期的超稳定点与 $x = 1/2$ 的各个距离, 也就是分岔宽度: $\Delta_1 = 0.309$, $\Delta_2 = 0.117$, 等.

费根鲍姆 (Mitchell Jay Feigenbaum, 1944~2019) 在逻辑斯蒂映射中发现了很多自相似规律[5.39,5.40]. 首先, 前两个分岔点之间的距离是后两个分岔点之间距离的 δ 倍:

$$\lim_{n\to\infty} \frac{\mu_n - \mu_{n-1}}{\mu_{n+1} - \mu_n} = \delta = 4.669\,201\,609\cdots \tag{53-5}$$

费根鲍姆 (1944~2019)

式中的 δ 称为费根鲍姆第一常数 (the 1st Feigenbaum constant). 而超稳定轨道的

参数值 R 也满足类似关系:

$$\lim_{n\to\infty}\frac{R_n-R_{n-1}}{R_{n+1}-R_n}=\delta \tag{53-6}$$

费根鲍姆第二常数 (the 2nd Feigenbaum constant) 定义为相邻分岔宽度之比:

$$\lim_{n\to\infty}\frac{\Delta_n}{\Delta_{n+1}}=\alpha=2.502\ 907\ 875\cdots \tag{53-7}$$

Mikhail Lyubich (1959~) 于 1999 年给出了费根鲍姆常数普适性的证明[5.41]. 普适物理常数的重要性在于它们决定着物质结构的层次.

如果不计及朗道于 1944 年所提出的霍普夫分岔通向混沌的道路的话, 有如下三条公认的通向混沌的道路[5.42]:

1. 准周期分岔 (quasi-periodic bifurcation), 也称为 "茹厄勒–塔肯斯道路"[5.43,5.44]. 其分岔类型为霍普夫分岔.

2. 倍周期分岔 (period-doubling bifurcation), 也称为 "费根鲍姆道路"[5.39,5.40]. 其分岔类型为叉形分岔.

3. 阵发性 (intermittency), 也称为 "玻木–曼维尔 (Pomeau-Manneville) 阵发性道路 (intermittent route)"[5.45]. 其分岔类型为 (逆) 鞍结分岔.

由此可见, 混沌与分岔密不可分, 分岔是通向混沌的必由道路, 混沌是由分岔导致的具有内在随机性的现象. 故分岔是非线性问题的共同特征, 分岔导致混沌或奇怪吸引子的出现已为人们所共识. 分岔, 混沌, 奇怪吸引子等构成了非线性系统的重要动力学行为. 稳定性, 分岔与混沌是非线性动力系统研究的主体.

§54. 涌 现 (演 生)

亚里士多德 (384~322 BC)

古希腊哲学家亚里士多德 (Aristotle, 384~322 BC), 在其名著《形而上学》(*Metaphysica* 10f-1045a) 中指出: "整体大于部分之和 (The whole is more than the sum of its parts)." 亚里士多德的这句极富哲理的名言道出了 "涌现 (emergence)" 这一跨学科的本质.

Holland 在其名著《涌现: 从混沌到有序》[5.46] 中认为, 涌现意味着 "整体大于部分之和", 其本质是 "由小生大, 由简入繁". 一个直观的例子是, 早在 1868 年英国生物学家赫胥黎 (Thomas Henry Huxley, 1825~1895) 就指出, 人们所熟知的水的那些性质不能从我们关于氢气和氧气性质的研究中预测出, 这就是涌现. 涌现以相互作用为中心, 但比单个行为的简单累加要复杂得多. 任何系统都是由大量微观元素构成的整体, 这些微观个体之间会发生局部的相互作用, 然而当我们把这些个体看作一个整体的时候, 就会有一些全新的属性、规律或者模式自发地冒出来, 那么这种现象就被称为涌现. 但是, 一旦把系统整体分解成为它的组成部分, 这些特性就不复存在了. 因此, 涌现又可理解为非还原性或非加和性. 既然 “整体大于部分之和”, 那么 “整体” 和 “部分之和” 两者之间的差值就可以理解为 “涌现”.

“Emergence” 在我国的译名仍有很多争论, 目前有 “层展”[5.47] “呈展” “突现” “演生”[5.48] “层展涌现”[5.49] 等.

复杂性科学中把这种整体才具有, 孤立部分及其总合不具有的性质称为整体涌现性 (whole emergence). 涌现性就是组成成分按照系统结构方式相互作用、相互补充又相互制约而激发出来, 是一种组分之间的相互效应, 即结构效应. 而不同的结构方式, 不同的相互激发产生不同的整体涌现性. 整体涌现性的产生不是单一的, 是规模效应和结构效应共同的结果.

菲利普 · 安德森 (1923~2020)

1972 年, 菲利普 · 安德森 (Philip Warren Anderson, 1923~2020, 1977 年诺贝尔物理学奖得主) 在美国《科学》期刊发表了有广泛影响的题为《多者异也》(More is different) 的文章[5.50], 该文的副标题对涌现的基本性质进行了深刻的归纳: “对称性破缺和科学结构层级的属性 (Broken symmetry and the nature of hierarchical structure of science)”. 安德森指出: “在每一个复杂的层面都会出现全新的特征, 每个阶段都需要全新的法则、概念和普遍化, 需要与上一阶段同样多的灵感和创造性.”

涌现是一种 “自下而上 (bottom-up)” 所产生的一种复杂性现象, 图 54.1 给除了几种典型的涌现现象.

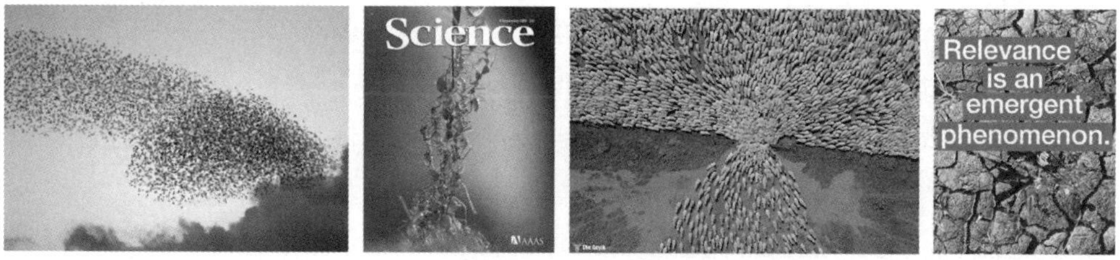

(a) (b) (c) (d)

图 54.1 典型的涌现行为

(a) 鸟的群飞; (b) 蚂蚁架桥; (c) 动物迁移; (d) 土地干裂

思考题和补充材料

5.1 分析蚁群中的涌现行为.

5.2 分析液滴的液–固相变中的涌现行为.

5.3 有人说: 混沌学关于简单包含复杂的思想与道家 “三生万物” 的主张是不谋而合的. 你对此观点有何评论?

5.4 蝴蝶效应的复杂连锁效应, 每天都可能在我们每个人身上发生, 如著名心理学家、哲学家威廉 · 詹姆士 (William James, 1842~1910) 名言: “播下一个行动, 你将收获一种习惯; 播下一种习惯, 你将收获一种性格; 播下一种性格, 你将收获一种命运.”

问题: 请用我们身边的实例来解释蝴蝶效应.

题图 5.5

5.5 见左侧图, 自然界的 4.669 的典型例子.

5.6 大量的研究表明, 正常人的脑电波是混沌的, 而神经病患者的脑电波则往往是简单有序的, 如何理解?

5.7 阿拉伯世界的谚语 “压死骆驼的最后一根稻草 (the last straw which breaks the camel's back)” 一般可简称为 “最后一根稻草 (the last straw)”, 该谚语中的科学含义是什么?

5.8 鱼的群游、禅的群鸣都是涌现行为的典型例子. 请再举一些你身边常见的涌现现象.

5.9 成语 “千里之堤, 溃于蚁穴” 中的科学含义是什么?

5.10 在经典文献 [5.1] 中, 莱纳给出了如下有趣的故事, 有助于我们理解流变学 (rheology) 和神学 (theology) 的联系以及无量纲数 —— 德博拉数 (De):

这是一个关于两个神学专业学生的故事. 一天, 他们在赞美全能的上帝.

其中一个说: “对于上帝来说, 一千年不过一分钟. 同时, 由于他是造物主, 于他而言, 一千元就像一分钱.”

另一个说: “太棒了, 下次我向上帝祈祷时, 我应该说, 上帝啊, 请给我一分钱.”

第一个学生说: “那有什么用? 他会说, 等一分钟.”

第二个学生没有考虑到上帝与他的时间尺度之差.

这就是关于流变学与神学的联系. 对于任何流变学问题, 务必确定使用了正确的德博拉数.

There is a story they tell about two students of theology. They were praising the Almighty God. Said one: “For God, one thousand years are like a minute. And as He is the Creator of all, a thousand dollars are for Him like a cent.” Said the other: “Wonderful; next time I pray to God, I shall pray, ‘God, give me a cent’.” Said the first: “What will it help you? He will say ‘Wait a minute’.”

This man did not take care of the difference between God's and his own time scale. And this is the connection between rheology and theology. In every problem of rheology make sure that you use the right Deborah number.

5.11 有关欧洲中世纪教堂的古老彩色窗户玻璃经过数百年的流变总是下部比上部厚的实验和理论研究, 于 2018 年取得了最新进展[5.51], 作为一个大作业, 阅读该文并对其理论模型和相关实验对比进行深入剖析.

5.12 法国里昂高师的马克–安托万 · 法丹 (Marc-Antoine Fardin) 于 2014 年, 应用 §48 中的德博拉数 (De) 研究了猫处于流体和固体中间态的流变行为[5.52], 获得了 2017 年搞笑诺贝尔物理学奖. 作为一个大作业, 在阅读该文的基础上, 进一步分析软体动物 (如蛇等)、藤状和草类植物的流变行为.

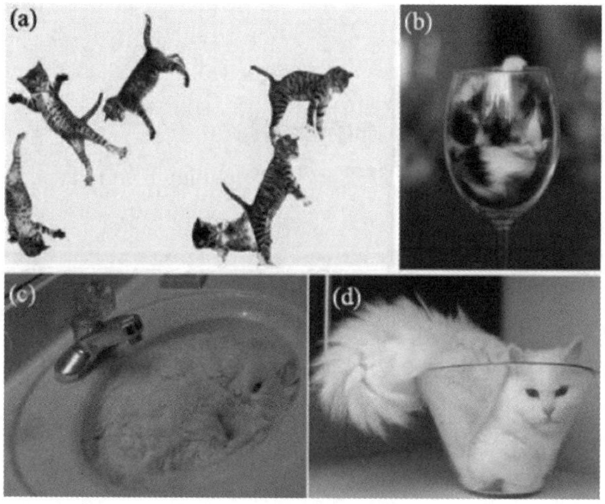

题图 5.12

5.13 麦克斯韦型黏弹性材料拉伸的弛豫时间.

题图 5.13 为麦克斯韦型黏弹性材料 (Maxwell type viscoelastic material) 受拉伸的示意图. 在初始时刻, 材料受突然施加的载荷而产生应变 ε, 并保持此应变不变.

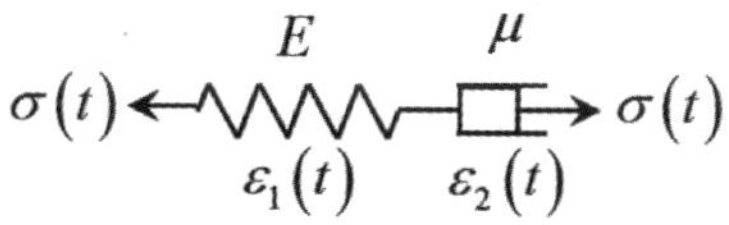

题图 5.13 麦克斯韦型黏弹性材料受拉伸

麦克斯韦模型为弹性元件和黏性元件串联, 它的总应变是弹性应变和黏性应变之和

$\varepsilon = \varepsilon_1(t) + \varepsilon_2(t)$, 对应的本构方程为

$$\dot{\varepsilon} = \dot{\varepsilon}_1 + \dot{\varepsilon}_2 = \frac{\dot{\sigma}}{E} + \frac{\sigma}{\mu}$$

由于材料受的应变 ε 保持不变, 则有 $\dot{\varepsilon} = 0$, 由上式得

$$\frac{\dot{\sigma}}{E} + \frac{\sigma}{\mu} = 0 \quad \Rightarrow \quad \frac{\mathrm{d}\sigma(t)}{\mathrm{d}t} + \frac{1}{\tau}\sigma(t) = 0$$

式中, $\tau = \mu/E$ 即为麦克斯韦弛豫时间 (Maxwellian relaxation time). 在初始时刻, 由于黏性元件不能立即变形, 其应变为 0, 故初始的应力由弹性元件的变形给出 $\sigma(0) = E\varepsilon_0 = \sigma_0$. 则该问题的解为

$$\sigma(t) = E\varepsilon_0 \mathrm{e}^{-tE/\mu} = \sigma_0 \mathrm{e}^{-t/\tau}$$

由上式可知, 麦克斯韦弛豫时间 τ 的含义为材料的拉伸应力衰减为初始时刻的 e^{-1} 倍, 所需要的时间 $\tau = \mu/E$.

5.14　沃伊特 – 开尔文型黏弹性材料拉伸的弛豫时间.

题图 5.14 为沃伊特 – 开尔文型黏弹性材料 (Voigt-Kelvin type viscoelastic material) 受拉伸的示意图.

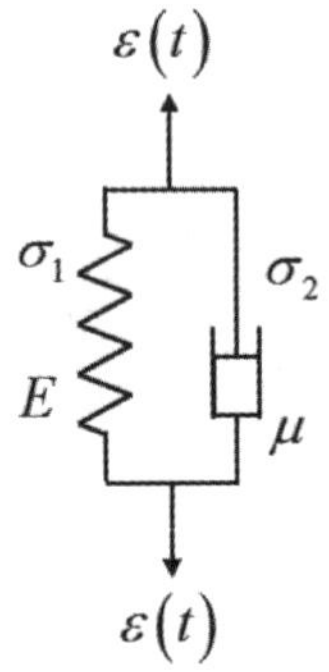

题图 5.14　沃伊特 – 开尔文型黏弹性材料受拉伸

在回复过程中, $\sigma = \sigma_1(t) + \sigma_2(t) = 0$, 对应的本构方程为

$$\mu\dot{\varepsilon} + E\varepsilon = 0 \quad \Rightarrow \quad \frac{\mathrm{d}\varepsilon}{\varepsilon} = -\frac{\mathrm{d}t}{\tau}$$

式中, $\tau = \mu/E$ 为弛豫时间. 对上式进行积分, 并利用初始条件, 当 $t = 0$ 时, 应变为 $\varepsilon(0) = \varepsilon_0$, 可得

$$\varepsilon = \varepsilon_0 \mathrm{e}^{-t/\tau}$$

由上式可知弛豫时间 τ 的含义为应变衰减为初始应变的 e^{-1} 倍时, 所需要的时间 $\tau = \mu/E$.

参 考 文 献

[5.1] Reiner M. The Deborah number. Physics Today, 1964, 17: 62.

[5.2] Tennenbaum M, Liu Z, Hu D, Fernandez-Nieves A. Mechanics of fire ant aggregations. Nature Materials, 2016, 15: 54–59.

[5.3] Hooke R. De Potentia Restitutiva, or of Spring Explaining the Power of Springing Bodies. London, 1678.

[5.4] Young T. A Course of Lectures on Natural Philosophy and the Mechanical Arts. Johnson, 1807.

[5.5] Mandelbrot B B. How long is the coast of Britain? Statistical self-similarity and fractional dimension. Science, 1967, 156: 636–638.

[5.6] Mandelbrot B B. Les objets fractals, forme, hasard et dimension. Paris: Flammarion, 1975.

[5.7] Mandelbrot B B. Fractals: Form, Chance and Dimension. New York: Freeman, 1977.

[5.8] Mandelbrot B B. Self-affine fractals and fractal dimension. Physica Scripta, 1985, 32: 257–260.

[5.9] Mandelbrot B B. The Fractal Geometry of Nature. New York: Freeman, 1982.

[5.10] Falconer K J. The Geometry of Fractal Sets. Cambridge: Cambridge University Press, 1985.

[5.11] Hausdorff F. Dimension und ausseres Mass. Mathematische Annalen, 1919, 79: 157–179.

[5.12] Witten Jr T A, Sander L M. Diffusion-limited aggregation, a kinetic critical phenomenon. Physical Review Letters, 1981, 47: 1400-1403.

[5.13] Witten T A, Sander L M. Diffusion-limited aggregation. Physical Review B, 1983, 27: 5686–5697.

[5.14] Meakin P. Fractals, Scaling and Growth far from Equilibrium. Cambridge: Cambridge University Press, 1998.

[5.15] Feder J. Fractals. New York: Plenum, 1988.

[5.16] Sander L M. Diffusion-limited aggregation: a kinetic critical phenomenon? Contemporary Physics, 2000, 41: 203–218.

[5.17] Halsey T C. Diffusion-limited aggregation: A model for pattern formation. Physics Today, 2000, 53(11): 36–41.

[5.18] Homsy G M. Viscous fingering in porous media. Annual Review of Fluid Mechanics, 1987, 19: 271–311.

[5.19] 赵亚溥. 纳米与介观力学. 北京: 科学出版社, 2014.

[5.20] Choi J, Crowdy D, Bazant M Z. Diffusion-limited aggregation on curved surfaces. EPL, 2010, 91: 46005.

[5.21] Niemeyer L, Pietronero L, Wiesmann H J. Fractal dimension of dielectric breakdown. Physical Review Letters, 1984, 52: 1033–1036.

[5.22] Poincaré H. Sur l'équilibre d'une masse fluide animée d'un mouvement de rotation. Acta Mathematica, 1885, 7: 259-302.

[5.23] Taylor G I, Michael D H. On making holes in a sheet of fluid. Journal of Fluid Mechanics, 1973, 58: 625–639.

[5.24] Charru F. Hydrodynamic Instabilities. Cambridge: Cambridge University Press, 2011.

[5.25] Euler L. Methodus inveniendi lineas curvas maximi minimive proprietate gaudentes sive solutio problematis isoperimetrici latissimo sensu accepti. Lausanne, Geneva: Marc-Michel Bousquet & Co. 1744.

[5.26] Euler L. Sur la force des colonnes, vol. 13. Berlin: Mèmoires de l'Académie de Berlin, 1759.

[5.27] Lagrange J L. Sur la figure des colonnes. Miscellanea Taurinensia, 1770, 5: 123–166.

[5.28] Goriely A, Vandiver R, Destrade M. Nonlinear Euler buckling. Proceedings of the Royal Society A, 2008, 464: 3003–3019.

[5.29] Billah K Y, Scanlan R H. Resonance, Tacoma Narrows bridge failure, and undergraduate physics textbooks. American Journal of Physics, 1991, 59: 118–124.

[5.30] Païdoussis M P, Price S, de Langre E. Fluid-Structure Interactions: Cross-Flow-Induced Instabilities. Cambridge: Cambridge University Press, 2011.

[5.31] Richardson L F. Weather Prediction by Numerical Process. Cambridge: Cambridge University Press, 1922.

[5.32] Motter A E, Campbell D K. Chaos at fifty. Physics Today, 2013, 66: 27–33.

[5.33] Lorenz E N. Deterministic nonperiodic flow. Journal of the Atmospheric Sciences, 1963, 20: 130–141.

[5.34] Lorenz E N, Predictability: Does the flap of a butterfly's wing in Brazil set off a tornado in Texas? AAAS 139th Meeting, Washington, 1972.

[5.35] Li T-Y, Yorke J A. Period three implies chaos. The American Mathematical Monthly, 1975, 82: 985–992.

[5.36] Dyson F. Birds and frogs. Notices of the AMS, 2009, 56: 212–223.

[5.37] Sharkovsky A N. Coexistence of cycles of continuous mapping of the line into itself (in Russian). Ukrainian Mathematical Journal, 1964, 16: 61–71.

[5.38] May R M. Simple mathematical models with very complicated dynamics. Nature, 1976, 261: 459–467.

[5.39] Feigenbaum M J. Quantitative universality for a class of nonlinear transformations. Journal of Statistical Physics, 1978, 19: 25–52.

[5.40] Feigenbaum M J. The universal metric properties of nonlinear transformations. Journal of Statistical Physics, 1979, 21: 669–706.

[5.41] Lyubich M. Feigenbaum-Coullet-Tresser universality and Milnor's hairiness conjecture. Annals of Mathematics. 1999, 149: 319–420.

[5.42] Eckmann J P. Roads to turbulence in dissipative dynamical systems. Reviews of Modern Physics, 1981, 53: 643–654.

[5.43] Ruelle D, Takens F. On the nature of turbulence. Communications in Mathematical Physics, 1971, 20: 167–192.

[5.44] Newhouse S, Ruelle D, Takens F. Occurrence of strange axiom A attractors near quasi periodic flows on Tm, m⩾3. Communications in Mathematical Physics, 1978, 64: 35–40.

[5.45] Manneville P, Pomeau Y. Intermittent transition to turbulence in dissipative dynamical systems. Communications in Mathematical Physics, 1980, 74: 189–197.

[5.46] Holland J H. Emergence: From Chaos to Order. Reading: Addison-Wesley, 1998.

[5.47] 冯端, 金国钧. 凝聚态物理学 (上卷). 北京: 高等教育出版社, 2003.

[5.48] 张广铭, 于渌. 物理学中的演生现象. 物理, 2010, 39: 543–549.

[5.49] 赵凯华. Emergence, 这个跨学科的名词汉语怎样订名? 物理, 2012, 41: 611-614.

[5.50] Anderson P W. More is different. Science, 1972, 177: 393–396.

[5.51] Gulbiten O, Mauro J C, Guo X, Boratav O N. Viscous flow of medieval cathedral glass. Journal of the American Ceramic Society, 2018, 101: 5–11.

[5.52] Fardin M A. On the rheology of cats. Rheology Bulletin, 2014, 38(2): 16–17, 30.

第六篇 生命力学

“Often, people in some unjustified fear of physics say you can't write an equation for life. Well, perhaps we can. As a matter of fact, we very possibly already have the equation to a sufficient approximation when we write the equation of quantum mechanics:

$$H\psi = \mathrm{i}\hbar\frac{\partial\psi}{\partial t}$$

We have just seen that the complexities of things can so easily and dramatically escape the simplicity of the equations which describe them.”

“对物理学怀有莫名恐惧的人常常会说，你无法写下一个关于生命的方程式. 嗯，也许我们能够. 事实上，当我们写下量子力学方程式 $H\psi = \mathrm{i}\hbar\partial\psi/\partial t$ 的时候，我们很可能就已在足够近似的意义上拥有了这样的方程式. 我们刚才就看到了事物的复杂性可以多么容易且富有戏剧性地逃脱描述它们的方程式的简单性.”

—— *The Feynman Lectures on Physics*[1.25], Chapter 41

《费曼物理学讲义》第二卷, 第 41 章

§55. 生命体的简单标度关系

达西 · 汤普森 (1860~1948)

被誉为“也许是二十世纪最博学的人”的达西 · 汤普森 (D’Arcy Wentworth Thompson, 1860~1948) 于 1917 年出版了 793 页的巨著《生长和形态》(*On Growth and Form*)[6.1], 1942 年再版时竟达到了 1116 页.

该巨著仅用最基本的牛顿力学和欧几里得几何, 就对于生命的结构给出了合理的解释. 例如, 书中谈到: “从六角形的雪花到结构精巧规则的蜂巢, 从液体中的落滴到形形色色的水母, 它们的形态, 无不打上物理力的烙印, 甚至水中的草履虫、飞舞的苍蝇乃至熙熙攘攘集市上的人流都遵循布朗运动的轨迹. 总之, 力无所不在, 无所不能.”

当今生命科学已发展到了分子水平, 生物学家们更多地沉醉于 DNA 双螺旋的发现, 并试图将一切生命现象的源头上溯到双螺旋片段. 可能恰是时代的局限, 达西 · 汤普森这本首版于 1917 年的《生长和形态》却绕开了基因学说、生物化学乃至达尔文的自然选择理论, 另辟蹊径, 完全从数学和自然界中起普遍作用的物理力学角度理解生物形态及生长发育, 并且在许多地方实现了更为朴素、优美的阐述.

汤普森是一位古典主义学者, 通篇表达了对物理定律和数学定理的推崇. 开篇第一句话就借康德语, 提出一门学科是否是科学, 要看它与数学的联系. 之后他列举了培根、达 · 芬奇与杜伊波斯 · 雷蒙德相似的论述和当时各学科与数学结合后取得的进展, 这似乎在暗示, 他在形态学方面的雄心, 或将成为连通形态学与物理的宗师.

汤普森试图从更基本的力学原理上理解生物生长中的规则. 因为, 尽管生物是一大团物质密切作用的有机整体, 但仍然是一个物理体系. 既然物理定律在我们目前可知的视界中是不变的, 因而同样适用于生物体. 所以当我们找到了相关的因素简化问题并得到一个模型时, 它应当是简洁的和普遍的. 汤普森正是将这一思想应用于生物的生长和形态这一问题上, 得到了他一系列的数学表述.

将该书的章节罗列如下: 关于大小; 细胞形态; 组织或胞团的形态; 针突和针突状骨骼; 等角螺线; 角和牙齿的形状; 形态和机械效率; 变换论和相关形态的比较; 等.

汤普森认为生物的生长是一种变形运动, 是对物理力的“直接适应”过程. 他进而将这物理力分为两个层次. 在宏观上, 是牛顿力学决定了骨骼的承重和传动方式; 在微观 (0.05 μm 以下) 结构中, 则是表面张力主导. 显然, 他对在牛顿力学层次上的论述自信满满, 颇多创见; 而由于时代的局限, 却又无力在微观上更进一步, 多是实验观测和定性的推断.

汤普森的理论在形态学上阐明了骨的承重结构、角的生长和泡状结构的堆积. 在“等角螺线”一章中, 引入了阿基米德螺线、等角螺线和罄折形, 解释了螺壳生长中的不变性; 在“变换”一章里, 展示了动物头骨的笛卡儿变换. 其深入浅出的图示, 令人一目了然, 印象深刻. 这也许是本书最负盛名的一章, 其变换示意图曾被形形色色的科学文献大量引用. 该书的总引用次数已超过七千次.

至于形态, 汤普森认为: “物体的形态就是一幅‘力图’, 形态是力的图示.” 比如, 蜂巢的六边形结构是建造时相邻巢室尽力扩张而平衡的结果; 人体承重骨的网状骨质 (骨小梁), 其排列方式要么排成顺重力线方向, 要么排成加固、支持重力方向上其它骨质的方式, 形成互成直角的“立柱”和“拉索”. 1866 年, 当正在潜心设计新式大功率起重机的苏黎士杰出工程师库尔曼走进一位解剖学家实验室, 看到骨头纵切面上骨小梁的排列方式时, 大叫: “这就是我的起重机!”

正如普朗克和爱因斯坦信仰宇宙的基本方程应该是简洁的和美的, 书中的每一个解释似乎表明了汤普森的出发点和态度: 生物体是精巧的, 它的结构或最节省原料, 或能量最低, 并且在漫长进化过程中实现了优化. 但他同时意识到自然选择只是消灭不适者, 而不是进化的促进力量. 这恰与现代进化论的结论不谋而合, 也是他对达尔文进化思想批判的地方.

汤普森在后记中提到, 他的目的是“在试图向博物学家展示数学概念和力学原理可以如何帮助并指导他们的工作的同时, 也努力地为数学家指出他的研究领域”. 他的工作是基于对数学精确性的信仰: “我知道在有形物质中, 数字、次序和位置是求取真知的三要素. 在数学家手中, 这三者完成了‘宇宙蓝图的最初轮廓’.” 他的激情出自对造物的赞美: “他坐在地球大圆之上, 用手心量诸水, 用虎口丈量苍天, 用升斗盛大地的尘土.” 最后, 他的文采来源于深厚的人文情怀: “世界的和声表现为形态和数学, 自然哲学的灵魂和所有的诗篇都在数学美的概念中得以展现.”

然而, 曲高和寡. 汤普森在他的有生之年因为离经叛道而饱受挫折, 在他任教的大多数时间里, 他始终处于学术的边缘.

如图 55.1 所示, 如果我们用 L 表示长度的量纲 (dimension), 用方括号 [*] 表示某个物理量 $*$ 的量纲的话, 则面积 A 和体积 V 的量纲分别为: $[A] \sim \mathrm{L}^2, [V] \sim \mathrm{L}^3$. 下面我们给出几个相似性原理方面有趣的例子.

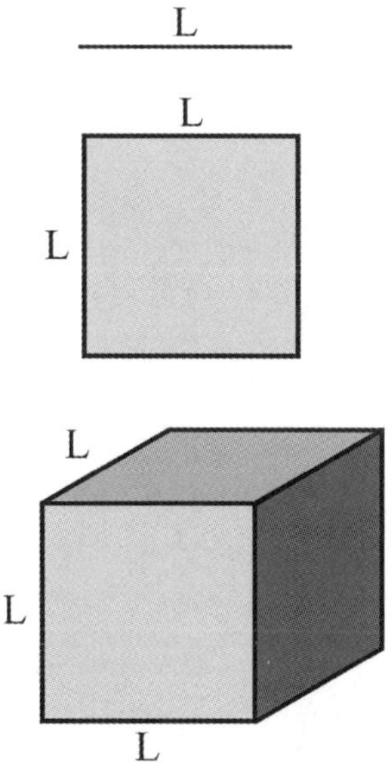

图 55.1　线度、面积和体积

例 55.1　北极和南极作为极地 (polar region) 为什么一般只有北极熊 (polar bear)、企鹅等大动物而鲜有小动物?

解: 极地终年白雪覆盖, 气温极低, 食物难觅. 故动物如何减小散热就变得十分

关键. 1701 年建立的牛顿散热定律 (Newton's law of cooling) 为

$$\frac{\mathrm{d}Q}{\mathrm{d}t} = \alpha A \cdot \Delta T \tag{55-1}$$

式中, $\frac{\mathrm{d}Q}{\mathrm{d}t}$ 为单位时间的散热, α 为热传导系数, ΔT 为动物和环境的温差, A 则为动物皮肤的表面积. 由此可见, 动物单位时间的散热正比于本身的表面积: $[A] \sim \mathrm{L}^2$, 而其本身的质量或重量 (或储存的能量) 则正比于其体积: $[V] \sim \mathrm{L}^3$. 则单位质量的散热和动物本身的特征尺度的标度关系为: 散热/质量 $\propto \mathrm{L}^{-1}$, 说明, 动物越小, 其散热的相对比例就越大.

设老鼠的特征尺度为 5 cm (0.05 m), 而北极熊的特征尺度为 2 m (如图 55.2 所示), 则老鼠和北极熊相对散热率的比为: $2 : 0.05 = 40 : 1$, 因而在极地高寒地区, 大型动物的生存优势就变得十分明显.

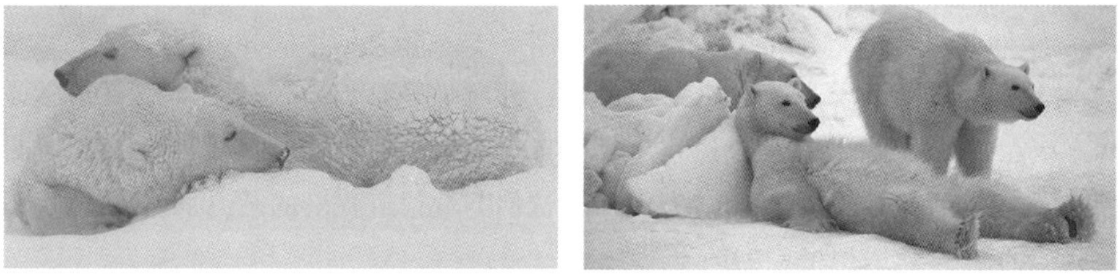

图 55.2　极寒中悠闲自得的北极熊

例 55.2　《格列佛游记》(*Gulliver's Travels*) 是英国作家乔纳森 · 斯威夫特 (Jonathan Swift, 1667~1745) 的一部长篇游记体讽刺小说. 作品以里梅尔 · 格列佛船长 (Captain Lemuel Gulliver) 的口气叙述周游四国的经历.《格列佛游记》1726 年在英国首次出版便受到读者追捧, 一周之内售空.

如图 55.3 所示, 格列佛是小人国民 (lilliputians) 平均身高的 12 倍. 小人国每天需要为他准备多少食物?

解: 动物的食量大约和其质量 (体重) 成正比, 也就是和其体积成正比, 因此, 格里佛需要消耗的食物是小人国民平均消耗食物的倍数为: $12^3 = 1728$.

应该特别指出的是, 大人和小孩子所用的药剂量 (drug dosages) 也应大体成此比例.

例 55.3　昆虫在水面行走的条件: 既不能太大, 也不能太小.

解: 有许多微小的生物可以在水上行走, 它们的足部踏在水上以使用水面的表面张力组成的向上的合力来支撑它们自身的重量和跳跃时的惯性力. 这些微小生

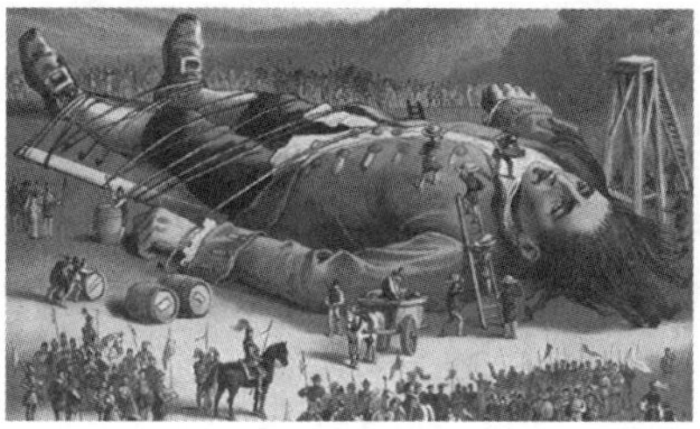

图 55.3　格列佛被小人国民生擒，小人国民却发现他们很难养活格列佛

物多半是昆虫、水黾、蜘蛛类等，从数毫米到一两厘米左右，我们可以透过无量纲数更清楚地了解其在水面行走的条件和限制.

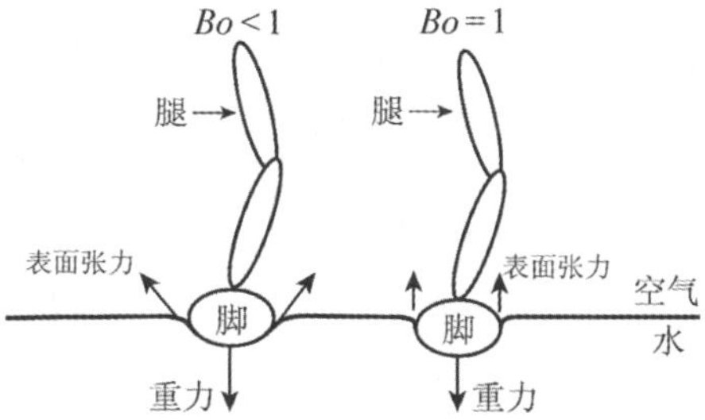

图 55.4　昆虫在水面站立的力学平衡条件

先看昆虫的重量或特征尺寸的上限. Bond 数，是昆虫重量 mg 与其所受到的表面张力合力之比. 如图 55.4 所示，昆虫能浮在水面的条件为

$$Bo = \frac{mg}{\gamma \mathrm{L}} \leqslant 1 \tag{55-2}$$

式中，γ 为水的表面张力，L 是与水接触的表面周围特征长度. 假设在一清洁的水面上，一个只有 0.1 g 的小昆虫只需约 1.3 mm 长的水面接触便足够了. 这短短的长度平均分布在 4 只或更多的足上，许多昆虫的足部具有疏水性的结构和纤毛更增加了与水接触的长度，获得了足够大的向上的支撑力. 正因如此，有些微小生物甚至可以在水面上垂直起跳，运用至少十倍以上的作用力.

考虑到昆虫的质量和其特征尺度的三次方成正比，再考虑到其与水接触的表面周围特征长度 L，则 Bond 数大致上与其长度的平方成正比:

$$Bo = \frac{mg}{\gamma \mathrm{L}} \propto \frac{\mathrm{L}^3}{\mathrm{L}} = \mathrm{L}^2 \tag{55-3}$$

由此可见，这种能够在水面上行走的功能是多么的不利于较大的生物.

那么, 昆虫是否越小越好呢? 答案也不是. 下面再让我们看看昆虫能在水面行走的特征尺寸下限. 当昆虫重量满足式 (55-2) 足以稳定地站在水面上时, 水面的表面张力对其在水面上向前的运动起到了 "阻力" 或者 "黏附" 的作用. 因此, 站在水面上的昆虫能否向前行走, 还要看其惯性是否能超过表面张力, 也就是要求 Weber 数

$$We=\frac{\rho V^2 l}{\gamma}>1 \tag{55-4}$$

式中, l 为昆虫的特征尺度, V 为运动速度. 由式 (55-4) 可看出, 昆虫在水面上行走, 其特征尺寸和速度的组合不能太小, 必须满足: $lV^2>\gamma/\rho$. 再由于昆虫的特征尺度和其速度的自然相关性, 所以, 昆虫在水面上能够行走, 其特征尺度不能太小, 即存在下限. 正如汤普森所指出的那样[6.1]: "水甲虫发现, 池水的表面是一个生死攸关的事情, 水面既是一个危险的纠缠, 也是不可或缺的支撑."

例 55.4　解释如跳蚤等小动物可以和人跳跃同量级的高度?

解: 动物跳跃的能量来自于本身肌肉的收缩, 跳跃的高度是肌肉的收缩总能量 U 向重力势能 mgh 的转换. 不失一般性, 可假设动物单位体积肌肉转换的能量密度 u 和质量密度 ρ 都相等, 则动物跳跃的高度:

$$h\propto\frac{U}{mg}\propto\frac{u\mathrm{L}^3}{\rho g\mathrm{L}^3}=\mathrm{const} \tag{55-5}$$

也就是动物的跳跃高度和其特征尺度无关, 因而处于一个量级.

博雷利 (1608~1679)

该问题是被誉为 "生物力学之父 (father of biomechanics)" 的意大利学者吉奥万尼 · 阿方索 · 博雷利 (Giovanni Alfonso Borelli, 1608~1679) 在其遗著 *De Motu Animaliam* (*On the Movement of Animals*,《论动物的运动》) 第一次予以阐述的, 博雷利将人体简化为力学铰接 (hinge) 的机构进行深入研究, 如图 55.5 所示. 博雷利的这本《论动物的运动》在其去世后不久的 1680 年和 1681 年分成两部分出版, 被认为是生物力学的第一本专著. 现在美国生物力学学会 (Ameirican Society of Biomechanics) 每年所颁发的最高奖便是 Giovanni Borelli Award.

例 55.5　解释为何小动物从很高的树尖上跌落而不受伤.

答: 首先假设不同动物间的平均密度 ρ 和骨骼单位面积上的承载能力 (许用应力 $[\sigma]$) 大体相同. 当动物从某一高度跌落时, 重力 $mg\propto\mathrm{L}^3$, 空气阻力正比于面积 $A\propto\mathrm{L}^2$, 故动物跌落最后达到的极限速度 $v_{\max}\propto\mathrm{L}$. 故骨骼单位面积上所受到的动压

$$\sigma_d=\frac{1}{2}\rho v_{\max}^2\propto\mathrm{L}^2 \tag{55-6}$$

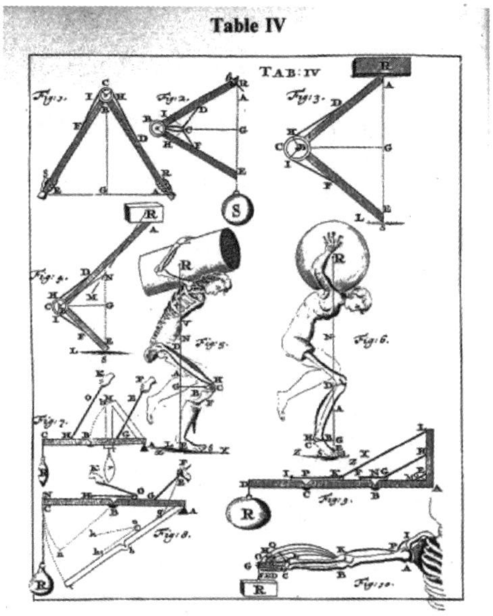

(a)

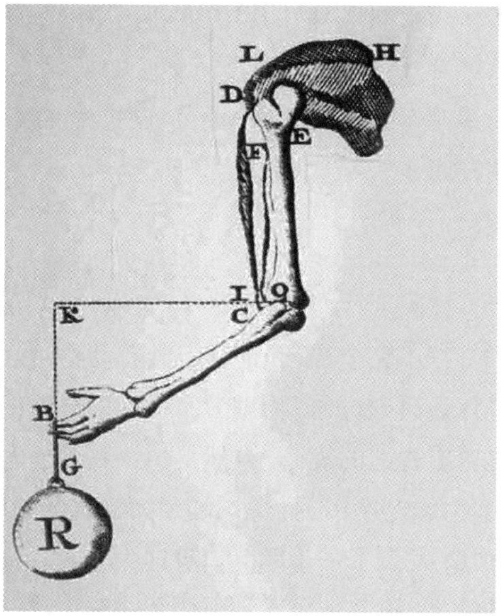

(b)

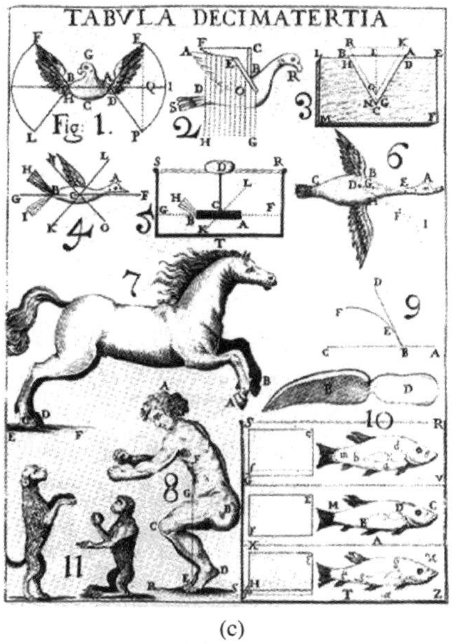

(c)

图 55.5 博雷利将人体简化为力学铰接机构

(a) 承重的受力和质心分析; (b) 肘关节绞支图; (c) 不同动物运动的比较

在不同动物间骨骼的许用应力大体相同的假设下, 动物越小, 就当然不会受伤. 举个例子说明, 比人体小 100 倍的动物从空中跌落发生骨折的危险比我们要小一万倍. 从而, 伽利略在其 1638 年出版的《关于两门新学科的对话》[2.17] 中就谈到: “一只蝗虫从一座塔上掉下来和一只蚂蚁从月亮的距离掉下来同样会不受伤害. 小孩子从足以使大人跌断腿或跌破头的高度掉下来不是安然无恙吗? ” 上述论断确实精辟!

§56. 异向生长标度律

据不完全统计, 地球上共有动物 150 多万种, 十分纷繁芜杂. 正如本书 §8 中已经深入讨论过的, 物理学家追求的是物质世界的统一规律. 那么如此复杂的生命界是否有普适的规律, 自然是生物物理学家所关心的问题.

克莱伯 (1893~1976)

1947 年 10 月, 美国加州大学戴维斯分校农学院的克莱伯 (Max Kleiber, 1893 ~ 1976) 发表了一篇题为《身体大小和代谢速率》(Body size and metabolic rate)[6.2] 的论文, 该文迄今已被引用了一千多次, 该文中的主要观点被后人称为“克莱伯定律”: 对于哺乳动物, 其基础代谢速率 (basal metabolic rate, BMR) 与体重的 3/4 次幂成正比. 这其实是个观察得出的规律, 搭上眼一看可能觉得没什么, 但其实问题就出在那个 3/4 上了: 理论上不应该是 3/4, 而应该是 2/3, 而且从十九世纪人们就认为应该是这个数.

克莱伯又于 1961 年出版了迄今已被引用了逾五千多次的专著[6.3], 其中对上述问题有专论.

作为一个生物体, 我们的物理构造受限于基本的物理规律, 例如散热. 生物一般具有细胞结构, 对生物而言, 维持正常的生理活动需要呼吸作用提供能量, 当然也要有热量产生, 前者可以用需氧量来衡量, 后者自然跟前者成正比. 那么能量供应与热量产生必然是要有一个平衡的, 例如身躯庞大, 能量供应多, 热量也会多, 如果热量不能及时散出去或者散热太快, 那么细胞温度就无法维持, 生理功能也就受到影响. 那么能否用这个平衡构建一个代谢速率跟质量的简化模型描述呢? 答案是肯定的.

如图 56.1 所示, 可把整个哺乳动物 (如大象) 想象成一个半径为 r 的球, 那么不考虑密度差异, 球的特征质量 M 跟体积 V 成正比: $\mathrm{M} \propto V = \frac{4}{3}\pi r^3$, 即: $\mathrm{M} \sim \mathrm{L}^3$. 同时, 球的散热 (heat loss) h 和表面积 A 成正比: $h \propto A = 4\pi r^2$, 即: $h \sim \mathrm{L}^2$. 从而散热和质量之间应该存在如下标度关系: $h \sim \mathrm{L}^2 = (\mathrm{L}^3)^{2/3} \sim \mathrm{M}^{2/3}$, 即散热正比于质量的 2/3 次方: $h \sim \mathrm{M}^{2/3}$.

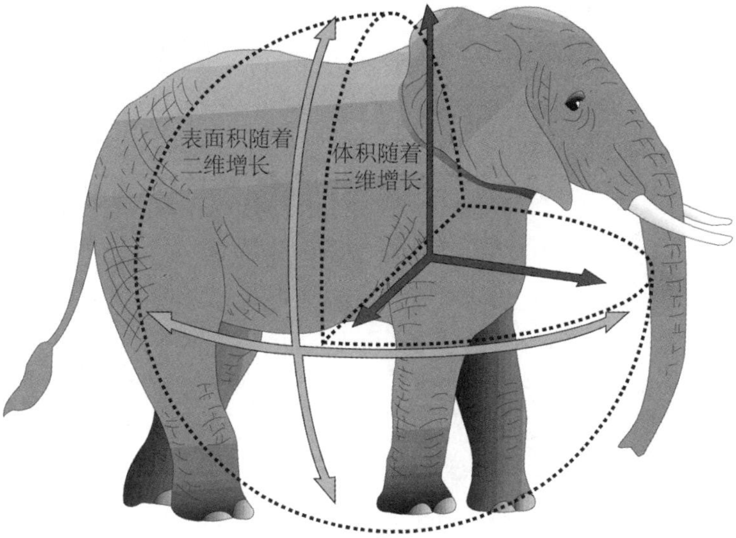

图 56.1　可将哺乳动物抽象成一个球体

动物的代谢速率 (metabolic rate) m 和其散热 h 成正比: $m \propto h$, 故有

$$m \sim \mathrm{M}^{2/3} \tag{56-1}$$

也就是代谢速率正比于质量 (体重) 的 2/3 次方. 其实将动物抽象成立方体也不会改变结论, 代谢速率与质量的对数作图, 会得到斜率为 2/3 的直线.

但出人意料的是, 通过大量数据的回归分析, 克莱伯定律告诉我们, 这个斜率不是 2/3 (约 0.67), 而是 3/4 (或 0.75):

$$m \sim \mathrm{M}^{3/4} \quad 或 \quad m \sim \mathrm{M}^{0.75} \tag{56-2}$$

如图 56.2 所示, 更有趣的是, 不仅仅热血生物 (warm-blooded organisms), 如果把冷血生物 (cold-blooded organisms) 甚至单细胞生物 (unicellular organisms) 也考虑进来, 这个斜率还是 3/4. 这便是异向生长标度 (allometric scaling) 的来源.

动物的新陈代谢率, 也就是能量消耗率与体重的 3/4 次方成正比, 这又有什么突出的意义呢? 假设大象比老鼠重一万倍的话, 但是大象的能量消耗只是老鼠的一千倍: $(10^4)^{3/4} = 10^3$.

再以我们熟悉的蚂蚁为例. 如果蚁群是一个个体的生物, 也应该遵循这个 3/4 次的标度规律. 假定一只蚂蚁的能量消耗是 1, 将一万只蚂蚁片面、孤立地放到一万个试管里面去测量它们的能量消耗, 加起来的和则是一万. 但是如果你把这一万

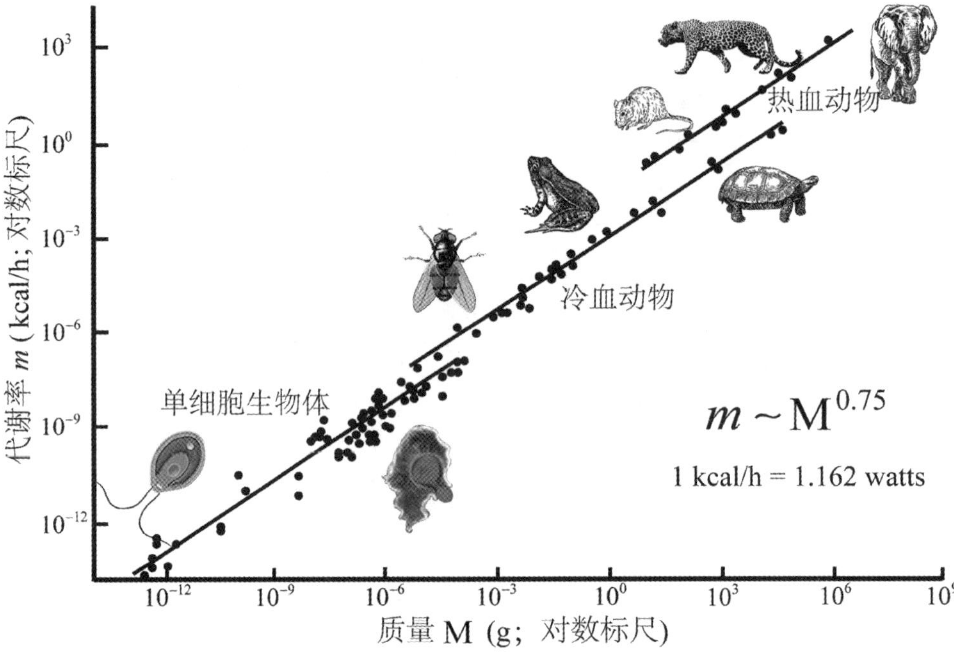

图 56.2　热血、冷血和单细胞生物均满足的 3/4 标度关系

只蚂蚁放在一起, 组成一个社会, 奇迹就发生了 —— 一万个蚂蚁组成的蚁群总的能量消耗居然就降到了一千.

这反应出集约化、规模化的一种资源上的节约, 也可从一个侧面解释了大城市、特大型城市形成的原因, 居民可以在医院、学校、商场、加油站、餐饮、超市、银行等方面共享资源. 这也反应出团结就是力量, 在一个社会里, 每一个成员所需要的能量比你孤立的个人主义要少, 而每一个成员的效率 (和能量消耗成反比), 比孤立的个人主义要高.

那么问题来了: 上面哪个假设有问题呢? 或者说怎么才能假设出一个 3/4 的尺度效应呢? 这个问题等了 50 年才等到一个答案.

1997 年, West, Brown 和 Enquist 三人在 *Science* 上发表了一篇题为《生物学种异向生长标度律根源的一般模型》(A general model for the origin of allometric scaling laws in biology)[6.4] 的论文, 该文直到 2018 年 3 月已被引用了三千多次, 论文简洁明了地给出了一个基于生物体物质能量输送方式的解决方案, 这个方案有三个基本假设:

(a) 在进化压力的作用下, 生物体倾向于使用耗能最少的方式来传递物质进行新陈代谢;

(b) 如果要想把生物体用一种输送方式填满, 最有效的就是有自相似性的层级管道, 如图 56.3 所示的肾脏内血管的自相似结构;

(c) 只在输送管道的末端, 营养与物质交换是跟体积相关的.

图 56.3　肾脏内血管, 多个层次的自相似结构

对于一个三维实体而言, 它需要各个部位都可以得到某一区域摄取的物质与能量, 那么填充管道最节能的方法就是找一种有边界的输送方式, 进化给我们的答案就是分形结构. 我们的循环系统就是由动脉, 静脉及毛细血管组成, 这基本可以看作是分支结构. 而对绿色植物而言, 其物质输送方式是维管束, 也可看作一种自相似性的层级管道. 最后一个假设是对计算最关键的, 输送管道末端的物质能量交换对于各种生物体应该是相对一致的, 但因为生物体大小不一致, 层级数也就不一致, 是这个联系了生物体质量与代谢速率[6.5,6.6].

那么如何联系? 考虑一个典型的分支结构, 每个节点都是从一个分到 n 个, 有 m 层, 最底层会有 n^m 个分支, 在这一层上已经不能再分了, 或者说继续分也无法将物质能量输送到更多的空间里, 这是分形的边界. 而在分支的末端代谢速率是恒定的, 如此有: 代谢速率正比于末端分支个数.

那么末端分支个数跟生物体质量如何联系呢? 从分形的角度看就是已知节点的分支策略, 求解这样的分形能占据多大的体积, 而体积也就跟质量正相关了. 对一个具有自相似性的结构, 子结构是母结构的重现, 那么在一个空间里如何填充呢? 首先子结构的长度应该是按照固定比例缩短的, 其次子结构的内径也应该是按比例逐渐缩小的, James Brown 设定前者的比例 A 跟分支数 n 的 1/3 次方成正比, 后者的比例 B 跟分支数 n 的 1/2 次方成正比, 而伸展空间的大小正比于 A 的平方乘 B, 那么有: 质量正比于 AB^2 正比于分支个数的 4/3 次方.

如此有: 代谢速率正比于末端分支数正比于质量的 3/4 次方.

相信你看完后会跟我有类似的感觉: 这不是生造出来的吗? 但其实还是有比较严密的推理的, 感兴趣看原文, 不感兴趣我大致说下思路.

末端分支的体积正比于内径的平方乘上分支长度, 总体积就是不同层级 m 上各个分支体积之和, 而基于自相似性, 求和后的总体积正比于不同层内径比例的平方乘不同层长度比例, 这就是伸展空间大小正比于 A 的平方乘 B 的来源.

那么底层分支长度跟高一层的分支长度的比例也就是 A 如何跟分支数产生联系呢? 在分形结构末端, 两层的分支总体积几乎相等, 而每层分支体积可以看作分支长度为内径的球体体积乘个数, 求比例可以发现分支长度比例的三次方 (球体体积公式) 等于节点的分支个数 n, 也就是 A 跟分支数 n 的 1/3 次方成正比.

同理, 分形里底层分支截面积之和等于上一层截面积之和, 求比例可发现分支

内径比例的平方 (圆面积公式) 等于节点的分支个数 n, 也就是 B 跟分支数 n 的 1/2 次方成正比.

这样我们就得到了自然界中尺度效应里那个 3/4.

从假设为球体或立方体到思考体内物质能量交换过程, 对一个客观事实给出合理解释是不容易的. 但今天讲这个并不是说后面那个是对的, 其实最新的实验证据并不能很好的区别到底是 2/3 跟 3/4, 各有各的解释空间. 但这个研究是很具有启发性的, 有限空间内部的有序物质能量交换可以说是生物体的一个特性, 当初研究尺度效应的研究人员现在把研究手段放到了另一种 "有机体" —— 城市上面. 社交网络、交通规划、管道流控 …… 总有些自发形成的规则等待人们去探索.

§57. 大脑中的力学

如图 57.1 所示, 不同动物的大脑在统计上依然满足异向生长标度 —— "克莱伯定律", 也就是脑重与体重的对数标尺成一条斜率为 3/4 的线性关系.

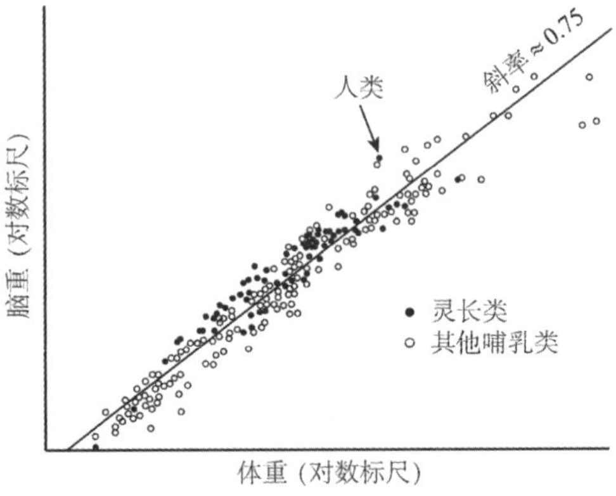

图 57.1　脑重符合 3/4 标度的克莱伯定律

人类大脑是自然界通过漫长进化而产生的最精细、最复杂、最优美和最成功的器官, 脑科学是研究人、动物和机器的认知与智能的本质与规律的科学. 智力的本质、创造性的来源以及理性、记性、忘性、个性、人性和决策机制等都是脑科学的核心问题, 对这些问题的理解将是有效预测、干预和推迟脑衰老, 并创造出具有自我学习能力的人工智能系统的科学基础. 脑科学研究将拓展人类对自然和自身的认识, 它对人类的知识创新、健康和幸福以及信息科学与人工智能、文化科学、社会科学、教育学、语言学等都将产生极大的辐射作用, 对人类社会的进步和经济发展有深远的影响. 对脑功能的破译需要在多个层次上解析脑网络系统的联结方式与规则, 最终得到脑网络结构及其功能的 “线路设计图”, 这是脑科学的战略制高点.

众所周知, 理解人类认知、思维和意识的脑神经基础是人类认识自然与自身的终极挑战. 在当今科研领域, 脑科学已发展成为多学科交叉汇聚的前沿科学领域, 正在引领新一轮的科技与产业革命, 促进人类的健康和经济社会的持续发展.

我们无法忍受人类仍旧对大脑如何工作知之甚少. 20 多年前, 英国生物学家, DNA 双螺旋结构发现者之一的弗朗西斯 · 克里克 (Francis Crick, 1916~2004) 如此抱怨.

脑科学和类脑智能技术研究成为各国必争战略前沿. 2013 年 4 月 2 日, 美国总统奥巴马宣布启动 “推进创新神经技术脑研究计划 (The Brain Research through Advancing Innovative Neurotechnologies)”, 简称 “脑计划 (BRAIN Initiative)”. 随后, 欧盟几乎同时提出了脑科学研究计划, 日本紧随其后 2014 年发起了大脑研究计划 (Brain Mapping by Integrated Neurotechnologies for Disease Studies, Brain/MINDS), 主要是通过对更接近于人类的灵长类动物 —— 狨猴 —— 大脑的研究来加快人类大脑疾病, 如老年性痴呆和精神分裂症的研究. 2016 年, 多个国家的 60 余名神经科学家齐聚美国约翰霍普金斯 (Johns Hopkins) 大学, 讨论开展脑科学的全球合作, 推动 “国际大脑空间站 (International Brain Station)” 的建设, 再次吹响了脑科学研究竞赛的号角.

一项新的研究显示, 我们的大脑之所以布满褶皱并具有核桃似的形状, 是因为大脑皮层即灰质的快速生长受到了白质的限制.

研究人员发现, 脑皮层凹陷的沟和隆起的回取决于两个简单的几何参数 —— 灰质的生长速度及其厚度. 发表在美国《国家科学院院刊》(*PNAS*) 月刊上的研究显示[6,7], 可以在实验室利用双层凝胶模拟大脑褶皱的形成.

研究人员指出, 除了这些限制, 基因也对决定大脑形状有所影响, 因为基因对神经细胞如何增殖并移动到它们的目的地起调控作用.

所有哺乳类物种都有大脑皮层, 但只有较大型的哺乳类才具有褶皱的大脑皮层. 举例而言, 老鼠大脑的表面光滑, 而比这大得多的大脑, 比如人类的大脑则具有大量沟回. 褶皱的大脑皮层拥有更大的表面面积, 这就意味着具备更强大的信息处理能力, 但尚未完全清楚是什么因素决定了人类大脑的标志性沟回形状.

掌握大脑是如何形成褶皱的, 可能有助于科学家更好地解释多小脑回、巨脑回、无脑回等先天性病症.

历史上, 关于脑沟和脑回是如何形成的有三种思路: 一种看法是, 大脑皮层的某些区域生长较快进而比其他区域凸出，形成了脑回. 另一个看法是，相互之间高度关联的神经细胞群被构成白质的丝状轴突机械地拉近距离. 然而，证据表明上述两种观点都不正确. 第三种看法是，灰质的生长超过白质，形成了"褶皱"，令大脑皮层具备这种形状.

但研究人员称，模拟这种褶皱的早期尝试并未获得成功. 在此前的研究中，研究人员假设灰质是薄且坚硬的，在厚且柔软的白质上生长，但根据这种假设所产生的褶皱与真实的人类大脑上的褶皱并不相同.

在新的研究中，研究人员假设灰质和白质具有相似的坚硬程度，但生长速度不同. 利用数学模拟的方法，根据大脑大小的不同，他们的模拟产生了不同的大脑皮层形状. 举例而言，直径不足 1.3 厘米的小型大脑预计会产生光滑的人脑皮层. 中等大小的大脑预计会在灰质中产生一些脑沟，而体积较大的大脑则会变得十分褶皱，会有脑沟陷入白质.

科学家们还利用双层膨胀凝胶材料复制了大脑形成褶皱的现象，并表明，只有这两层具备相似的柔软程度时，形成的褶皱看上去才会与人类大脑的脑沟和脑回相似.

研究人员指出，虽然他们的模拟可用于最基本的脑沟和脑回，但这并不能解释大脑更加复杂的特征，比如，将左右脑分开的大脑纵裂，以及区分大脑主要脑叶的其他大的脑沟.

深深的褶皱让成年人的大脑看起来像核桃仁. 而这种褶皱是一个强有力的大型处理器被塞入小小的颅骨的自然解决之道.

这就像把一张平整的正方形纸张揉皱了放到一个圆形小洞里. 褶皱使更多神经元得以更紧密地装到一起，它们之间的连接因此变得更短、反应更快.

大脑皮层如何起皱一直是一个谜. 那么这种褶皱是通过基因、生物或化学原因发展起来的，还是由物理力量造成的呢?

大脑的褶皱可以用物理学来解释. 这个发现或许对理解某些大脑疾病有着重要意义.

研究工作表明，脑皮层的褶皱是通过一些薄弱区域发生弯曲而形成的，随着胎儿大脑的生长，脑皮层会出现一些薄弱区域.

在前 20 周时，人类胎儿的大脑是光滑的. 第 20 周的时候，大脑开始起皱，并继续变皱，直到婴儿长到约 18 个月大.

《国家科学院院刊》文章[6.7] 作者之一、来自哈佛大学的拉克什米纳拉亚南 · 马哈德万说: "大脑生长期间神经细胞的数量、大小、形状和位置都会导致灰质 (即大脑皮层) 相对于其下的白质发生扩张. 这让皮层受到压迫, 导致机械性不稳定, 从而促使皮层起皱." 他说: "这个简单的进化创新 …… 使薄而广大的脑皮层能挤入一个较小的空间里. 这也是大脑起皱的主要原因."

哈佛大学的科学家在 40 年前首次提出了脑褶的物理学解释. 现在这个解释得到了马哈德万团队的证实. 有一种流行观点认为, 大脑起皱是纯粹的生物过程带来的. 哈佛大学的解释曾被视为对这一流行观点的挑战.

斯坦福大学生物工程系的埃伦 · 库尔就该研究发表评论说, 这些发现对于诊断、治疗和预防一系列神经系统疾病可能意味着重要的突破. 她说, 严重的过分褶皱或褶皱不足可能导致癫痫、运动功能障碍、心理缺陷和发育迟缓.

研究发现, 脑褶皱形成缘于脑皮层变形不稳定. 人脑有明显的丘峰和沟谷, 从进化角度很容易解释, 但人们却很难理解大脑褶皱的形成细节. 美国哈佛大学研究人员与芬兰和法国科学家合作, 证明了虽然细胞许多分子过程很重要, 但最终导致脑褶皱形成的是脑皮层变形的力学不稳定性机制.

从进化角度说, 人脑褶皱之所以这样, 是要在小空间里装下更大的脑皮层, 减少神经元分支长度, 提高认知功能. 人类在怀孕 20 周左右, 胎儿脑就开始出现褶皱, 直到出生一年半左右, 脑褶皱才算完成. 哈佛大学鲍尔森工程与应用科学学院应用数学教授马哈德万以往研究发现, 在脑发育期间, 脑皮层相对于下面白质的扩张会带来压力, 产生力学不稳定性, 这种不稳定使其形成了局部褶皱.

马哈德万等发表在《自然 · 物理学》上的文章称[6.8], 他们用人类胎儿的脑数据检验了上述理论. 按照三维磁共振图像, 他们通过三维 (3D) 打印制作了一个光滑的胎儿脑的三维胶体模型, 在其表面涂了一层薄薄的弹力胶, 模仿脑皮层, 然后把胶体脑浸入一种能被外层胶吸收的溶液, 使外层相对于内部发生肿胀, 模拟脑皮层扩张, 在几分钟内, 压力就使胶体脑形成了褶皱, 且褶皱大小和形状都很像一个真实的脑.

扩张的相似性让研究人员也感到吃惊. "当我把模型放到溶液里时, 我知道会产生褶皱, 但没想到会如此近似. 看起来就像一个真实的脑." 论文共同作者郑君永说, "人脑的形状为褶皱方向提供了参照. 我们的模型在形状和曲率上与人脑相同, 因此形成的褶皱与真实的胎儿脑看起来非常符合."

功能通常与结构有关, 因此理解了大脑褶皱怎样形成, 有助于揭示脑的内部工作原理, 阐明与脑有关的疾病. 郑君永还指出, 人和人的脑并不完全一样, 但作为健康人, 主要褶皱应该都一样. 如果一部分脑发育得不对, 或整个脑形状被扰乱, 可能无法在正确位置形成主要褶皱, 导致脑功能障碍.

§58. 声带发声系统的力学

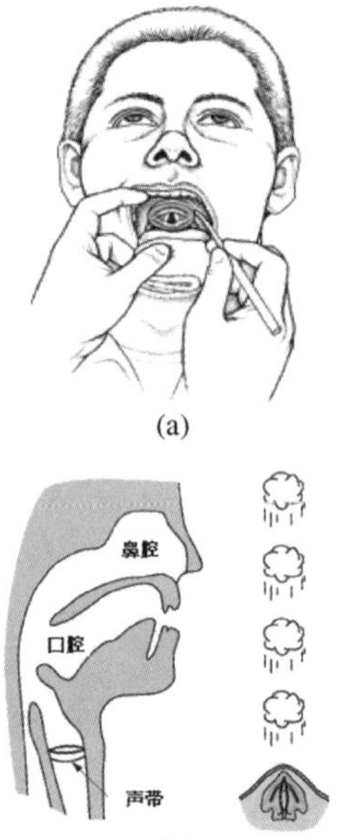

(a)

(b)

图 58.1 (a) 声带示意图; (b) 声带发声示意图

声带发声系统的组成和作用如表 58.1 的描述和图 58.1 所示.

表 58.1　声带发声系统

器官类型	构成和机理
动力器官	呼吸系统, 包括肺、横膈膜、气管等.
发声器官	声带是发声的主要器官, 由两条有弹性筋肉的带, 是气管内壁延伸的末端, 声带可以调节松紧发出不同音高 (频率) 的声音 (喉基音).
共鸣器官	喉腔、咽腔、口腔、唇腔和鼻腔组成人类发音器官的声腔, 是富于变化的共振腔. 声带音通过声腔时, 由于声腔形状的种种不同变化, 产生不同的共振, 形成种种不同的声音.

由本书 §37 中弦的基本频率公式: $f=\dfrac{1}{2l}\sqrt{\dfrac{T}{\mu}}$, 则考虑到声带发声过程中由于弹性变形所产生的应变 $\varepsilon=\Delta l/l$, 则声带韧带 (vocal ligament) 的发声频率公式可由弦的频率公式修正得到[6.9]:

$$f=\frac{1}{2l}\sqrt{\frac{T}{\mu}}(1-0.45\ln\varepsilon) \tag{58-1}$$

式中, f 为声带韧带的基频, l 为声带韧带的长度, Δl 为声带韧带的变形, T 为声带韧带中的张力, μ 则为声带韧带中的线密度 (line density).

成年男子和女子的声带长度分别为 17 ~ 23 mm 和 12.5 ~ 17 mm. 人声所能够发出声音的频率在 70 ~ 7000 Hz. 由于女子的声带略短, 所以女子的声音比男子要高.

声带的发声机理如图 58.2 所示. 可用 §50.5 中的伯努利方程来解释气流和肌弹力的相互作用. 当不考虑重力时, 伯努利方程 (50-25) 可表示为: $\dfrac{v^2}{2}+\dfrac{p}{\rho}=\text{const}$, 由该方程可以看出, 流速高处压力低, 流速低处压力高. 声门打开时流速增大, 压强减小, 使声带回复原来的形状.

为什么猴子和类人猿不能说话的问题可以追溯至达尔文时代. 达尔文认为非人灵长类动物之所以不能说话是因为它们没有足够的智力. 2016 年一项新的研究表明[6.10], 日本猕猴 (Japanese macaque) 乃至其他灵长类动物不能说话的原因可能在于它们的大脑, 而不是声带. 该研究发现, 猕猴从解剖学上拥有发出人类声音的声道 (vocal tracts), 但是猕猴缺乏足够的大脑布线 (brain wiring) 来发声. 大约在距今

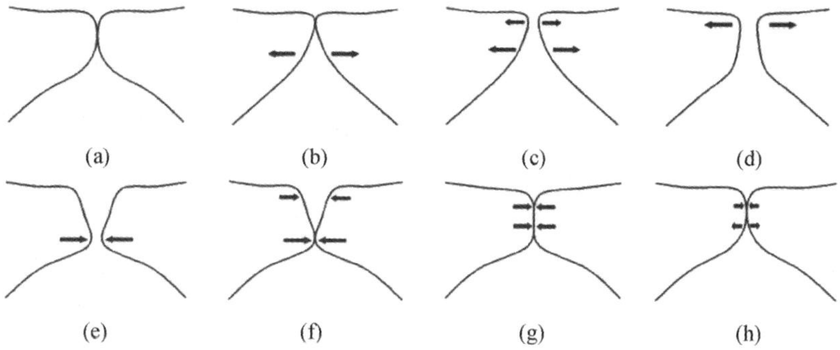

图 58.2 伯努利效应和肌弹力相互作用示意图

(a/h) 声门闭合; (b) 声门下压增加; (c) 下缘冲开; (d) 完全分开; (e) 下缘回缩; (f) 下缘闭合. 静压强作用为 (a), (b), (f), (g), (h)

800 万年前的某一个时间点上, 人类与我们在进化上最近的亲戚黑猩猩分道扬镳, 最终人类的大脑获得了对于声带的实质性控制, 从而人类获得了 “口才”. 这项发现可能为人类学家和语言学家提供新的线索, 从而有助于确定人类何时学会了说话.

§59. 耳朵中的力学 —— 听觉的共振和行波学说

如图 59.1 所示, 正常耳的传声途径是: 声波使鼓膜振动, 并由人体最小的三块骨头 —— 锤骨、砧骨、镫骨组成的听骨链把振动传入内耳的耳蜗, 并在耳蜗内的淋巴液介质中传播, 耳蜗内有毛细胞 (感受细胞) 与听觉神经连接在一起, 听觉神经受到从耳蜗淋巴液中传来的声波的激励, 引起神经脉冲, 它们携带有关声音的信息,

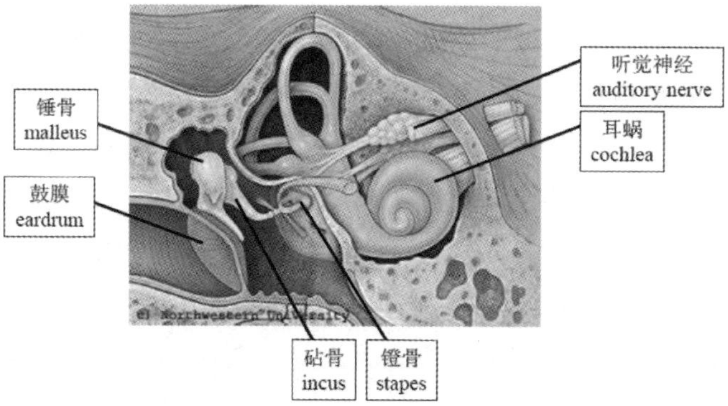

图 59.1 耳朵的传声途径示意图

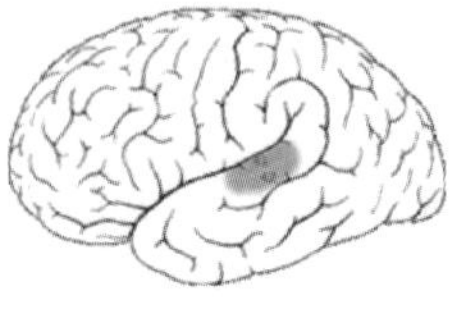

图 59.2　大脑中的听觉中枢示意图

顺序传至各级听觉中枢 (如图 59.2 所示), 经过处理和分析, 最后产生反映声音各种复杂特性的听觉.

其中, 鼓膜是界于外耳道与中耳之间的薄膜, 其外形如椭圆形浅漏斗, 厚度大约为 0.1 mm, 总面积约 85 mm^2, 中央最凹处为鼓膜脐, 内表面与中耳鼓室内的锤骨柄相连.

耳蜗则是具有骨质外壳卷曲呈蜗牛状的结构, 内中充满淋巴液, 与听骨链的镫骨底板连在一起. 耳蜗可以对声音的频率进行初步分析, 耳蜗底部感受高音调, 顶部感受低音调, 中等音调的感受则与耳蜗中部有关.

我们业已在 §37 中提到过 1862 年亥姆霍兹 (Hermann von Helmholtz, 1821～1894) 在生理声学方面所出版的最重要的著作《关于作为音乐理生理基础的音调感觉》(*On the Sensations of Tone as a Physiological Basis for the Theory of Music*)[3.10]. 在该著作中, 他把耳解剖、耳生理、物理、数学、听觉心理融为一体, 用认识论的方法分析感觉、神经传导、音乐理论与外部世界之间的联系, 进一步扩展了内耳共鸣的假说. 亥姆霍兹用音叉、汽笛、重弦、玻璃瓶样共鸣腔等进行试验, 将 Corti 描述的内耳解剖与音调和共振结合起来, 提出了类似于钢琴弦共鸣的共振理论. 亥姆霍兹认为, 耳的不同部位因不同的音调而振动, 内耳的基底膜接受到感觉后, 再把感觉传导到听神经纤维. 由于对耳蜗解剖的误解, 他错误地认为 Corti 柱或基底膜上的纤维对各种音调的声音起反应. 现在我们知道对音调起作用的应该是毛细胞. 虽然他的共振理论不完全正确, 但是为内耳音调识别的 "定位理论" 打下了基础.

关于听觉器官如何对声音进行分析的问题, 有许多假说, 而以位置学说受到多数人的赞同. 位置学说的基本观点认为: 不同音调引起耳蜗基底膜不同部分的振动, 音频分析首先决定于基底膜的振动位置. 位置学说中又以共振学说 (resonance theory) 提出最早和流行最为广泛. 亥姆霍兹于 1867 年首次提出共振学说, 他把耳蜗基底膜视为对不同频率声波的共振元件. 这些元件选择性地对一定频率的声波发生共振. 近蜗底的横纤维短, 与高频音共振; 近蜗顶的横纤维长, 与低频音共振. 声音是由各种频率的基本振动混合而成的, 每个声音激励起基底膜某些纤维的同时振动. 哪一部分基底膜共振, 哪里的毛细胞就兴奋, 声音就由此转为神经冲动, 经听神经传入中枢, 引起音调的感觉. 根据共振学说, 每秒 16 ~ 20000 次的声波就认为是由基底膜上大约 24000 条横纤维分别予以共振而得到初步分析. 共振学说在实验及临床上也得到证明, 如蜗底受伤, 则高音感受发生障碍; 蜗顶受损, 则低音感受消失.

贝克西 (1899～1972)

至二十世纪四十年代, 横纤维的共振现象因一些实验事实而受到怀疑. 乔治 · 冯 · 贝克西 (Georg von Békésy, 1899～1972) 于 1951 年对刚死的人的尸体的耳蜗进行了直接观察, 未发现基底膜的横向纤维有足够产生共振的张力. 因此认为, 将基底膜的横向纤维视为共振元件是不正确的. 他采用人工方法代替镫骨以不同频率振动卵圆窗时, 有一大段基底膜以行波的方式随之振动. 振动从蜗底开始, 逐渐向蜗顶推进, 其幅度也随之逐渐加大, 直到基底膜的某一部位, 振幅达到最大值时, 振动即停止前进而逐渐消失. 就像人在抖动一条绸带时, 有行波沿绸带向远端传播一样. 对不同频率的声波刺激, 基底膜最大振幅所在部位也不同. 声波频率越低, 最大振幅所在部位越靠近蜗顶; 声波频率越高, 其最大振幅所在部位越靠近蜗底镫骨底板. 因此认为频率的分析决定于基底膜行波的最大振幅所在部位, 这就是听觉的行波学说 (traveling wave theory). 行波学说为位置学说的一个流派, 也可说是共振学说的发展, 目前已为大多数学者所公认.

1961 年, 贝克西因 “发现了耳蜗内部刺激的物理机制 (for his discoveries of the physical mechanism of stimulation within the cochlea)” 而荣获诺贝尔医学和生理学奖. 成为在这个学科范畴中第一个获得诺贝尔奖金的物理学家. 他的研究生涯可以用诺贝尔奖评语加以概括: “毫无疑问, 如果没有贝克西, 我们就不可能对听觉刺激和物理机制有如此清楚的了解.”

研究表明[6.11], 人的耳朵中感觉声调的器官 —— 耳底膜 —— 其上有敏感的神经元件, 将底膜的振动的机械信号转换成电信号, 传输给大脑并进一步转换为我们的听觉, 该转换器是一个平方律探测器, 即输出的电信号正比于振动膜振幅的平方. 不仅如此, 我们的耳朵和大脑一起可以对所听到声音的总压强做傅里叶分析, 因为我们所听到的是和声的各个音, 我们能把它们识别出来.

研究还表明, 我们耳朵的灵敏度十分高, 可以达到一个原子直径的鼓膜振动, 换言之, 我们耳朵能够分辨几个埃 (Å) 的振动位移[6.11].

§60. 眼睛中的力学

如图 60.1 所示, 新近的研究表明[6.12,6.13], 欧亚鸲 (European robins) 的眼睛能够维持的量子纠缠 (quantum entanglement) 时间, 比先进的实验室设备还要长整整 20 微秒, 这使得鸟们能够利用量子效应来 “看清” 地球磁场. 所谓量子纠缠是指电子既在空间上分离但又能够相互影响的一种状态, 有人提出欧亚鸲的眼睛里包含有一个基于纠缠态的 “罗盘”, 亦称 “量子罗盘 (quantum compass)”. 这种研究量子导航 (quantum navigation) 的学科称为 “量子生物学 (quantum biology)”.

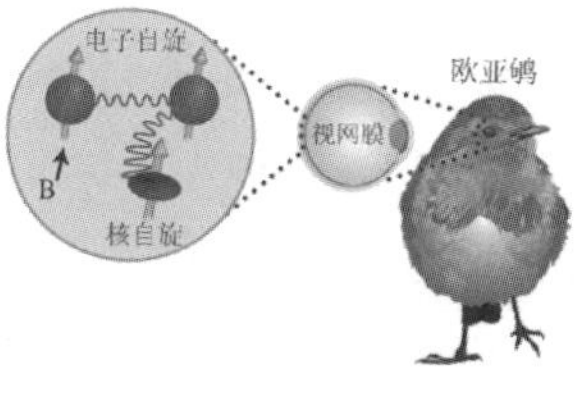

图 60.1　欧亚鸲眼睛的量子纠缠态与量子罗盘

本节主要讨论的是人眼睛中的力学问题. 人眼睛的结构如图 60.2 所示.

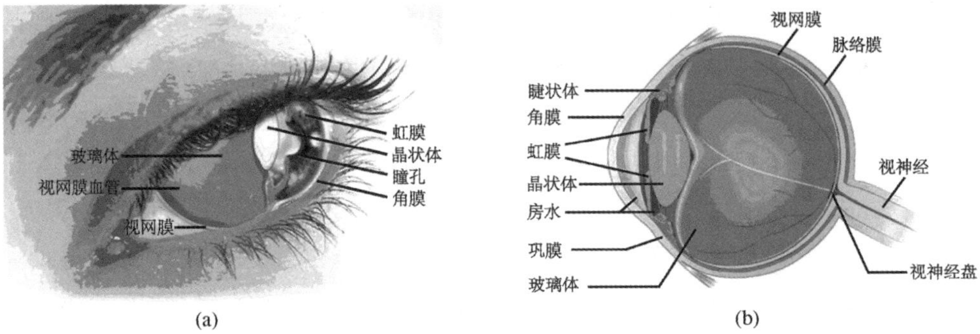

图 60.2　眼睛结构示意图

为了便于理解, 给出眼睛和照相机的如下类比关系:

(1) 角膜 —— 镜头

角膜 (cornea) 是光线进入眼球的第一道关口. 其屈光力为 42D 左右, 占眼球表面积的 1/6, 直径为 11.5 mm, 中央厚 0.6 mm, 旁边厚 1 mm. 俗称 "黑眼珠", 其实它透明无瑕, 只是由于眼球壁的其他部分好像照相机的暗箱、当人们通过这层透明组织看黝黑的眼内时, 才产生黑的感觉.

角膜组织分五层: 上皮层、前弹力层、基质层、后弹力层、内皮细胞层. 角膜上皮层有十分敏感的感觉神经末梢、但对冷觉不敏感, 因此有 "不怕冷的大将军" 之说. 如果角膜上皮受损, 一般 24 小时内不留痕迹地愈合. 如果角膜受损严重, 则愈合后留下瘢痕, 严重的呈瓷白色, 好似镜头上的霉斑, 影响视力.

(2) 瞳孔 —— 光圈

瞳孔 (pupil) 俗称 "瞳仁", 直径为 $2.5 \sim 3$ mm. 婴儿和老人瞳孔较小. 外面光线强的时候, 瞳孔缩小; 光线弱的时候, 瞳孔变大, 从而使眼睛里接受的光线总是恰到好处. 一旦失调, 则曝光不当.

(3) 晶状体 —— 全自动变焦镜头

晶状体 (lens) 位于瞳孔虹膜后面, 呈双凸透镜. 正常人既能看近又能看远, 全依赖于晶状体的调节. 看远时, 睫状肌放松, 悬韧带绷紧, 晶状体变扁平, 折光力减少; 看近时, 睫状肌收缩, 悬韧带放松, 晶状体依靠其本身弹性变凸, 折光力增加. 通过如此调节, 使光线能聚焦在视网膜黄斑上.

如果通过调节, 光线不能聚焦在视网膜上, 就存在屈光不正. 光线聚焦在视网膜之前称为近视眼; 聚焦在视网膜之后称为远视眼; 不能聚焦在一个点, 称为散光眼. 如果晶状体的调节功能失调, 如年老时, 晶状体不能变凸, 称为老视, 即老花眼; 如果晶状体变混浊, 就称为白内障.

(4) 视网膜 —— 胶卷

视网膜 (retina) 起感光功能. 感光最敏锐的部分, 称为黄斑. 虽然视网膜很薄, 结构却很复杂, 分为 10 层, 感光的细胞主要是视锥细胞和视杆细胞. 视锥细胞主要负责明视觉和色觉, 视杆细胞主要负责暗视觉.

脉络膜 (choroid) 相当于照相机的暗箱, 主要由血管组成, 因此还兼有营养眼球的责任.

眼球的发育从小到大, 在 3 岁前为快相期, 即由出生后的 18 mm 发育到 21 mm; 在 15 岁前为慢相期, 眼球发展到 23 mm 左右, 到青春期发展变慢, 25 岁以后基本稳定.

(5) 虹膜 —— 光圈的叶片

如果光线过强, 虹膜 (iris) 内瞳孔括约肌收缩, 则瞳孔缩小; 光线变弱, 虹膜开大肌收缩, 瞳孔变大. 根据虹膜内含色素的不同, 虹膜呈现不同的颜色. 白种人虹膜色素较少, 呈灰蓝色; 黄种人色素较多, 呈棕黄色; 黑人色素最多, 呈黑色.

(6) 巩膜 —— 相机壳

巩膜 (sclera) 对眼球的内部结构起保护作用, 白色不透明, 厚约 1 mm, 占据整个眼球后面约 5/6 的范围, 俗称眼白.

在角膜后面与虹膜和晶体前面之间的空隙叫前房 (anterior chamber), 其周围部称为前房角. 在虹膜后面, 睫状体和晶状体赤道部之间的环形间隙叫后房 (posterior chamber). 充满前、后房的透明液体就是房水 (aqueous humor). 房水由睫状体突出部分的上皮细胞产生, 总量约为 0.25~0.3 ml, 其主要功能是: (1) 供给眼内组织的营养和氧气, 并排出其新陈代谢产物; (2) 维持眼内压 (intraocular pressure, IOP); (3) 是屈光间质之一, 具有屈光作用, 屈光指数为 1.3336.

如图 60.3 所示, 房水产生和排出主要途径: 睫状突上皮产生房水 → 后房 → 经瞳孔 → 前房 → 前房角 → 小梁网 → 巩膜静脉窦 (Schlemm 管) → 眼球外静脉 → 全身血循环. 房水的产生和排出与眼内压关系密切, 正常时两者处于平衡状态. 当某种因素使平衡失调, 可导致眼压的增高或降低, 对眼组织和视功能造成障碍.

已经有学者基于流体力学的基本方程, 建立了眼睛前房中房水流动的动力学模型[6.14,6.15].

下面讨论房水和眼内压以及青光眼的关系. 房水由睫状体 (ciliary body) 的上皮分泌, 进入眼后房, 再经瞳孔进入眼前房, 然后流过前房角进入巩膜静脉窦, 最后汇入静脉系统. 据测定, 正常时房水的生成速度每分钟约为 2 mm^3. 房水不断生成, 又不断回流入静脉, 川流不息, 并保持动态平衡, 眼房内的水量保持恒定, 这就是所

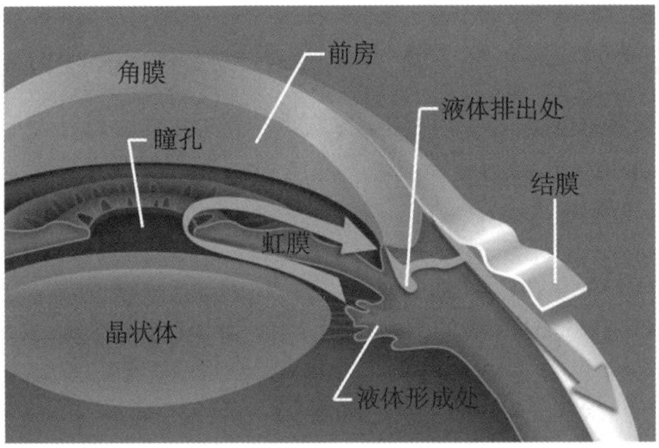

图 60.3　眼睛中房水的产生、流动和排出

谓房水循环. 由于眼的前、后房容积也是相对恒定的, 于是其中静水压 (即眼内压, IOP) 也保持相对的稳定. 据国内调查资料, 我国成年人眼内压正常值为 2.27 ~ 3.2 kPa (17 ~ 24 mmHg), 平均值为 2.67 kPa (20 mmHg).

IOP 的相对稳定, 对保持眼球特别是角膜的正常形状和折光能力意义重大. 当眼球被刺穿时, 可能导致房水流失, 眼内压下降, 引起眼球变形, 角膜也不能保持正常的曲度. 人眼的总折光能力与眼内各折光体都有一定关系, 但最主要的折射发生在空气与角膜接触的界面上, 这约占总折光能力的 80%. 因此, 角膜的曲度和形状的改变将显著地影响眼的折光能力, 严重地影响视力. 房水也对它所接触的无血管组织如角膜和晶状体起着营养的作用. 房水循环障碍时 (如房水排出受阻) 会造成眼内压过高, 从而造成血管和视神经 (optic nerve) 的损伤, 这种损伤具有不可逆性, 临床上称此类眼病为青光眼 (glaucoma), 它可导致角膜、晶状体以及虹膜等结构的代谢障碍, 严重时造成角膜混浊、视力丧失. 青光眼的形成过程如图 60.4 所示.

IOP 的主要作用是维持眼球形态、保持正常生理功能, 故必须保持在恒定范围内, 不能过高也不能过低. 这好比一只气球, 眼内压就是里面充的气对气球壁的压强, 有了气的内压强, 气球才能鼓起, 如果气少了内压强不足, 气球就瘪了, 如果气太足, 就有随时暴裂的可能.

1937 年, 美国约翰霍普金斯大学的 Jonas Stein Friedenwald (1897~1955) 通过大量实验, 总结归纳出如下眼内压随眼体积变化 $(V-V_0)$ 的对数关系[6.16]:

$$\ln\frac{\text{IOP}}{\text{IOP}_0}=K(V-V_0) \tag{60-1}$$

Friedenwald 将式 (60-1) 中的 K 命名为眼的刚度系数 (coefficient of rigidity), 其量

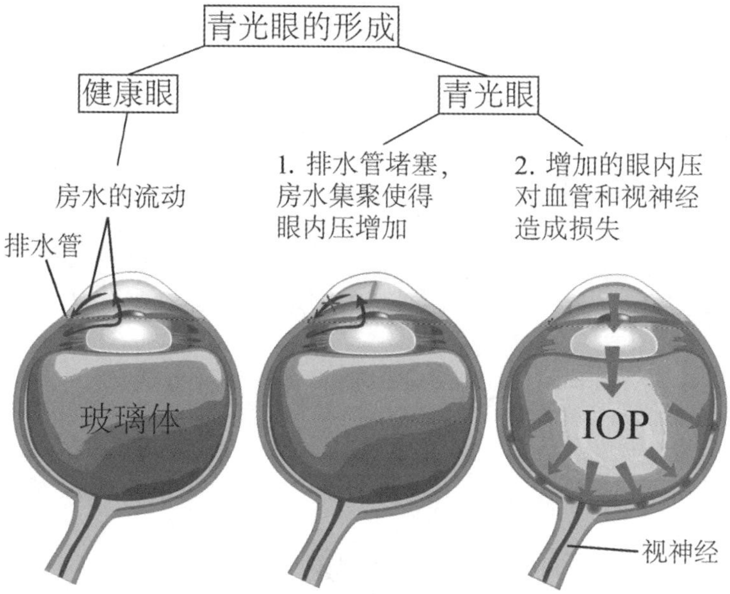

图 60.4 高眼内压与青光眼形成示意图

纲为 [体积]$^{-1}$. 对人而言, $K \propto 0.051/\mu l$, 式 (60-1) 给出, 在正常生理条件下, IOP 为 2.0 kPa 时, 眼球的柔度约为 7.5 μl/kPa.

下面用两种方法确定巩膜中的应力.

方法一、如图 60.5 所示, 取球形巩膜的一半进行分析, 巩膜内压力 IOP 对巩膜所施加的力在竖直方向的分量与巩膜中切线应力 σ 沿巩膜环形截面产生的力相等. 将眼睛抽象为一受内压为 IOP 的半径为 R 的球体, 巩膜的厚度为 h, 假定: $h/R \ll 1$. 欲求 IOP 作用在上半球体上的竖直力, 利用图 60.5 中等价的方法, 可将 IOP 假设作用在面积为 πR^2 的平面上, 这样 IOP 在竖直方法总的合力为: $\mathrm{IOP}\cdot\pi R^2$; 巩膜中应力 σ 的作用面积为: $2\pi Rh$, 其合力为: $2\pi Rh\sigma$.

由力的平衡可以得到: $\mathrm{IOP}\cdot\pi R^2 = 2\pi Rh\sigma$, 整理可以得到巩膜中的应力和眼内压 IOP 的关系式为

$$\sigma = \mathrm{IOP}\frac{R}{2h} \tag{60-2}$$

方法二、用表面张力的拉普拉斯公式. 如图 60.6 所示.

由基本假定: $h/R \ll 1$, 故巩膜可认为承受表面张力 $\gamma = \sigma h$ 的作用, 表面张力的量纲为单位长度的力. 对于球面而言, 拉普拉斯压强公式为

$$\Delta p = \mathrm{IOP} - 0 = \frac{2\gamma}{R} = \frac{2\sigma h}{R} \tag{60-3}$$

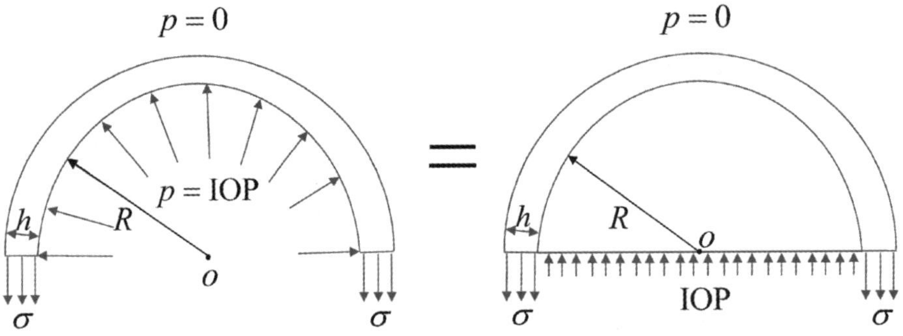

图 60.5　用竖直方向力的平衡确定巩膜中的应力

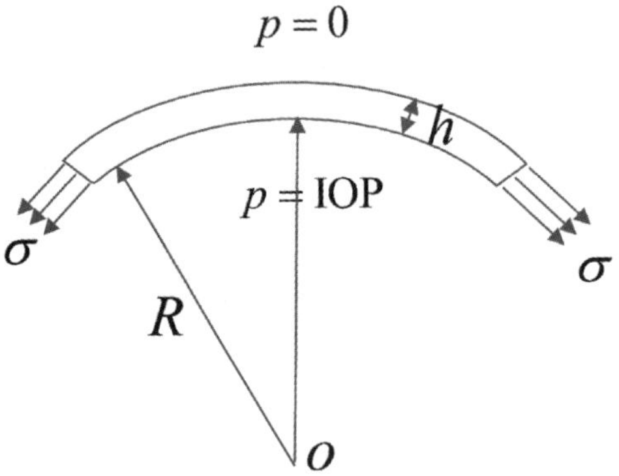

图 60.6　用拉普拉斯公式确定巩膜中的应力

对式 (60-3) 稍加整理, 便可获得式 (60-2).

可用式 (60-2) 来修正式 (60-1)[6.17].

§61. 脉搏中的力学 —— 脉搏波速度

如图 61.1 所示, 扁鹊 (公元前 407~前 310 年) 的主要医学贡献是发明了 "望闻问切 (looking, listening, asking and pulse-taking)" 的中医四诊法, 其中的 "切" 便指 "切脉".

1775 年, 数学家欧拉 (Leonhard Euler, 1707~1783) 首次定量地从流体力学角度研究人体脉搏波 (pulse wave) 的传播规律[6.18].

1808 年, 英国物理学家托马斯 · 杨 (Thomas Young, 1773~1829) 研究了脉搏波通过动脉树 (arterial tree) 传播的基本科学原理[6.19].

脉搏波速度 (pulse wave velocity, PWV), 在医学界又被广泛地称为 "脉搏波传

(a)　(b)

图 61.1　(a) 扁鹊和其发明的望闻问切四诊法; (b) 切诊就是俗称的号脉

导速度" 是评估动脉血管功能变化的简捷、有效、经济的非侵入性指标, 能够综合反映各种危险因素对血管的损伤, 是心脑血管事件的独立预测因子. 如图 61.2 所示, 医学常识告诉我们, 高的 PWV 意味着高血压和血管的僵硬化; 低的 PWV 作为健康的标志, 意味着低血压和柔性的动脉血管.

莫恩斯 (Adriaan Isebree Moens, 1846~1891, 终年 44 岁) 于 1874~1877 年在荷兰莱顿大学 (Leiden Univ.) 攻读博士学位期间, 在 Adrian Heynsius 教授的指导下开展了动脉血管中的 PWV 的理论和实验研究, 并于 1877 年 9 月 22 日成功进行了博士论文答辩[6.20], 他博士论文的主要贡献是建立了 PWV 的理论模型. 他博士论文中理论模型的扩展版于 1878 年发表[6.21].

莫恩斯 (1846~1891)

科特维格 (Diederik Johannes Korteweg, 1848~1941, 享年 93 岁) 于 1878 年 7 月 12 日成功地进行了博士论文答辩[6.22], 成为当时新命名的阿姆斯特丹大学 (University of Amsterdam) 的第一位博士. 他有一年的时间在诺贝尔奖获得者 van der Waals 的指导下从事 PWV 的研究, 并于 1878 年发表了相关论文[6.23].

科特维格 (1848~1941)

鉴于莫恩斯和科特维格在该领域的杰出贡献, 有关 PWV 被称为 "莫恩斯–科特维格公式". 下面详细给出 PWV 的莫恩斯–科特维格公式的详细推导过程.

人体动脉血管可简化为如图 61.3. 其中, r 为血管半径, h 是血管壁厚度, v_z 是血流轴向速度.

问题的基本假设如下:

(1) 血液为不可压、无黏流体, 不考虑重力影响, 在整个横截面内流速相同;

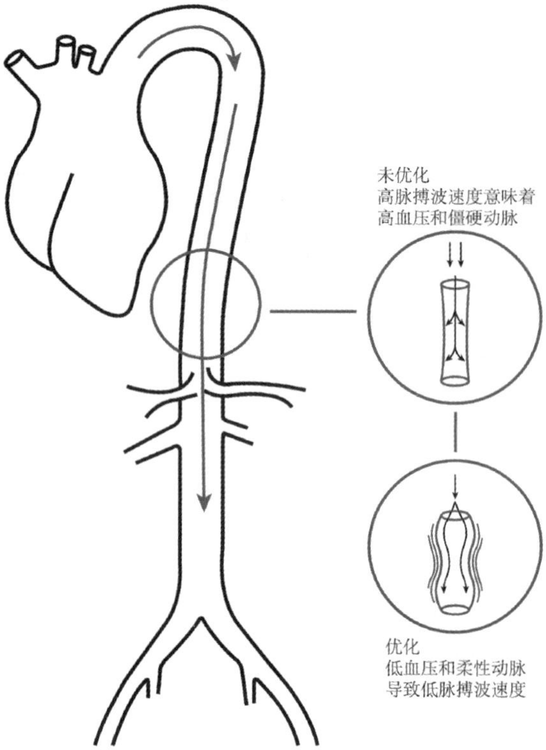

图 61.2　动脉树中的脉搏波速度 (PWV)

高 PWV: 高血压、硬化血管; 低 PWV: 低血压、柔性血管

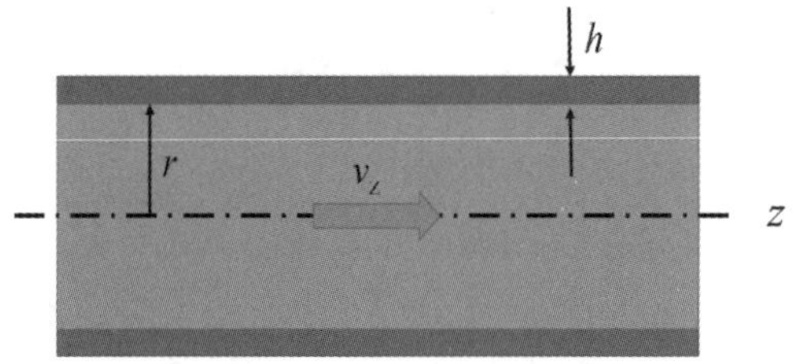

图 61.3　血管模型示意图

(2) 血管半径的变化与血管内压力呈一定的关系;

(3) 假定血管半径改变量为小量, 血液低速流动;

(4) 假设血管为线弹性的薄壁圆管, 管壁远小于其半径: $h \ll r$.

➢　连续性方程 (质量守恒方程)

血管的截面积为: $A=\pi r^2$, 沿血管长度方向 z 取一微元体 $\mathrm{d}z$, 微元体中的血液的质量为: $A\rho\mathrm{d}z$, 其时间变化率为: $\dfrac{\mathrm{d}}{\mathrm{d}t}(A\rho\mathrm{d}z)$, 由于设血液为不可压流体, 其密度

为常数, 则血液流动的连续性方程 (continuity equation) 或者质量守恒方程 (mass conservation equation) 可写为

$$\frac{\partial}{\partial t}A\mathrm{d}z=[Av_z]_z-[Av_z]_{z+\mathrm{d}z}$$

上式的连续性方程可改写成如下形式:

$$\frac{\partial A}{\partial t}+\frac{\partial}{\partial z}(Av_z)=0$$

将面积 $A=\pi r^2$ 代入上式, 即得到

$$2\pi r\frac{\partial r}{\partial t}+\pi r^2\frac{\partial v_z}{\partial z}+2\pi rv_z\frac{\partial r}{\partial z}=0\quad 或者\quad \frac{\partial r}{\partial t}+\frac{r}{2}\frac{\partial v_z}{\partial z}+v_z\frac{\partial r}{\partial z}=0$$

应用上面的第三条假设, v_z 和 $\dfrac{\partial r}{\partial z}$ 均为小量, 则 $v_z\dfrac{\partial r}{\partial z}$ 可被忽略掉, 从而可以得到线性简化后的连续性方程:

$$\frac{\partial r}{\partial t}+\frac{r}{2}\frac{\partial v_z}{\partial z}=0\tag{61-1}$$

对式 (61-1) 应用链式法则, 有

$$\frac{\mathrm{d}r}{\mathrm{d}p}\frac{\partial p}{\partial t}+\frac{r}{2}\frac{\partial v_z}{\partial z}=0\tag{61-2}$$

➢ 动量守恒方程

$$\rho\underbrace{\frac{\mathrm{d}v_z}{\mathrm{d}t}}_{随体导数}=\rho\left(\underbrace{\frac{\partial v_z}{\partial t}}_{局部导数}+\underbrace{v_z\frac{\partial v_z}{\partial z}}_{对流导数}\right)=-\frac{\partial p}{\partial z}\tag{61-3}$$

式中, $\dfrac{\mathrm{d}v_z}{\mathrm{d}t}$ 为物质时间导数 (material time derivative), 简称物质导数 (material derivative), 也称为 "随体导数 (material derivative)"、全导数, 它表示的是流体微元对时间的全导数. $\dfrac{\partial v_z}{\partial t}$ 则称为局部时间导数, 简称局部导数 (local derivative) 或当地导数. $v_z\dfrac{\partial v_z}{\partial z}$ 项称为对流导数 (convective derivative). 对于三维情形随体导数和局部导数的关系式见思考题 6.8.

对式 (61-3) 进一步整理, 即

$$\frac{\partial v_z}{\partial t}+v_z\frac{\partial v_z}{\partial z}+\frac{1}{\rho}\frac{\partial p}{\partial z}=0$$

其中, ρ 为血液密度, p 为压强. 同样考虑到血流流动缓慢的假设, 对流导数项 $v_z\dfrac{\partial v_z}{\partial z}$ 项为小量, 略去该项后, 上式可进一步简化为

$$\frac{\partial v_z}{\partial t}+\frac{1}{\rho}\frac{\partial p}{\partial z}=0\tag{61-4}$$

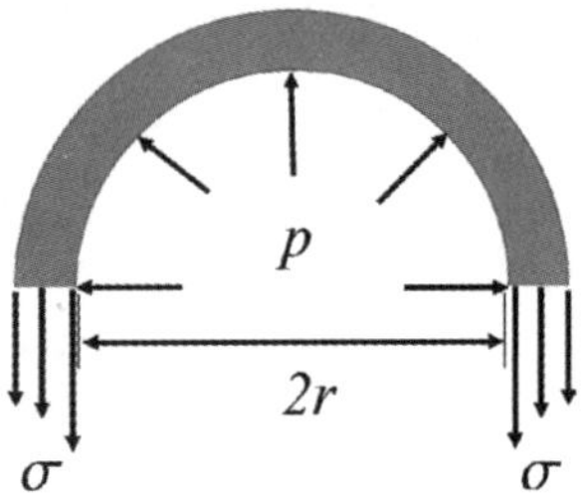

图 61.4　血管壁的受力情况

➢　血管壁的受力情况

血管壁受力分析如图 61.4 所示, 力平衡条件为

$$E\frac{\mathrm{d}r}{r}h = r\mathrm{d}p \tag{61-5}$$

式中, $\frac{\mathrm{d}r}{r}$ 为应变, $E\frac{\mathrm{d}r}{r}$ 为应力, $Eh\frac{\mathrm{d}r}{r}$ 为径向方向上沿 z 轴单位长度力的增量, 其与血管内血液对壁管在 z 轴单位长度上力的增量相等, 即可得到式 (61-5), 该式还可改写为

$$\frac{\mathrm{d}r}{\mathrm{d}p} = \frac{r^2}{Eh} \tag{61-6}$$

➢　结合质量守恒式 (61-2) 和动量守恒式 (61-4)

对动量方程式 (61-4) 进行积分后得: $v_z = -\frac{1}{\rho}\int\frac{\partial p}{\partial z}\mathrm{d}t$, 将其代入质量守恒方程式 (61-2) 中, 消去 v_z, 从而有

$$\frac{2}{r}\frac{\mathrm{d}r}{\mathrm{d}p}\frac{\partial p}{\partial t} = \frac{1}{\rho}\int\frac{\partial^2 p}{\partial z^2}\mathrm{d}t$$

上式两边同时对 t 求导得

$$\frac{2}{r}\frac{\mathrm{d}r}{\mathrm{d}p}\frac{\partial^2 p}{\partial t^2} - \frac{1}{\rho}\frac{\partial^2 p}{\partial z^2} = 0$$

将式 (61-6) 代入上式, 整理可得到如下动脉血管的波动方程:

$$\frac{\partial^2 p}{\partial z^2} - \frac{1}{c_{\mathrm{PWV}}^2}\frac{\partial^2 p}{\partial t^2} = 0 \tag{61-7}$$

即脉搏波速度 (PWV) 的莫恩斯–科特维格公式为

$$c_{\mathrm{PWV}} = \sqrt{\frac{E}{\rho}\frac{h}{2r}} = \sqrt{\frac{E}{\rho}\frac{h}{d}} \tag{61-8}$$

式中, $d = 2r$ 为血管的直径. 从式 (61-8) 可以看出, PWV 作为一种横波的波速, 它既取决于动脉血管材料参数 (杨氏模量和密度), 又取决于其几何参数 (管壁厚度和直径). 通过 c_{PWV} 的实测值可以反推得到血管的杨氏模量值.

下面分析 c_{PWV} 的典型值. 不失一般性, $E \sim 4.8\times10^5$ Pa, $h/d \sim 0.07$, $\rho \sim 10^3$ kg/m^3, 由莫恩斯–科特维格公式 (61-8) 可得: $c_{\mathrm{PWV}} \sim 5.8$ m/s. 事实上, 人动脉波波速 (PWV) 的实际范围为: 5~10 m/s, 因此, 在手腕上号脉时感觉到脉动的时间间隔大致为 0.1 s.

思考题和补充材料

6.1 心跳次数的标度率. 动物的心跳和呼吸频率都和体重的负 1/4 次方成比例, 也就是说, 越大的动物心跳和呼吸越慢; 但是动物的寿命又和体重的正 1/4 次方成正比, 也就是说, 大的动物心跳得慢, 但活的长, 小的动物心跳得快, 活的也短. 一消一长, 互相抵消, 所以在大象和老鼠的一生中, 心跳的总数目是差不多的, 至少在数量级上.

6.2 一些动物的总代谢率和体重之间满足 3/4 的标度关系, 如下图所示.

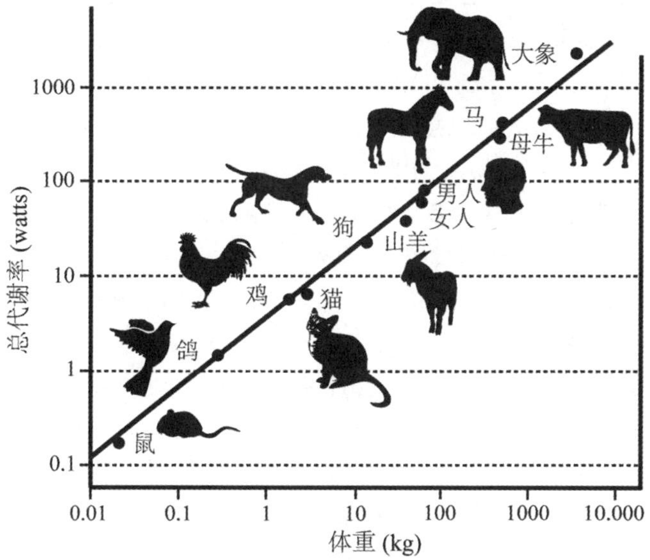

题图 6.2

6.3 动物的睡眠时间也和体重有关. 越小的动物睡得越长, 老鼠每天需要睡 14 个小时, 婴儿每天要睡 10~12 个小时, 成年人每天要睡 6~8 个小时, 而大象则每天需要睡 3 个小时. 请给出你的分析.

6.4 像鲸鱼这样庞大的哺乳动物已经习惯了浮力的生长环境, 分析: 当鲸鱼搁浅后, 它们将被自身的重力压死.

6.5 解释动物的动能和其特征尺度的五次方成正比: $E_K \propto \mathrm{L}^5$.

解: 动能 $E_K = \dfrac{1}{2}mv^2$, 由于 $m \sim \mathrm{L}^3$, 在相同的时间 T 内: $v^2 \propto (\mathrm{L/T})^2 \propto \mathrm{L}^2$, 故有: $E_K \propto \mathrm{L}^5$. 在分析人的行为时, 特征尺度 L 可取为人的身高, 这可解释为何小孩子跌倒时感受到的疼痛要比大人小的多. 假设小孩子是大人身高的一半, 其跌倒时的动能只有大人的三十二分之一: $(1/2)^5 = 1/32$.

6.6 "孕傻" 有了科学解释.《自然 · 神经科学》于 2017 年第 2 期发表的一篇论文[6.24], 对初次生育的母亲们进行了研究, 发现怀孕会在至少两年内导致大脑的结构性改变. 这些改变发生在与社会认知有关的区域, 以及母亲对其婴儿的图像作出反应的区域. 此外, 改变的程度还能预测母亲对孩子的依恋程度. 人们常说 "一孕傻三年", 但并不真的以为这句话会有科学依据. 由于激素水平急剧上升, 怀孕的确会带来剧烈的心理和生理改变. 虽然人们已经知道, 一些幅度更小的激素改变 (比如青春期的激素改变) 可以调控人脑的结构和功能, 但怀孕对母亲大脑的结构改变, 迄今人类尚不清楚.

此次, 荷兰莱顿大学研究人员艾瑟琳 · 霍克泽玛 (Elseline Hoekzema) 及其同事设计了一项前瞻研究计划. 团队跟踪 25 位初次生育的母亲, 在她们怀孕前后进行了检查, 以表征怀孕导致的脑灰质结构改变. 与 19 位初次做父亲的男性、17 位没有子女的男性和 20 位从未生育的女性相比, 初次生育的母亲与心智理论 (推断自己和他人的心理状态, 比如想法、情绪和意图的能力) 相关的区域出现了灰质减少的现象, 而这种结构性改变可以区分女性是否有过怀孕产子的经历, 还能预测母亲在产后对婴儿的依恋程度.

研究人员在向母亲展示她们婴儿的照片时, 相较于其他婴儿的照片, 在母亲被怀孕改变的脑区, 团队观察到了神经活动增加. 最后, 后续成像显示, 除了海马体 (一个与记忆有关的区域) 的灰质容量部分恢复外, 灰质减少在胎儿出生后至少持续了两年时间.

这项研究为初次怀孕对人脑结构和功能带来的剧烈改变提供了一定认识. 论文作者指出, 这些改变或许能帮助女性面对即将成为母亲的社会要求.

6.7 左侧抱小孩缘于脑半球功能不对称. 2017 年, 俄罗斯圣彼得堡国立大学的生物学家在《自然 · 生态学与进化》期刊第一期上撰文指出[6.25], 大多数哺乳动物的幼崽更喜欢走在母亲右侧, 用左眼看母亲. 研究表明, 这是大脑两半球功能不对称性的表现. 这种现象由来已久. 过去人们认为, 这是人类的特有属性, 但事实上, 它也让其他物种得以存活至今. 科学家们用 5 年时间对海象、马、驯鹿、高鼻羚羊、麝牛、欧鳇、虎鲸、南露脊鲸、东部灰大袋鼠和红大袋鼠的雌性动物和幼崽进行了观察. 研究结果证实了这样一个假设: 让母亲处于自己的左侧视野不仅是人类的特性, 也是所有哺乳动物的属性, 而且这一现象有很长的历史. 这种脑功能侧化 (大脑两半球功能不对称性) 现象表明, 通过左眼接收信息的右半球, 在辨别有社会意义的形象时运转得更快. 研究人员解释说: "人类是哺乳动物, 所以这种假设可以说明, 这是人类在进化过程中从祖辈那里继承下来的特点, 表现为母亲用左手抱孩子, 把孩子的头放在左肩上."

6.8 有关随体导数 (物质导数、全导数)、局部导数 (当地导数) 和对流导数. 对于三维情形, 如速度矢量 $\boldsymbol{v}(\boldsymbol{r},t)$ 是空间坐标 $\boldsymbol{r}$ 和时间 t 的函数. 由链式法则, 有

$$\begin{aligned}\boldsymbol{a}&=\frac{\mathrm{d}\boldsymbol{v}}{\mathrm{d}t}=\frac{\partial \boldsymbol{v}}{\partial t}+\frac{\partial \boldsymbol{v}}{\partial \boldsymbol{r}}\cdot\frac{\partial \boldsymbol{r}}{\partial t}\\&=\frac{\partial \boldsymbol{v}}{\partial t}+\frac{\partial \boldsymbol{v}}{\partial x}\frac{\partial x}{\partial t}+\frac{\partial \boldsymbol{v}}{\partial y}\frac{\partial y}{\partial t}+\frac{\partial \boldsymbol{v}}{\partial z}\frac{\partial z}{\partial t}=\frac{\partial \boldsymbol{v}}{\partial t}+\left(v_x\frac{\partial}{\partial x}+v_y\frac{\partial}{\partial y}+v_z\frac{\partial}{\partial z}\right)\boldsymbol{v}\\&=\underset{\text{局部项}}{\frac{\partial \boldsymbol{v}}{\partial t}}+\underbrace{(\boldsymbol{v}\cdot\boldsymbol{\nabla})\boldsymbol{v}}_{\text{对流项}}\end{aligned}\tag{61-9}$$

6.9　随体导数的进一步推广. 式 (61-9) 可推广至其他物理量的随体导数, 一般地:

$$\frac{\mathrm{d}}{\mathrm{d}t}=\frac{\partial}{\partial t}+(\boldsymbol{v}\cdot\boldsymbol{\nabla}) \tag{61-10}$$

例如, 对于密度 ρ 而言, 有

$$\frac{\mathrm{d}\rho}{\mathrm{d}t}=\frac{\partial\rho}{\partial t}+(\boldsymbol{v}\cdot\boldsymbol{\nabla})\rho \tag{61-11}$$

质点的密度在运动过程中不变的流体称为不可压缩流体 (incompressible fluid), 其满足:

$$\frac{\mathrm{d}\rho}{\mathrm{d}t}=0 \tag{61-12}$$

6.10　如图所示, 包括大象在内, 图中共有几个动物? 它们之间的特征尺度都在何量级? 进一步结合例 55.1 说明不同种类之间动物的特征尺度的大致比例.

题图 6.10

6.11　结合例 55.5 和题图 6.11, 进一步体会特征尺度对动物跌落受伤程度的影响: 昆虫对重力是不惧的. 昆虫在地球重力场作用下的坠落是不会致命的. 一只小田鼠沿矿井竖直坠落

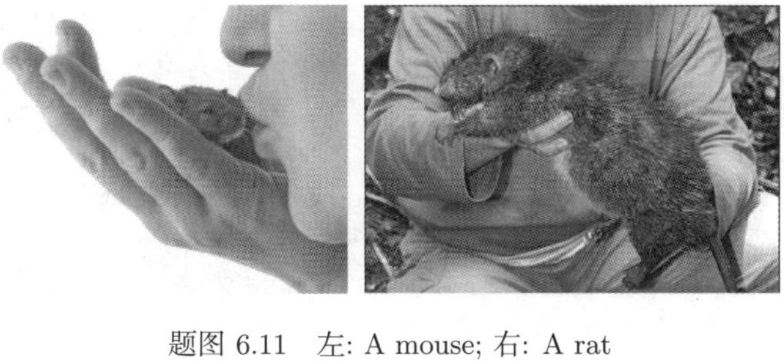

题图 6.11　左: A mouse; 右: A rat

1000 英尺撞击井底的话, 可能只会受点很快就能恢复的轻伤. 但同样的坠落对一只大耗子来说很可能就是致命的了; 人的话是肯定死了; 马的话就会被摔得稀巴烂了 (Insects have nothing to fear from gravity. No fall in the Earth's gravitational field can kill an insect. A mouse can fall down a 1000 foot deep mine shaft and suffer a minor shock, but no lasting injury, when it hits. A rat, on the other hand, might well die; a man would certainly die; and a horse would splash).

6.12 薛定谔于 1943 年出版了被认为是二十世纪最重要的物理学文献之一的小册子《生命是什么?》[6.26]. 在薛定谔的时代, 科学家还没有完全理解遗传的物质基础是什么. 人们还不知道 DNA 是长链条双螺旋结构, 也不知道 DNA 的内部组成成分, 不知道遗传物质是核酸. 薛定谔以其高超的洞见性, 开启了运用物理学规律来研究生命科学问题的先河. 他指出[6.26]: "一个生命有机体, 在不断地增加着它的熵 —— 你或者可以说是在增加正熵 —— 并趋于接近最大值的熵的危险状态, 那就是死亡. 而要摆脱死亡, 也就是说要活着, 唯一的办法就是从环境中不断汲取负熵 (negative entropy), 我们马上就会明白, 负熵是十分积极的东西, 有机体就是赖以负熵为生的."

在薛定谔之后, 生命科学出现了两次革命: 一是分子生物学的革命, 标志是 1953 年 DNA 双螺旋结构的发现. 分子生物学的出现, 受到了薛定谔的极大影响. 同时, 物理学还为生物学提供了 X 射线、核磁共振、电子显微镜、高速离心机等工具; 二是基于测序的基因组学, 这是数学、计算机科学和生物学的交叉.

目前, 生命科学正在经历着第三次革命, 其最大的特点是: 生命科学和物理、化学、力学不再是简单的交叉, 而是我中有你、你中有我, 共同发展, 共同驱动.

问题: (1) 什么是生物力学 (biomechanics)? (2) 什么是力学生物学 (mechanobiology)? (3) 什么是生物物理学 (biophysics)? (4) 举例说明日常生活中的负熵?

6.13 弗朗西斯 · 克里克 (Francis Crick, 1916~2004, 图中站立者) 和詹姆斯 · 沃森 (James Watson, 1928~) 在二十世纪五十年代初, 经常在 1667 年开业的剑桥老鹰酒吧 (Eagle) 吃午餐, 他们以卡文迪许实验室为基地, 创建了 DNA 双螺旋结构模型. 在《双螺旋》一书

题图 6.13

中, 沃森提到, 1953 年 2 月 28 日, 克里克冲进老鹰酒吧, 大声宣布 “我们已经发现了生命的秘密”[6.27]. 该酒吧的墙上镶嵌着一块铜牌 — 克里克和沃森在这里宣布发现 DNA 的双螺旋结构. 酒吧也特意调制出一款命名为 “老鹰的 DNA” 浓烈的特色麦酒, 以吸引顾客. 克里克、沃森、威尔金斯分享了 1962 年度诺贝尔生理学或医学奖.

参 考 文 献

[6.1] Thompson D W. On Growth and Form. Cambridge: Cambridge University Press, 1917.

[6.2] Kleiber M. Body size and metabolic rate. Physiological Reviews, 1947, 27(4): 511–541.

[6.3] Kleiber M. The Fire of Life. An Introduction to Animal Energetics. New York: John Wiley & Sons, Inc., 1961.

[6.4] West G B, Brown J H, Enquist B J. A general model for the origin of allometric scaling laws in biology. Science, 1997, 276: 122–126.

[6.5] West G B, Brown J H, Enquist B J. The fourth dimension of life: fractal geometry and allometric scaling of organisms. Science, 1999, 284: 1677–1679.

[6.6] Mackenzie D. New clues to why size equals destiny. Science, 1999, 284: 1607–1609.

[6.7] Tallinen T, Chung J Y, Biggins J S, Mahadevan L. Gyrification from constrained cortical expansion. Proceedings of the National Academy of Sciences, 2014, 111: 12667–12672.

[6.8] Tallinen T, Chung J Y, Rousseau F, Girard N, Lefèvre J, Mahadevan L. On the growth and form of cortical convolutions. Nature Physics, 2016, 12: 588–593.

[6.9] Titze I R, Hunter E J. Normal vibration frequencies of the vocal ligament. The Journal of the Acoustical Society of America, 2004, 115: 2264–2269.

[6.10] Fitch W T, de Boer B, Mathur N, Ghazanfar A A. Monkey vocal tracts are speech-ready. Science Advances, 2016, 2: e1600723.

[6.11] Crawford F S. Waves (Berkeley Physics Course, Vol. 3). McGraw-Hill, 1968.

[6.12] Gauger E M, Rieper E, Morton J J, Benjamin S C, Vedral V. Sustained quantum coherence and entanglement in the avian compass. Physical Review Letters, 2011, 106: 040503.

[6.13] Lambert N, Chen Y N, Cheng Y C, Li C M, Chen G Y, Nori F. Quantum biology. Nature Physics, 2013, 9: 10–18.

[6.14] Canning C R, Greaney M J, Dewynne J N, et al. Fluid flow in the anterior chamber of a human eye. Mathematical Medicine and Biology, 2002, 19: 31–60.

[6.15] Fitt A D, Gonzalez G. Fluid mechanics of the human eye: aqueous humour flow in the anterior chamber. Bulletin of Mathematical Biology, 2006, 68: 53–71.

[6.16] Friedenwald J S. Contribution to the theory and practice of tonometry. American Journal of Ophthalmology, 1937, 20: 985–1024.

[6.17] McEwen W K, Helen R S. Rheology of the human sclera. Ophthalmologica, 1965, 150: 321–346.

[6.18] Parker K H. A brief history of arterial wave mechanics. Medical & Biological Engineering & Computing, 2009, 47: 111–118.

[6.19] Young T. The Croonian Lecture: On the functions of the heart and arteries. Philosophical Transactions of the Royal Society of London, 1809, 99: 1–31.

[6.20] Moens A I. Over de voortplantingssnelheid van den pols [On the speed of propagation of the pulse] (Ph.D. thesis) (in Dutch). Leiden, The Netherlands, 1877.

[6.21] Moens A I. Die Pulskurve [The Pulse Curve] (in German). Leiden, The Netherlands: E.J. Brill., 1878.

[6.22] Korteweg D J. Over voortplantings-snelheid van golven in elastische buizen. Ph.D. Thesis (in Dutch), Faculty of Mathematics and Physics, University of Amsterdam, Amsterdam, The Netherlands, 1878.

[6.23] Korteweg D J. Über die Fortpflanzungsgeschwindigkeit des Schalles in Elastischen Röhren. Annalen der Physik. 1878, 241: 525–542.

[6.24] Hoekzema E, Barba-Müller E, Pozzobon C, Picado M, Lucco F, García-GarcíD, Soliva J C, Tobeña A, Desco M, Crone E A, Ballesteros A, Carmona S, Vilarroya O. Pregnancy leads to long-lasting changes in human brain structure. Nature Neuroscience, 2017, 20: 287–296.

[6.25] Karenina K, Giljov A, Ingram J, Rowntree V J, Malashichev Y. Lateralization of mother–infant interactions in a diverse range of mammal species. Nature Ecology & Evolution, 2017, 1: 0030.

[6.26] Schrödinger E. What Is Life? The Physical Aspect of the Living Cell and Mind. Dublin, 1943.

[6.27] Watson J D, Crick F H C. Molecular structure of nucleic acids. Nature, 1953, 171: 737–738.

第七篇 附　　录

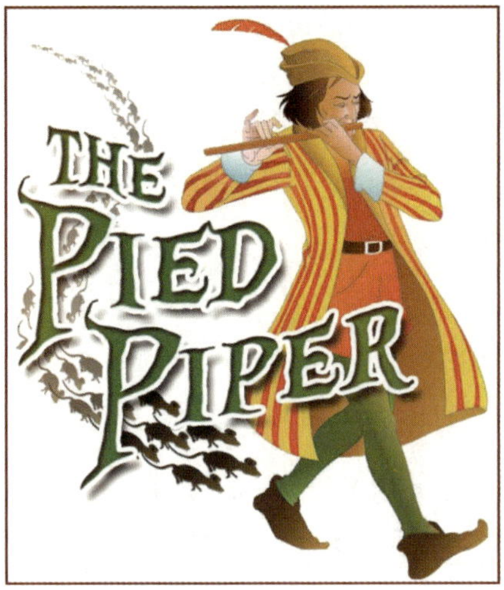

“I seem to hear in them from afar the sweet flute of the Pied Piper that Hilbert was, seducing so many rats to follow him into the deep river of mathematics.”

“我仿佛听到希尔伯特作为花衣魔笛手，所吹奏的来自远方的悠扬笛声，引诱着如此众多的像鼠一般的追随者和他一起跳进数学的深河徜徉.”

—— Hermann Weyl “*David Hilbert and his mathematical work*” (1944)

赫尔曼 · 外尔《大卫 · 希尔伯特和他的数学工作》(1944)

附录 A 常 用 符 号

表 A.1 本书常用符号和记号

$\forall$	对所有; 对任意; 对任一	for all; for any; for each
$\exists$	存在	there exists; there is; there are
$\in$	属于	is an element of
$\Leftrightarrow$	实质等价	material equivalence if and only if (iff)
Sym	对称	symmetric
Skw	反对称	skew
$o(x^n)$	指比 x^n 高阶的无穷小	little-o notation
$O(x^n)$	指比 x^n 同阶的无穷小	big O notation
$\sim$	数量级为, 标度关系	is of the order of magnitude of
$\propto$	正比于	is proportional to
$=$	等于	is equal to
$\approx$	近似地等于, 粗略地等于	is approximately equal to is roughly equal to
$\equiv$	恒等于	is identical with
$f'(x)$	导数, 微分, 最早由拉格朗日引入, 1770 年出现于正式出版物	differential, derivative
$\dfrac{\mathrm{d}f(x)}{\mathrm{d}x}$	导数, 最早由莱布尼兹引入, 微分符号 d 正体	differential, derivative
f_x, f_{xy}	偏导数, 偏微分	partial derivative
$\dfrac{\partial f(x,y)}{\partial x}$	偏导数, 偏微分. 1786 年勒让德引入了偏导数的现在记号, 1841 年雅可比重新引入	partial derivative
δS	变分, δ 正体	variation
$\sum\limits_{n=0}^{\infty}\dfrac{f^{(n)}(x)}{n!}h^n$	$\sum\limits_{n=0}^{\infty}$ 为 Sigma 求和符号, $f^{(n)}(x)$ 为 n 阶导数, $n!$ 为阶乘	$\sum\limits_{n=0}^{\infty}$ Sigma summation symbol $f^{(n)}(x)$ nth derivative $n!$ factorial of n

续表

$f\circ g$	复合函数, $(f\circ g)(x)=f(g(x))$	function composition
$[f,g]$	泊松括号, $\sum_k\left(\frac{\partial f}{\partial q_k}\frac{\partial g}{\partial p_k}-\frac{\partial f}{\partial p_k}\frac{\partial g}{\partial q_k}\right)$	Poisson bracket
$\boldsymbol{\nabla}$	梯度算子, $\boldsymbol{\nabla} f=\mathbf{grad}\, f=\frac{\partial f}{\partial x}\mathbf{i}+\frac{\partial f}{\partial y}\mathbf{j}+\frac{\partial f}{\partial z}\mathbf{k}$	gradient, grad, del, nabla
	散度算子, $\boldsymbol{\nabla}\cdot\boldsymbol{f}=\operatorname{div}\boldsymbol{f}=\frac{\partial f_x}{\partial x}+\frac{\partial f_y}{\partial y}+\frac{\partial f_z}{\partial z}$	divergence, div
	旋度算子, $\boldsymbol{\nabla}\times\boldsymbol{f}=\mathbf{curl}\,\boldsymbol{f}=\begin{vmatrix}\mathbf{i}&\mathbf{j}&\mathbf{k}\\ \frac{\partial}{\partial x}&\frac{\partial}{\partial y}&\frac{\partial}{\partial z}\\ f_x&f_y&f_z\end{vmatrix}$ $=\left(\frac{\partial f_z}{\partial y}-\frac{\partial f_y}{\partial z}\right)\mathbf{i}+\left(\frac{\partial f_x}{\partial z}-\frac{\partial f_z}{\partial x}\right)\mathbf{j}$ $+\left(\frac{\partial f_y}{\partial x}-\frac{\partial f_x}{\partial y}\right)\mathbf{k}$	curl, rot 1839 年, 爱尔兰数学家 James MacCullagh (1809~1847) 在建立光场理论时, 首次使用; 1871 年, 麦克斯韦 (1831~1879) 建议了 "curl" 名称.
Δ	拉普拉斯算子, $\Delta=\boldsymbol{\nabla}\cdot\boldsymbol{\nabla}=\nabla^2$ $=\frac{\partial^2}{\partial x^2}+\frac{\partial^2}{\partial y^2}+\frac{\partial^2}{\partial z^2}$	Laplace operator, Laplacian
$\Box$	$\Box=\frac{1}{c^2}\frac{\partial^2}{\partial t^2}-\nabla^2=\frac{1}{c^2}\frac{\partial^2}{\partial t^2}-\Delta$ $=\frac{1}{c^2}\frac{\partial^2}{\partial t^2}-\frac{\partial^2}{\partial x^2}-\frac{\partial^2}{\partial y^2}-\frac{\partial^2}{\partial z^2}$	D'Alembertian, wave operator

在物理学界被广泛传颂的是, 物理学家朗道曾用数学算符对理论物理学家进行分类:

拉普拉斯算子 "Δ" 代表头脑尖又坐得住者 (sharp and diligent), 如爱因斯坦等;

达朗贝尔算子 "□" 代表头脑笨但坐得住者 (diligent blockhead), 如莫斯科大学的某些教授;

他本人由 "◊" 描述, 头脑虽尖但坐不住 (sharp but lazy);

最后, 梯度算子 "▽" 代表头脑笨又坐不住的人 (lazy blockhead), 例如曾告发过他的同事伊万年科.

附录 B 微积分初步

在十七世纪的科学革命中, 力学的发展带来了微积分. 微积分等数学学科的创立又反过来极大地促进了整个科学的发展.

伽利略曾深刻地指出: “宇宙是一部鸿篇巨著, 记载了所有的知识与智慧, 随时可供人类阅读. 然而, 唯有识得书中文字, 方能理解其奥义, 而这部巨著恰恰是用数学的语言写就 (Philosophy is written in this grand book, the universe, which stands continually open to our gaze. But the book cannot be understood unless one first learns to comprehend the language and read the letters in which it is composed. It is written in the language of mathematics).” 若将眼光放在现代, 费曼亦有言: “一个人如果不懂数学, 那就很难体会到大自然最深层次的美 …… 如果你想要认识自然, 欣赏她的美, 那就必须要通晓她的语言 (To those who do not know mathematics it is difficult to get across a real feeling as to the beauty, the deepest beauty, of nature. ··· If you want to learn about nature, to appreciate nature, it is necessary to understand the language that she speaks in).” 费曼还曾诙谐地说过: “如果数学突然消失, 那么物理学将倒退整整一星期 (If all mathematics disappeared today, physics would be set back exactly one week).” 对此, 一位数学家机智地作解: “这正是上帝创世的那一个星期 (This was the week that God created the world).”

本科一年级第一学期的《普通物理 · 力学》之所以难教和难学, 部分原因是同学们还在平行地学习数学分析和线性代数等数学工具. 因此, 在数学上遇到困难是肯定的. 这里我们用爱因斯坦给一位中学女生 (a schoolgirl named Barbara Lee Wilson) 回信时所用的一句话来鼓励听课的同学们: “Do not worry about your difficulties in mathematics. I can assure you mine are still greater (不要担心你在数学上遇到的困难, 我敢保证我遇到的困难比你还大得多).”

目前常用的微分符号有两种:

(1) 1675 年由莱布尼兹最早所给出的导数符号: $\dfrac{\mathrm{d}y}{\mathrm{d}x}$;

(2) 1770 年由拉格朗日最早用撇 ($'$) 来表示函数的导数[B.1], 例如, 函数 $f(x)$ 对 x 的一阶和二阶导数可分别表示为 $f'(x)$ 和 $f''(x)$.

微积分 (calculus) 主要包括极限 (limit)、导数 (derivative)、积分 (integral, antiderivative) 及无穷和 (infinite sums). 微积分的发展历程大致有如下几个里程碑式的事件:

公元前 1820 年, 埃及莫斯科纸草书 (Egyptian Moscow papyrus) 中便有求体积和面积的记载.

古希腊数学家欧多克索斯 (Eudoxus, 408~355 BC) 首先引入 “量” 的概念, 将 “量” 和 “数” 区别开来, 他还建立了严谨的 “穷竭法 (method of exhaustion)”, 该方法是求极限并进而求面积和体积的先导方法.

古希腊数学家阿基米德 (Archimedes, 287~212 BC) 继续发展了欧多克索斯的思想, 并发明了 “试探法 (heuristics)”, 类似于用于求面积的定积分.

在约公元 1000 年, 阿拉伯数学家阿尔哈曾 (Alhazen, 965~1040) 推导出前四个自然数的次方和的阿尔哈曾递推公式, 之后被用于积分的计算.

本书 §14 中着重提及的开普勒 (Johannes Kepler, 1571~1630) 在 1615 年出版的《测量酒桶的新立体几何》书中[B.2], 论述了求圆锥曲线围绕其所在平面上某直线旋转而成体积的积分法. 开普勒方法的要旨是用无数个同维无限小元素之和来确定曲边形的面积及旋转体的体积. 例如他认为球的体积是无数个小圆锥的体积的和, 这些圆锥的顶点在球心, 底面则是球面的一部分; 他又把圆锥看成是极薄的圆盘之和并由此计算出它的体积. 图 B.1 给出了开普勒时代的一些著名科学家的生活年代.

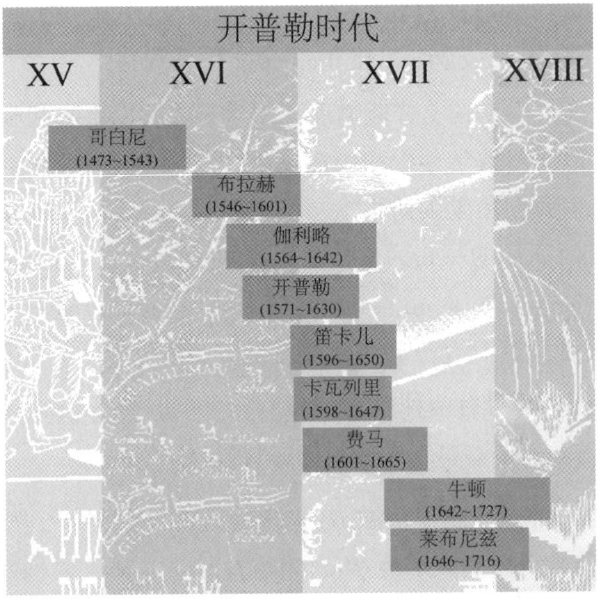

图 B.1　开普勒时代: 影响过开普勒的科学家和受开普勒影响过的科学家及其生活的年代

卡瓦列里 (1598~1647)

卡瓦列里 (Francesco Bonaventura Cavalieri, 1598~1647) 是意大利数学家, 积

分学先驱者之一. 1623~1629 年间, 担任修道院院长. 1629 年在伽利略的大力推荐下终任博洛尼亚大学 (世界第一所大学, 建立于 1088 年) 数学教授直到去世. 伽利略在推荐信中, 称赞卡瓦列里 "是继阿基米德之后, 在钻研几何学的深度和广度方面绝无仅有的人才 (few, if any, since Archimedes, have delved as far and as deep into the science of geometry)".

1635 年, 卡瓦列里在其著作《用新方法促进的连续不可分量的几何学》[B.3] 中发展了系统的不可分量方法. 卡瓦列里认为线是由无限多个点组成; 面是由无限多条平行线段组成; 立体则是由无限多个平行平面组成. 他分别把这些元素叫做线、面和体的 "不可分量 (indivisible)". 他建立了一条关于这些不可分量的普遍原理, 后以 "卡瓦列里原理" 著称: 两个等高的立体, 如它们的平行于底面且离开底面有相等距离的截面面积之间总有给定的比, 那么这两个立体的体积之间也有同样的比. 卡瓦列里利用这条原理计算出许多立体图形的体积. 然而, 他对积分学创立最重要的贡献还在于, 他于 1639 年利用平面上的不可分量原理建立了等价于下列积分:

$$\int_0^a x^n \mathrm{d}x = \frac{a^{n+1}}{n+1} \tag{B-1}$$

的基本结果, 使早期积分学突破了体积计算的现实原型而向一般算法过渡.

卡瓦列里没有肯定连续量可以分解为他并没有给出明确定义的不可分的元素, 他也没有讲清楚它们究竟是实在的还是潜在的无穷小量.

卡瓦列里从未解释过没有厚薄的不可分量是怎样构成面积和体积的, 但在许多场合, 他曾把不可分量方法和运动的观点联系起来, 认为面积和体积可以看作是由不可分量的运动产生出来的. 不过他并没有将这种有启发性的观点发展成为几何方法, 这一点为他的后继者托里拆利 (Evangelista Torricelli, 1608~1647) 所实现, 结果产生了牛顿的流数法 (fluxions). 卡瓦列里的不可分量在沃利斯 (John Wallis, 1616~1703) 于 1656 年出版的《无穷算术》[B.4] 中有所应用, 在牛顿和莱布尼兹的数学思想中也有所反映, 如前者的 "瞬" 概念和后者的 "微分" 概念中就有不可分量的影子. 卡瓦列里的思想对微积分的发展起了巨大的启发作用.

托里拆利 (1608~1647)

当然卡瓦列里的不可分量方法与微积分尚有较大的距离, 主要表现在: (1) 没有极限概念; (2) 没有采用代数或算术方法, 而它们是定义微积分的前提之一; (3) 过于强调面积和体积的比而不是直接求积. 与阿基米德相比, 卡瓦列里在求积方法的统一性上迈出了决定性的一步; 与牛顿、莱布尼兹相比, 卡瓦列里可以说是他们的直接前驱之一. 因而, 卡瓦列里的工作是由古希腊人的方法向现代微积分过渡的一个不可缺少的环节. 正如莱布尼兹在给曼弗雷迪 (G. Manfredi) 的一封信中所说: "几何学中的卓越人物、完成了这一领域中义勇军任务的开拓者和倡导者是卡瓦列里和托里拆利, 后来别人的进一步发展都得益于他们的工作."

作为附录, 不可能长篇大论. 这里将提纲挈领地讨论些本书中常用的微积分的内容. 特别地给出一些书中应包括的求形心、转动惯量等的例子.

例 B.1 列夫 · 托尔斯泰《战争与和平》所用到的微积分: "只有采取无限小的观察单位历史的微分, 即人们的共同倾向, 并运用积分法即得出这些无限小的总和, 我们才有希望了解历史的规律 (Only by assuming an infinitely small unit for observation a differential of history that is, the homogeneous tendencies of men, and arriving at the integral calculus that is, taking the sum of those infinitesimal quantities, can we hope to arrive at the laws of history)."

例 B.2 尼克松总统于 1972 年秋宣布, 通货膨胀增加的率在下降. 这是第一次一个在位总统用三阶导数来推进他的连任竞选.

注解: 美国总统理查德 · 尼克松在第二任期竞选时声称, 通货膨胀的增长速度在降低. 此举以 "首次有现任总统使用三阶导数推进连任竞选" 而出名. 这是因为通货膨胀本身就是一个导数 — 货币购买能力降低率, 而通货膨胀的增长速度是通货膨胀的导数, 或者说是货币购买能力函数对时间的二阶导数. 说一个函数是递减的等同于说这个函数的导数是负的, 所以尼克松的陈述为通货膨胀的二阶导数, 或购买能力的三阶导数是负的. (U.S. President Richard Nixon, when campaigning for a second term in office announced that the rate of increase of inflation was decreasing, which has been noted as "the first time a sitting president used the third derivative to advance his case for reelection." Since inflation is itself a derivative — the rate at which the purchasing power of money decreases — then the rate of increase of inflation is the derivative of inflation, or the second derivative of the function of purchasing power of money with respect to time. Stating that a function is decreasing is equivalent to stating that its derivative is negative, so Nixon's statement is that the second derivative of inflation — or the third derivative of purchasing power — is negative.)

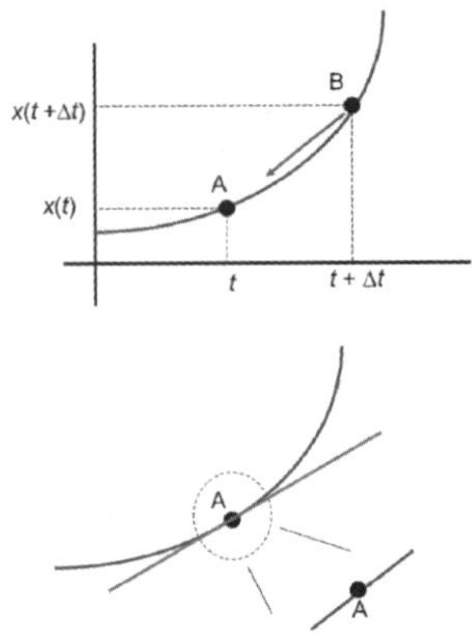

图 B.2　某点的导数与斜率 (切线)

例 B.3 导数与斜率 (切线) (derivative & slope or tangent), 如图 B.2 所示.

$$\frac{\mathrm{d}x}{\mathrm{d}t}=\lim_{\Delta t\to 0}\frac{x(t+\Delta t)-x(t)}{\Delta t}. \tag{B-2}$$

位矢 $\boldsymbol{r}$ 对时间的一阶导数 $\dot{\boldsymbol{r}}=\dfrac{\mathrm{d}\boldsymbol{r}}{\mathrm{d}t}$、二阶导数 $\ddot{\boldsymbol{r}}=\dfrac{\mathrm{d}^2\boldsymbol{r}}{\mathrm{d}t^2}$、三阶导数 $\dddot{\boldsymbol{r}}=\dfrac{\mathrm{d}^3\boldsymbol{r}}{\mathrm{d}t^3}$、四阶

导数 $\ddddot{\boldsymbol{r}} = \dfrac{\mathrm{d}^4\boldsymbol{r}}{\mathrm{d}t^4}$ 分别称为速度 (velocity)、加速度 (acceleration)、加加速度 (jerk, 急动度、变加速度、冲动度)、加加加速度 (jounce, snap, 痉挛度), 这些量均为矢量.

在经典力学中, 没有和加加速度、加加加速度所相对应的力. 但就人的生理反应和舒适度而言, 确实和加速度以上的时间导数项有关. 美国宇航局 (National Aeronautics and Space Administration, NASA) 在哈勃望远镜 (Hubble Telescope) 的设计中, 不但考虑了加加速度 (jerk, 急动度) 而且还考虑了加加加速度 (jounce, 痉挛度) 的影响.

位矢 $\boldsymbol{r}$ 对时间的五阶导数 $\dfrac{\mathrm{d}^5\boldsymbol{r}}{\mathrm{d}t^5}$ 被称为 “crackle”, 对时间的六阶导数 $\dfrac{\mathrm{d}^6\boldsymbol{r}}{\mathrm{d}t^6}$ 被称为 “pop”.

例 B.4 求导与差分 (differentiation & finite-difference).

$$
\begin{aligned}
\frac{\mathrm{d}f(x)}{\mathrm{d}x} &\approx \frac{f(x+\Delta x)-f(x)}{\Delta x} \quad \text{(前向差分, forward difference)}\\
\frac{\mathrm{d}f(x)}{\mathrm{d}x} &\approx \frac{f(x)-f(x-\Delta x)}{\Delta x} \quad \text{(后向差分, backward difference)}\\
\frac{\mathrm{d}f(x)}{\mathrm{d}x} &\approx \frac{f(x+\Delta x)-f(x-\Delta x)}{2\Delta x} \quad \text{(两步法, two–step method)}
\end{aligned}
\tag{B-3}
$$

例 B.5 求导和泰勒级数展开.

可参阅附录 C 对泰勒展开的讨论. 由泰勒展开的一般形式:

$$
f(x+\Delta x) = f(x) + \frac{\mathrm{d}f(x)}{\mathrm{d}x}\Delta x + \frac{\mathrm{d}^2f(x)}{\mathrm{d}x^2}\frac{(\Delta x)^2}{2!} + \frac{\mathrm{d}^3f(x)}{\mathrm{d}x^3}\frac{(\Delta x)^3}{3!} + \cdots \tag{B-4}
$$

则有一阶导数的近似表达式 (前向差分):

$$
f(x+\Delta x) \approx f(x) + \frac{\mathrm{d}f(x)}{\mathrm{d}x}\Delta x \quad \Rightarrow \quad f'(x) = \frac{\mathrm{d}f(x)}{\mathrm{d}x} \approx \frac{f(x+\Delta x)-f(x)}{\Delta x} \tag{B-5}
$$

和二阶导数的近似式 (前向差分):

$$
\begin{aligned}
&\frac{\mathrm{d}f(x)}{\mathrm{d}x} \approx \frac{f(x+\Delta x)-f(x)}{\Delta x} - \frac{\mathrm{d}^2f(x)}{\mathrm{d}x^2}\frac{\Delta x}{2!}\\
\Rightarrow \quad &\frac{\mathrm{d}^2f(x)}{\mathrm{d}x^2} \approx \frac{f'(x+\Delta x)-f'(x)}{\Delta x} \approx \frac{f(x+2\Delta x)-2f(x+\Delta x)+f(x)}{(\Delta x)^2}
\end{aligned}
\tag{B-6}
$$

例 B.6 求导的积法则 (product rule) 和商法则 (quotient rule).

$$
y = uv \quad \Rightarrow \quad y' = uv' + vu' \quad \text{和} \quad y = \frac{u}{v} \quad \Rightarrow \quad y' = \frac{vu'-uv'}{v^2} \tag{B-7}
$$

其中, 积法则的口诀为

″Keep the first, differentiate the second″ +″ Keep the second, differentiate the first″

而商法则的口诀为

$$\frac{\begin{bmatrix}\text{Keep the denominator,}\\ \text{differentiate the numerator}\end{bmatrix} - \begin{bmatrix}\text{Keep the numerator,}\\ \text{differentiate the denominator}\end{bmatrix}}{\text{denominator}^2}$$

例 B.7 求导的链式法则 (chain rule).

1676 年, 莱布尼兹在计算 $\sqrt{a+bz+cz^2}$ 的导数时, 第一次提到了链式法则.

考虑复合函数 $f\circ g$, 若自变量为 x, 则表示为: $(f\circ g)(x)$, 可更为直白且经典地表示为: $y=f(g(x))$. 应用链式法则, 有

$$y'=(f\circ g)'=(f'\circ g)\cdot g' \tag{B-8}$$

传统上, 式 (B-8) 表示为: $y'=f'(g(x))\cdot g'(x)$. 若再令 $z=g(x)$ 的话, 则复合函数导数的链式法则可写成分数的约分过程:

$$y'=\frac{\mathrm{d}f}{\mathrm{d}z}\frac{\mathrm{d}z}{\mathrm{d}x} \tag{B-9}$$

例 B.8 偏导数 (partial derivative) 的定义和克莱罗定理.

$$\begin{cases} f_x(x,y)=\lim\limits_{h\to 0}\dfrac{f(x+h,y)-f(x,y)}{h} \\ f_y(x,y)=\lim\limits_{h\to 0}\dfrac{f(x,y+h)-f(x,y)}{h}\end{cases} \tag{B-10}$$

克莱罗定理 (Clairaut's theorem) 表明:

$$\frac{\partial^2 f}{\partial x\partial y}=\frac{\partial^2 f}{\partial y\partial x} \quad 或 \quad f_{xy}=f_{yx} \tag{B-11}$$

克莱罗 (1713~1765)

在思考题 2.8 中已经提及过法国 "神童" 数学、力学家克莱罗对三体问题的贡献. 克莱罗 (Alexis Claude Clairaut, 1713~1765) 是个神童式的人物, 12 岁时写了四个几何曲线的研究报告, 在其父的指导下进步飞快, 13 岁时发现了曲线的四个属性, 16 岁时完成了双重曲度曲线的论文并于 1731 年出版, 当年获法国科学院认可并当选为其成员, 年仅 18 岁, 迄今仍然保持着法兰西科学院当选院士时最年轻的记录. 一则传说是, 克莱罗 13 岁时就申请过院士. 1737 年 11 月在他 24 岁时, 他当选为伦敦皇家学会会员 (FRS).

克莱罗是第一个给出了天体力学三体问题近似解的人. 1758 年, 他因提前半年相当精确地计算了哈雷彗星到达近日点日期而获得彼得堡科学院的奖励.

克莱罗是最早研究二重曲率曲线的人之一, 他还研究了曲面的平面截线. 于 1734 年建立了克莱罗微分方程. 1739~1740 年证明了本例题的混合二阶偏导数和求导次序的可交换条件, 证明了一阶线性微分方程的积分因子的存在性问题. 在力学方面, 他的研究包括单摆振动等时性的证明和对运动中物体的动力学和相对运动的研究.

克莱罗虽然终身未婚, 但其社会生活 (尤其是其夜生活) 很丰富. 神童式的克莱罗越来越受到公众的关注、喜爱, 以至影响了他的科学生涯. 美食、美酒与美女包围着他, 使其休息、健康受到影响, 1765 年 52 岁的克莱罗去世.

例 B.9 对于 §49 中所讨论的可变形的胡克固体的平面问题, 某点处其位移分量 (u,v) 的增量可表示为

$$\begin{cases}\delta u=\dfrac{\partial u}{\partial x}\mathrm{d}x+\dfrac{\partial u}{\partial y}\mathrm{d}y\\[2ex]\delta v=\dfrac{\partial v}{\partial x}\mathrm{d}x+\dfrac{\partial v}{\partial y}\mathrm{d}y\end{cases}\tag{B-12}$$

式中的位移梯度可用下列矩阵表示并可进一步分解为

$$\begin{aligned}\begin{bmatrix}\dfrac{\partial u}{\partial x}&\dfrac{\partial u}{\partial y}\\ \dfrac{\partial v}{\partial x}&\dfrac{\partial v}{\partial y}\end{bmatrix}&=\underbrace{\begin{bmatrix}\dfrac{\partial u}{\partial x}&\dfrac{1}{2}\left(\dfrac{\partial v}{\partial x}+\dfrac{\partial u}{\partial y}\right)\\ \dfrac{1}{2}\left(\dfrac{\partial v}{\partial x}+\dfrac{\partial u}{\partial y}\right)&\dfrac{\partial v}{\partial y}\end{bmatrix}}_{\boldsymbol{\varepsilon}}\\&\quad+\underbrace{\begin{bmatrix}0&\dfrac{1}{2}\left(\dfrac{\partial u}{\partial y}-\dfrac{\partial v}{\partial x}\right)\\ \dfrac{1}{2}\left(\dfrac{\partial v}{\partial x}-\dfrac{\partial u}{\partial y}\right)&0\end{bmatrix}}_{\boldsymbol{R}}\end{aligned}\tag{B-13}$$

式中, $\boldsymbol{\varepsilon}=\boldsymbol{\varepsilon}^{\mathrm{T}}$ 为二阶对称应变张量, $\boldsymbol{R}=-\boldsymbol{R}^{\mathrm{T}}$ 为反对称二阶旋转张量, 在固体力学中 $\boldsymbol{R}$ 表示的是固体的刚体旋转. 应变的三个分量分别为

$$\varepsilon_{xx}=\frac{\partial u}{\partial x},\quad \varepsilon_{xy}=\varepsilon_{yx}=\frac{1}{2}\left(\frac{\partial u}{\partial y}+\frac{\partial v}{\partial x}\right),\quad \varepsilon_{yy}=\frac{\partial v}{\partial y}\tag{B-14}$$

容易证明, 上述三个应变分量之间并不相互独立, 它们需要满足如下应变协调方程 (strain compatibility equation):

$$\frac{\partial^2\varepsilon_{xx}}{\partial y^2}+\frac{\partial^2\varepsilon_{yy}}{\partial x^2}=2\frac{\partial^2\varepsilon_{xy}}{\partial x\partial y}\tag{B-15}$$

之所以应变需要满足协调方程是连续介质的要求, 即粒子间的无缝连接.

例 B.10 分部积分 (integration by parts).

由例 B.6 中的求导的积法则: $\frac{\mathrm{d}}{\mathrm{d}x}(uv)=u\frac{\mathrm{d}v}{\mathrm{d}x}+v\frac{\mathrm{d}u}{\mathrm{d}x}$, 对该式两端积分:

$$\int \frac{\mathrm{d}}{\mathrm{d}x}(uv)\mathrm{d}x=\int u\frac{\mathrm{d}v}{\mathrm{d}x}\mathrm{d}x+\int v\frac{\mathrm{d}u}{\mathrm{d}x}\mathrm{d}x$$

由链式法则的约分过程, 亦即:

$$\int \mathrm{d}(uv)=\int u\mathrm{d}v+\int v\mathrm{d}u$$

由于上式左端可直接积出, 故有

$$\int u\mathrm{d}v=uv-\int v\mathrm{d}u \tag{B-16}$$

式 (B-16) 给出的分部积分法在本书中大量应用, 如见式 (27-7)、式 (37-9) 等.

例 B.11　求弧长、曲面的面积.

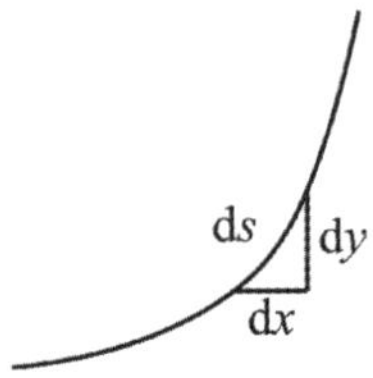

图 B.3　曲线的弧长

如图 B.3 所示, 曲线的弧长可由下列步骤求得

步骤一、取微元, 由勾股定理, 有: $\mathrm{d}s=\sqrt{(\mathrm{d}x)^2+(\mathrm{d}y)^2}=\sqrt{1+(y')^2}\mathrm{d}x$.

步骤二、积分即得弧长公式:

$$s=\int_a^b\sqrt{1+(y')^2}\mathrm{d}x \tag{B-17}$$

同理可得曲面 $z=f(x,y)$ 的面积公式为

$$A=\iint\sqrt{1+\left(\frac{\partial f}{\partial x}\right)^2+\left(\frac{\partial f}{\partial y}\right)^2}\mathrm{d}x\mathrm{d}y=\iint\sqrt{1+(f_x)^2+(f_y)^2}\mathrm{d}x\mathrm{d}y \tag{B-18}$$

作为应用的例子, 计算如图 B.4 所示的托里拆利小号 (Torricelli's trumpet or horn) 的总体积和总表面积. 托里拆利小号由 $y=1/x$ 曲线 中 $x\geqslant 1$ 的部绕 x 轴旋转而成.

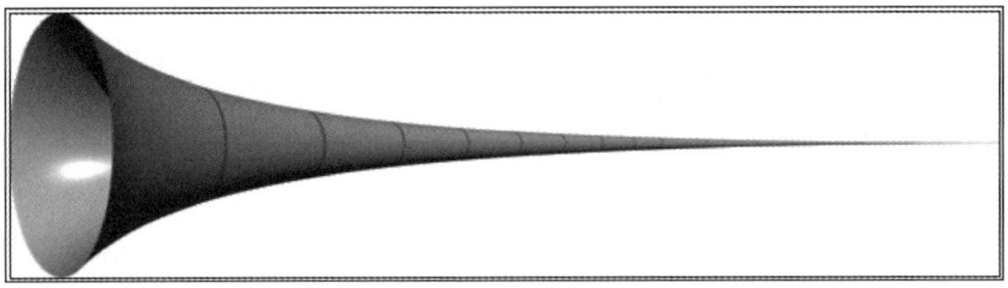
图 B.4　托里拆利小号

托里拆利小号的体积为

$$V=\int_1^{\infty}\pi y^2\mathrm{d}x=\pi\int_1^{\infty}\frac{\mathrm{d}x}{x^2}$$
$$=-\pi\frac{1}{x}\bigg|_1^{\infty}=\pi$$

应用式 (B-18), 可得到托里拆利小号的表面积为

$$
\begin{aligned}
A &= \int_1^\infty 2\pi y\sqrt{1+y'^2}\mathrm{d}x = 2\pi\int_1^\infty \frac{1}{x}\sqrt{1+\frac{1}{x^4}}\mathrm{d}x \\
&\geqslant 2\pi\int_1^\infty \frac{\mathrm{d}x}{x} = 2\pi\ln x\Big|_1^\infty = \infty
\end{aligned}
$$

上面的计算表明, 托里拆利小号的体积为有限值 π, 而其表面积却为无限大. 这样就引出了一个托里拆利小号佯谬, 亦称 "油漆工佯谬 (the painter's paradox)". 该佯谬可用如下故事来形象地说明, 某小号手请一油漆工来油漆他的托里拆利小号的内表面. 有趣的是两人都喜欢数学, 都对数学有一定的研究和造诣. 油漆工很狡猾, 要价颇高, 理由是该小号的表面积是无穷大, 理论上需要消耗无穷多的油漆才能漆好它. 小号手则辩解道: 怎么可能需要无穷多的油漆呢? 你看, 整个小号的体积是有限的, 小号像一个杯子一样, 用等于小号体积那么多的油漆将小号装满, 就能将所有内表面都油漆到了. 所以, 最多也就只是用体积这么多的油漆就足够了.

例 B.12 作为积分应用的一典型个例子, 讨论刚体的转动惯量. 惯性张量 (inertia tensor) 是刚体动力学中的重要概念. 对于离散体系, 惯性张量为[1.6]:

$$
I_{ik} = \sum m(x_l^2\delta_{ik} - x_i x_k), \quad (i,k,l = x,y,z) \tag{B-19}
$$

容易验证惯性张量的对称性: $I_{ik} = I_{ki}$, 对于离散体系, 式 (B-19) 的分量形式为

$$
\boldsymbol{I} = \begin{bmatrix} \sum m(y^2+z^2) & -\sum mxy & -\sum mxz \\ -\sum myx & \sum m(x^2+z^2) & -\sum myz \\ -\sum mzx & -\sum mzy & \sum m(x^2+y^2) \end{bmatrix} \tag{B-20}
$$

对于连续体, 式 (B-19) 将由求和形式变为如下积分形式:

$$
I_{ik} = \int \rho(x_l^2\delta_{ik} - x_i x_k)\mathrm{d}V, \quad (i,k,l = x,y,z) \tag{B-21}
$$

(1) B.12.1 如图 B.5 所示, 长度为 l 质量为 m 的细杆的转动惯量.

解: 将细杆视为一条没有半径的线, 其沿着长度 (z 轴方向) 的线密度为: $\lambda = \iint \rho\mathrm{d}x\mathrm{d}y = m/l$, 由式 (B-21), 对 xx 轴有

$$
\begin{aligned}
I_{xx} &= \int \rho\left[(x^2+y^2+z^2)\delta_{xx} - x^2\right]\mathrm{d}V = \iiint \rho\mathrm{d}x\mathrm{d}y\left[\left(x^2+y^2+z^2\right)\delta_{xx} - x^2\right]\mathrm{d}z \\
&= \int \lambda(y^2+z^2)\mathrm{d}z = \int_{-l/2}^{l/2} \lambda z^2\mathrm{d}z = \frac{\lambda l^3}{12} = \frac{ml^2}{12}
\end{aligned} \tag{B-22}
$$

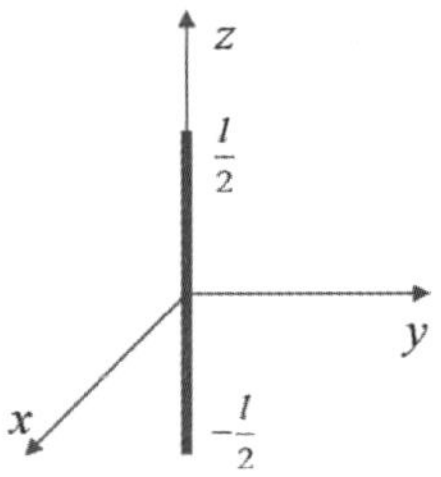

图 B.5 理想化为无宽度的细杆

在式 (B-22) 的计算中之所以消去 y^2 项, 是将杆视为没有宽度的细线. 由于对称性, 有: $I_{xx}=I_{yy}$. 而 I_{zz} 为

$$\begin{aligned} I_{zz} &= \int \rho\left[(x^2+y^2+z^2)\delta_{zz}-z^2\right]\mathrm{d}V \\ &= \int \rho(x^2+y^2)\mathrm{d}V = 0 \end{aligned}$$

因而, 如图 B.5 所示的细杆的惯性张量为

$$\boldsymbol{I}=\begin{bmatrix} ml^2/12 & 0 & 0 \\ 0 & ml^2/12 & 0 \\ 0 & 0 & 0 \end{bmatrix} \tag{B-23}$$

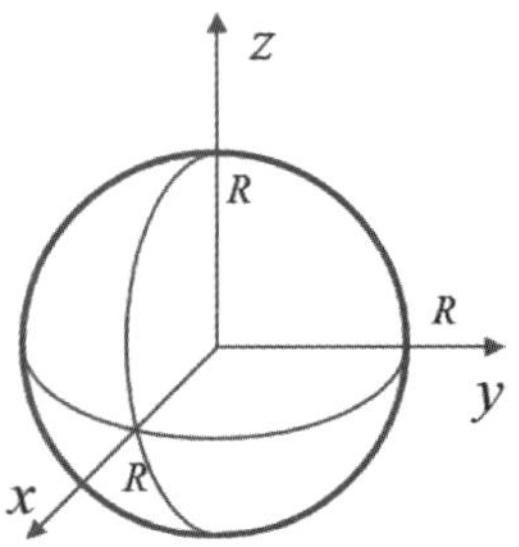

图 B.6 半径为 R 的实心球

(2) B.12.2 如图 B.6 所示, 求实心球体的惯性张量.

解: 由于对称性, 易知对球体而言: $I_{xx}=I_{yy}=I_{zz}$. 而三者之和满足:

$$\begin{aligned} I_{xx}+I_{yy}+I_{zz} &= \int \rho\left[x_l^2\delta_{ii}-(x^2+y^2+z^2)\right]\mathrm{d}V \\ &= 2\int \rho(x^2+y^2+z^2)\mathrm{d}V = 2\int \rho r^2\mathrm{d}V \end{aligned}$$

式中, $\rho=m/V=m\Big/\left(\dfrac{4}{3}\pi R^3\right)$, 将其代入并应用球坐标进行积分, 有

$$\begin{aligned} I_{xx}=I_{yy}=I_{zz} &= \frac{2}{3}\int \rho r^2\mathrm{d}V \\ &= \frac{2}{3}\rho\int_0^R r^2 4\pi r^2\mathrm{d}r = \frac{2}{3}\rho 4\pi\frac{R^5}{5} = \frac{2}{5}mR^2 \end{aligned} \tag{B-24}$$

从而, 如图 B.6 所示的实心球的惯性张量为

$$\boldsymbol{I}=\begin{bmatrix} 2mR^2/5 & 0 & 0 \\ 0 & 2mR^2/5 & 0 \\ 0 & 0 & 2mR^2/5 \end{bmatrix} \tag{B-25}$$

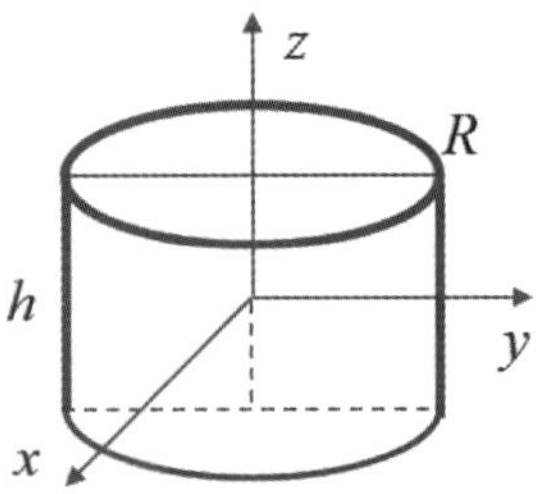

图 B.7 半径为 R 高度为 h 的实心圆柱

(3) B.12.3 如图 B.7 所示, 求实心圆柱体的惯性张量.

解: 由于对称性, 有: $I_{xx}=I_{yy}$, 此时应用柱坐标较为方便, 由于:

$$\begin{aligned} I_{xx}+I_{yy} &= \int \rho(x^2+y^2+2z^2)\mathrm{d}V = \int \rho(r^2+2z^2)\mathrm{d}V \\ &= \rho\int r^2\mathrm{d}V + 2\rho\int z^2\mathrm{d}V \\ &= \rho\int_{-h/2}^{h/2}\mathrm{d}z\int_0^R r^2 2\pi r\mathrm{d}r + 2\rho\int_{-h/2}^{h/2} z^2\pi R^2\mathrm{d}z \\ &= \frac{\pi\rho R^4 h}{2}+\frac{\pi\rho R^2 h^3}{6} = \frac{1}{6}m(h^2+3R^2) \end{aligned} \tag{B-26}$$

在式 (B-26) 计算中, 已经应用了: $\rho = m/V = m/\pi R^2 h$, 故有

$$I_{xx} = I_{yy} = \frac{1}{12}m(h^2 + 3R^2) \tag{B-27}$$

当 $R = 0$ 时, 式 (B-27) 将退化为式 (B-22). 而 I_{zz} 可通过下式计算:

$$\begin{aligned} I_{zz} &= \int \rho[(x^2 + y^2 + z^2)\delta_{xx} - z^2]\mathrm{d}V \\ &= \int_0^R \rho r^2\, 2\pi r \mathrm{d}r \int_{-h/2}^{h/2} \mathrm{d}z = \frac{mR^2}{2} \end{aligned} \tag{B-28}$$

当 $R = 0$ 时, 也就是当圆柱体退化为不考虑宽度的细丝时, 上述结果退化为例 B.12.1 相应的结果. 从而, 如图 B.7 所示的实心圆柱体的惯性张量为

$$\boldsymbol{I} = \begin{bmatrix} \frac{1}{12}m(h^2 + 3R^2) & 0 & 0 \\ 0 & \frac{1}{12}m(h^2 + 3R^2) & 0 \\ 0 & 0 & \frac{1}{2}mR^2 \end{bmatrix} \tag{B-29}$$

作为惯性张量的一个应用, 科尼希定理 (König's theorem) 表述为: 刚体的动能等于刚体随其质心平动的动能与刚体以某一角速度转动的动能之和. 该定理是由 Johann Samuel König (1712~1757) 于 1751 年建立的[B.5].

根据科尼希定理, 刚体运动的拉格朗日量为

$$L = T - V = \underbrace{\frac{1}{2}mv_{cm}^2 + \frac{1}{2}I_{ik}\dot{\varphi}_i\dot{\varphi}_k}_{\text{科尼希定理,动能 = 平动 + 转动}} - V \tag{B-30}$$

式中, m 为刚体的质量, v_{cm} 为刚体质量中心 (center of mass) 的速度, I_{ik} 为由惯性张量, $\dot{\varphi}_i$ 为刚体绕质心旋转的角速度, V 则为势能.

所谓 "质量中心", 亦简称 "质心", 是指由 N 个质点所组成的物质系统上, 被认为质量集中于此的一个假想点:

$$\boldsymbol{R} = (x_0, y_0, z_0) = \frac{1}{M}\sum_{i=1}^{N} m_i(x_i, y_i, z_i) = \frac{1}{M}\sum_{i=1}^{N} m_i \boldsymbol{r}_i \tag{B-31}$$

当在均匀重力场中时, 质心和重心重合. 式 (B-31) 中, m_i 和 $\boldsymbol{r}_i$ 为第 i 个质点的质量和矢径, M 为质点系的总质量. 对于连续体, 式 (B-31) 改写为如下积分:

$$\boldsymbol{R} = \frac{1}{M}\int_{\text{body}} \boldsymbol{r}\mathrm{d}m \tag{B-32}$$

由质心和转动惯量的计算公式表明, 质心和转动惯量分别对应于质量的一阶矩和二阶矩.

作为转动惯量应用的一个有趣的例子, 图 B.8 给出的是 1890 年 9 月 6 日, 走钢丝者 (tightrope walker) Samuel Dixon 在跨越尼亚加拉河 (Niagara River) 时, 借用 16 英尺长杆的转动惯量来进行运动平衡的情景.

图 B.8　运用长杆的转动惯量进行走钢丝的运动平衡 (Samuel Dixon, 1890 年)

例 B.13　关于牛顿第二定律的再讨论和升华. 微分几何大师陈省身曾针对牛顿第二定律有如下评价[B.6]:

“我知道我旁边坐了两位伟大的物理学家. 接下去我想班门弄斧一下, 谈一下物理与几何的关系. 我觉得物理学里有很多重要的工作, 是物理学家要证明说物理就是几何. 比方说, 你从牛顿的第二运动定律开始. 牛顿的第二定律说, $F = ma$, F 是力, m 是质量, a 是加速度, 加速度我们现在叫曲率. 所以右边这一项是几何量, 而力得当然是物理量. 所以牛顿费了半天劲, 他只是说物理就是几何 (大笑, 掌声).”

注解: 陈省身的上述论述中的核心是 “加速度我们现在叫曲率”. 由例 B.3 知, 函数的一阶导数 (变化率) 对应切线或切平面, 其二阶变化率则对应曲率 (curvature). 陈省身此时所指的曲率, 是对空间坐标的二阶变化率. 数学家总是从最抽象、最一般的观点看问题, 他们不需要具体的空间图像, 在他们看来, 时间与空间是一体的, 时间只是时空中的一维, 时间坐标与空间坐标都是时空坐标的组成部分, 二者没有差别. 此点已在 §39.2 的闵可夫斯基四维时空的讨论中十分清晰. 因此, 力学中的加速度, 虽然是对时间坐标的二阶导数, 但与对空间坐标的二阶导数没有差别, 因此, 都是曲率.

例 B.14　接例 B.13. 陈省身曾针对爱因斯坦广义相对论场方程评价道[B.6]:

"不但如此, 爱因斯坦的广义相对论也是这样. 爱因斯坦的广义相对论的方程说: $R_{ik}-\frac{1}{2}g_{ik}R=8\pi KT_{ik}$, R_{ik} 是里奇 (Ricci) 曲率, R 是 scalar curvature, 即标量曲率, K 是常数, T_{ik} 是 energy-stress tensor, 即能量–应力张量. 你仔细想想, 他的左边是几何量, 是从黎曼度量得出来的一些曲率. 所以爱因斯坦的重要方程式也就是说, 几何量等于物理量 (掌声)."

注解: 爱因斯坦的广义相对论场方程之伟大由图 B.9 可见一斑.

图 B.9 写在废旧火车上的爱因斯坦场方程

图 B.9 中, G 为万有引力常数, c 为光速, $g_{\mu\nu}$ 为度规张量. 爱因斯坦场方程

$$R_{\mu v}-\frac{1}{2}g_{\mu v}R=\frac{8\pi G}{c^4}T_{\mu v} \tag{B-33}$$

是一组有关时空度规的二阶非线性偏微分方程, 能量–动量张量 $T_{\mu v}$ (也就是陈省身所说的 "能量–应力张量") 分布决定了时空结构.

爱因斯坦本人曾对上述方程有一段经典的评论: "But, it is similar to a building, one wing of which is made of fine marble (left part of the equation), but the other wing of which is built of low grade wood (right side of equation) (它就像一座建筑, 它的一翼是用精美的大理石砌成 (方程的左端); 而它的另一翼却是用劣质的木料建造 (方程的右端))."

也就是说, 爱因斯坦场方程的左端, $G_{\mu v}=R_{\mu v}-\frac{1}{2}g_{\mu v}R$, 是一个描述时空结构优美的几何量, $G_{\mu v}$ 被称为爱因斯坦张量.

而方程的右端, 也就是描述物质分布的能量–动量张量 $T_{\mu v}$, 为什么说它是用劣质木料建造? 因为自然界的物质分布种类繁多, 物态方程千差万别, 找不到一个普适的能量–动量张量来描述所有已知的物质分布. 不仅如此, 在广义相对论所涉及的许多极端条件下还可能存在大量迄今未知的物质形态及分布. 而且所有这些物质分布还可能在空间及时间上相互混合及转变. 由于存在如此高度的复杂性, 与爱因斯坦张量所具有的完全确定的数学结构相比, 我们有关能量–动量张量的知识无疑是极其贫乏的.

惠勒 (John Archibald Wheeler, 1911~2008) 如此概括爱因斯坦场方程: “时空告诉质量如何运动, 质量告诉时空如何弯曲 (Space tells matter how to move, and matter tells space how to curve).” 关于爱因斯坦场方程几何和物理意义的概括和总结如图 B.10 所示.

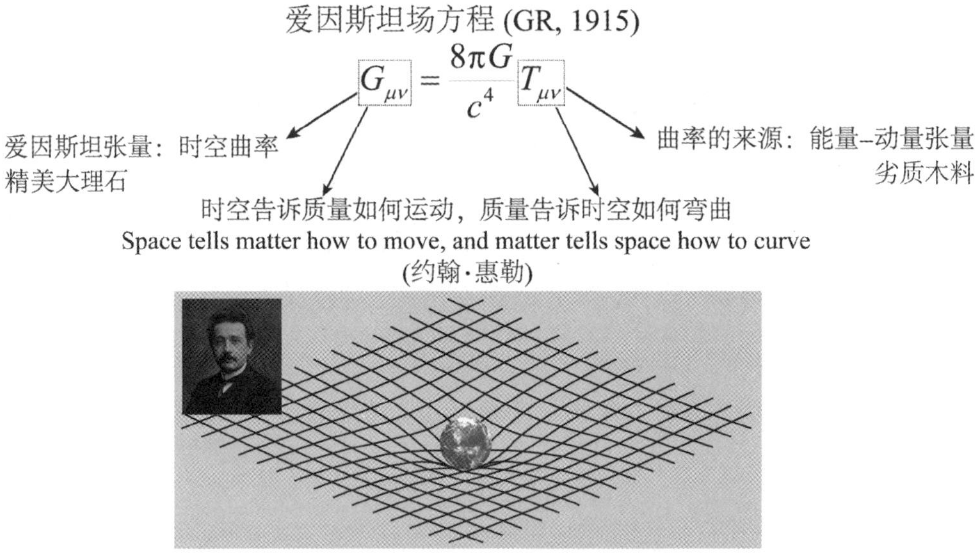

图 B.10　爱因斯坦场方程的解释

例 B.15　四种类型的波. 如表 B.1 的总结与归纳.

表 B.1　四种类型的波

类型	传播介质和特点	提出者	基本方程
机械波 (mechanical wave)	➢ 周期性振动在介质中的传播 ➢ 可分为纵波和横波 ➢ 类型: 固体中的波、流体中的波 (如水波和声波)、地震波、车流波、人群波 (people wave) 等 ➢ 机械波的量子为声子 (phonon)	➢ 1687 年, 牛顿在 *Principia* 中, 给出了声波传播的初步公式 ➢ 1747 年, 达朗贝尔建立了弦振动的双曲方程: $\left(\frac{1}{c^2}\frac{\partial^2}{\partial t^2} - \nabla^2\right) u = 0$	牛顿方程

续表

类型	传播介质和特点	提出者	基本方程
电磁波 (electromagnetic wave)	➢ 周期性电磁震荡的传播 ➢ 横波, 偶极矩辐射 (dipole radiation) ➢ 可在真空中以光速传播 ➢ 电磁波的量子为光子 (photon)	➢ 1865 年, 麦克斯韦预言 ➢ 1887 年, 赫兹实验证实 ➢ 电、磁场波动方程分别为 $\left(\frac{1}{c^2}\frac{\partial^2}{\partial t^2}-\nabla^2\right)\boldsymbol{E}=\boldsymbol{0}$; $\left(\frac{1}{c^2}\frac{\partial^2}{\partial t^2}-\nabla^2\right)\boldsymbol{B}=\boldsymbol{0}$	麦克斯韦方程
物质波 (matter wave)	➢ 标量波 ➢ 波粒二象性的几率波	➢ 1924 年, 德布罗意创立. 波长 $\lambda = h/p$, h 和 p 分别为普朗克常数和动量 ➢ 1927 年, 玻恩统计解释	薛定谔方程
引力波 (gravitational wave)	➢ 引力是一种四维时空弯曲 (曲率), 引力源质量分布的改变或大质量物体的运动会引起曲率的变化和传播, 也就是时空涟漪 (ripples) ➢ 以光速传播 ➢ 四极矩辐射 (quadrupole radiation) ➢ 引力波和电磁波具有类比性 ➢ 引力波的量子为尚未找到的引力子 (graviton)	➢ 牛顿的万有引力具有瞬时性, 是一种速度为无穷大的超距作用 (action at a distance) ➢ 1776 年, 拉普拉斯放弃引力的瞬时性, 预言引力将以一定速度作用 ➢ 1905 年 6 月 5 日, 庞加莱预言引力波的传播速度为光速 ➢ 1916 年, 爱因斯坦在其广义相对论场方程的基础上, 预言了以光速传播的引力波: $\left(\frac{1}{c^2}\frac{\partial^2}{\partial t^2}-\nabla^2\right)h_{\mu\nu}=0$ ➢ 2016 年 2 月, LIGO 对引力波的直接观察结果在 *PRL* 发表[B.7] ➢ 2017 年 10 月, 雷纳 · 韦斯 (Rainer Weiss, 1932～)、巴里 · 巴里什 (Barry Barish, 1936～) 和基普 · 索恩 (Kip Thorne, 1940～) 因对 LIGO 探测器和引力波观察的决定性贡献获得 2017 年诺贝尔物理学奖	爱因斯坦场方程

在本附录的最后, 让我们引用 31 岁获得诺贝尔物理学奖的狄拉克的一句名言: "God is a mathematician of a very high order, and He used very advanced mathematics in constructing the universe (上帝是一位非常高水平的数学家, 他用先进的数学创造了宇宙)."

参考文献

[B.1] Lagrange J L. Nouvelle méthode pour résoudre les équations littérales par le moyen des séries. Chez Haude et Spener, Libraires de la Cour & de l'Académie royale, 1770.

[B.2] Kepler J. Nova Stereometria Doliorum Vinariorum. Linz, 1615.

[B.3] Cavalieri B. Geometria Indivisibilibus Continuorum Nova Quadam Ratione Promota. Bologna: Clemente Ferroni, 1635.

[B.4] Wallis J. Arithmetica infinitorum. Oxford: Leon Lichfield, 1656.

[B.5] König S. De universali principio æquilibrii & motus, in vi viva reperto, deque nexu inter vim vivam & actionem, utriusque minimo, dissertatio. Nova Acta Eruditorum, 1751: 125–135.

[B.6] 陈省身. 什么是几何学 —— 在复旦大学的演讲. 陈省身文集. pp. 320–326. 上海: 华东师范大学出版社, 2002.

[B.7] Abbott B P, et al. Observation of gravitational waves from a binary black hole merger. Physical Review Letters, 2016, 116: 061102.

附录 C 泰勒级数展开

希腊哲学家芝诺在考虑了利用无穷级数求和来得到有限结果的问题, 得出了 §12 中详细讨论过的芝诺佯谬. 后来, 亚里士多德对芝诺佯谬在哲学上进行了反驳, 但德谟克利特以及后来的阿基米德进行研究, 此部分数学内容才得到解决. 正是用了阿基米德的穷举法才使得一个无穷级数被逐步的细分, 得到了有限的结果.

沃利斯 (1616~1703)

约翰 · 沃利斯 (John Wallis, 1616~1703, 享年 86 岁)、艾萨克 · 巴罗 (Isaac Barrow, 1630~1677, 终年 46 岁, 牛顿的学术导师)、詹姆斯 · 格雷果里 (James Gregory, 1638~1675, 终年 36 岁) 和艾萨克 · 牛顿 (Isaac Newton, 1643~1727, 享年 84 岁) 是英国十七世纪四位有重要影响的数学家. 然而, 和其他三位相比, 詹姆斯 · 格雷果里运乖时蹇, 命运并未眷恋于他.

巴罗 (1630~1677)

在格雷果里生命的黄金时期, 他就任仍完全处于中世纪传统的苏格兰圣安得烈大学 (Scottish University of St. Andrew) 的数学教授. 他是这所大学中唯一知晓他那个年代数学新进展的人, 尽管他充满着新的数学思想, 但周围无人可讨论问题, 也看不到新的文献, 更无需在课堂上讲授新内容, 事实上格雷果里在学术上被孤立了起来[C.1]. 这无疑极大地阻碍了他的发展. 和他以前在伦敦认识的密友 J. Collins 的通信成了他唯一获得英格兰和国外数学重要进展的信息来源. 尽管在格雷果里的 “晚年”, 他被著名的爱丁堡大学 (University of Edinburgh) 聘任为教授, 学术环境获得了极大改善, 但时运不济, 一年后也就是 1675 年的十月, 格雷果里离开了人世.

格雷果里 (1638~1675)

格雷果里在于 1671 年 2 月 15 日写给 J. Collins 的信中, 就给出了下列函数 5~6 项的级数展开[C.1]:

$$\begin{aligned}&\arctan x,\quad \tan x,\quad \sec x,\quad \log(\sec x),\quad \log\left[\tan\left(\frac{x}{2}+\frac{\pi}{4}\right)\right],\\&\operatorname{arcsec}(\sqrt{2\mathrm{e}^{x}}),\quad 2\arctan\left(\tanh\frac{x}{2}\right)\end{aligned}\tag{C-1}$$

在 1671 年或许更早, 格雷果里就建立了如下定理:

$$\theta=\tan\theta-\frac{1}{3}\tan^{3}\theta+\frac{1}{5}\tan^{5}\theta-\cdots\tag{C-2}$$

式 (C-2) 只在 $-\dfrac{\pi}{4}\leqslant\theta\leqslant\dfrac{\pi}{4}$ 范围内成立. 后来, 式 (C-2) 被用来计算 π 的数值.

格雷果里除了函数的级数展开的贡献之外, 还在插值公式、二项式展开等方面做出了前驱性的贡献[C.1].

惠更斯 (1629~1695)

还值得一提的是格雷果里和他同时代的荷兰著名数学家、物理学家克里斯蒂安 · 惠更斯 (Christiaan Huygens, 1629~1695, 终年 66 岁) 的学术交往. 格雷果里于 1667 年出版了一本被认为是“包含有极有趣和创新性思想 (contains extremely interesting and original ideas)”的题为 *Vera circuli et hyperbolae quadratura* 的小册子, 其中主要在计算圆锥曲线的面积方面有重要的贡献. 格雷果里的这本著作出版后, 他首先寄了一册给同样在计算圆锥曲线的面积方面做出过重要贡献的惠更斯, 以期得到惠更斯的欣赏. 但事与愿违, 由于格雷果里在他的小册子中未提及惠更斯在该领域的前期贡献, 这使得惠更斯极为恼火, 以至于用“一种极为不利的方式 (in an extremely unfavorable manner)”对格雷果里的著作进行了批评.

泰勒 (1685~1731)

上面的论述表明, 所谓“泰勒级数展开”并不是英国数学家布鲁克 · 泰勒 (Brook Taylor, 1685~1731) 最早提出的.

1715 年, 布鲁克 · 泰勒在其《增量的正和反方法》[C.2] 中的第 23 页, 作为第 VII 命题的第二个推论 (the second Corollary to Proposition VII, page 23)[C.3] 给出了后来被冠名以“泰勒级数 (Taylor series)”展开:

$$f(x+h)=f(x)+\frac{f'(x)}{1!}h+\frac{f''(x)}{2!}h^2+\frac{f'''(x)}{3!}h^3+\cdots=\sum_{n=0}^{n}\frac{f^{(n)}(x)}{n!}h^n \tag{C-3}$$

式 (C-3) 使用了现代记号. 事实上, 在 1712 年 7 月 26 日在写给 Machin 的信中, Taylor 就不加证明地提到了上述定理. 当然, Taylor 当时并未证明上述级数展开的收敛性.

麦克劳林 (1698~1746)

1742 年, 苏格兰数学家麦克劳林 (Colin Maclaurin, 1698~1746) 提出了在 0 点的级数展开[C.4], 被称为麦克劳林级数展开:

$$f(x)=f(0)+f'(0)x+\frac{f''(0)}{2!}x^2+\frac{f'''(0)}{3!}\cdots+\frac{f^{(n)}(0)}{n!}x^n+\cdots \tag{C-4}$$

拉格朗日在 1797 年之前, 最先提出带有余项的现在形式的泰勒定理. 在实际应用中, 泰勒级数需要截断, 只取有限项, 可以用泰勒定理估算这种近似的误差. 一个函数的有限项的泰勒级数叫做泰勒多项式.

本书常用的泰勒级数展开有

$$\begin{aligned}\mathrm{e}^x&=1+x+\frac{x^2}{2!}+\frac{x^3}{3!}+\cdots=\sum_{n=0}^{\infty}\frac{x^n}{n!}\quad(\forall x)\\&=1+x+\frac{x^2}{2!}+O(x^3),\quad(\text{当 }x\to0)\end{aligned} \tag{C-5}$$

$$\frac{1}{(1\pm x)^n}\approx1\mp nx,\quad(x\ll1) \tag{C-6}$$

$$\sin\theta = \theta - \frac{\theta^3}{3!} + \frac{\theta^5}{5!} - \frac{\theta^7}{7!} + \frac{\theta^9}{9!} + O(\theta^9) \tag{C-7}$$

$$\cos\theta = 1 - \frac{1}{2!}\theta^2 + \frac{1}{4!}\theta^4 - \frac{1}{6!}\theta^6 + O(x^8) \tag{C-8}$$

本书在分析力学中, 更多地使用多变量的泰勒级数展开. 两个变量 (二元函数) 的泰勒级数展开式为

$$\begin{aligned} f(x,y) = {} & f(a,b) + \left.\frac{\partial f}{\partial x}\right|_{\substack{x=a\\y=b}}(x-a) + \left.\frac{\partial f}{\partial y}\right|_{\substack{x=a\\y=b}}(y-b) \\ & + \frac{1}{2!}\left[\left.\frac{\partial^2 f}{\partial x^2}\right|_{\substack{x=a\\y=b}}(x-a)^2 + 2\left.\frac{\partial^2 f}{\partial x\partial y}\right|_{\substack{x=a\\y=b}}(x-a)(y-b) + \left.\frac{\partial^2 f}{\partial y^2}\right|_{\substack{x=a\\y=b}}(y-b)^2\right] \\ & + \frac{1}{3!}\left[\left.\frac{\partial^3 f}{\partial x^3}\right|_{\substack{x=a\\y=b}}(x-a)^3 + 3\left.\frac{\partial^3 f}{\partial x^2\partial y}\right|_{\substack{x=a\\y=b}}(x-a)^2(y-b)\right. \\ & \left. +3\left.\frac{\partial^3 f}{\partial x\partial y^2}\right|_{\substack{x=a\\y=b}}(x-a)(y-b)^2 + \left.\frac{\partial^3 f}{\partial y^3}\right|_{\substack{x=a\\y=b}}(y-b)^3\right] + \cdots \end{aligned} \tag{C-9}$$

式 (C-9) 在本书中的典型应用是: (1) 应用哈密顿最小作用量原理导出欧拉–拉格朗日方程 (§27); 应用拉格朗日方程证明诺特定理 (§30). 当然, 上述典型应用所做的只是一阶泰勒级数展开.

例 C.1 式 (39-24) 给出了相对论情况下质点的能量表达式: $E = \gamma mc^2 = \dfrac{mc^2}{\sqrt{1-(v/c)^2}}$. 式 (39-28) 针对低速情况下 $(v \ll c)$, 应用泰勒展开进行了初步分析. 问题: 进一步分析在低速近似下, 能量守恒所导致的结果.

解: 在低速情况下$(v \ll c)$, 由泰勒展开, 有

$$\begin{aligned} E &= \frac{mc^2}{\sqrt{1-(v/c)^2}} = mc^2\left(1 + \frac{1}{2}\frac{v^2}{c^2} + \frac{1\times 3}{2\times 4}\frac{v^4}{c^4} + \cdots\right) \\ &\approx mc^2 + \frac{1}{2}mv^2 = \text{静止能量} + \text{动能} \end{aligned}$$

由此可见, 在低速时的能量守恒将导致两条结论:

(1) 每个粒子的质量为常量, 亦即: $m_{\text{after}} = m_{\text{before}}$, 这正是 §15 中所强调过的牛顿第零定律或运动第零定律的内容.

(2) 所有粒子的动能之和守恒, 亦即: $\displaystyle\sum_{\text{particle}}\left(\frac{1}{2}mv^2\right)_{\text{after}} = \sum_{\text{particle}}\left(\frac{1}{2}mv^2\right)_{\text{before}}$.

参考文献

[C.1] Dehn M, Hellinger E D. Certain mathematical achievements of James Gregory. The American Mathematical Monthly, 1943, 50: 149–163.

[C.2] Taylor B. Methodus Incrementorum Directa et Inversa, London: Innys, 1715.

[C.3] Gibson G A. Taylor's theorem and Bernoulli's theorem: a historical note. Proceedings of the Edinburgh Mathematical Society, 1920, 39: 25–33.

[C.4] Maclaurin C. A treatise of fluxions: in two books. Ruddimans, 1742.

附录D 变 分 法

D.1 欧拉–拉格朗日方程的导出

一个实际的物理问题通常需要对某个参量 I 求极值 (extremum, extreme value) —— 极大值 (maximum) 或极小值 (minimum). 该参量 I 既可以是距离、时间, 还可以是表面积等.

参量 I 依赖于所选择的路径 (path) u 和相关的域 (domain) D:

$$I = \int_D F(x, u, u')\mathrm{d}x \tag{D-1}$$

将参量 I 称作泛函 (functional), 变分法的任务是将其极大化或极小化 (maximizing or minimizing). 将参量 I 取极值的解的路径 u 称为极值曲线 (extremal).

为了找到泛函的极值曲线的唯一解 $u(x)$, 需要引入一个在路径的两端消失的测试函数 (test function) $v(x)$, 如图 D.1 所示, 和 $u(x)$ 相偏离的路径 $w(x)$ 可通过一个小参量 ε 表示为

$$w(x) = u(x) + \varepsilon v(x) \tag{D-2}$$

在路径的两个端点 a 和 b 处满足: $v(a) = v(b) = 0$.

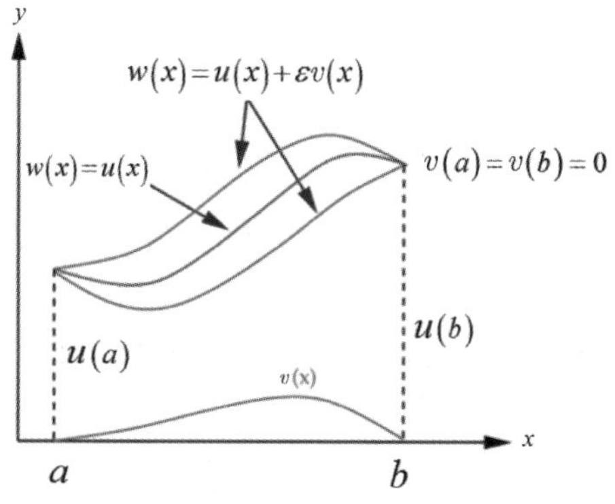

图 D.1

通过小参数 ε 的引入, 泛函 I 可视为 ε 的单参量函数:

$$I[\varepsilon] = \int_a^b F(x, w, w')\mathrm{d}x \tag{D-3}$$

从而将参量 I 取得极值的条件变为

$$\frac{\mathrm{d}I}{\mathrm{d}\varepsilon} = 0 \tag{D-4}$$

对式 (D-3) 对 ε 求导数, 有

$$\begin{aligned}\frac{\mathrm{d}I}{\mathrm{d}\varepsilon}[\varepsilon] &= \frac{\mathrm{d}}{\mathrm{d}\varepsilon}\int_a^b F(x,w,w')\mathrm{d}x \\ &= \int_a^b \left(\frac{\partial F}{\partial w}\frac{\partial w}{\partial \varepsilon} + \frac{\partial F}{\partial w'}\frac{\partial w'}{\partial \varepsilon}\right)\mathrm{d}x \end{aligned} \tag{D-5}$$

目标函数是

$$\frac{\mathrm{d}I}{\mathrm{d}\varepsilon}[0] = 0 \tag{D-6}$$

在式 (D-2) 中令 $\varepsilon = 0$ 时,

$$\frac{\partial F}{\partial w} = \frac{\partial F}{\partial u} \tag{D-7}$$

由式 (D-2) 有: $w'(x) = u'(x) + \varepsilon v'(x)$, 于是有

$$\frac{\partial w'}{\partial \varepsilon} = v', \quad \left.\frac{\partial F}{\partial w'}\right|_{\varepsilon=0} = \frac{\partial F}{\partial u'} \tag{D-8}$$

再加之:

$$\frac{\partial w}{\partial \varepsilon} = v \tag{D-9}$$

将式 (D-7)~式 (D-9) 代入式 (D-5), 得到

$$\frac{\mathrm{d}I}{\mathrm{d}\varepsilon}[0] = \int_a^b \left(\frac{\partial F}{\partial u}v + \frac{\partial F}{\partial u'}v'\right)\mathrm{d}x \tag{D-10}$$

对式 (D-10) 中右端第二式进行分部积分并利用边界条件 $v(a) = v(b) = 0$, 有

$$\begin{aligned}\int_a^b \frac{\partial F}{\partial u'}v'\mathrm{d}x &= \left.\left(\frac{\partial F}{\partial u'}v\right)\right|_a^b - \int_a^b \frac{\mathrm{d}}{\mathrm{d}x}\left(\frac{\partial F}{\partial u'}\right)v\mathrm{d}x \\ &= -\int_a^b \frac{\mathrm{d}}{\mathrm{d}x}\left(\frac{\partial F}{\partial u'}\right)v\mathrm{d}x \end{aligned} \tag{D-11}$$

将式 (D-11) 代入式 (D-10) 有

$$\frac{\mathrm{d}I}{\mathrm{d}\varepsilon}[0] = \int_a^b \left(\frac{\partial F}{\partial u} - \frac{\mathrm{d}}{\mathrm{d}x}\frac{\partial F}{\partial u'}\right)v\mathrm{d}x = 0 \tag{D-12}$$

由于 v 的任意性, 则得到如下欧拉 – 拉格朗日方程:

$$\frac{\partial F}{\partial u} - \frac{\mathrm{d}}{\mathrm{d}x}\frac{\partial F}{\partial u'} = 0 \tag{D-13}$$

特别地, 当参量 I 取为作用量: $I=\int L\mathrm{d}t$ 时, 此时的变分极值问题 $\delta I=\delta\int L\mathrm{d}t=0$ 就变为哈密顿最小作用量原理. 此时, 作出如下的变量替换:

$$
\begin{aligned}
I\to\int L\mathrm{d}t;\quad \delta I\to\delta\int L\mathrm{d}t\\
x\to t;\quad u_i(x)\to q_i(t)\\
u_i'(x)\to\frac{\mathrm{d}q_i(t)}{\mathrm{d}t}=\dot{q}_i(t)\\
F[u_i(x),u_i'(x);x]\to L(q_i,\dot{q}_i;t)
\end{aligned}
\tag{D-14}
$$

式 (D-13) 便成为分析力学中的拉格朗日方程:

$$
\frac{\mathrm{d}}{\mathrm{d}t}\frac{\partial L}{\partial\dot{q}_j}-\frac{\partial L}{\partial q_j}=0,\quad (j=1,2,3,\cdots,s)
\tag{D-15}
$$

D.2 无摩擦的最速下降线问题 (frictionless brachistochrone problem)

著者业余爱好爬野山, 发现登山的路线往往就是下大雨时水流的路线 (俗称水道). 最速下降线就是在重力作用下, 粒子沿该线无摩擦下滑时所需时间最短的路线. 图 D.2 给出了最速下降线的一些常见的例子.

(a) (b)

图 D.2 最速下降线的例子

(a) 重物沿无摩擦绳索下滑; (b) 最速下降线就是摆线

最速下降线的词汇来自于希腊文的组合: $\beta\rho\chi\iota\sigma\tau o\varsigma$ (*brachistos*, the shortest)+ $\chi\rho\nu o\varsigma$ (*chronos*, time or delay). 最速下降线问题是变分法最古老的问题之一.

1638 年, 伽利略在荷兰莱顿出版的《关于两门新学科的对话》[2.17] 中, 提出一个分析学的基本问题 —— “一个质点在重力作用下, 从一个给定点到不在它垂直下方的另一点, 如果不计摩擦力, 问沿着什么曲线滑下所需时间最短?” 尽管他给出了这条曲线是圆弧的错误答案, 但, 正如爱因斯坦指出的, 提出一个问题比解决一个问题更重要! 1696 年, 约翰 · 伯努利再次为这个最速降线问题公开征求解答. 次年, 包括牛顿、莱布尼兹、洛必达和伯努利家族两位成员在内的多位数学家得到正确答案.

设所研究的路径是 s, 则瞬时速度为: $v=\dfrac{\mathrm{d}s}{\mathrm{d}t}$, 由式 (B-17), 时间微分为

$$\mathrm{d}t=\frac{\mathrm{d}s}{v}=\frac{1}{v}\sqrt{1+[y'(x)]^2}\mathrm{d}x \tag{D-16}$$

质点无摩擦下滑的总时间为

$$t=\int_C \mathrm{d}t=\int_C \frac{1}{v(x,y)}\sqrt{1+[y'(x)]^2}\mathrm{d}x \tag{D-17}$$

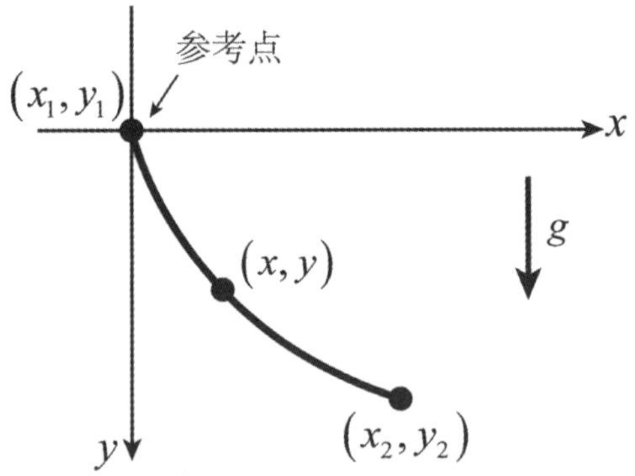

图 D.3　最速下降线示意图

如图 D.3 所示, 问题的提法是, 一个质点从参考点 $(x_1,y_1)=(0,0)$ 无摩擦地下滑到 (x_2,y_2), 使得下滑时间最短, 亦即, 使式 (D-17) 取最小值. 由能量守恒,

$$\frac{1}{2}mv^2-mgy=0 \quad\Rightarrow\quad v=\sqrt{2gy} \tag{D-18}$$

将式 (D-18) 中 $v=\sqrt{2gy}$ 代入式 (D-17), 有

$$t=\frac{1}{\sqrt{2g}}\int_{x_1}^{x_2}\frac{\sqrt{1+y'^2}}{\sqrt{y}}\mathrm{d}x=\frac{1}{\sqrt{2g}}\int_{x_1}^{x_2}f(y,y')\mathrm{d}x \tag{D-19}$$

由式 (D-13) 的欧拉–拉格朗日方程, 有

$$\frac{\partial f}{\partial y}-\frac{\mathrm{d}}{\mathrm{d}x}\frac{\partial f}{\partial y'}=0 \tag{D-20}$$

式中,

$$f=\frac{\sqrt{1+y'^2}}{\sqrt{y}} \tag{D-21}$$

可明显地看出, 函数 f 中并不显含 x, 因此有: $\partial f/\partial x=0$. 为了简化式 (D-20) 的计算, 我们首先引入 Beltrami 恒等式. 由链式法则, 对 $f(y,y')$ 有

$$\frac{\mathrm{d}f}{\mathrm{d}x}=\frac{\partial f}{\partial x}+\frac{\partial f}{\partial y}y'+\frac{\partial f}{\partial y'}y'' \tag{D-22}$$

由式 (D-22) 得到

$$\frac{\partial f}{\partial y}y'=\frac{\mathrm{d}f}{\mathrm{d}x}-\frac{\partial f}{\partial x}-\frac{\partial f}{\partial y'}y'' \tag{D-23}$$

式 (D-20) 两端乘以 y', 有

$$\frac{\partial f}{\partial y}y'-y'\frac{\mathrm{d}}{\mathrm{d}x}\frac{\partial f}{\partial y'}=0 \tag{D-24}$$

将式 (D-23) 代入式 (D-24), 有

$$\frac{\mathrm{d}f}{\mathrm{d}x}-\frac{\partial f}{\partial x}-\frac{\partial f}{\partial y'}y''-y'\frac{\mathrm{d}}{\mathrm{d}x}\frac{\partial f}{\partial y'}=0 \quad\Rightarrow\quad -\frac{\partial f}{\partial x}+\frac{\mathrm{d}}{\mathrm{d}x}\left(f-y'\frac{\partial f}{\partial y'}\right)=0$$

当函数 f 中不显含 x, 也就是 $\dfrac{\partial f}{\partial x}=0$, 上式退化为: $\dfrac{\mathrm{d}}{\mathrm{d}x}\left(f-y'\dfrac{\partial f}{\partial y'}\right)=0$, 由此就获得了如下 Beltrami 恒等式:

$$f-y'\frac{\partial f}{\partial y'}=C \tag{D-25}$$

无摩擦的最速下降线问题的函数式 (D-21) 并不显含 x, 满足 Beltrami 恒等式成立的条件, 将式 (D-21) 代入式 (D-25), 有

$$\frac{\sqrt{1+y'^2}}{\sqrt{y}}-y'\frac{y'}{\sqrt{y}\sqrt{1+y'^2}}=\frac{1}{\sqrt{y}\sqrt{1+y'^2}}=C$$

上式可进一步简化为

$$\left[1+\left(\frac{\mathrm{d}y}{\mathrm{d}x}\right)^2\right]y=k^2 \tag{D-26}$$

式中, $k^2=C^{-2}$ 均为常数. 式 (D-26) 的解为

$$\begin{cases} x=\dfrac{k^2}{2}(\theta-\sin\theta) \\ y=\dfrac{k^2}{2}(1-\cos\theta) \end{cases} \tag{D-27}$$

式 (D-27) 为摆线 (cycloid) 方程.

D.3　有摩擦的最速下降线问题 (brachistochrone problem with friction)

设摩擦系数为 μ, 问题的受力分析如图 D.4 所示, 当曲率半径足够大时, 不考虑曲线运动造成的影响, 质点的运动方程为

$$m\frac{\mathrm{d}v}{\mathrm{d}t}=mg\frac{\mathrm{d}y}{\mathrm{d}s}-\mu mg\frac{\mathrm{d}x}{\mathrm{d}s} \tag{D-28}$$

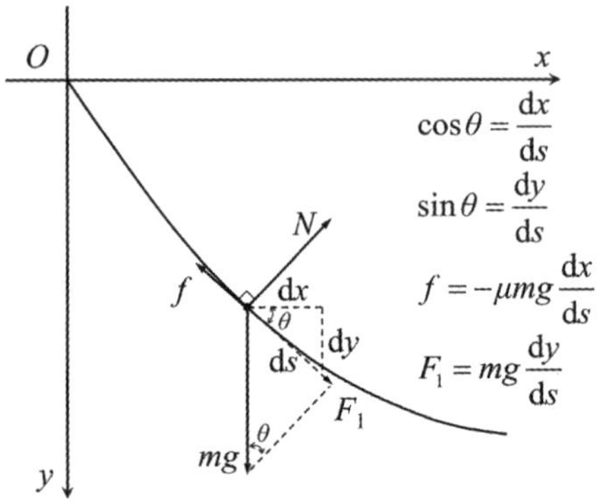

图 D.4　有摩擦时的最速下降线受力分析

由于 $\frac{\mathrm{d}v}{\mathrm{d}t}=\frac{\mathrm{d}v}{\mathrm{d}s}\frac{\mathrm{d}s}{\mathrm{d}t}=v\frac{\mathrm{d}v}{\mathrm{d}s}=\frac{1}{2}\frac{\mathrm{d}v^2}{\mathrm{d}s}$, 将其代入式 (D-28), 有如下关系:

$$\frac{1}{2}m\frac{\mathrm{d}v^2}{\mathrm{d}s}=mg\frac{\mathrm{d}y}{\mathrm{d}s}-\mu mg\frac{\mathrm{d}x}{\mathrm{d}s}\quad\Rightarrow\quad\frac{1}{2}\mathrm{d}v^2=g(\mathrm{d}y-\mu\mathrm{d}x)$$

从而, 由于有摩擦的存在, 质点下滑的速度由无摩擦的 $v=\sqrt{2gy}$ 变为

$$v=\sqrt{2g(y-\mu x)} \tag{D-29}$$

因而在有摩擦时, 由式 (D-17) 给出的质点的下滑时间改写为

$$t=\frac{1}{\sqrt{2g}}\int_{x_1}^{x_2}\frac{\sqrt{1+y'^2}}{\sqrt{y-\mu x}}\mathrm{d}x \tag{D-30}$$

代入欧拉–拉格朗日方程, 得到

$$(1+y'^2)(1+\mu y')+2(y-\mu x)y''=0\quad\Rightarrow\quad\frac{1+y'^2}{(1+\mu y')^2}=\frac{C}{y-\mu x}$$

令 $y'=\cot\frac{\theta}{2}$, 则该问题的解为

$$\begin{cases}x=\dfrac{k^2}{2}(\theta-\sin\theta)+\mu(1-\cos\theta)\\[2ex] y=\dfrac{k^2}{2}(1-\cos\theta)+\mu(\theta+\sin\theta)\end{cases} \tag{D-31}$$

读者可通过比较式 (D-27) 和式 (D-31), 得到摩擦对最速下降线问题的影响.

D.4　悬链曲面最小面积 (catenoid minimal surface)

如图 52.1 所示, 肥皂膜的表面能最小问题等价于其表面积最小, 此类问题统称为 "悬链曲面最小面积问题", 该问题由欧拉于 1744 年解决.

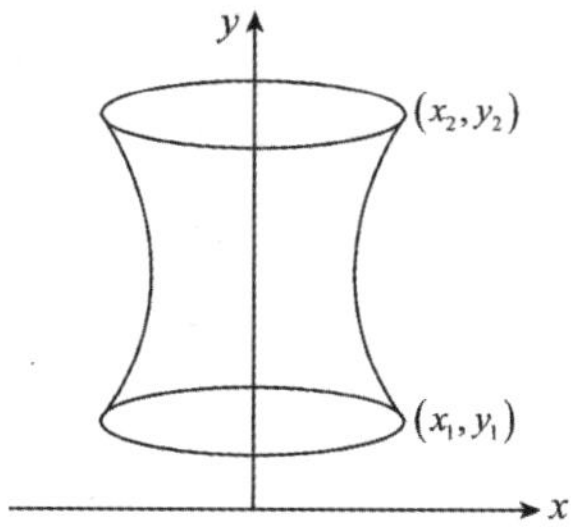

图 D.5　悬链曲面示意图

如图 D.5 所示, 悬链曲面的表面积微元为

$$\begin{aligned}\mathrm{d}A &= 2\pi x\cdot \mathrm{d}s = 2\pi x\sqrt{(\mathrm{d}x)^2+(\mathrm{d}y)^2}\\ &= 2\pi x\sqrt{1+y'^2}\mathrm{d}x\end{aligned}$$

悬链曲面的总面积为

$$A = 2\pi\int_{x_1}^{x_2} x\sqrt{1+y'^2}\mathrm{d}x = 2\pi\int_{x_1}^{x_2} f(x,y')\mathrm{d}x \tag{D-32}$$

其中 $f(x,y')$ 满足欧拉–拉格朗日方程 (D-20), 由于: $\dfrac{\partial f}{\partial y}=0$, $\dfrac{\partial f}{\partial y'}=\dfrac{xy'}{\sqrt{1+y'^2}}$, 将其代入式 (D-20), 得到

$$\frac{\mathrm{d}}{\mathrm{d}x}\frac{xy'}{\sqrt{1+y'^2}}=0 \quad\Rightarrow\quad \frac{xy'}{\sqrt{1+y'^2}}=a \quad\Rightarrow\quad y'=\frac{a}{\sqrt{x^2-a^2}}$$

则有

$$y=\int\frac{a}{\sqrt{x^2-a^2}}\mathrm{d}x \tag{D-33}$$

利用变量替换: $x=a\cdot\cosh t$, 式 (D-33) 可较容易地积分出:

$$y=\int\frac{a^2\sinh t}{a\sqrt{\cosh^2 t-1}}\mathrm{d}t = a\int\mathrm{d}t = at+b \tag{D-34}$$

最终, 悬链曲面的方程为

$$y = a\cdot\operatorname{arcosh}\left(\frac{x}{a}\right)+b \tag{D-35}$$

附录 E　齐次函数的欧拉定理

所谓 m 次齐次函数 (homogeneous function) 是指满足下列关系的函数:

$$f(\lambda x_1, \lambda x_2, \cdots, \lambda x_n) = \lambda^m f(x_1, x_2, \cdots, x_n) \tag{E-1}$$

如果函数 f 对各变量 $x_1, x_2, \cdots, x_n$ 可连续偏微商, 对式 (E-1) 两端对 λ 求微商, 由 Leibniz 链式法则, 式 (E-1) 中左端为

$$\begin{aligned}\frac{\mathrm{d}f}{\mathrm{d}\lambda} &= \frac{\partial f}{\partial(\lambda x_1)}\frac{\partial(\lambda x_1)}{\partial\lambda} + \frac{\partial f}{\partial(\lambda x_2)}\frac{\partial(\lambda x_2)}{\partial\lambda} + \cdots + \frac{\partial f}{\partial(\lambda x_n)}\frac{\partial(\lambda x_n)}{\partial\lambda} \\ &= x_1\frac{\partial f}{\partial(\lambda x_1)} + x_2\frac{\partial f}{\partial(\lambda x_2)} + \cdots + x_n\frac{\partial f}{\partial(\lambda x_n)} \\ &= \sum_{i=1}^{n} x_i \frac{\partial f}{\partial(\lambda x_i)}\end{aligned} \tag{E-2}$$

式 (E-2) 应等于 (E-1) 式中右端对 λ 求的微商值: $m\lambda^{m-1}f$, 亦即

$$\sum_{i=1}^{n} x_i \frac{\partial f}{\partial(\lambda x_i)} = m\lambda^{m-1} f \tag{E-3}$$

在式 (E-3) 中, 令 λ=1, 则可得到齐次函数的欧拉定理:

$$\sum_{i=1}^{n} x_i \frac{\partial f}{\partial x_i} = mf \tag{E-4}$$

例如, 当 f 为动能 $f = T = \frac{1}{2}m\dot{q}^2$ 时, 则其为 $m = 2$ 的二次齐次函数, 则有如下常用关系式:

$$\sum_{i=1}^{n} \dot{q}_i \frac{\partial T}{\partial \dot{q}_i} = 2T \tag{E-5}$$

式 (E-5) 在 §30 的有关诺特定理中的时间平移不变性对应于能量守恒的证明中、§24 中的有关位力定理的证明中都有重要应用.

附录 F 物理学中的四只神兽

本课程和本书的重点之一, 便是经典物理学中的 “思想实验 (thought experiments)”. 神兽是这些思想实验的高度概括.

“物理学中的四只神兽” 可简称为 “龟、猫和两妖”, 见表 F.1 的归纳. 其中, “龟” 是指 §12 中所讲的芝诺的龟 (tortoise); “猫” 是指薛定谔的猫 (Schrödinger’s cat); “两妖” 分别为 “拉普拉斯的妖 (Laplace’s demon)” 和 “麦克斯韦的妖 (Maxwell’s demon)”.

表 F.1 物理学中和思想实验有关的四种神兽一览表

神兽名称	年代	内容、意义和本书论述章节	标志性图像
芝诺的龟	450 BC	在 §12 中所讲授的芝诺佯谬被数学史界认定为引发第一次数学危机的重要诱因之一.	
拉普拉斯妖	1814	决定论、宇宙宿命论 知道宇宙中每个原子确切的位置和动量, 能够使用牛顿定律来展现宇宙事件的整个过程, 过去以及未来.	
麦克斯韦妖	1871	一个绝热容器被分成相等的两格, 中间是由某种机制控制的一扇活板门, 容器中的空气分子做无规则热运动时会撞击门, 门则可选择性地将速度较快的分子 (温度较高) 放入其中一格, 将速度较慢的分子 (温度较低) 放入另一格, 这样, 两格的温度就会一高一低. 麦克斯韦认为, 整个过程中使用的能量就是 “分子是热的还是冷的” 这一信息. 似乎违反了热力学第二定律.	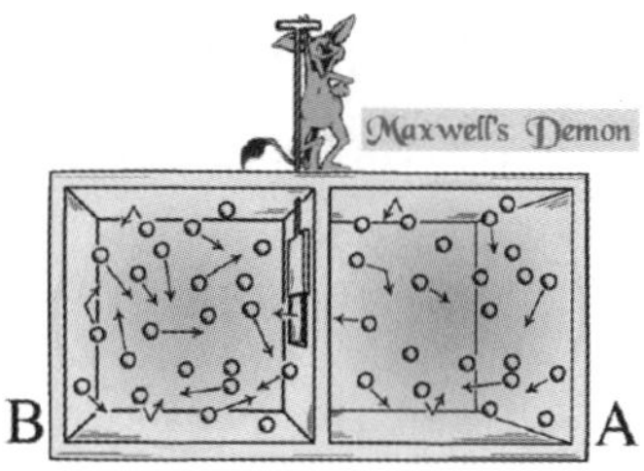

续表

神兽名称	年代	内容、意义和本书论述章节	标志性图像
薛定谔猫	1935	在 §12 中已进行过论述：虽然在量子系统中，粒子的存在状态是一切可能状态的统计分布，在测量前，人们不能确定它处在哪个状态，但是一旦测量，系统就被坍缩到某个状态，而如果你一直保持在这个测量状态，系统就不会改变，也就是说不会从一个状态跳到另一个状态.	

拉普拉斯 (1749~1827)

拉普拉斯妖 (Démon de Laplace, Laplace's demon) 是由法国数学家皮埃尔－西蒙 · 拉普拉斯于 1814 年提出的一种科学假设. 此 "恶魔 (妖)" 知道宇宙中每个原子确切的位置和动量, 能够使用牛顿定律来展现宇宙事件的整个过程, 过去以及未来.

拉普拉斯坚信 "决定论"(determinisim), 他在其《概率论的哲学》(*Essai philosophique sur les probabilités*) 巨著的导论中写道: "我们可以把宇宙现在的状态视为其过去的果以及未来的因. 如果一个智者能知道某一刻所有自然运动的力和所有自然构成的物件的位置, 假如他也能够对这些数据进行分析, 那宇宙里最大的物体到最小的粒子的运动都会包含在一条简单公式中. 对于这智者来说没有事物会是含糊的, 而未来只会像过去般出现在他面前." 拉普拉斯这里所说的 "智者" 即后人所谓的 "拉普拉斯妖".

拉普拉斯的决定论也被称为 "因果决定论" 或 "宇宙宿命论". 拉普拉斯的论点是建立在经典力学的可逆性的基础之上的. 决定论的打破主要基于如下三个学科的进展: (1) 二十世纪二十年代量子力学的出现, 如海森堡不确定性原理. (2) 三体问题和混沌理论. 混沌因果律的 "一因多果" 和 "多因一果" 很好地挑战了拉普拉斯的决定论. (3) 热力学的不可逆性.

本书作者在另外一部专著[5.19] 的 2.4 节, 专门讨论了麦克斯韦妖的实验进展情况, 此不再赘述.

附录 G 基于快速匹配法的量纲分析

应用量纲分析 (dimensional analysis, DA)、粗略数量级估计 (rough order-of-magnitude estimate) 和力学相似性 (mechanical similarity) 分析是在信息不完整的情况下, 凭借研究者对事物的深刻理解和洞察, 科学地做出一些假设, 使得问题得以简化, 复杂程度得以降低, 从而得到符合或接近实际的估计, 也可获得具有高度概括性和广泛适用性的无量纲数. 能否熟练掌握对称性和量纲分析、数量级估计被认为是衡量一个物理学家和技术科学家的关键素质之一, 也被认为是一位物理学家以及技术学家成熟程度的表征之一.

1914 年, 美国标准局的 Edgar Buckingham (白金汉姆, 1867~1940) 创建了 "π 定理"[G.1], 从而奠定了量纲分析的基础.

白金汉姆 (1867~1940)

成立于 1913 年的北京大学物理学门 (1919 年改称系) 在 1918 年 1 月 9 日召开了第一次物理学学术研讨会, 被认为是我国最早的物理学讨论会, 报告在《北京大学日刊》上连载发表. 在共有九人参加的该报告会上, 助教丁绪宝 (1894~1991) 做了题为 "The Method of Dimensions" 的报告, 当时翻译成 "次元法", 就是后来的 "量纲分析", 他在报告中提到: "物理现象之动力学的方面无论外表若何繁复, 实只有三个原单位 (长度、质量和时间) 交错关系此前提乃次元法之根据."

按照 Buckingham 论文[G.1] 中的主要例子, 丁绪宝助教的报告略分四节: 次元法之界说; 次元法之应用 (包括单位之化改, 误否之检校, 公式之推定); 次元法应用之说明 (单位之化改, 误否之检校, 公式之推定); 次元法之根据. 丁绪宝助教在报告中, 还列举了 "次元法" 的三个应用实例: (1) 单摆之周期 (period of oscillation of a simple pendulum); (2) 液滴在表面张力作用下的振动周期 (period of oscillation of a simple drop of liquid under surface tension); (3) 船因生浪所受之阻滞力 (retarding force due to the waves produced by a ship), 由阻滞力之公式又推得 Froude 比较律 (Froude's laws of comparison) 造船术上之要律也. 丁绪宝助教报告结束后, 与会者 "就弧度无次元为你免去角之一种原单位之取巧方法及船之质量比船型质量为其线量比, 之二点略为讨论."

本书作者通过本书首次建议了量纲分析的快速匹配法 (fast matching method, fast balance method).

泰勒 (1886~1975)

例 G.1 1945 年 7 月 16 日, 世界上第一颗原子弹在美国新墨西哥州沙漠成功试爆. 按照报刊上所解密的一系列原子弹爆炸后火球随时间膨胀的照片 (如图 G.1 所示), 力学大师泰勒 (G. I. Taylor, 1886~1975) 提出该原子弹爆后冲击波的自相似

传播这一特点, 并基于此自相似特点, 建立了火球半径 r 随爆炸后时间 t 和爆炸能量 E 的标度律:

$$r \sim \left(\frac{Et^2}{\rho}\right)^{1/5} \tag{G-1}$$

式中, ρ 为空气密度, "$\sim$" 表示两端拥有相同的数量级. 上述解便是著名的强爆炸冲击波传播的泰勒自相似解[G.2,G.3]. 问题: 如何运用量纲分析获得式 (G-1)?

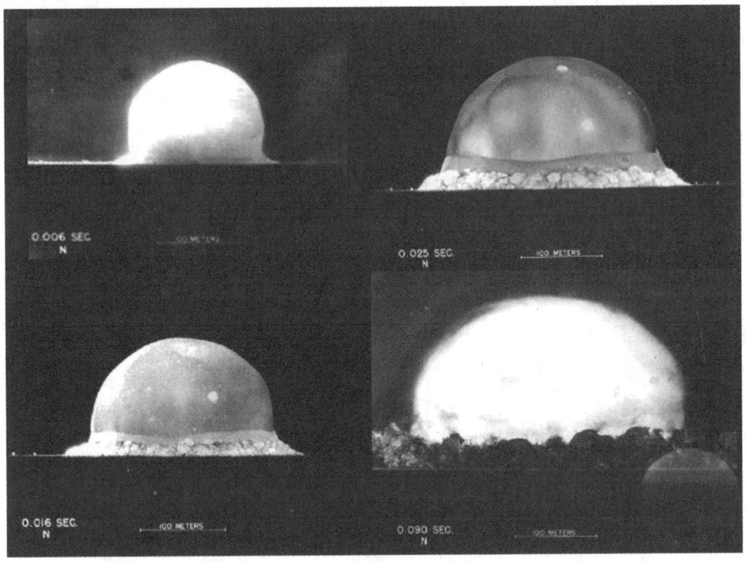

图 G.1　美国第一颗原子弹爆炸后火球膨胀的序列图

解: 能量 E、时间 t、密度 ρ 和火球半径 r 的量纲分别为

$$\begin{cases} [E] = \mathrm{ML^2T^{-2}} \\ [t] = \mathrm{T} \\ [\rho] = \mathrm{ML^{-3}} \\ [r] = \mathrm{L} \end{cases} \tag{G-2}$$

由 Buckingham 的 π 定理, 四个物理量中有三个独立的量纲 (长度 L、质量 M 和时间 T), 故该问题只有一个无量纲量.

应用量纲分析的传统方法, 需要比较长的解四元一次代数方程的方法才能获得问题的解答. 下面将采用快速匹配法, 使用控制参数和自变量配比得到火球半径 r 的表达式. 分为如下三步:

第一步: 爆炸能量 E 中的质量量纲 M 仅可能由气体密度来配比:

$$\left[\frac{E}{\rho}\right] = \frac{\mathrm{ML^2T^{-2}}}{\mathrm{ML^{-3}}} = \mathrm{L^5T^{-2}} \tag{G-3}$$

第二步: 式 (G-3) 中的时间量纲仅可能由时间来配比:

$$\left[\frac{Et^2}{\rho}\right] = \mathrm{L}^5 \tag{G-4}$$

第三步: 得到火球半径 r 的标度关系式 (G-1).

上述整个过程一般将在半分钟之内完成.

本例题的小提示: 能量的量纲 $[E] = \mathrm{ML^2T^{-2}}$ 可通过爱因斯坦质–能公式 $E = mc^2$ 或动能 $mv^2/2$ 的定义而一步获得. 虽然也可通过功的定义 (力 × 距离) 获得, 但是, 力仍需要从牛顿第二定律 $F = ma$ 来获得, 故后者需要两步.

例 G.2 在动力学问题中, 动压 ρv^2 是必不可少的量, 和该量相关的无量纲数很多. 因此, 熟练掌握 ρv^2 的量纲十分重要. ρv^2 的量纲可通过如下几条途径获得:

(1) 最基本的, 从每个物理量的量纲出发, $[\rho] = \mathrm{ML^{-3}}$, $[v^2] = \mathrm{L^2T^{-2}}$, 其乘积: $[\rho v^2] = \mathrm{ML^{-1}T^{-2}}$.

(2) 事实上, $\rho v^2/2$ 是单位体积的动能, 因而有: $[\rho v^2] = [E]\mathrm{L^{-3}} = \mathrm{ML^{-1}T^{-2}}$.

(3) 从如下伯努利方程方程出发:

$$p + \frac{1}{2}\rho v^2 + \rho g h = \mathrm{const} \tag{G-5}$$

由方程的量纲一致性 (dimensional homogeneity) 可知, ρv^2 和液体压强 p 的量纲一致:

$$[\rho v^2] = [p] = [\rho g h] = \mathrm{ML^{-1}T^{-2}} \tag{G-6}$$

因此, ρv^2 和应力、材料的弹性模量和屈服应力等具有相同的量纲. 表 G.1 给出了和 ρv^2 直接相关的一些无量纲量:

表 G.1　和 ρv^2 相关的一些无量纲数

无量纲数名称	表达式	意义	符号
柯西数 (Cauchy number)	$Ca = \dfrac{\rho v^2}{E}$	(1) 动载荷的惯性和材料抵抗弹性变形能力之比; (2) 当 $Ca = 1$ 时, 获得弹性杆中的弹性应力波速 $\sqrt{E/\rho}$.	E : 杨氏模量
损伤数 (damage number)	$Da = \dfrac{\rho v^2}{\sigma_Y}$	(1) 动载荷的惯性和材料抵抗塑性变形能力之比; (2) 当 $Da = 1$ 时, 可获得 $\sqrt{\sigma_Y/\rho}$.	σ_Y : 材料的屈服应力

续表

无量纲数名称	表达式	意义	符号
响应数或赵数[G.4] (response number or Zhao number)	$Rn=\dfrac{\rho v^2}{\sigma_Y}\left(\dfrac{L}{H}\right)^2$	(1) 反映了几何构形对动载下结构动力失效的影响; (2) 当 $L=H$ 时, 便可使由损伤数 Da 表征的材料动力失效和由 Rn 数表征的结构动力失效得以贯穿.	H: 结构特征尺度 (如板的厚度) L: 结构特征尺度 (如圆板半径)
韦伯数 (Weber number)	$We=\dfrac{\rho v^2 l}{\gamma}$	(1) 惯性力和表面张力之比; (2) 当 $We>1$, 在水面行走的昆虫才能脱离水面的黏附.	l: 特征尺度 γ: 表面张力

例 G.3 还有一些重要的无量纲量虽然表达式中不显含 ρv^2, 但其推导过程和其直接相关. 下面就以雷诺数 $Re=\dfrac{\rho vl}{\mu}$ 为例来说明:

Re 数的推导方法一: 由牛顿流体的定义, 切应力 $\tau=\mu\dfrac{\mathrm{d}v}{\mathrm{d}y}$, 式中, μ 为流体的动力黏度, 设 y 的特征尺度为 l, 则有: $[\tau]=\left[\mu\dfrac{\mathrm{d}v}{\mathrm{d}y}\right]=\left[\mu\dfrac{v}{y}\right]\sim\mu\dfrac{v}{l}$. 再由 ρv^2 和 τ 具有相同的量纲, 两者可组成无量纲数:

$$Re=\frac{\rho v^2}{\mu\dfrac{v}{l}}=\frac{\rho vl}{\mu} \tag{G-7}$$

Re 数的推导方法二: 由斯托克斯阻力的定义: $F_{\mathrm{drag}}=6\pi\mu vl$, 这里, l 可理解为特征尺度, 如圆柱的半径. 从而, 由量纲平衡法, $\rho v^2 l^2$ 具有和斯托克斯阻力相同的力的量纲, 则两者可组成一个无量纲量, 略去常数 6π, 有

$$Re=\frac{\rho v^2 l^2}{\mu vl}=\frac{\rho vl}{\mu} \tag{G-8}$$

例 G.4 和万有引力常数 G 相关的量纲分析.

万有引力常数 G 的量纲不用死记, 而是用牛顿万有引力定律和第二定律在不到一分钟的时间里简单推出, 出发点是力的量纲: $[F]=[ma]=\mathrm{MLT^{-2}}$, 因此:

$$\begin{aligned}[F]&=[G]\left[\frac{m_1m_2}{r^2}\right]=[G]\mathrm{M^2L^{-2}}\\&=\mathrm{MLT^{-2}}\end{aligned}$$

从上式可很快地推出万有引力常数 G 的量纲为

$$[G]=\mathrm{L^3M^{-1}T^{-2}}=(\mathrm{L/T})^2\mathrm{LM^{-1}} \tag{G-9}$$

式中, 之所以出现速度的量纲 $(\mathrm{L/T})^2$, 是由于万有引力常数 G 的使用很多情况下是和光速 c 相连的, 其好处是可快速地将速度的量纲平衡掉.

(1) 黑洞的史瓦西半径 (radius of Schwarzschild black hole):

$$R_s = \frac{2GM}{c^2} \tag{G-10}$$

式中, M 为天体质量, c 为光速. 应用量纲分析的快速匹配法, 可很快地理解上述公式, $[GM] = (\mathrm{L/T})^2\mathrm{L}$, 再用光速的量纲平衡掉 $(\mathrm{L/T})^2$ 即可.

(2) 普朗克长度 (Planck length):

$$l_{\mathrm{P}} = \sqrt{\frac{\hbar G}{c^3}} \approx 1.616 \times 10^{-35}\ \mathrm{m} \tag{G-11}$$

下面来看普朗克常数的量纲. 其单位是 J·s, 也就是具有 "能量 × 时间" 的量纲. 在例 G.1 的提示中, 一步可获得: [能量] $= \mathrm{ML^2T^{-2}}$, 则普朗克常数 h 或约化普朗克常数 $\hbar$ 的量纲为

$$[h] = [\hbar] = \mathrm{ML^2T^{-1}} = \underbrace{(\mathrm{ML^2T^{-2}})}_{\text{能量量纲}} \cdot \mathrm{T} = \underbrace{(\mathrm{MLT^{-1}})}_{\text{动量量纲}} \cdot \mathrm{L} \tag{G-12}$$

也就是具有 "能量 × 时间" 量纲, 或者是 "动量 × 长度" 量纲. 结合式 (G-9) 和式 (G-12), 则很容易理解式 (G-11).

(3) 普朗克时间 (Planck time):

$$t_{\mathrm{P}} = \frac{l_{\mathrm{P}}}{c} = \sqrt{\frac{\hbar G}{c^5}} \approx 5.391 \times 10^{-44}\ \mathrm{s} \tag{G-13}$$

(4) 普朗克质量 (Planck mass):

$$m_{\mathrm{P}} = \sqrt{\frac{\hbar c}{G}} \approx 2.176 \times 10^{-8}\ \mathrm{kg} \tag{G-14}$$

若忽略掉 2π 等因子, 普朗克质量的意义大约是一个史瓦西半径等同于康普顿波长的黑洞所带有的质量. 该黑洞的半径大约是普朗克长度.

可透过思想实验阐明: 想像要测量一个物体的位置, 我们得用照在其上的光所得的反射获得. 如果对它的位置要测到很高的精确度, 我们必须用更短波长的光子, 如此表示这些光子的能量会更高. 如果这能量高到一个程度, 原则上它们撞到物体时可以产生黑洞. 这个黑洞可以 "吞噬掉" 光子而让实验失败. 通过简单的量纲分析计算可发现当测量物体位置的精准度达到普朗克长度以下, 便会发生上述的问题.

该思想实验涉及到了广义相对论与量子力学, 主要指海森堡不确定性原理, 即是说结合了两个理论来看, 我们无法对位置做出比普朗克长度还要小、还要精确的测量. 因此, 在任何结合广义相对论与量子力学的量子引力理论中, 若在时间短于普朗克时间、距离小于普朗克长度的尺度下, 我们传统上对时间、空间的标示将会全盘瓦解.

(5) 美国《科学》期刊 2017 年 6 月 7 日发文称[G.5], 爱因斯坦的广义相对论提出 100 年后, 科学家成功地运用该理论确定了一颗白矮星的质量, 使当初在爱因斯坦看来 "不可能的希望" 成为现实.

100 年来, 爱因斯坦的广义相对论使人类对宇宙的理解发生了革命性改变. 然而, 通过一颗星球对光线的引力影响来测量其质量, 此前只是在理论上可行. 1936 年, 爱因斯坦在《科学》期刊上所发表的一篇文章中称[G.6]: "当然, 没有希望能直接观察到这一现象 (Of course, there is no hope of observing this phenomenon directly)."

爱因斯坦广义相对论的一个关键性预测是: 在某个巨大物体 (如一颗星球) 附近的空间曲率, 会引起穿越其附近的一缕光线偏转, 其偏转程度是根据经典引力定律所致偏转量的两倍. 关于这一现象的首个证据, 是 1919 年在日食观测中获得的. 然而, 尽管一百多年来技术手段出现了很大进步, 科学家也进行了不懈努力, 仍然无法利用光线弯曲来直接确定星球的质量.

要想取得成功, 一颗位于前景的星球 (镜片, lens) 必须与位于背景的星球 (物源) 完美重叠, 这会令物源的镜像形成一个圆圈, 被称作爱因斯坦环 (Einstein ring); 只要镜头的焦距是已知的, 爱因斯坦环就可被用来确定该星球的质量.

美国太空望远镜科学研究所的科学家在 5000 多颗恒星中寻找具有这种直线排列形式的星球, 他们发现, 白矮星 STEIN 2051 B 恰好有着这种完美的定位 —— 它在 2014 年 3 月正好位于一颗背景星球之前. 他们利用哈勃望远镜对此现象进行观察, 测量背景星球表观位置的微移动, 这一作用被称作天体测量的微引力透镜效应. 根据所测得的数据, 他们估计该星球的质量约为太阳质量的 0.675 倍.

在该文中, 他们利用的爱因斯坦环的角半径 (angular radius) 的表达式为

$$\theta_{\mathrm{E}} = \sqrt{\frac{4GM}{c^2 D_r}} \tag{G-15}$$

式中, θ_{E} 的单位为弧度 (无量纲量), M 为镜片的质量 (lens mass), D_r 为到镜片的约化距离 (reduced distance to the lens). 这一典型的包括万有引力常数 G 和光速 c 的计算公式, 量纲分析可以极大地加深我们对该公式的理解.

参 考 文 献

[G.1] Buckingham E. On physically similar systems; illustrations of the use of dimensional equations. Physical Review, 1914, 4: 345–376.

[G.2] Taylor G I. The formation of a blast wave by a very intense explosion. I. Theoretical discussion. Proceedings of the Royal Society London A, 1950, 201: 159–174.

[G.3] Taylor G I. The formation of a blast wave by a very intense explosion. II. The atomic explosion of 1945. Proceedings of the Royal Society London A, 1950, 201: 175–186.

[G.4] Zhao Y P. Suggestion of a new dimensionless number for dynamic plastic response of beams and plates. Archive of Applied Mechanics, 1998, 68: 524–538.

[G.5] Sahu K C, Anderson J, Casertano S, Bond H E, Bergeron P, Nelan E P, Pueyo L, Brown T M, Bellini A, Levay Z G, Sokol J, Dominik M, Calamida A, Kains N, Livi M. Relativistic deflection of background starlight measures the mass of a nearby white dwarf star. Science, 2017, 356: 1046–1050.

[G.6] Einstein A. Lens-like action of a star by the deviation of light in the gravitational field. Science, 1936, 84: 506–507.

附录 H　和本书内容相关的科学大事年表

表 H.1　科学大事年表

年代	事　件	本书章节
公元前约 530~450 年	毕达哥拉斯学派 (数论、几何学、天文学和音乐)	§14
公元前约 450 年	芝诺佯谬 (悖论)	§12
公元前约 300 年	欧几里得《几何原本》	
公元前约 250 年	阿基米德 (立体几何、求积法、静力学、水静力学) 阿基米德杠杆原理	附录 B
公元前约 200 年	中国第一个水车	
60 年	亚历山大港的希罗蒸汽驱动旋转装置	§3
600 年	波斯第一个风车	
724 年	僧人一行开展世界上首次子午线长度实测	
1489 年	在印刷品中第一次出现了 “+” 和 “−” 号	
1525 年	Christoph Rudolff (1499~1545) 引入了开方符号 $\sqrt{\ }$, 其原因是该符号看上起像英文 radix (根) 的第一个字母 r. 另外, Rudolff 还第一次使用了: $x^0=1$	
1543 年	哥白尼《天体运行论》, 提出行星运动的日心说	§14
1572 年	意大利数学家拉斐尔 · 邦贝利 (Rafael Bombelli, 1526~1572) 出版的《代数学》引入了复数	
1586 年	荷兰数学家 Simon Stevin 在《重力艺术的要种》一书中引入力分解与合成的平行四边形法则	
1589 年	传说的伽利略比萨斜塔落体实验	§18
1591 年	法国数学家弗朗索瓦 · 韦达 (François Viète, 1540~1603) 在《分析艺术引言》中, 用字母来代表未知数	
1609 年	开普勒《新天文学》, 关于行星运动的开普勒第一和第二定律	§14
1610 年	伽利略《星空信使》, 描述了他用望远镜所做的发现, 包括木星的四个卫星	
1611 年	开普勒《论六角形雪花》论文	§14
1619 年	开普勒《世界的和谐》, 开普勒第三定律	§14

续表

年代	事 件	本书章节
1627 年	马林 · 梅森《论宇宙的和谐》, 梅森音节表	§37
1632 年	伽利略《关于托勒密和哥白尼两大世界体系的对话》, 伽利略相对性原理	§13 §29
1637 年	笛卡儿《几何学》(*La Géométrie*), 用代数手段研究几何学, 创立了解析几何, 提出了演绎法的观点	
1638 年	伽利略《关于两门新科学的对话》, 物理问题的系统数学处理, 材料力学学科得以创立	附录 D
1642 年	伽利略死、牛顿生	§1
1644 年	笛卡儿在《哲学原理》中讨论碰撞问题时引进了动量的概念	§24
1645 年	伊斯梅尔 · 布里阿德《天体哲学》, 第一次提出了引力的平方反比关系的思想	§16
1656 年	约翰 · 沃利斯《无穷的算术》(*Arithmetica Infinitorum*), 曲线下的面积, 连分数的系统研究, 引入 ∞ 作为无穷大的符号, $1/\infty$ 作为无穷小的符号	
1657 年	费马最短时间原理	§3
1664~1672 年	牛顿关于微积分的早期工作	§15
1671 年	格雷果里给出泰勒级数展开的雏形	附录 C
1675 年	莱布尼兹最早给出的导数符号 $\mathrm{d}y/\mathrm{d}x$	附录 A
1676 年	胡克首次以拉丁字谜 “ceiiinosssttuv” 的形式提出弹性定律 莱布尼兹链式法则	§49 附录 B
1678 年	胡克公布了他两年前提出的弹性定律字谜的答案: Ut tensio, sic vis, 英文含义为As the extension, so the force (伸长与力成正比)	§49
1680 年	博雷利《论动物的运动》, 第一本生物力学专著	§55
1684 年	莱布尼兹发表有关微积分最初的工作	§15
1686 年	莱布尼兹在 *Brevis demonstration erroris memorabilis Cartesii* 提出 “活力 (vis viva)” mv^2	§24
1687 年	牛顿《自然哲学的数学原理》(*Principia*) 拉丁文首版	§15
1689 年	牛顿的水桶思想实验 (Newton’s bucket)	§19
1690 年	伯努利家族有关微积分的最早期的工作	
1696 年	(1) 变分法的开端, 1696 年约翰 · 伯努利以公开信的方式, 向全欧数学家提出了著名的 “最速降线问题”, 从而引发了欧洲数学界的一场论战, 论战的结果产生了一个新的数学分支 —— 变分法. 因此, 约翰 · 伯努利是公认的变分法奠基人 (2) 洛必塔法则	附录 D §20

续表

年代	事　　件	本书章节
1701 年	牛顿散热定律	§55
1706 年	William Jones (1675~1749) 引入符号 π 作为圆周率	
1715 年	泰勒级数展开	附录 C
1726 年	《格列佛游记》	§55
1727 年	欧拉引入记号 e 表示指数函数 梅森《论宇宙的和谐》, 编制梅森音阶表	§37
1729 年	牛顿《自然哲学的数学原理》(*Principia*) 英文首版	§15
1734 年	欧拉引入 $f(x)$ 表示函数	
1738 年	丹尼尔 · 伯努利《水动力学》, 伯努利方程	§50
1742 年	麦克劳林级数展开	附录 C
1743 年	达朗贝尔《动力学》, 达朗贝尔原理	§33
1744 年	莫培督最小作用量原理 变分法中的欧拉方程的建立 欧拉研究压杆的稳定性问题 连续介质力学发端于欧拉	§3 附录 D §52 §52
1747 年	达朗贝尔推导出一维弦的运动方程 达朗贝尔《张紧的弦振动时形成的曲线研究》, 弦的波动方程	§37 §37
1748 年	欧拉公式: $\mathrm{e}^{\mathrm{i}\theta} = \cos\theta + \mathrm{i}\sin\theta$	
1749 年	达朗贝尔佯谬	§50
1751 年	科尼希定理	附录 B
1755 年	欧拉引入 $\sum$ 符号表示求和	
1757 年	流体力学的欧拉方程, 近代流体力学的起点	§50
1765 年	欧拉《刚体运动理论》, 建立了刚体运动的一般方程, 描述方法 (欧拉角), 提出转动惯量的概念	§22, §23
1770 年	拉格朗日用撇表示函数的导数, $f'(x)$	附录 A
1777 年	欧拉引入 $\mathrm{i} = \sqrt{-1}$	
1783 年	约翰 · 米歇尔最早提出黑洞的概念	§16
1785 年	库仑应用扭秤测定静电力常数 拉普拉斯引入重力势能	§16 §21
1787 年	勒让德变换	§40
1788 年	拉格朗日《分析力学》, 拉格朗日力学创立	§27
1798 年	卡文迪许应用扭秤测定万有引力常数	§16

续表

年代	事 件	本书章节
1799 年	拉普拉斯《天体力学》中的第一卷 (包括两册) 和第二卷 (包括三册)	§15
1807 年	托马斯 · 杨在 *A Course of Lectures on Natural Philosophy and the Mechanical Arts* 用了具有现代意义的 "energy" 一词来代替活力 (vis viva) 托马斯 · 杨引入了材料的弹性模量, 被称为杨氏模量	§24 §49
1809 年	泊松括号	§44
1814 年	拉普拉斯妖, 决定论和宇宙宿命论的提出	附录 F
1823 年	纳维提出纳维–斯托克斯方程的雏形	§50
1828 年	格林定理	
1829 年	高斯原理 科里奥利引入功的定义	§35 §21, §24
1831 年	法拉第首次观察到驻波现象	§37
1833 年	哈密顿光学–力学类比	§3
1834~1835 年	哈密顿原理, 哈密顿力学创立	§26, §41
1835 年	科里奥利力	§20
1838 年	刘维尔定理	§42
1841 年	雅可比行列式	
1843 年	哈密顿的四元数	思考题 1.2
1845 年	斯托克斯进一步完善了纳维–斯托克斯方程	§50
1850 年	热力学第一定律	§21
1859 年	驻波的麦尔德实验	§37
1860 年	麦尔德创建 "驻波" 术语	§37
1862 年	亥姆霍兹《关于作为音乐理论生理基础的音调感觉》	§37, §59
1865 年	麦克斯韦方程组, 电、磁、光统一, 电动力学创立 克劳修斯创造 "熵" 词汇	§8
1871 年	麦克斯韦妖	附录 F
1876 年	玻尔兹曼能量均分定理	§21, §24
1877 年	玻尔兹曼关于熵的微观解释 $S \sim \ln\Omega$ 罗斯方法 —— 混合的哈密顿–拉格朗日方法	§43
1879 年	麦克斯韦死、爱因斯坦生	§1
1883 年	马赫《力学及其发展的批判历史概论》	§19

续表

年代	事　　件	本书章节
1885 年	庞加莱提出 “分岔” 的概念	§52
1887 年	瑞典国王奥斯卡二世 60 岁生日, 发起了一场有关 N 体问题数学竞赛	思考题 2.9
1889 年	庞加莱 “限制性三体问题” 厄缶改进了扭秤的设计, 证明了引力质量和惯性质量的等效性	思考题 2.10 §18
1890 年	庞加莱的《论三体问题和动力学方程》, 动力系统中混沌性态的第一个数学描述	思考题 2.9
1894 年	赫兹《力学原理》	§6
1895 年	16 岁爱因斯坦的追光思想实验	§39
1896 年	爱因斯坦进入苏黎世联邦工学院, 开始本科学习	思考题 3.5
1900 年	希尔伯特在第二次国际数学家大会上提出 23 个问题 开尔文 “在热与光的动力学理论上空的 19 世纪乌云” 的报告 普朗克黑体辐射的量子理论 $E = hv$ 爱因斯坦在苏黎世联邦工学院本科毕业	 §11 §21
1901 年	爱因斯坦的本科毕业论文《由毛细现象得到的推论》被当时最权威的德国《物理学年鉴》刊登	
1903 年	罗素佯谬 (悖论)	
1904 年	普朗特边界层理论	§50
1905 年	爱因斯坦的狭义相对论 爱因斯坦质–能公式	§39 §21
1907 年	爱因斯坦强等效原理	§18
1908 年	约尔旦原理 闵可夫斯基四维时空	§34 §39
1911 年	埃伦费斯特明确定义相空间 (空间) 、点 朗之万提出孪生子佯谬	§42 §39
1913 年	尼尔斯 · 玻尔有关原子的量子化模型的三部曲	§45
1914 年	白金汉姆创建了量纲分析的 “π 定理” 罗素高度评价芝诺	附录 G §12
1916 年	爱因斯坦的广义相对论	§8
1917 年	达西 · 汤普森《生长和形态》	§55
1918 年	诺特定理 普朗克获得诺贝尔物理学奖	§30 §9

续表

年代	事 件	本书章节
1919 年	豪斯多夫维数	§51
1920 年	10 月 26 日, 罗素在湖南长沙做了题为 “布尔什维克与世界政治” 的演讲, 毛泽东参加	
1922 年	爱因斯坦因光电效应获得 1921 年诺贝尔物理学奖 玻尔获得 1922 年诺贝尔物理学奖	§45 §45
1924 年	Lennard-Jones 势函数	§16
1926 年	薛定谔波动力学 克莱因–戈登方程	§46 思考题 4.3
1932 年	海森伯获得诺贝尔物理学奖	§9
1933 年	狄拉克、薛定谔获得诺贝尔物理学奖	§9
1935 年	薛定谔猫	附录 F
1936 年	奥斯特奖设立	思考题 1.19
1939 年	外尔 symplectic (辛几何)	§41
1940 年	美国塔科马窄桥坍塌	§52
1943 年	薛定谔《生命是什么?》	思考题 6.12
1944 年	拉比获得诺贝尔物理学奖	前言
1945 年	第一颗原子弹试爆 泡利获得诺贝尔物理学奖	附录 G 思考题 1.21
1947 年	克莱伯定律, 3/4 标度率 (异向生长标度率)	§56
1949 年	汤川秀树获得诺贝尔物理学奖	思考题 4.5
1953 年	克里克和沃森 DNA 双螺旋结构模型	思考题 6.13
1954 年	玻恩获得诺贝尔物理学奖	思考题 1.21
1955 年	爱因斯坦、外尔去世	§9, §39
1957 年	杨振宁、李政道获得诺贝尔物理学奖 阿诺尔德解决希尔伯特第 13 问题, 时年 19 岁	前言 前言
1961 年	冯 · 贝克西 (von Békésy) 因 “发现了耳蜗内部刺激的物理机制” 获诺贝尔医学和生理学奖	§59
1962 年	朗道获得诺贝尔物理学奖 克里克、沃森、威尔金斯获得诺贝尔生理学或医学奖	前言 思考题 6.13
1963 年	洛伦兹《确定性非周期流》, 发现混沌	§53
1964 年	莱纳提出无量纲数 —— Deborah 数 (De)	§48

续表

年代	事　件	本书章节
1965 年	费曼获得诺贝尔物理学奖	前言
1967 年	曼德博提出分数维的概念	§51
1971 年	斯科特在月球表面演示锤子和羽毛同时落地实验	§18
1972 年	洛伦兹提出蝴蝶效应 安德森《多者异也》(More is different) 文章	§53 §54
1975 年	曼德博提出 “Fractal (分形)” 一词 李天岩和约克发表《周期三意味着混沌》一文	§51 §53
1976 年	罗伯特 · 梅提出逻辑斯蒂映射	§53
1978 年	费根鲍姆普适常数 (4.669)	§53
1979 年	格拉肖、萨拉姆、温伯格获得诺贝尔物理学奖	§8
1981 年	受限扩散凝聚 (DLA) 模型	§51
2004 年	韦尔切克获得诺贝尔物理学奖	前言
2013 年	恩格勒、希格斯获得诺贝尔物理学奖	§8
2017 年	韦斯、巴里什、索恩获得诺贝尔物理学奖	附录 B

索　　引

E

F

H

其他

人 像 索 引